STARK

ABITUR-TRAINING

Gymnasium

Analysis

mit Hinweisen zur CAS-Nutzung

Winfried Grunewald
Horst Lautenschlager

STARK

Autoren:
Winfried Grunewald besitzt umfassende Unterrichtserfahrung als Gymnasiallehrer in den Fächern Mathematik, Physik und Informatik. Er ist Oberstudiendirektor an einem Gymnasium in Nordrhein-Westfalen.
Als Autor veröffentlichte er im Stark Verlag bereits Bücher und Unterrichtsbeiträge für das Fach Mathematik.

Horst Lautenschlager ist Studiendirektor für die Fächer Mathematik und Physik am Gymnasium. Seine große fachliche und fachdidaktische Kompetenz, die er in seine Arbeit als Fachbereichsleiter Mathematik und langjähriger Kursleiter in der Oberstufe eingebracht hat, weiß er als Autor des Stark Verlags ebenso zu nutzen wie den großen Erfahrungsschatz, den er beim Unterrichten seiner Schüler erworben hat.
Er veröffentlichte im Stark Verlag bereits zahlreiche Bücher und Unterrichtsbeiträge für die Fächer Mathematik und Physik.

Bildnachweis
Umschlagbild: © John Gaffen/Fotolia.com
Seite 1: Jock Scott/Photocase.com
Seite 51: Jerry Schiller/Dreamstime.com
Seite 119: Sergey Lemeshenko/Dreamstime.com
Seite 155: Norma Cornes/Dreamstime.com
Seite 162: Redaktion
Seite 175: UPimages/Dreamstime.com

www.stark-verlag.de
1. Auflage 2009

Inhalt

Autoren:
Winfried Grunewald, Horst Lautenschlager

Im Hinblick auf eine eventuelle Begrenzung des Datenvolumens wird empfohlen, dass Sie sich beim Ansehen der Videos im WLAN befinden. Haben Sie keine Möglichkeit, den QR-Code zu scannen, finden Sie die Lernvideos auch unter:
http://qrcode.stark-verlag.de/540021V

Vorwort

Liebe Schülerin, lieber Schüler,

dieses Buch unterstützt Sie umfassend bei der Vorbereitung auf Klausuren und auf die schriftliche Abiturprüfung im Fach Mathematik (Leistungskursniveau). Bei der Aufbereitung des Analysisstoffs wurde berücksichtigt, dass in den aktuellen Prüfungsaufgaben weniger Gewicht auf formale Rechenfähigkeiten und auf schematische Verfahrensweisen gelegt wird, gleichzeitig aber das Wissen und Anwenden analytischer Grundkenntnisse an Bedeutung gewinnen. Daher werden im ersten Kapitel systematisch die **Eigenschaften reeller Funktionen und der Funktionsgraphen** analysiert, bevor in den nächsten beiden Kapiteln mit der **Differenzial-** und **Integralrechnung** das Herzstück der Analysis behandelt wird. Die dort erlernten Verfahren und Gesetzmäßigkeiten werden im abschließenden Kapitel am Beispiel typischer mathematischer Problemstellungen angewendet.

Aufgrund des modularen Aufbaus müssen Sie das Buch nicht von vorne nach hinten lesen. Beginnen Sie Ihr Training in dem Stoffgebiet, in dem Sie noch Schwierigkeiten haben. Folgende strukturelle Maßnahmen erleichtern dabei Ihre Arbeit:

- Die wichtigen **Begriffe** und **Definitionen** eines Lernabschnitts sind schülergerecht und doch mathematisch präzise formuliert in farbigen Feldern, **Regeln, Lehr-** und **Merksätze** in den farbig umrandeten Kästen abgelegt.
- An jeden Theorieteil schließen passgenaue und kommentierte **Beispiele** an. Zu den wichtigsten Themenbereichen gibt es **Lernvideos**, in denen die typischen Beispiele Schritt für Schritt erklärt werden. An den entsprechenden Stellen im Buch befindet sich ein QR-Code, den Sie mithilfe Ihres Smartphones oder Tablets scannen können – Sie gelangen so schnell und einfach zum zugehörigen Lernvideo.
- Jeder Lernabschnitt schließt mit **Übungsaufgaben**. Zur Selbstkontrolle finden Sie die zugehörigen **Lösungen** am Ende des Buchs vollständig ausgearbeitet.
- Zahlreiche Beispiele und Lösungen der Aufgaben sind zusätzlich mit dem **CAS** vorgerechnet, dafür wurde der Voyage™ 200 benutzt. Da die Bedienung der verschiedenen CAS-Modelle im wesentlichen gleich ist, ist das Buch ebenso geeignet, wenn Sie einen anderen CAS-Rechner verwenden. Es wird stets der Screenshot des Rechners angegeben sowie die Bedienung erläutert. Zudem werden mögliche Schwierigkeiten beim Einsatz des Geräts erwähnt.
- Die mit Stern (✱) versehenen Aufgaben dienen der Vertiefung und der Förderung des Problemlöseverhaltens. Sie können bei Zeitmangel ohne nachteilige Auswirkungen für das Grundverständnis übersprungen werden.

Viel Erfolg wünschen Ihnen

Winfried Grunewald Horst Lautenschlager

Grundwissen über reelle Funktionen

In der Analysis dreht sich alles um Funktionen und deren Eigenschaften. Viele elementare Funktionstypen haben Sie bereits im Mittelstufenunterricht kennengelernt. In diesem Kapitel werden die wesentlichen Grundkenntnisse über die elementaren Funktionen systematisch zusammengefasst und eingeübt. Damit wird die Basis für das Verständnis der Differenzial- und Integralrechnung gelegt, die in den späteren Kapiteln dieses Buchs behandelt wird.

1 Elementare reelle Funktionen und Funktionstypen

1.1 Lineare Funktionen

Lineare Funktionen begegnen Ihnen auf verschiedenen Gebieten der Analysis, bei der Berechnung von Asymptoten-, Tangenten- und Normalengleichungen ebenso wie beim Zeichnen von Funktionsgraphen, aber auch bei der Berechnung von Flächenverhältnissen in der Integralrechnung.

Definition

Unter einer linearen Funktion mit **Steigung m** und **Achsenabschnitt t** versteht man eine Funktion der Form:

$$f: \mathbb{R} \to \mathbb{R}$$
$$x \mapsto mx + t$$

Der zugehörige **Graph** ist eine **Gerade**, die folgende Eigenschaften besitzt:

- Sie verläuft von links unten nach rechts oben, wenn $m > 0$, bzw. von links oben nach rechts unten, wenn $m < 0$.
- Sie schneidet die y-Achse im Punkt $(0 \mid t)$ und die x-Achse im Punkt $\left(-\frac{t}{m} \mid 0\right)$.
- Für $|m| > 1$ verläuft sie steiler als die Winkelhalbierende der jeweiligen Quadranten, für $|m| < 1$ flacher.

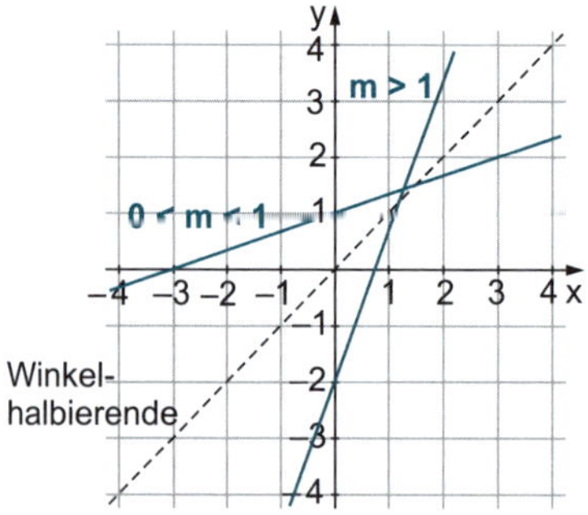

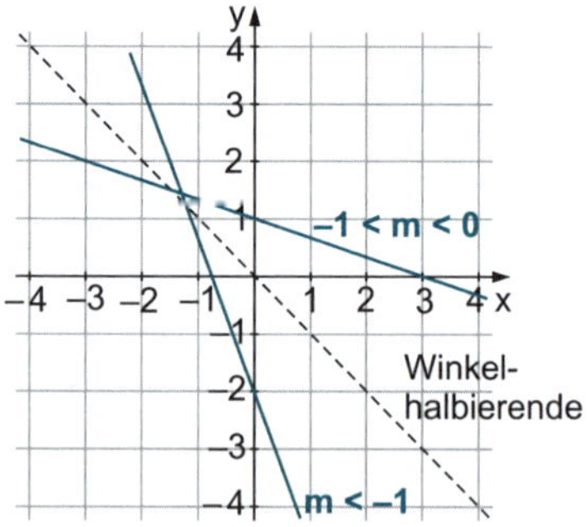

Je nach Datenlage können Sie die **Steigung der Geraden** auf drei verschiedene Arten **berechnen**.

Regel

Geradensteigung

Für die Steigung m einer linearen Funktion gilt

- $\mathbf{m = \tan\alpha}$.
  α bezeichnet den Winkel, den die Gerade mit der x-Achse einschließt.
- $\mathbf{m = \frac{\Delta y}{\Delta x}}$.
  $\frac{\Delta y}{\Delta x}$ ist das Verhältnis der senkrechten zur waagerechten Kathete eines Steigungsdreiecks.
- $\mathbf{m = \frac{y_Q - y_P}{x_Q - x_P}}$.
  Dabei sind $P(x_P\,|\,y_P)$ und $Q(x_Q\,|\,y_Q)$ Punkte, die auf der Geraden liegen.

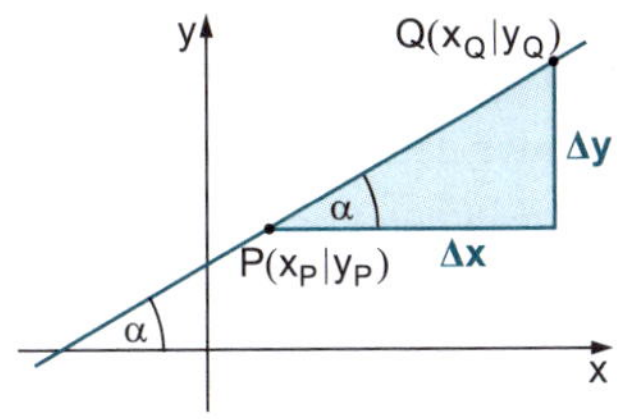

Um bei bekannter Steigung m den **Achsenabschnitt t** zu berechnen, setzen Sie die Koordinaten eines auf der Geraden liegenden Punktes $A(a_1\,|\,a_2)$ in die Geradengleichung $y = mx + t$ ein, erhalten so $a_2 = ma_1 + t$ und lösen diese Gleichung nach t auf.

Beispiel

Stellen Sie die Gleichung der Geraden g auf,

a) die durch den Punkt $(3\,|\,-1)$ verläuft und die Steigung $m = 4$ besitzt.
b) die durch die Punkte $P(-2\,|\,3)$ und $Q(4\,|\,-7)$ verläuft.

Lösung:

a) Wenn Sie $y = -1$, $x = 3$ und $m = 4$ in die Gleichung $y = mx + t$ einsetzen, erhalten Sie als Bestimmungsgleichung für t: $-1 = 4 \cdot 3 + t$. Durch Auflösen nach t finden Sie $t = -13$. Die Geradengleichung lautet also g: $y = 4x - 13$.

b) Durch Einsetzen der Punktkoordinaten in die Steigungsformel $m = \frac{y_Q - y_P}{x_Q - x_P}$ erhalten Sie den numerischen Wert der Steigung:

$$m = \frac{-7-3}{4-(-2)} = \frac{-10}{6} = -\frac{5}{3}$$

Die Punktkoordinaten müssen jeweils die Geradengleichung erfüllen, sodass z. B. für P folgt:

$$3 = -\frac{5}{3} \cdot (-2) + t$$

$$\Rightarrow \quad t = -\frac{1}{3}$$

$$g\colon\ y = -\frac{5}{3}x - \frac{1}{3}$$

Gelegentlich ist es hilfreich, die ungefähre Lage eines Punktes oder einer Geraden bzgl. einer anderen Geraden zu kennen.

Regel

Lage von Geraden zu Punkten und anderen Geraden

Eine Gerade g mit der Gleichung $y = m_g x + t_g$ verläuft

- **unter** dem Punkt $A(a_1 \mid a_2)$, wenn $a_2 > ma_1 + t$;
- **durch** den Punkt $A(a_1 \mid a_2)$, wenn $a_2 = ma_1 + t$;
- **über** dem Punkt $A(a_1 \mid a_2)$, wenn $a_2 < ma_1 + t$;
- **parallel** zur Geraden h: $y = m_h x + t_h$, wenn $m_g = m_h$;
- **senkrecht** zur Geraden h: $y = m_h x + t_h$, wenn $m_g \cdot m_h = -1$.

Im Hinblick auf die horizontalen oder vertikalen Asymptoten von Funktionsgraphen (siehe Abschnitt 3.3, Seite 60) ist es wichtig, dass Sie die algebraische Darstellung von Geraden kennen, die parallel zu den Koordinatenachsen verlaufen. Die Gleichung einer Geraden, die im Abstand $|a|$

- **parallel zur x-Achse** verläuft, hat die Form $\mathbf{y = a}$. Dabei ist a positiv (negativ), wenn sie über (unter) der x-Achse verläuft.
- **parallel zur y-Achse** verläuft, hat die Form $\mathbf{x = a}$. Dabei ist a positiv (negativ), wenn sie rechts (links) von der y-Achse verläuft.

Gelegentlich begegnen Ihnen auch **implizite** Geradengleichungen, also Gleichungen der Form $ax + by + c = 0$. Für $b \neq 0$ können Sie diese durch Auflösen nach y in die **explizite** Form umwandeln:

$$ax + by + c = 0 \quad \Leftrightarrow \quad by = -ax - c \quad \Leftrightarrow \quad y = \underbrace{-\frac{a}{b}}_{m} x \underbrace{- \frac{c}{b}}_{t} = mx + t$$

Aufgaben **1.** Gegeben sind die Punkte $A(-4 \mid 1)$, $B(2 \mid 4)$, $C(1 \mid 2)$.

a) Stellen Sie die Gleichung der Geraden AB auf. Welche Lage besitzt der Punkt C bzgl. der Geraden AB?

b) Stellen Sie die Gleichung der Geraden auf, die durch C verläuft und auf AB senkrecht steht.

c) Welche Lage besitzt die Gerade mit der Gleichung h: $3x - 6y + 2 = 0$ bzgl. der Geraden AB?

2. Geben Sie die expliziten Gleichungen der gezeichneten Geraden an.

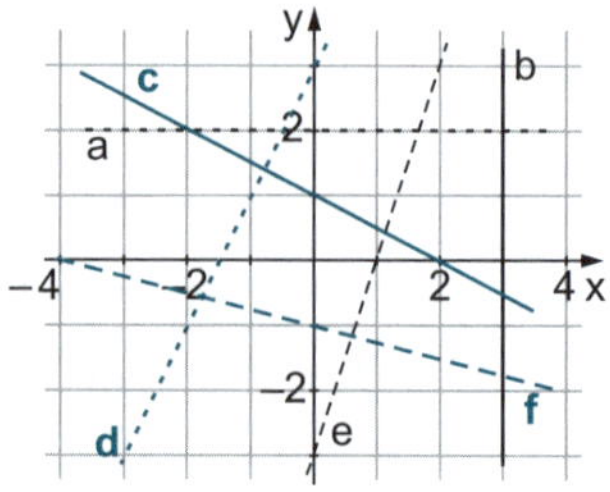

1.2 Quadratische Funktionen

Mithilfe quadratischer Funktionen lassen sich außerordentlich viele quantitative Zusammenhänge in Naturwissenschaft, Technik oder Wirtschaft exakt oder zumindest annähernd beschreiben. Weil für sie alle Fragestellungen mit einem vernünftigen Rechenaufwand algorithmisch gelöst werden können, sind sie die Standardfunktionen der Schulmathematik, die an allen „Ecken und Enden" auftreten.

Definition

Unter einer **quadratischen Funktion** mit reellen Koeffizienten $a \neq 0$, b, c versteht man eine Funktion der Form:

$$f: \mathbb{R} \to \mathbb{R}$$
$$x \mapsto ax^2 + bx + c$$

Der zur Funktion $f(x) = x^2$ gehörende Graph heißt **Normalparabel**.
Allgemein ist der **Graph** einer quadratischen Funktion eine **Parabel**, die
- nach oben (unten) offen ist, wenn $a > 0$ $(a < 0)$;
- schmäler (breiter) als die Normalparabel ist, wenn $|a| > 1$ $(|a| < 1)$.

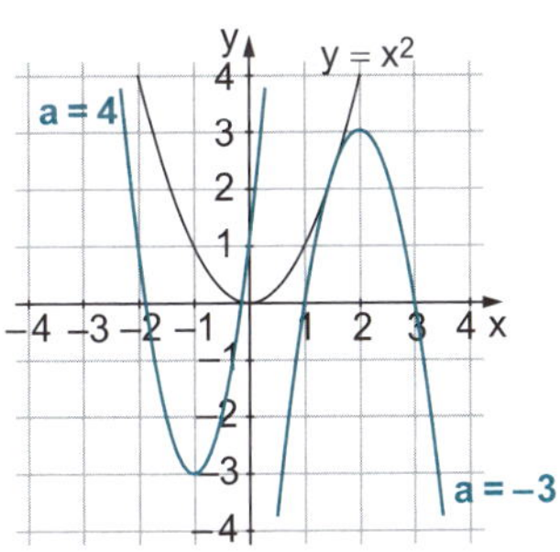

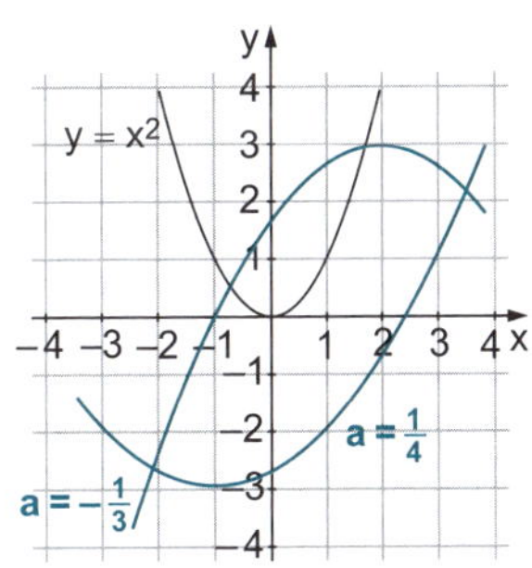

Der höchste Punkt einer nach unten offenen bzw. der tiefste Punkt einer nach oben offenen Parabel wird **Scheitel** genannt.

Regel

Scheitelform
Besitzt eine quadratische Funktion den Scheitel $S(x_S \mid y_S)$, so lässt sich der Funktionsterm in der Form

$$f(x) = a(x - x_S)^2 + y_S$$

schreiben.

Jeden quadratischen Term $ax^2 + bx + c$ können Sie durch quadratische Ergänzung in die Scheitelform umwandeln und daran die Scheitelkoordinaten ablesen.

Beispiele

1. Berechnen Sie die Koordinaten des Scheitels der quadratischen Funktion $f(x) = 2x^2 - 12x + 16$.

   Lösung:

   $2x^2 - 12x + 16 = 2(x^2 - 6x + 8)$ — Ausklammern des Koeffizienten bei x^2

   $= 2(\mathbf{x^2 - 6x + 3^2} - 3^2 + 8)$ — Quadratische Ergänzung

   $= 2(\mathbf{(x-3)^2} - 3^2 + 8)$ — Faktorisieren des hervorgehobenen Terms mittels binomischer Formel

   $= 2((x-3)^2 - 1)$ — Zusammenfassen

   $= 2(x-3)^2 - 2$ — Ausmultiplizieren

   Die Koordinaten des Scheitels lauten $S(3\,|\,-2)$.

2. Berechnen Sie die Lösungen folgender Gleichung $3x^2 + 15x - 42 = 0$ über der Grundmenge $\mathbb{R}$.

   Lösung:

   $$x^2 + 5x - 14 = 0$$ Division mit dem Koeffizienten bei x^2

   $$x^2 + 5x + \left(\tfrac{5}{2}\right)^2 - \left(\tfrac{5}{2}\right)^2 - 14 = 0$$

   $$\left(x + \tfrac{5}{2}\right)^2 - \tfrac{81}{4} = 0$$

   $$\left(x + \tfrac{5}{2} - \tfrac{9}{2}\right)\left(x + \tfrac{5}{2} + \tfrac{9}{2}\right) = 0$$ Faktorisieren mithilfe der 3. bin. Formel

   $$(x-2)(x+7) = 0$$

   Die beiden Lösungen $x_1 = 2$ und $x_2 = -7$ können nun abgelesen werden.

Ebenfalls mithilfe quadratischer Ergänzung können Sie die folgende wichtige Formel herleiten.

Regel

Lösungsformel für quadratische Gleichungen

Eine quadratische Gleichung $ax^2 + bx + c = 0$ besitzt über der Grundmenge $\mathbb{R}$

- für $b^2 - 4ac > 0$ genau die zwei Lösungen $x_1 = \frac{-b + \sqrt{b^2 - 4ac}}{2a}$, $x_2 = \frac{-b - \sqrt{b^2 - 4ac}}{2a}$;
- für $b^2 - 4ac = 0$ die einzige Lösung $x_1 = \frac{-b}{2a}$;
- für $b^2 - 4ac < 0$ keine Lösung.

Der Term $D := b^2 - 4ac$ wird als **Diskriminante** der Gleichung bezeichnet.

Beispiel

Berechnen Sie die Lösungen folgender Gleichungen über der Grundmenge $\mathbb{R}$.

a) $\frac{1}{2}x^2 - \frac{1}{2}x - 3 = 0$

b) $7x^2 + \sqrt{7}x = 0$

c) $x^2+3x+9=0$

Lösung:

a) Einsetzen von $a=\frac{1}{2}$, $b=-\frac{1}{2}$, $c=-3$ in die Lösungsformel liefert:

$$x_{1,2}=\frac{\frac{1}{2}\pm\sqrt{\left(-\frac{1}{2}\right)^2-4\cdot\frac{1}{2}\cdot(-3)}}{2\cdot\frac{1}{2}}=\frac{\frac{1}{2}\pm 2{,}5}{1}=0{,}5\pm 2{,}5 \Rightarrow x_1=-2;\ x_2=3$$

CAS *Hinweise für den CAS-Einsatz:*

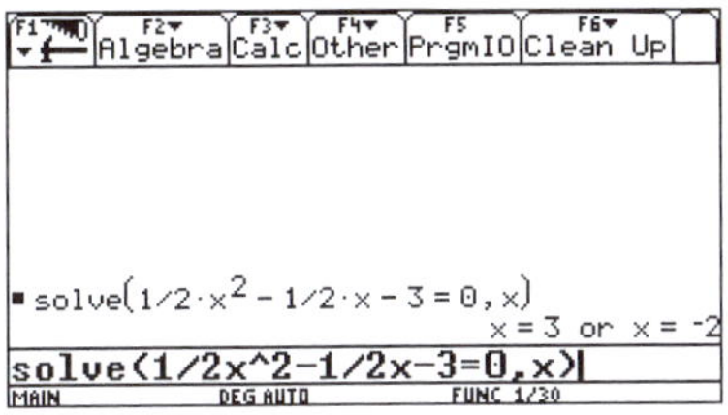

Eine quadratische Gleichung wird mithilfe des Befehls **solve** gelöst. Dabei muss in Klammern die Gleichung und dann die Variable genannt werden, nach der die Gleichung aufgelöst werden soll.

b) Das Ausklammern von x führt hier am schnellsten zum Ziel:

$$7x^2+\sqrt{7}x=0 \Leftrightarrow x(7x+\sqrt{7})=0 \Leftrightarrow \begin{cases} x_1=0 \\ 7x+\sqrt{7}=0 \Leftrightarrow x_2=-\frac{\sqrt{7}}{7} \end{cases}$$

c) Die Gleichung besitzt keine reellen Lösungen, weil die Diskriminante $D=3^2-4\cdot 9=-27$ negativ ist.

Gibt es einen einfacheren Zusammenhang zwischen den Koeffizienten einer quadratischen Gleichung und ihren Lösungen? Eindeutig kann dieser nur für normierte quadratische Gleichungen hergestellt werden, also für Gleichungen der Form $x^2+px+q=0$, bei denen der Koeffizient von x^2 eins ist.

Regel

Satz von Vieta

Sind x_1 und x_2 die beiden Lösungen der **normierten** quadratischen Gleichung $x^2+px+q=0$, so gilt:

$p=-(x_1+x_2)$ und $q=x_1\cdot x_2$

Beispiel

Geben Sie eine quadratische Gleichung an, welche die Lösungen $x_1=3$ und $x_2=-5$ besitzt.

Lösung:

Nach dem Satz von Vieta lauten die Koeffizienten der gesuchten normierten Gleichung $p=-(3-5)=2$ und $q=3\cdot(-5)=-15$. Daher hat die Gleichung $x^2+2x-15=0$ die vorgegebenen Lösungen.

Aus dem Satz von Vieta folgt sofort eine Regel zur Faktorisierung quadratischer Gleichungen.

Regel

Linearfaktorzerlegung

Besitzt die quadratische Gleichung $ax^2 + bx + c = 0$ die Lösungen x_1 und x_2, so lässt sich der quadratische Term als Produkt der Linearfaktoren darstellen:

$$ax^2 + bx + c = a(x - x_1)(x - x_2)$$

Beispiel

Schreiben Sie den Term $\frac{1}{2}x^2 - \frac{1}{2}x - 3$ als Produkt.

Lösung:

In der Teilaufgabe a des zweiten Beispiels wurden $x_1 = -2$; $x_2 = 3$ als Lösungen der Gleichung $\frac{1}{2}x^2 - \frac{1}{2}x - 3 = 0$ ermittelt. Daher gilt nach dem Satz von der Linearfaktorzerlegung:

$$\frac{1}{2}x^2 - \frac{1}{2}x - 3 = \frac{1}{2}(x + 2)(x - 3)$$

CAS

Hinweise für den CAS-Einsatz:

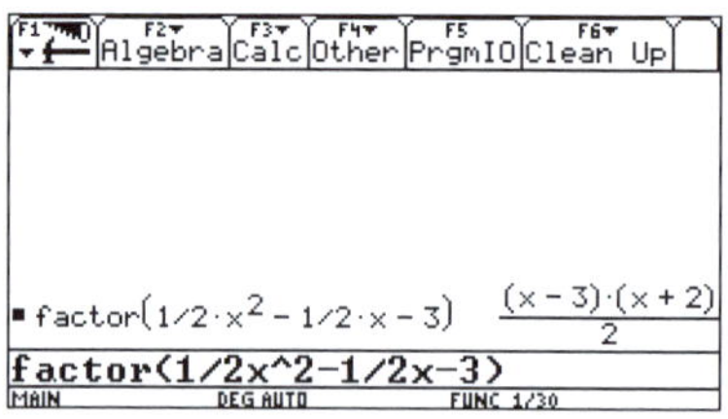

Das Faktorisieren erfolgt durch den Befehl **factor**.

Quadratische Ungleichungen lösen Sie effektiv, indem Sie

- zunächst die Lösungen der zugehörigen Gleichung bestimmen und dann
- je nach Richtung des Ungleichheitszeichen die Bereiche auf der x-Achse als Lösungsmenge benennen, in denen die Parabel über oder unter der x-Achse verläuft.

Beispiel

Berechnen Sie die Lösungsmenge der Ungleichung $\frac{1}{2}x^2 - \frac{1}{2}x - 3 < 0$.

Lösung:

Die Parabel

$$y = \frac{1}{2}x^2 - \frac{1}{2}x - 3$$

ist wegen $a = \frac{1}{2} > 0$ nach oben offen und schneidet die x-Achse bei –2 und 3 (vgl. voriges Beispiel). Daher sind die Funktionswerte des Terms y(x) für alle x von –2 bis 3 negativ. Die Lösungsmenge der Ungleichung lautet:

$\mathbb{L} =]-2; 3[$

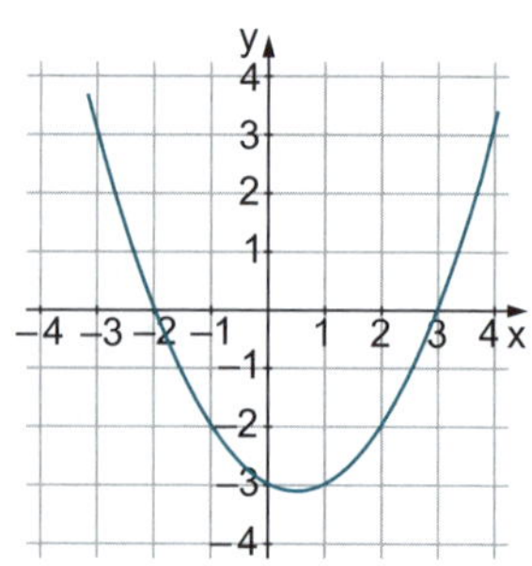

Analog finden Sie:

$\mathbb{L} = [-2; 3]$ für $\frac{1}{2}x^2 - \frac{1}{2}x - 3 \leq 0$

$\mathbb{L} =]-\infty; -2[\cup]3; \infty[$ für $\frac{1}{2}x^2 - \frac{1}{2}x - 3 > 0$

$\mathbb{L} =]-\infty; -2] \cup [3; \infty[$ für $\frac{1}{2}x^2 - \frac{1}{2}x - 3 \geq 0$

Aufgaben

3. Berechnen Sie die Koordinaten der Scheitel folgender quadratischer Funktionen. Vergleichen Sie die Öffnung und Breite der zugehörigen Parabeln mit der Normalparabel.

a) $f(x) = -2x^2 - 8x - 10$ b) $g(x) = 0{,}5 \cdot (x-2)(x+4)$

4. Berechnen Sie die Lösungsmengen folgender Gleichungen über der Grundmenge $G = \mathbb{R}$.

a) $\sqrt{3}x - 2 = \frac{1}{3}x^2$ b) $4x^2 - 28x = 0$

5. Stellen Sie die Gleichung der quadratischen Funktion auf, deren Parabel

a) durch die Punkte $P(3\,|\,1)$, $Q(-3\,|\,1)$, $R(1\,|\,3)$ verläuft.

b) durch den Punkt $(0\,|\,4)$ verläuft und in $(3\,|\,-5)$ ihren Scheitel hat.

c) nur im Intervall $]0; 5[$ unter der x-Achse verläuft und zur Normalparabel kongruent ist.

6. Berechnen Sie die Lösungsmengen folgender quadratischer Ungleichungen über der Grundmenge $G = \mathbb{R}$.

a) $x^2 - 9x + 20 \geq 0$ b) $x^2 + 6x + 14 < 0$

7. Geben Sie die Funktionsgleichungen zu den gezeichneten, zur Normalparabel kongruenten Parabeln an.

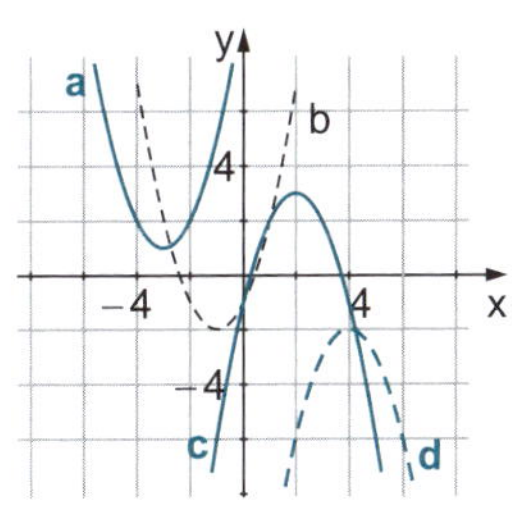

1.3 Ganzrationale Funktionen

Lineare und quadratische Funktionen sind Spezialfälle eines allgemeineren Funktionstyps, der ganzrationalen Funktionen.

Definition

Unter einer **ganzrationalen Funktion** oder einer **Polynomfunktion** vom Grad n versteht man eine reelle Funktion der Form:

$$f: \mathbb{R} \to \mathbb{R}$$
$$x \mapsto a_n x^n + a_{n-1} x^{n-1} + \ldots + a_1 x + a_0$$

Darin sind n eine natürliche Zahl und $a_n, a_{n-1}, \ldots, a_1, a_0$ reelle Zahlen mit $a_n \neq 0$.

Aufschluss über den Verlauf des zugehörigen Graphen liefern u. a. die Nullstellen der Funktion f, also die Lösungen der Gleichung

$a_n x^n + a_{n-1} x^{n-1} + \ldots + a_2 x^2 + a_1 x + a_0 = 0$.

Diese können nur dann durch Einsetzen der Koeffizienten in geeignete Lösungsformeln berechnet werden, wenn $n \leq 4$. Für $n = 3$ oder $n = 4$ erweist sich dieses Verfahren als sehr zeit- und rechenaufwendig. Für $n \geq 5$ lassen sich aus prinzipiellen mathematischen Gründen keine allgemein gültigen Lösungsformeln mehr angeben. In bestimmten Fällen gelingt es dennoch, Lösungen zu finden. Hierbei ist der folgende Satz hilfreich.

Regel

Lösungen einer algebraischen Gleichung

Für die Lösungen der Gleichung $a_n x^n + a_{n-1} x^{n-1} + \ldots + a_2 x^2 + a_1 x + a_0 = 0$ gilt:

a) Die Gleichung besitzt höchstens n verschiedene reelle Lösungen.

b) Wenn x_0 eine ganzzahlige Lösung ist und die Koeffizienten $a_n, a_{n-1}, \ldots, a_1, a_0$ ganze, teilerfremde Zahlen sind, dann teilt x_0 das konstante Glied a_0.

c) x_0 ist genau dann eine Lösung, wenn $a_n x^n + a_{n-1} x^{n-1} + \ldots + a_2 x^2 + a_1 x + a_0$ durch $(x - x_0)$ teilbar ist.

In diesem Zusammenhang ist der Begriff der Vielfachheit einer Nullstelle von Bedeutung.

Definition

Eine natürliche Zahl k heißt **Vielfachheit** der Lösung x_0, wenn k die größte Zahl ist, für die $a_n x^n + a_{n-1} x^{n-1} + \ldots + a_2 x^2 + a_1 x + a_0$ durch $(x - x_0)^k$ teilbar ist.

Beispiele

1. Ermitteln Sie alle **ganzzahligen** Lösungen der Gleichungen $f(x) = 0$ und $g(x) = 0$ mit $f(x) = x^3 - 2x^2 - 5x + 6$ und $g(x) = x^3 - 3x^2 - 2x + 6$.

Lösung:
Bei beiden Gleichungen kommen nach Aussage b der obigen Regel nur die Teiler von 6 als ganzzahlige Lösungen in Frage, also $\pm 1, \pm 2, \pm 3, \pm 6$. Durch Nachrechnen mit dem Taschenrechner finden Sie:

x	–6	–3	–2	–1	1	2	3	6
f(x)	–252	–24	0	8	0	–4	0	120
g(x)	–306	–42	–10	4	2	–2	0	102

Daraus folgt:
- Die Gleichung für f besitzt –2; 1; 3 als ganzzahlige Lösungen. Weitere Lösungen gibt es nach Aussage a der Regel nicht.
- Die Gleichung für g besitzt nur 3 als ganzzahlige Lösung. Weitere Lösungen sind daher möglich.

2. Berechnen Sie **alle** Lösungen der Gleichung $x^4 - 2x^3 - 4x^2 + 10x - 5 = 0$.

Lösung:
Als ganzzahlige Lösungen kommen nur Teiler von 5 in Frage, also $\pm 1; \pm 5$. Durch Nachrechnen finden Sie, dass davon nur 1 eine Lösung ist. Nach Teil c der Regel ist $f(x) = x^4 - 2x^3 - 4x^2 + 10x - 5$ durch $(x-1)$ teilbar. Polynomdivision liefert ein Polynom g so, dass $f(x) = (x-1)g(x)$:

$$\begin{array}{l}
(x^4 - 2x^3 - 4x^2 + 10x - 5) : (x - 1) = x^3 - x^2 - 5x + 5 \\
\underline{-(x^4 - x^3)} \\
\qquad - x^3 - 4x^2 \\
\quad \underline{-(- x^3 + x^2)} \\
\qquad\qquad - 5x^2 + 10x \\
\qquad\quad \underline{-(-5x^2 + 5x)} \\
\qquad\qquad\qquad\quad 5x - 5 \\
\qquad\qquad\qquad \underline{-(5x - 5)} \\
\qquad\qquad\qquad\qquad\quad 0
\end{array}$$

Man sieht, dass 1 auch eine Nullstelle von g(x) ist, und nach einer weiteren Polynomdivision erhält man $f(x) = (x-1)^2(x^2-5)$.
Die Gleichung $f(x) = 0$ besitzt daher die Lösungen $-\sqrt{5}$; 1; $\sqrt{5}$, wobei 1 die Vielfachheit 2 hat, also eine doppelte Nullstelle von f ist.

CAS *Hinweise für den CAS-Einsatz:*

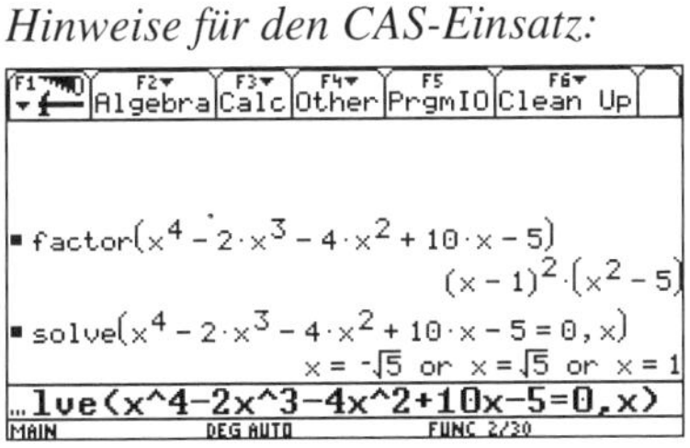

Der Befehl **solve** liefert nur drei Lösungen, obwohl es aufgrund der 4. Potenz vier Lösungen geben muss. Eine Lösung muss also eine doppelte Nullstelle sein. Mithilfe des Befehls **factor** erhält man die Linearfaktorzerlegung des Terms. Der Faktor $(x-1)$ tritt dabei in der 2. Potenz auf, d. h. die Vielfachheit der Nullstelle ist zwei.

Manchmal lässt sich der aufwendige Divisionsalgorithmus durch geschicktes Ausklammern vermeiden.

Beispiel

Berechnen Sie alle Lösungen der Gleichung $x^3 - 7x^2 - 2x + 14 = 0$ durch Faktorisieren.

Lösung:

$x^3 - 7x^2 - 2x + 14 = 0$

$x^2(x-7) - 2(x-7) = 0$ Partielles Ausklammern

$(x^2 - 2)(x-7) = 0$ Ausklammern von $(x-7)$

$(x-\sqrt{2})(x+\sqrt{2})(x-7) = 0$ Faktorisieren mit binomischer Formel.

Da ein Produkt null wird, wenn mindestens ein Faktor null ist, lauten die Lösungen $-\sqrt{2}; \sqrt{2}; 7$.

Es besteht ein enger Zusammenhang zwischen dem Verlauf des Graphen einer ganzrationalen Funktion und der Vielfachheit ihrer Nullstellen. Bei einer Nullstelle

- **ungerader** Vielfachheit **schneidet**,
- **gerader** Vielfachheit **berührt**

der Graph einer ganzrationalen Funktion die x-Achse. Er verläuft dort umso flacher, je größer die Vielfachheit ist.

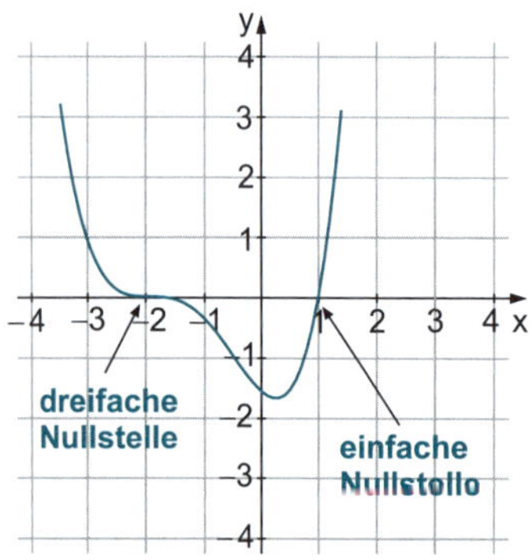

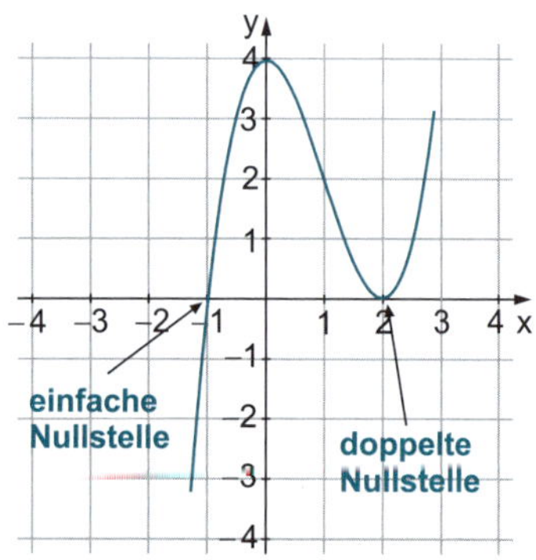

Eine Hilfe für das Zeichnen des Funktionsgraphen ist das Felderabstreichen. Darunter versteht man die farbliche Markierung jener Gebiete im Koordinatensystem, in denen der Funktionsgraph nicht verläuft. Sie finden diese Gebiete, indem Sie den Funktionsterm mithilfe seiner sämtlichen reellen Nullstellen $x_1, x_2, \ldots, x_r$ und deren Vielfachheiten $k_1, k_2, \ldots, k_r$ als Produkt in der Form

$$f(x) = (x - x_1)^{k_1} \cdot (x - x_2)^{k_2} \cdot \ldots \cdot (x - x_r)^{k_r} \cdot g(x)$$

schreiben. g(x) ist dabei eine ganzrationale Funktion, die keine reellen Nullstellen besitzt. Aus den einfach zu ermittelnden Vorzeichen der Faktoren können Sie auf das Vorzeichen des Funktionsterms zwischen jeweils zwei Nullstellen schließen.

Beispiel

Streichen Sie die Felder ab, in denen der Graph der Funktion
$f(x) = (x-2)^2(x+1)(x-3)(x^4+1)$
nicht verläuft.

Lösung:

Weil

- $(x-2)^2 \geq 0$ ist für alle reellen x und 2 doppelte Nullstelle ist,
- $(x^4+1) > 0$ ist für alle reellen x
- $(x+1) > 0 \Leftrightarrow x > -1$ und -1 einfache Nullstelle ist,
- $(x-3) > 0 \Leftrightarrow x > 3$ und 3 einfache Nullstelle ist,

ist f(x) für

- x aus $]-\infty; -1[\cup]3; +\infty[$ positiv und der Funktionsgraph verläuft über der x-Achse;
- x aus $]-1; 3[\setminus \{2\}$ negativ und der Funktionsgraph verläuft unter der x-Achse.

Der Graph schneidet die x-Achse bei -1 und 3 und berührt sie bei 2.

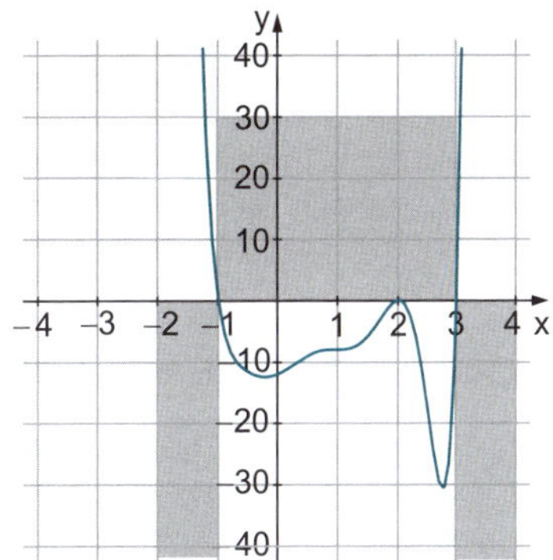

$(x-2)^2$	+	+	+	+
$(x+1)$	−	+	+	+
$(x-3)$	−	−	−	+
(x^4+1)	+	+	+	+
f(x)	+	−	−	+

Aufgaben **8.** Berechnen Sie die Nullstellen folgender ganzrationaler Funktionen. Geben Sie jeweils die Vielfachheit an.

a) $f(x) = x^4 - 9x^2 + 20$

b) $f(x) = -x^7 - x^5 - x^9$

c) $f(x) = x^4 - 2x^3 + 2x^2 - 2x + 1$

9. Ordnen Sie den auf der folgenden Seite abgebildeten Funktionsgraphen aus den vorgeschlagenen Funktionstermen den richtigen zu und begründen Sie Ihre Entscheidung.

A

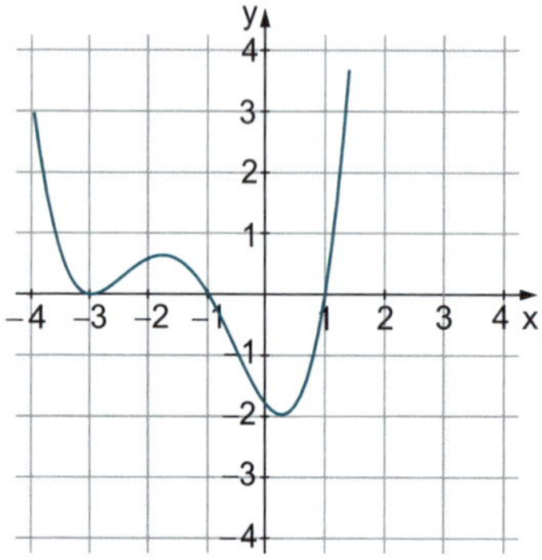

B

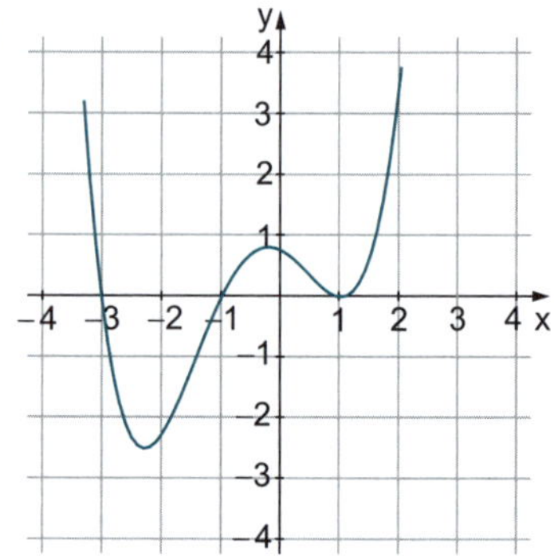

C

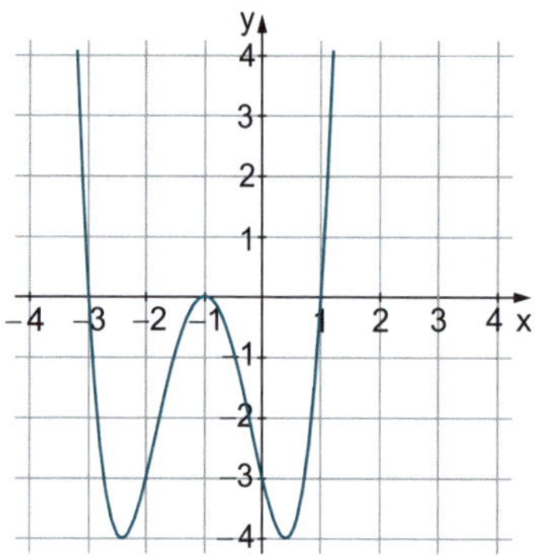

D

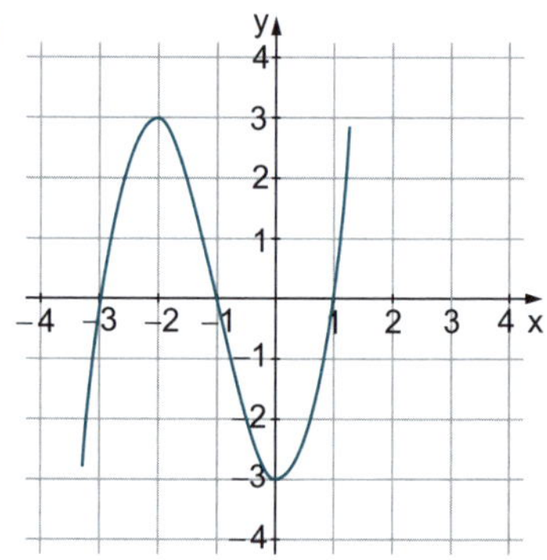

E

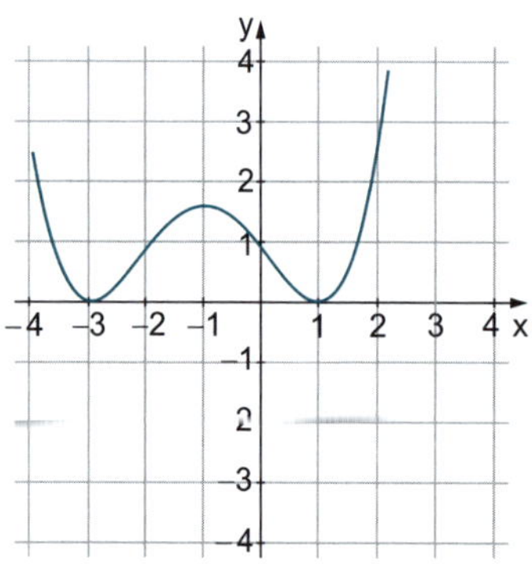

F

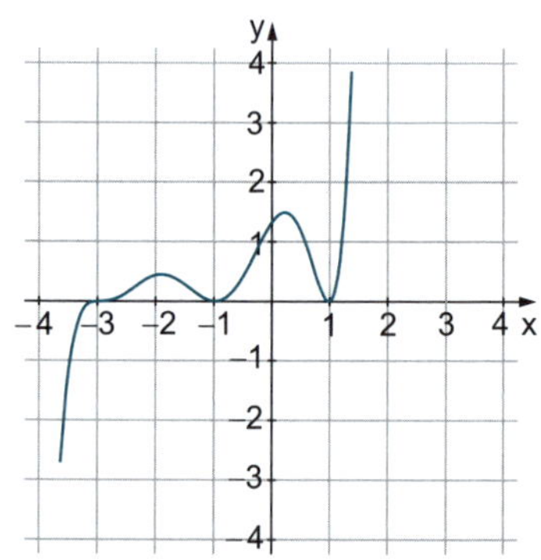

Vorgeschlagene Funktionsterme:

$f(x) = \frac{1}{10}(x+3)^2(x-1)^2$

$g(x) = \frac{1}{4}(x-1)^2(x+3)(x+1)$

$h(x) = (x+3)^2(x+1)^2(x-1)$

$i(x) = (x+3)(x-1)(x+1)$

$j(x) = \frac{1}{2}(x-3)(x+1)^2(x-1)$

$k(x) = (x+3)(x+1)^2(x-1)$

$l(x) = \frac{1}{3}(x+3)^3(x-1)$

$m(x) = (x+3)^2(x+1)^2(x-1)^2$

$n(x) = \frac{1}{5}(x+3)^2(x-1)(x+1)$

$o(x) = \frac{1}{20}(x+3)^3(x+1)^2(x-1)^2$

1.4 Gebrochenrationale Funktionen

Die Addition, Subtraktion, Multiplikation oder Verkettung zweier ganzrationaler Funktionen führt wieder auf eine ganzrationale Funktionen. Anders liegt der Fall bei der Division.

Definition

Der Quotient zweier ganzrationaler Funktionen z(x) und n(x), also eine Funktion der Form

$$f(x) = \frac{z(x)}{n(x)} = \frac{a_n x^n + a_{n-1} x^{n-1} + \ldots + a_1 x + a_0}{b_m x^m + b_{m-1} x^{m-1} + \ldots + b_1 x + b_0}$$

bei der $a_n, a_{n-1}, \ldots, a_1, a_0, b_m, b_{m-1}, \ldots, b_1, b_0$ reelle Zahlen mit $a_n, b_m \neq 0$ und n, m natürliche Zahlen sind, wird als **gebrochenrationale Funktion** bezeichnet. Man unterscheidet zwischen

- **echt gebrochenrationalen** Funktionen mit grad $z(x) < \text{grad } n(x)$ und
- **unecht gebrochenrationalen** Funktionen mit grad $n(x) < \text{grad } z(x)$.

Aufschluss über den Verlauf des zugehörigen Graphen geben u. a. Null- und Polstellen.

Definition

Unter einer **Nullstelle k-ter Ordnung** einer gebrochenrationalen Funktion f(x) versteht man eine reelle Zahl x_0, für die es ganzrationale Funktionen $n^*(x)$, $z^*(x)$ so gibt, dass

$$n^*(x_0) \neq 0, \; z^*(x_0) \neq 0 \quad \text{und} \quad f(x) = \frac{z^*(x)}{n^*(x)} \cdot (x - x_0)^k.$$

Unter einer **Polstelle k-ter Ordnung** einer gebrochenrationalen Funktion f(x) versteht man eine reelle Zahl x_0, für die es ganzrationale Funktionen $n^{**}(x)$, $z^{**}(x)$ so gibt, dass

$$n^{**}(x_0) \neq 0, \; z^{**}(x_0) \neq 0 \quad \text{und} \quad f(x) = \frac{z^{**}(x)}{n^{**}(x)} \cdot \frac{1}{(x - x_0)^k}.$$

An ihren Nullstellen verhalten sich gebrochen- und ganzrationale Funktionen gleich.
An ihren Polstellen streben die Funktionswerte einer gebrochenrationalen Funktion dem Betrag nach gegen ∞, wenn das Argument der Funktion gegen den Pol strebt. Das Vorzeichen der Funktionswerte in der Umgebung der Polstelle hängt zum einen davon ab, ob der Exponent k gerade oder ungerade ist, zum anderen vom Vorzeichen des Bruchterms $\frac{z^{**}(x_0)}{n^{**}(x_0)}$. Es lassen sich somit vier Fälle unterscheiden:

- $f(x) = \frac{z^{**}(x)}{n^{**}(x)} \cdot \frac{1}{(x - x_0)^k}$, **k ungerade**

$\frac{z^{**}(x_0)}{n^{**}(x_0)} > 0$

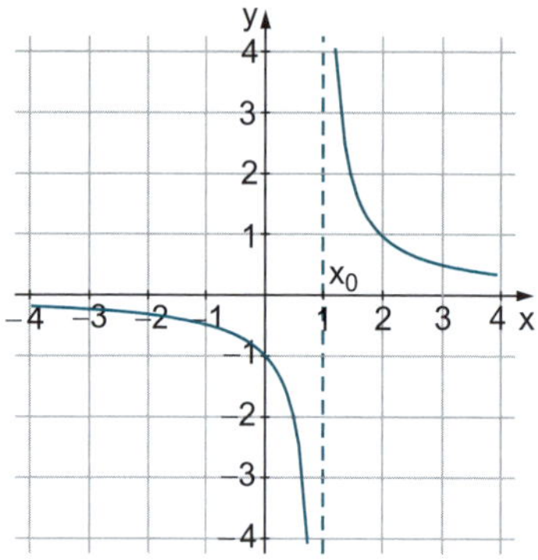

$\frac{z^{**}(x_0)}{n^{**}(x_0)} < 0$

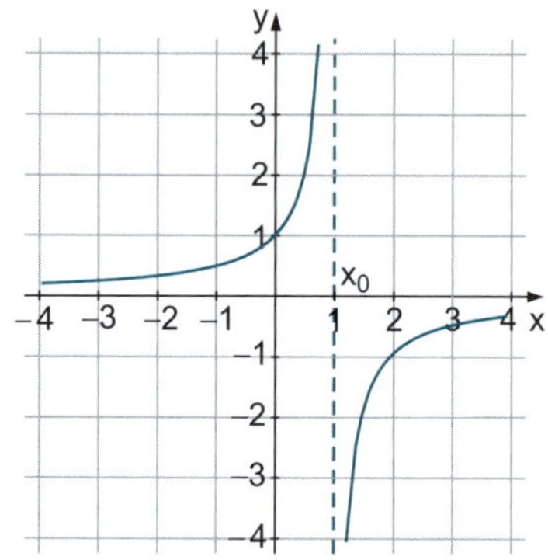

- $f(x) = \frac{z^{**}(x)}{n^{**}(x)} \cdot \frac{1}{(x - x_0)^k}$, **k gerade**

$\frac{z^{**}(x_0)}{n^{**}(x_0)} > 0$

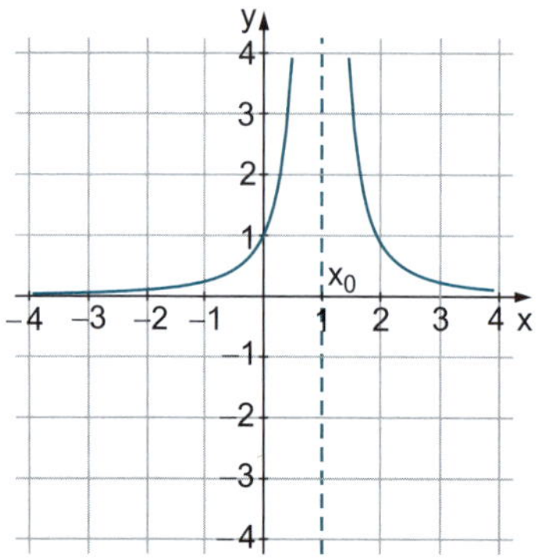

$\frac{z^{**}(x_0)}{n^{**}(x_0)} < 0$

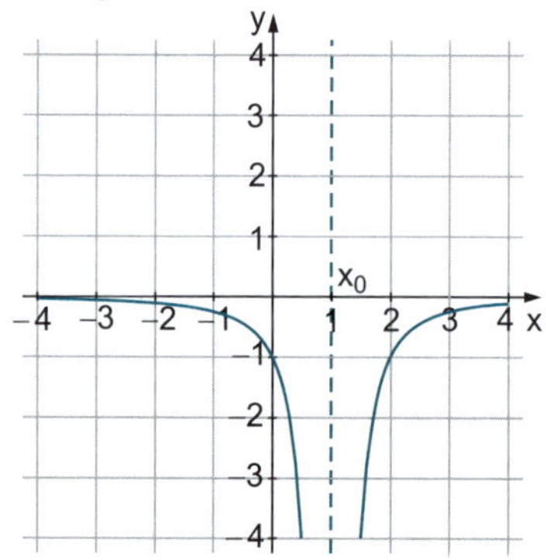

Beispiel

Die Funktionswerte der Funktion

$f(x) = \frac{x - 1}{(x + 2)(x - 3)}$, $x \in \mathbb{R} \setminus \{-2; +3\}$,

streben für $|x| \to \infty$ gegen 0 (Nachweis nicht erforderlich). Skizzieren Sie den ungefähren Verlauf ihres Graphen und begründen Sie Ihr Vorgehen.

Lösung:

- f(x) besitzt bei **–2** eine **Polstelle 1. Ordnung**. Weil $\frac{x-1}{x-3}$ dort positiv ist und $x + 2$ beim Fortschreiten von links nach rechts über die Polstelle hinweg das Vorzeichen von – nach + wechselt, strebt f(x) bei Annäherung von links (rechts) an die Polstelle gegen $-\infty$ $(+\infty)$.

- f(x) besitzt bei **+3** eine **Polstelle 1. Ordnung**. Weil $\frac{x-1}{x+2}$ dort positiv ist und $x-3$ beim Fortschreiten von links nach rechts über die Polstelle hinweg das Vorzeichen von – nach + wechselt, strebt f(x) bei Annäherung von links (rechts) an die Polstelle gegen $-\infty$ $(+\infty)$.
- Bei **+1** eine **Nullstelle 1. Ordnung**. Weil $(x+2)(x-3)$ dort negativ ist und $x-1$ beim Fortschreiten von links nach rechts über die Nullstelle hinweg das Vorzeichen von – nach + wechselt, wechselt f das Vorzeichen von + nach –.

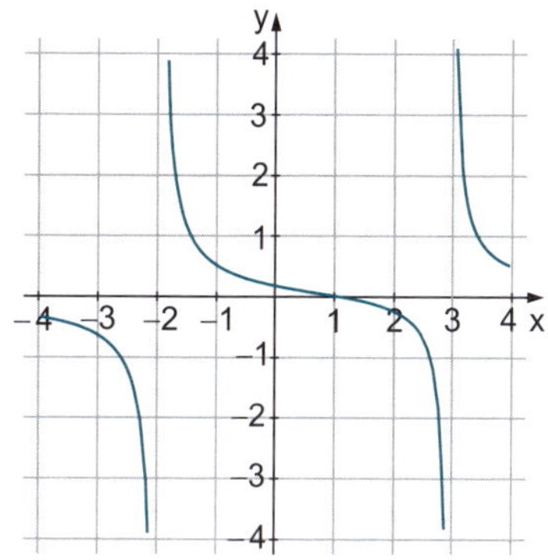

Aufgaben **10.** Die Funktionswerte folgender Funktionen streben für $|x| \to \infty$ gegen 0 (Nachweis nicht erforderlich). Skizzieren Sie den ungefähren Verlauf ihrer Graphen und begründen Sie Ihr Vorgehen.

a) $f(x) = \frac{(x-1)^2}{(x+2)^2 \cdot (x-3)^2}, \quad x \in \mathbb{R} \setminus \{-2; +3\}$

b) $f(x) = \frac{x-1}{(x+2)^2 \cdot (x-3)}, \quad x \in \mathbb{R} \setminus \{-2; +3\}$

11. Ordnen Sie den abgebildeten Funktionsgraphen aus den vorgeschlagenen Funktionstermen den richtigen zu und begründen Sie Ihre Entscheidung.

A

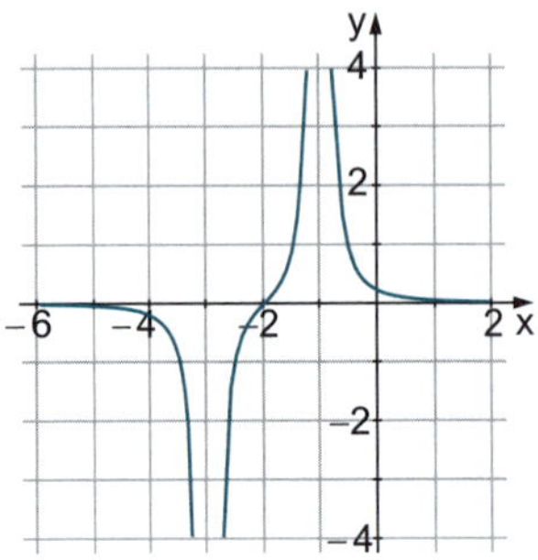

B

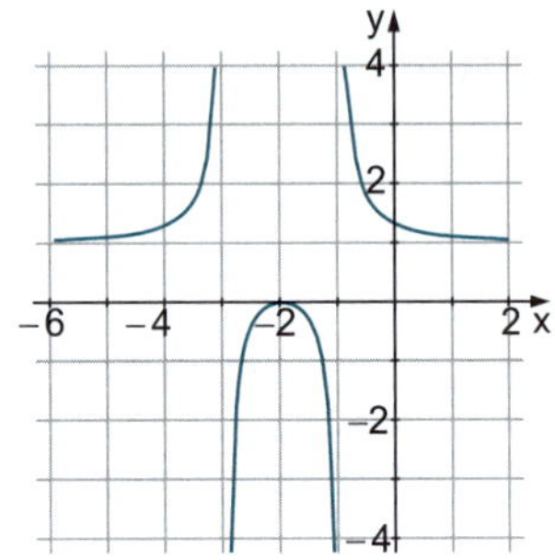

C

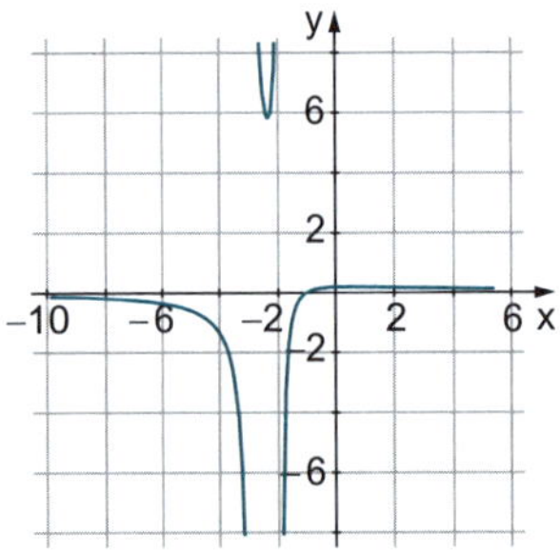

D

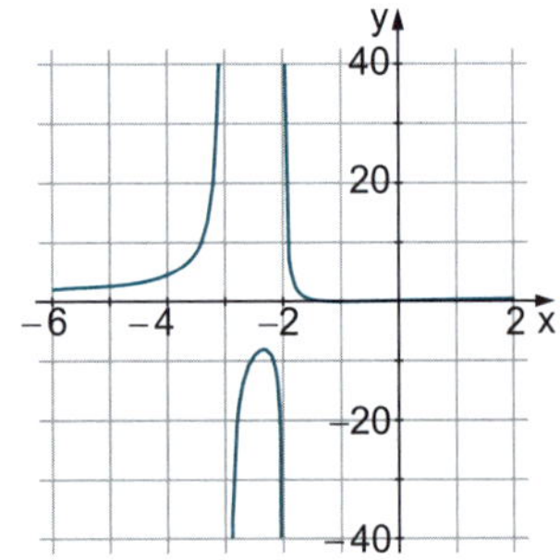

E

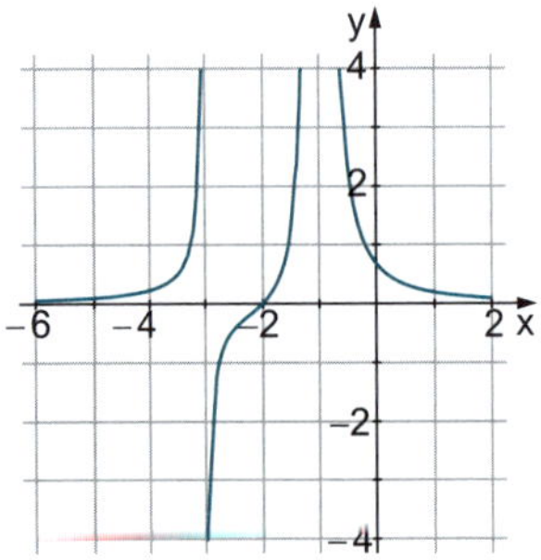

Vorgeschlagene Funktionsterme:

$f(x) = \frac{x+2}{(x+1)^2 \cdot (x+3)}$

$g(x) = \frac{(x+2)^2}{(x+1)^2 \cdot (x+3)^2}$

$h(x) = \frac{x+1}{(x+2) \cdot (x+3)}$

$i(x) = \frac{x+1}{(x+2)^2 \cdot (x+3)^2}$

$j(x) = \frac{(x+1)^2}{(x+3) \cdot (x+2)^2}$

$k(x) = \frac{(x+1)^2}{(x+2) \cdot (x+3)}$

$l(x) = \frac{(x+2)^2}{(x+1) \cdot (x+3)}$

$m(x) = \frac{x+2}{(x+1)^2 \cdot (x+3)^2}$

$n(x) = \frac{x+3}{(x+1)^2 \cdot (x+2)}$

$o(x) = \frac{x+3}{(x+1) \cdot (x+2)}$

1.5 Potenzfunktionen

Ein Spezialfall der rationalen Funktionen sind die Potenzfunktionen mit ganzzahligen Exponenten. Mit ihrer Hilfe lassen sich elementare physikalische Gesetze wie das Coulomb- oder das Gravitationsgesetz ebenso wie das Verhalten von Polynomfunktionen im Unendlichen mathematisch beschreiben. Auch die Ableitung der natürlichen Logarithmusfunktion ist eine Potenzfunktion.

Definition

Unter einer **Potenzfunktion mit ganzzahligem Exponenten** versteht man eine Funktion der Form

$$f: \mathbb{R} \to \mathbb{R}$$
$$x \mapsto x^n$$

mit veränderlicher Basis x und festem Exponenten $n \in \mathbb{Z}$.
Ihr Graph heißt

- **Parabel der Ordnung n**, wenn $n \in \mathbb{N}$;
- **Hyperbel der Ordnung |n|**, wenn $n \in \mathbb{Z} \setminus \mathbb{N}$.

Man unterscheidet

- **Parabeln gerader Ordnung:**
  Sie sind achsensymmetrisch bzgl. der y-Achse des Koordinatensystems und verlaufen durch die Punkte (–1 | 1); (0 | 0) und (1 | 1).
  Je größer n ist, desto flacher verlaufen sie im Intervall]–1; 1[und desto steiler außerhalb dieses Intervalls.

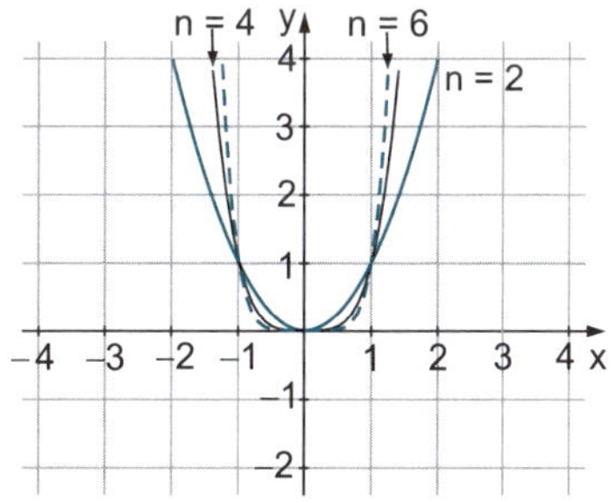

- **Parabeln ungerader Ordnung:**
  Sie sind punktsymmetrisch bzgl. des Koordinatenursprungs und verlaufen durch die Punkte (–1 | –1), (0 | 0) und (1 | 1).
  Je größer n ist, desto flacher verlaufen sie im Intervall]–1; 1[und desto steiler außerhalb dieses Intervalls.

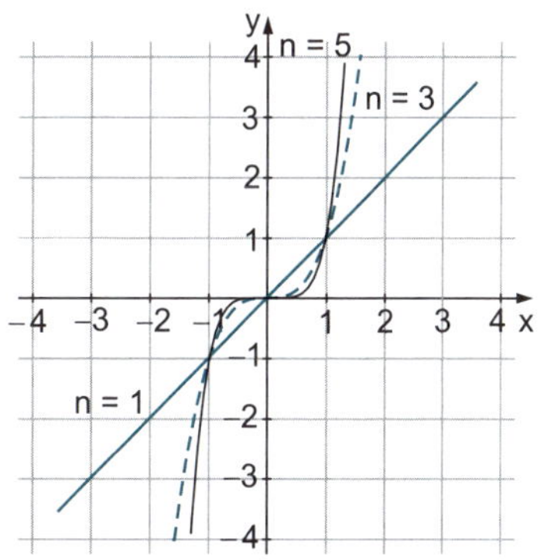

- **Hyperbeln gerader Ordnung:**
  Sie sind achsensymmetrisch bzgl. der y-Achse des Koordinatensystems und verlaufen durch die Punkte (–1 | 1) und (1 | 1).
  Je größer | n | ist, desto steiler verlaufen sie im Intervall]–1; 1[und desto flacher außerhalb dieses Intervalls.

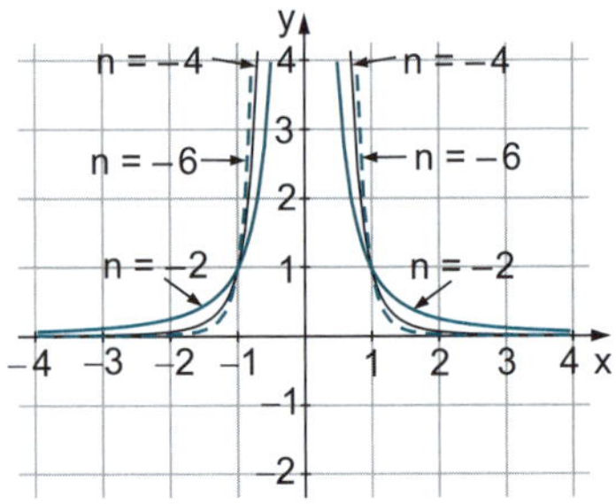

- **Hyperbeln ungerader Ordnung:**
  Sie sind punktsymmetrisch bzgl. des Koordinatenursprungs und verlaufen durch die Punkte (–1 | –1) und (1 | 1).
  Je größer | n | ist, desto steiler verlaufen sie im Intervall]–1; 1[und desto flacher außerhalb dieses Intervalls.

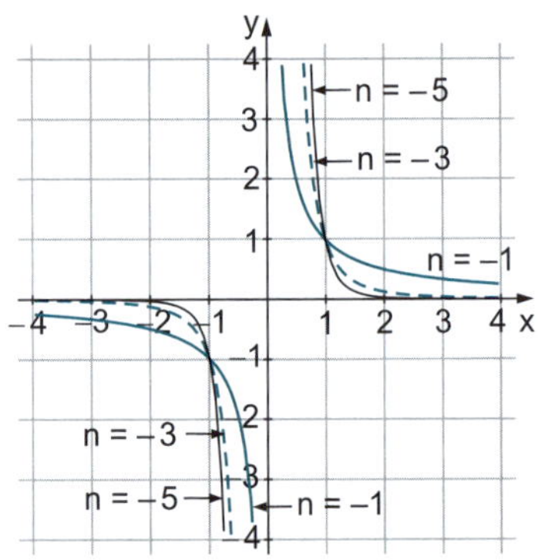

Beispiel

Treffen Sie eine Aussage über den ganzzahligen Exponenten n einer Potenzfunktion f: $x \mapsto x^n$; $x \in \mathbb{D}_{f;\,max}$, deren Graph auf $\mathbb{R}^-$ streng monoton fällt.

Lösung:

Der Vergleich mit den grafischen Darstellungen oben zeigt, dass f auf $\mathbb{R}^-$ nur für Parabeln gerader Ordnung oder Hyperbeln ungerader Ordnung streng monoton fällt. Daher ist n entweder gerade und positiv oder ungerade und negativ.

Aufgabe **12.** Welche Aussagen lassen sich über den ganzzahligen Exponenten n einer Potenzfunktion f: $x \mapsto x^n$; $x \in \mathbb{D}_{f;\,max}$ treffen, wenn

a) ihr Graph punktsymmetrisch bzgl. des Koordinatenursprungs ist?

b) ihr Graph vollständig über der x-Achse verläuft und sie auch nicht berührt?

c) der Punkt $\left(-3 \;\middle|\; -\frac{1}{27}\right)$ auf dem Funktionsgraphen liegt?

d) ihr Graph auf dem Intervall]0; 1[unterhalb des Graphen der Funktion g: $x \mapsto x^7$ verläuft?

e) ihr Graph auf der maximalen Definitionsmenge der Funktion streng monoton fällt?

f) Definitions- und Wertemenge der Funktion gleich sind?

g) die Wertemenge der Funktion eine echte Teilmenge ihrer maximalen Definitionsmenge ist?

h) die Funktion den Wert 0 nicht annimmt?

i) die Funktion nur positive Funktionswerte annimmt?

1.6 Wurzelfunktionen

Durch Umkehrung einer auf $\mathbb{R}_0^+$ eingeschränkten Potenzfunktion mit natürlichem Exponenten n erhält man eine Wurzelfunktion.

Definition

Unter der **n-ten Wurzelfunktion** ($n \in \mathbb{N}$) versteht man die reelle Funktion

$$f\colon \mathbb{R}_0^+ \to \mathbb{R}_0^+$$
$$x \mapsto x^{\frac{1}{n}}.$$

Man schreibt hierfür auch $f\colon x \mapsto \sqrt[n]{x}$.

Der zugehörige **Graph** ist das Spiegelbild der auf $\mathbb{R}^+$ eingeschränkten Parabel n-ter Ordnung bzgl. der Geraden $y = x$.

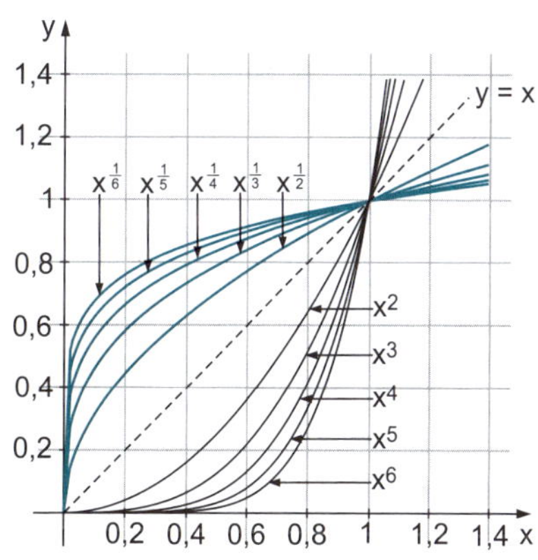

Gelegentlich müssen Sie **Quadratwurzelgleichungen** lösen, also Gleichungen, in denen Quadratwurzelterme auftreten. Sie isolieren hierzu einen Wurzelterm auf einer Seite der Gleichung und quadrieren anschließend beide Seiten der Gleichung (gegebenenfalls müssen Sie diese Schritte mehrfach durchführen).

Da Quadrieren keine Äquivalenzumformung darstellt, ist es notwendig, dass Sie durch Einsetzen einer berechneten Lösung in die ursprüngliche Gleichung überprüfen, ob es sich tatsächlich um eine Lösung handelt.

Beispiel

Berechnen Sie die Lösungsmenge der Gleichung $x = \sqrt{x+5} - 3$ über der Grundmenge $G = \mathbb{R}$.

Lösung:

$\sqrt{x+5} = x+3$	Isolieren der Wurzel
$x+5 = x^2+6x+9$	Quadrieren der beiden Gleichungsseiten
$x^2+5x+4=0$	Zusammenfassen und Ordnen nach Potenzen auf der linken Gleichungsseite
$x_1=-1,\ x_2=-4$	Anwenden der Lösungsformel für quadratische Gleichungen

Probe:

- –1 ist eine Lösung, da die Gleichung beim Einsetzen von $x_1=-1$ in beide Seiten jeweils –1 ergibt.
- –4 ist keine Lösung, da man beim Einsetzen von $x_2=-4$ in die rechte Seite der Gleichung –2, beim Einsetzen in die linke Seite –4 erhält.

CAS *Hinweise für den CAS-Einsatz:*

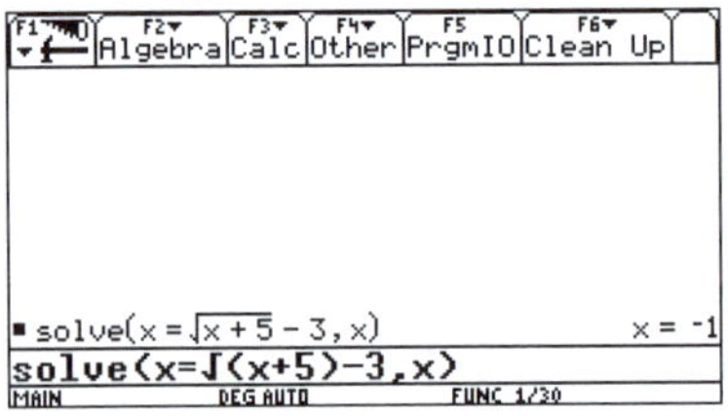

Der Befehl **solve** liefert sofort die Lösung $x=-1$.

Aufgabe **13.** Berechnen Sie die Lösungsmengen folgender Quadratwurzelgleichungen über der Grundmenge $G=\mathbb{R}$.

a) $\sqrt{x+3}+\sqrt{x-2}=5$

b) $\sqrt{5+\sqrt{3x-3}-x}=2$

1.7 Exponentialfunktionen

Für die mathematische Beschreibung von Prozessen (z. B. des radioaktiven Zerfalls der Atomkerne, der Abkühlung einer heißen Tasse Kaffee, des Bevölkerungswachstums, des Treibhauseffekts, der Bewertung von Optionsscheinen) und die Analyse einer Vielzahl von Fragestellungen (Wie lässt sich die Temperatur der Sonne berechnen? Wie effektiv sind Autostoßdämpfer? Worin liegt das islamische Zinsverbot begründet?) sind Exponentialfunktionen unabdingbar.

Definition

Unter einer **Exponentialfunktion** mit der Basis $a \in \mathbb{R}^+ \setminus \{1\}$ versteht man eine reelle Funktion der Form

$$f: \mathbb{R} \to \mathbb{R}^+$$
$$x \mapsto a^x.$$

Der zugehörige **Graph**
- verläuft nur über der x-Achse;
- geht durch den Punkt $(0 \mid 1)$;
- steigt streng monoton für $a > 1$ und fällt streng monoton für $0 < a < 1$ (vgl. Abschnitt 5.1, Seite 92);
- geht durch Spiegelung an der y-Achse über in den Graphen der Funktion $x \mapsto \left(\frac{1}{a}\right)^x$ und umgekehrt.

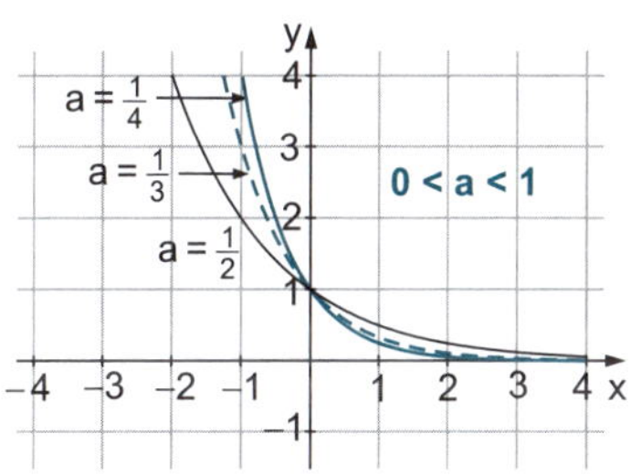

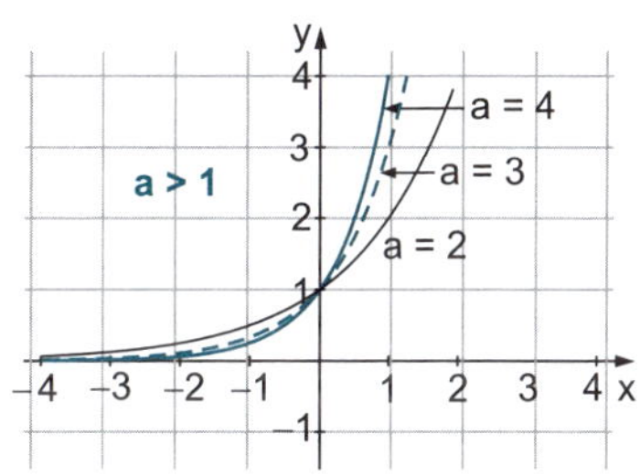

Eine mit Blick auf Differenzier- und Integrierbarkeitseigenschaften wichtige Basis ist die Euler'sche Zahl e. Die zugehörige Exponentialfunktion heißt **e-Funktion** oder **natürliche Exponentialfunktion**.

Definition

Unter der **Euler'schen Zahl e** versteht man den Grenzwert $e = \lim\limits_{n \to \infty} \left(1 + \frac{1}{n}\right)^n$.

Die Euler'sche Zahl e ist eine irrationale Zahl. Ihre Dezimalbruchentwicklung ist unendlich und nicht periodisch, sie beginnt mit 2,71828… Die Grenzwertvorschrift für e lässt sich auf die natürliche Exponentialfunktion erweitern, es gilt:

$$e^k = \lim_{n \to \infty} \left(1 + \frac{k}{n}\right)^n \text{ mit } k \in \mathbb{R}$$

Für Äquivalenzumformungen von Exponentialfunktionstermen benötigen Sie die Potenzgesetze.

Regel

Für die reellen Zahlen $a \in \mathbb{R}^+ \setminus \{1\}$ und $x, y \in \mathbb{R}$ gelten folgende **Potenzgesetze:**

1. $a^x \cdot a^y = a^{x+y}$
2. $\frac{a^x}{a^y} = a^{x-y}$
3. $a^x \cdot b^x = (a \cdot b)^x$
4. $\frac{a^x}{b^x} = \left(\frac{a}{b}\right)^x$
5. $(a^x)^y = a^{x \cdot y}$

Diese Gesetze werden ergänzt durch die Beziehungen $a^0 = 1$ und $a^{-x} = \frac{1}{a^x}$.

Beispiel

Vereinfachen Sie folgende Terme so weit wie möglich.

a) $\dfrac{4-e^{2x}}{2+e^x}$

b) $(-e^{1-x} \cdot (-1) \cdot (1+x) - e^{1-x}) \cdot e^x$

Lösung:

a) $\dfrac{4-e^{2x}}{2+e^x} = \dfrac{2^2-(e^x)^2}{2+e^x}$ — 5. Potenzgesetz

$= \dfrac{(2-e^x)(2+e^x)}{2+e^x}$ — 3. binomische Formel

$= 2 - e^x$ — Kürzen mit $2+e^x$

b) $(-e^{1-x} \cdot (-1) \cdot (1+x) - e^{1-x}) \cdot e^x$

$= ((1+x)-1) \cdot e^{1-x} \cdot e^x$ — Ausklammern von e^{1-x}

$= x \cdot e^{1-x+x}$ — 1. Potenzgesetz

$= x \cdot e$

Aufgabe **14.** Vereinfachen Sie folgende Terme so weit wie möglich.

a) $\dfrac{e^x - 1}{1-\sqrt{e^x}}$

b) $\frac{1}{2} \cdot \left(e^x \cdot (e^x - 2) + e^x \cdot e^x\right)$

c) $-2e^{-x} + (1-2x) \cdot e^{-x} \cdot (-1)$

d) $\dfrac{\frac{e^x}{\sqrt{e^x - 1}} \cdot e^x - e^x \cdot \sqrt{e^x - 1}}{e^{2x}}$

1.8 Logarithmusfunktionen

Auch Logarithmusfunktionen haben ein breites Anwendungsspektrum. Man benötigt sie beispielsweise für die Beschreibung der psychophysischen Wirkung von Helligkeiten und Lautstärken, für die Entwicklung von Wertebereichsskalen, die viele Größenordnungen umfassen, oder um bestimmte Funktionstypen einfach integrieren zu können, aber auch für die mathematische Erfassung geometrischer Sachverhalte wie etwa der Spiralformen von Schneckenhäusern.

Definition

Unter einer **Logarithmusfunktion** zur Basis $a \in \mathbb{R}^+ \setminus \{1\}$ versteht man eine Funktion der Form

$$f: \mathbb{R}^+ \to \mathbb{R}$$
$$x \mapsto \log_a x.$$

Dabei ist $\log_a x$ diejenige reelle Zahl z, für die $a^z = x$ gilt.

Der zugehörige **Graph** ist das Spiegelbild des Graphen der Exponentialfunktion $x \mapsto a^x$ bzgl. der Geraden $y = x$.

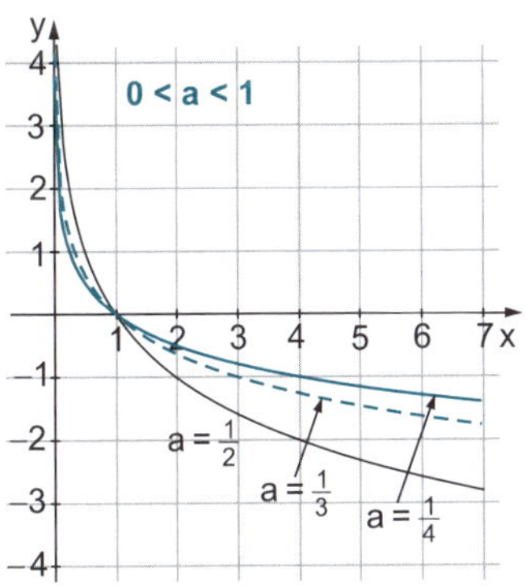

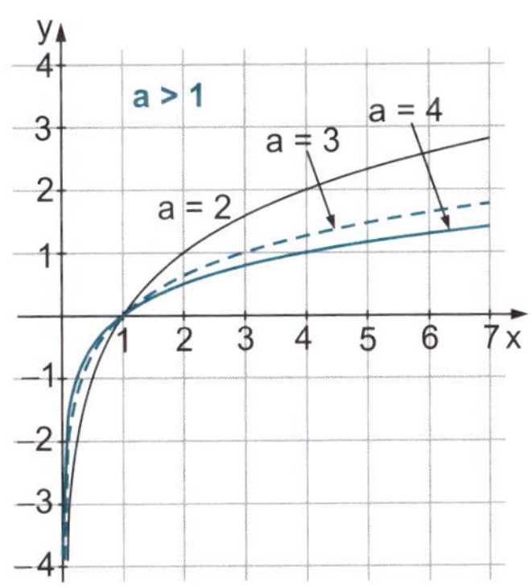

Der Graph
- verläuft nur im 1. und 4. Quadranten;
- geht durch den Punkt $(1 | 0)$;
- steigt streng monoton für $a > 1$ und fällt streng monoton für $0 < a < 1$ (vgl. Abschnitt 5.1, Seite 92);
- geht durch Spiegelung an der x-Achse über in den Graphen der Funktion $x \mapsto \log_{\frac{1}{a}} x$ und umgekehrt.

Eine mit Blick auf ihre Differenzierbarkeitseigenschaften besonders wichtige Logarithmusfunktion ist die **natürliche Logarithmusfunktion**, welche die Euler'sche Zahl **e als Basis** hat. Statt mit $\log_e x$ wird sie kürzer mit $\ln x$ bezeichnet.

Bei der Umformung von Logarithmustermen helfen folgende Rechengesetze:

Regel

Rechnen mit Logarithmen

Für $a \in \mathbb{R}^+ \setminus \{1\}$, $u, v \in \mathbb{R}^+$ gilt:

1. $\log_a(u \cdot v) = \log_a u + \log_a v$ — Produktregel für Logarithmen
2. $\log_a \frac{u}{v} = \log_a u - \log_a v$ — Quotientenregel für Logarithmen
3. $\log_a(u^r) = r \cdot \log_a u$ — Potenzregel für Logarithmen
4. $\log_a a = 1$
5. $\log_a 1 = 0$
6. $\log_a u = -\log_{\frac{1}{a}} u$
7. $\log_a u = \frac{\log_b u}{\log_b a}$ — Basistransformationsregel
8. $a^{\log_a u} = u$
9. $\log_a(a^u) = u$

Beispiel

Vereinfachen Sie folgende Terme so weit wie möglich.

a) $2\ln\frac{1}{4} + \ln 2$

b) $\log_3(e^2 - 1) + \log_{\frac{1}{3}}(e-1) - \log_3(e+1)$

c) $\ln(x+1) - \ln x + \ln\frac{1}{x}$

Lösung:

Die über den Gleichheitszeichen stehenden Ziffern geben jeweils die Nummer der verwendeten Logarithmus-Rechenregel an.

a) $$2 \cdot \ln\frac{1}{4} + \ln 2 \overset{(2)}{=} 2 \cdot (\ln 1 - \ln 4) + \ln 2 \overset{(5)}{=} 2 \cdot (-\ln 4) + \ln 2$$

$$= 2 \cdot (-\ln 2^2) + \ln 2 \overset{(3)}{=} 2(-2 \cdot \ln 2) + \ln 2$$

$$= -4 \cdot \ln 2 + \ln 2 = -3\ln 2$$

b) $$\log_3(e^2 - 1) + \log_{\frac{1}{3}}(e-1) - \log_3(e+1)$$

$$\overset{\text{bin. Formel}}{=} \log_3\big((e-1)\cdot(e+1)\big) + \log_{\frac{1}{3}}(e-1) - \log_3(e+1)$$

$$\overset{(6)}{=} \log_3\big((e-1)\cdot(e+1)\big) - \log_3(e-1) - \log_3(e+1)$$

$$\overset{(1)}{=} \log_3(e-1) + \log_3(e+1) - \log_3(e-1) - \log_3(e+1) = 0$$

c) $$\ln(x+1) - \ln x + \ln\frac{1}{x} \underset{(2)}{\overset{(1)}{=}} \ln\left(\frac{x+1}{x} \cdot \frac{1}{x}\right) = \ln\frac{x+1}{x^2}$$

Die Regeln für das Rechnen mit Logarithmen helfen Ihnen auch bei der Lösung von **logarithmischen Gleichungen**, bei denen die Lösungsvariable im Argument eines Logarithmus auftaucht:

Regel

Schrittweises Lösen von logarithmischen Gleichungen

1. Versuchen Sie, solche Gleichungen in die Form $\log_a T(x) = k$ zu bringen. k ist dabei eine reelle Zahl und T(x) ein Term in x.
2. Dann folgt aus der Definition des Logarithmus: $T(x) = a^k$
3. Versuchen Sie, diese Gleichung zu lösen.
4. Überprüfen Sie durch Einsetzen, ob die gefundenen Lösungen auch Lösungen der ursprünglichen Gleichung sind.

Beispiel

Berechnen Sie die Lösungsmengen folgender Gleichungen über der Grundmenge $G = \mathbb{R}$.

a) $\log_{10}(x - 2{,}5) = 3$

b) $\log_{10}(x - 48) + \log_{10} x = 2$

Lösung:

a) Schritt 1: $\log_{10}(x - 2{,}5) = 3$ — Die Gleichung liegt bereits in der gewünschten Form vor.

Schritt 2: $x - 2{,}5 = 10^3$ — Delogarithmieren

Schritt 3: $x = 1\,002{,}5$ — Auflösen nach x

Schritt 4: 1 002,5 ist Lösung, weil — Probe

$\log_{10}(1\,002{,}5 - 2{,}5)$
$= \log_{10}(1\,000) = 3$

b) Schritt 1: $\log_{10}(x - 48) + \log_{10} x = 2$

$\log_{10}\left(x \cdot (x - 48)\right) = 2$ — Produktregel für Logarithmus

Schritt 2: $x \cdot (x - 48) = 10^2$ — Delogarithmieren

Schritt 3: $x^2 - 48x - 100 = 0$ — Ausmultiplizieren und auf der linken Gleichungsseite nach Potenzen von x ordnen.

$x_1 = -2;\ x_2 = 50$ — Lösungsformel für quadratische Gleichungen.

Schritt 4: $\log_{10}(50 - 48) + \log_{10} 50$
$= \log_{10} 2 + \log_{10} 50$
$= \log_{10} 100 = 2$ — Da $\log_{10} x$ für negative x nicht definiert ist, kommt nur x_2 als Lösung in Frage. Durch Einsetzen in die Ausgangsgleichung wird dies bestätigt.

CAS

Hinweise für den CAS-Einsatz:

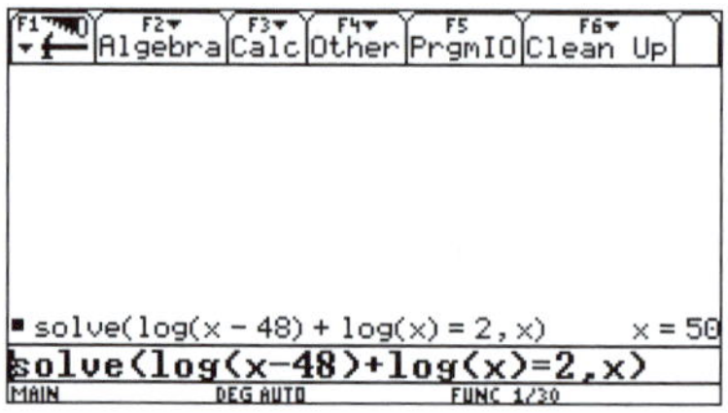

Wenn die Basis des Logarithmus 10 oder e ist, kann der CAS-Rechner direkt zur Lösung einer logarithmischen Gleichung zur Hilfe genommen werden. Enthält die Gleichung einen Logarithmus mit einer anderen Basis, muss diese mit der Regel 7 in die Basis e oder 10 transformiert werden.

Die Regeln für das Rechnen mit Logarithmen benötigen Sie ebenso bei der Lösung von **Exponentialgleichungen**, bei denen die Lösungsvariable nur im Exponenten auftritt.

Regel

Schrittweises Lösen von Exponentialgleichungen

1. Versuchen Sie, die Gleichung in die Form $a^x = k$ mit $k \in \mathbb{R}^+$ umzuwandeln.
2. Wegen der strengen Monotonie des ln folgt hieraus $\ln a^x = \ln k$.
3. Unter Verwendung der Potenzregel für Logarithmen gilt dann:
   $x \ln a = \ln k \quad \Rightarrow \quad x = \frac{\ln k}{\ln a}$

Bei speziellen Exponentialgleichungen der Form $a^x = a^r$, bei denen auf beiden Seiten Potenzen mit gleicher Basis stehen, erhalten Sie die Lösung wegen der strengen Monotonie der Exponentialfunktion durch Exponentenvergleich: $x = r$.

Beispiele

1. Berechnen Sie die Lösungsmengen folgender Gleichungen über der Grundmenge $G = \mathbb{R}$.

   a) $5^x = 9$

   b) $e^{2x} - 3e^x + 2 = 0$

   Lösung:

   a) Schritt 1: $5^x = 9$ — Die Gleichung liegt bereits in der gewünschten Form vor.

   Schritt 2: $\ln(5^x) = \ln 9$ — Logarithmieren auf beiden Seiten

   Schritt 3: $x \ln 5 = \ln 9$ — Potenzregel für Logarithmen

   $x = \frac{\ln 9}{\ln 5} \approx 1{,}37$ — Auflösen nach x

   b) Schritt 1: $z^2 - 3z + 2 = 0$ — Die Substitution $z = e^x$ führt auf eine quadratische Gleichung.

   $z_1 = 1;\ z_2 = 2$ — Anwenden der Lösungsformel

   $e^{x_1} = 1;\ e^{x_2} = 2$ — Resubstitution $e^x = z$

   Schritte 2/3: $x_1 = \ln 1 = 0;\ x_2 = \ln 2$ — Logarithmieren auf beiden Seiten

2. Berechnen Sie die Lösungsmengen folgender Gleichungen über der Grundmenge $G = \mathbb{R}$.

a) $0{,}01^x = 1\,000^{2x+3}$

b) $e^{4x} - e^3 \cdot e^{\frac{1}{x}} = 0;\ x \neq 0$

Lösung:

a) $0{,}01^x = 1\,000^{2x+3}$

$(10^{-2})^x = (10^3)^{2x+3}$ — Umrechnung auf die gemeinsame Basis 10

$10^{-2x} = 10^{3(2x+3)}$ — 5. Potenzgesetz

$-2x = 3(2x+3)$ — Vergleich der Exponenten

$\Rightarrow\ x = -\frac{9}{8}$

b) $e^{4x} - e^3 \cdot e^{\frac{1}{x}} = 0$

$e^{4x} = e^{3+\frac{1}{x}}$ — Subtrahend auf rechte Gleichungsseite bringen und 1. Potenzgesetz anwenden.

$4x = 3 + \frac{1}{x}$ — Vergleich der Exponenten

$4x^2 - 3x - 1 = 0$ — Auf beiden Seiten mit x multiplizieren, alle Terme auf der linken Gleichungsseite sammeln und nach Potenzen von x ordnen.

$x_1 = 1;\ x_2 = -\frac{1}{4}$ — Lösungsformel für quadratische Gleichungen

CAS

Hinweise für den CAS-Einsatz:

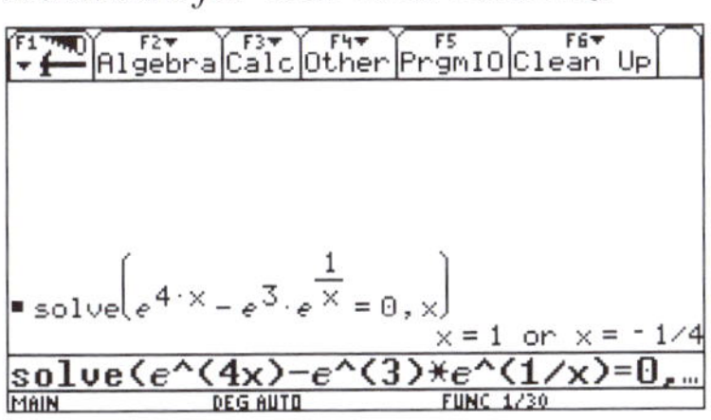

Die Lösungen der Exponentialgleichung erhält man mit dem Befehl **solve**.

Aufgaben **15.** Berechnen Sie ohne Verwendung des Taschenrechners.

a) $\frac{1}{3}\ln 27 - \ln 3 + \frac{1}{2}\ln 64 - 2\ln 2^2$

b) $2\ln 1 - 4\ln 2 + \ln\frac{1}{3} + 4\ln 3$

c) $(\ln e^2)^2 - \ln\sqrt{e} + \sqrt{\ln e}$

d) $\ln e^{-1} - \ln(2e) + \ln 2$

e) $-4e + 2e \cdot \ln e^2 + 4 - 2 \cdot \ln e$

f) $\sqrt{e^{2 \cdot \ln e}} : (e^{\ln \sqrt{e}})^2$

g) $\ln(2e^2) + e^{\frac{1}{2}\ln 3} - \frac{2e^{-\ln 0,1}}{10} + 10e^{-\ln 5} - \ln \frac{e^2}{2}$

16. Schreiben Sie als ln eines Quotienten:

a) $\ln(x+1) + \ln(x-1) - 2\ln x$

b) $x - \ln(1 + e^x)$

17. Zeigen Sie, dass $\ln(-x^2 + 3x + 10) = \ln(x+2) + \ln(5-x)$.

18. Berechnen Sie die Lösungsmengen folgender logarithmischer Gleichungen:

a) $\ln x^2 = 2$ über der Grundmenge $G = \mathbb{R} \setminus \{1\}$

b) $2\ln x = 1$ über der Grundmenge $G = \mathbb{R}^+$

c) $(\ln x + 1)^2 = 4$ über der Grundmenge $G = \mathbb{R}^+$

d) $x \ln x = x$ über der Grundmenge $G = \mathbb{R}^+$

e) $2\ln x - (\ln x)^2 = 0$ über der Grundmenge $G = \mathbb{R}^+$

f) $x^{\ln x} = e$ über der Grundmenge $G = \mathbb{R}^+$

g) $\ln(2x^2 + e) = 0$ über der Grundmenge $G = \mathbb{R}$

h) $\ln|x^2 - 1| + 1 = 0$ über der Grundmenge $G = \mathbb{R} \setminus \{-1; +1\}$

i) $k + 1 - k \ln x = 0$ über der Grundmenge $G = \mathbb{R}^+; k \neq 0$

19. Berechnen Sie die Lösungen folgender Gleichungen in der Grundmenge $G = \mathbb{R}$.

a) $e^{-x} - e^{-\frac{x}{2}} = 2$

b) $e^{-2x} - 10 = 0$

c) $2e^{-x}(1 - 4e^{-x}) = 0$

d) $\frac{1}{1+e^x} - 1 + \frac{2e^x}{(1+e^x)^2} = 0$

e) $\frac{1}{4e^x} = \frac{1}{e^x + k} - \frac{1}{4e^x}; k \in \mathbb{R}^+$

f) $e^{-x^2} = \frac{1}{4}$

g) $(e^{-x})^2 = \frac{1}{2}$

h) $k - \frac{k}{e^x} = 3; k \in \mathbb{R}$

i) $(k - e^x)^2 = k^2; k \in \mathbb{R}$ (Führen Sie eine Fallunterscheidung durch.)

20. Berechnen Sie die Lösungsmengen folgender Exponentialgleichungen durch Koeffizientenvergleich über der Grundmenge $G = \mathbb{R}$.

a) $(e^{x})^{2x-4} = (e^{2x+4})^{x-2}$

b) $(\sqrt{13})^{x^2+2} - 69 = 100$

c) $0{,}25 \cdot 2^{6x+8} + 0{,}5 \cdot 4^{3x+5} - 8^{2x+2} = 512$

d) $\frac{2}{e^{1-\sqrt{x}}} = \frac{2}{e^2} \cdot (e^{1-\sqrt{x}})^3$

2 Untersuchung zusammengesetzter Funktionen mit algebraischen Methoden

Durch Addition, Subtraktion, Multiplikation, Division oder Verkettung entstehen aus den elementaren Funktionen zusammengesetzte Funktionen. Einige fundamentale Eigenschaften dieser komplexeren Funktionen lassen sich mit algebraischen Methoden bestimmen.

2.1 Definitionsmenge

Die maximale Definitionsmenge einer Funktion ermöglicht meist einen ersten, groben Überblick, wie weit sich die Funktion „nach links und rechts“ erstreckt und innerhalb welcher Bereiche sie sich „vernünftig“ verhält.

Definition

Unter der **Definitionsmenge** einer Funktion f versteht man eine Teilmenge der reellen Zahlen, deren sämtliche Elemente durch f auf reelle Zahlen abgebildet werden. Die größtmögliche dieser Teilmengen heißt maximale Definitionsmenge und wird mit $\mathbb{D}_{f,\,max}$ bezeichnet.

Die maximale Definitionsmenge einer zusammengesetzten Funktion finden Sie, indem Sie von der Menge $\mathbb{R}$ die Zahlen ausschließen, für die beim Einsetzen

- der Nenner eines eventuell im Funktionsterm vorkommenden Quotienten null wird,
- der Radikand einer eventuell im Funktionsterm auftretenden Wurzel negativ wird,
- das Argument eines eventuell im Funktionsterm auftretenden Logarithmus null oder negativ wird.

Beispiel

Geben Sie die maximalen Definitionsmengen folgender Funktionen an und begründen Sie Ihre Aussagen.

a) $f(x) = \frac{6x+12}{x^2+2x-3}$

b) $g(x) = \sqrt{x^2+2x-3}$

c) $h(x) = \ln(x^2+2x-3)$

Lösung:

a) $\mathbb{D}_{f,\,max} = \mathbb{R} \setminus \{-3;\ 1\}$

Begründung: Von der Menge $\mathbb{R}$ sind die Zahlen auszuschließen, für die der Nenner x^2+2x-3 null wird. Das sind nach der Lösungsformel für quadratische Gleichungen $x_1 = -3$ und $x_2 = 1$.

b) $\mathbb{D}_{g,\,max} =]-\infty;\ -3] \cup [1;\ \infty[$

Begründung: Für $\mathbb{D}_{g,\,max}$ sind nur die reellen Zahlen zugelassen, für die der Radikand nicht negativ wird, also die Lösungen der Ungleichung $x^2+2x-3 \geq 0$. Da die Parabel $y = x^2+2x-3$ nach oben offen ist und die x-Achse nach Beispiel a bei –3 und 1 schneidet, sind dies alle Zahlen aus $]-\infty;\ -3] \cup [1;\ \infty[$.

c) $\mathbb{D}_{h,\,max} =]-\infty;\ -3[\cup]1;\ \infty[$

Begründung: Für $\mathbb{D}_{h,\,max}$ sind nur die reellen Zahlen zugelassen, für die das Argument des ln positive Werte annimmt, also die Lösungen der Ungleichung $x^2+2x-3 > 0$. Das sind analog zum Beispiel b alle Zahlen aus $]-\infty;\ -3[\cup]1;\ \infty[$.

ufgaben Geben Sie zu den Funktionen der Aufgaben 21 bis 24 die maximalen Definitionsmengen an und begründen Sie Ihre Aussagen.

21. a) $f(x) = \frac{2x - 4}{1 - x}$ b) $f(x) = \frac{0{,}5x^3}{x^2 - 2x - 3}$

c) $f(x) = \frac{1}{\frac{1}{x^2 + 2x - 3} - 1}$ d) $f(x) = e^{\frac{x^2}{1 - x}}$

22. a) $f(x) = \frac{e^x}{\sqrt{x}}$ b) $f(x) = e^{\sqrt{x^2 - 1}}$

c) $f(x) = \sqrt{\frac{x - 2}{4 - x}}$ d) $f(x) = \frac{\sqrt{x^2 + 2x - 3}}{x^2 + 4x}$

23. a) $f(x) = \ln\left(\frac{1}{1 + x^2}\right)$ b) $f(x) = \ln|x - 1|$

c) $f(x) = \ln\left(\frac{x + 3}{(x - 2)(x + 1)}\right)$ d) $f(x) = \frac{x}{\ln x}$

24. a) $f(x) = \frac{\ln(1 + e^x)}{\ln(e^x + e^{2x})}$ b) $f(x) = \ln\frac{e^x - e^2}{e^x + e^2}$

c) $f(x) = (x - 1) \cdot e^{2 - x}$ d) $f(x) = \frac{1}{e^{2x} - 3e^x + 2}$

25. Geben Sie die maximalen Definitionsmengen folgender Funktionenscharen an und begründen Sie Ihre Aussagen. k ist dabei aus $\mathbb{R}$.

a) $f_k(x) = \frac{k}{e^x - k}$ b) $f_k(x) = \frac{k \cdot x}{k \cdot e^x - 1}$

2.2 Schnittpunkte des Funktionsgraphen mit den Koordinatenachsen

Die Schnittpunkte eines Funktionsgraphen mit den Koordinatenachsen geben zusätzliche Hinweise über seinen Verlauf und helfen bei der Aufdeckung weiterer Funktionseigenschaften.

Definition

Als **Nullstellen** werden die zur Definitionsmenge einer Funktion f gehörenden Lösungen der Gleichung $f(x) = 0$ bezeichnet. Je nach Vielfachheit schneidet oder berührt der Funktionsgraph an diesen Stellen die x-Achse (vgl. Abschnitt 1.3, Seite 10). Eine Schnittstelle mit der y-Achse besitzt ein Funktionsgraph nur, wenn 0 zur Definitionsmenge der Funktion gehört. Ihre Koordinaten lauten dann: $(0 \mid f(0))$

Beispiel

Berechnen Sie die Schnittstellen der Graphen folgender Funktionen mit den Koordinatenachsen.

a) $f(x) = \dfrac{x^2 + 2x - 3}{x^2 + x - 2}$; $\mathbb{D}_{f,\,max} = \mathbb{R} \setminus \{-2; 1\}$

b) $f(x) = \ln(2 - x)$; $\mathbb{D}_{f,\,max} =]-\infty; 2[$

Lösung:

a) Nullstellen sind alle zu $\mathbb{D}_{f,\,max}$ gehörenden Lösungen der Gleichung

$$\frac{x^2 + 2x - 3}{x^2 + x - 2} = 0.$$

Mithilfe der Lösungsformel für quadratische Gleichungen finden Sie, dass für $x_1 = -3$ und $x_2 = 1$ der Zähler null wird. Da 1 nicht zur maximalen Definitionsmenge gehört, besitzt f nur die Nullstelle $x_1 = -3$.

Weil $0 \in \mathbb{D}_{f,\,max}$ und $f(0) = 1{,}5$, schneidet der Funktionsgraph zudem die y-Achse im Punkt $(0 \mid 1{,}5)$.

CAS

Hinweise für den CAS-Einsatz:

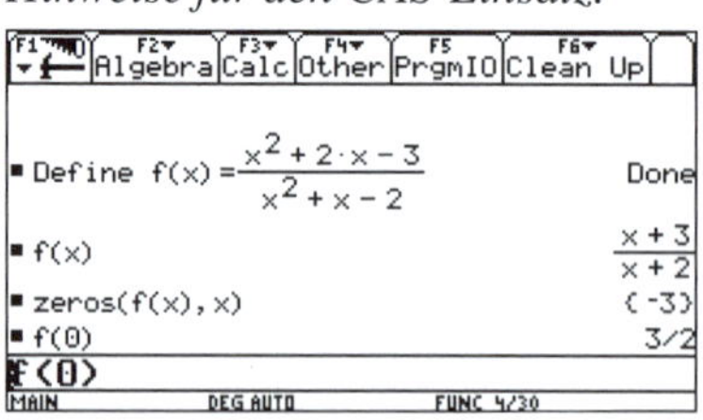

Zunächst kann dem Funktionsterm mit dem Befehl **define** der Name f(x) zugewiesen werden. Der Aufruf von f(x) ergibt den durch $(x - 1)$ gekürzten Term. Mit dem Befehl **zeros** wird eine Nullstelle bei $x = -3$ ermittelt. Die y-Koordinate des Schnittpunktes mit der y-Achse wird durch f(0) errechnet.

b) Da der ln genau dann null ist, wenn sein Argument 1 ist, folgt aus $\ln(2-x)=0$ zunächst $2-x=1$ und dann durch Auflösen nach x: $x=1$.
1 ist einzige Nullstelle von f.
Weil $0 \in \mathbb{D}_{f,\,max}$ und $f(0)=\ln 2$, schneidet der Funktionsgraph außerdem die y-Achse im Punkt $(0\,|\,\ln 2)$.

ufgaben Berechnen Sie für die Funktionen der Aufgaben 26 bis 28 die Koordinaten der Schnittpunkte ihrer Graphen G_f mit den Koordinatenachsen.

26. a) $f(x)=\frac{|x|-2}{x}$; $\mathbb{D}_f=\mathbb{R}\setminus\{0\}$

b) $f(x)=\frac{x^2-7x+10}{3x^2}$; $\mathbb{D}_f=\mathbb{R}\setminus\{0\}$

c) $f(x)=\frac{x^3+x^2-6x}{x^2-4}$; $\mathbb{D}_f=\mathbb{R}\setminus\{-2;2\}$

d) $f(x)=x^3-x^2-14x+24$; $\mathbb{D}_f=\mathbb{R}$

27. a) $f(x)=\frac{e^x-2}{e^x+1}$; $\mathbb{D}_f=\mathbb{R}$

b) $f(x)=6e^x-2xe^x$; $\mathbb{D}_f=\mathbb{R}$

c) $f(x)=e^{-x}(x-e^x)$; $\mathbb{D}_f=\mathbb{R}$

d) $f(x)=1-0{,}5(e^x-e^{-x})$; $\mathbb{D}_f=\mathbb{R}$

28. a) $f(x)=x\ln(x^2)$; $\mathbb{D}_f=\mathbb{R}\setminus\{0\}$

b) $f(x)=\ln(x^2-5x+6)$; $\mathbb{D}_f=]-\infty;2[\,\cup\,]3;+\infty[$

c) $f(x)=\frac{\ln(x)+1}{x}$; $\mathbb{D}_f=\mathbb{R}^+$

d) $f(x)=-x+\ln(x-2)$; $\mathbb{D}_f=]2;+\infty[$

29. Berechnen Sie für folgende Funktionenscharen mit $\mathbb{D}_{f_k}=\mathbb{R}$ und $k\in\mathbb{R}$ die Koordinaten der Schnittpunkte ihrer Graphen G_f mit den Koordinatenachsen.

a) $f_k(x)=(x+k)e^x$

b) $f_k(x)=\frac{e^x-k}{e^{kx}+1}$

2.3 Schnittpunkte von Funktionsgraphen

Schnittpunkte von Funktionsgraphen begegnen Ihnen bei unterschiedlichen Aufgabenstellungen. Sie informieren z. B. anschaulich über die Lösungsvielfalt bei Gleichungen und Gleichungssystemen, unterstützen die Vorstellung bei Überholungsaufgaben, helfen aber auch bei der Berechnung des Inhalts einer von Funktionsgraphen berandeten Fläche.

Die x-Werte der Punkte, in denen sich die Graphen zweier Funktionen f und g schneiden, sind die Lösungen der Gleichung $f(x)=g(x)$.
Die zugehörigen y-Werte erhalten Sie durch Einsetzen dieser Lösungen in einen der beiden Funktionsterme.

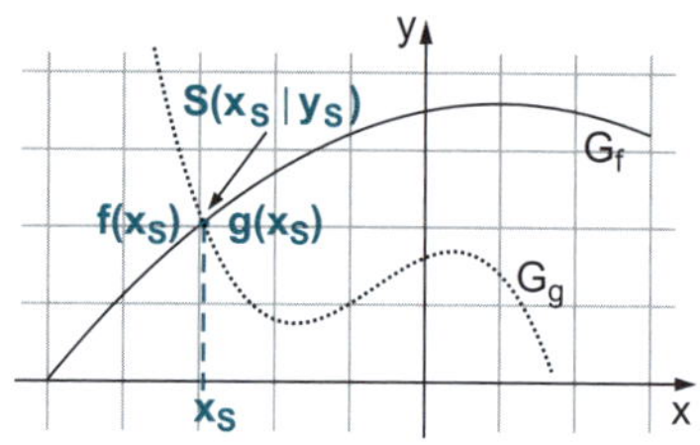

Beispiele

1. In welchen Punkten schneiden sich die Graphen der auf $\mathbb{R}$ definierten Funktionen $f(x)=(2-e^x)^2$ und $g(x)=(3-e^x)^2$?

   Lösung:

   Die x-Werte der Schnittpunkte sind die Lösungen der Gleichung, die man durch Gleichsetzen der Funktionsterme erhält:

   $$(2-e^x)^2=(3-e^x)^2$$

   $$4-4e^x+e^{2x}=9-6e^x+e^{2x}$$ 2. binomische Formel

   $$2e^x=5$$ Sammeln aller Terme mit x auf der linken Seite und ohne x auf der rechten Seite; Zusammenfassen gleichartiger Terme.

   $$x=\ln\frac{5}{2}$$ Auf beiden Seiten mit 2 dividieren und dann logarithmieren.

   $$f\left(\ln\frac{5}{2}\right)=\left(2-e^{\ln\frac{5}{2}}\right)^2=\left(2-\frac{5}{2}\right)^2=\frac{1}{4}$$ Funktionswert berechnen

   Die Graphen schneiden im Punkt $S\left(\ln\frac{5}{2} \mid \frac{1}{4}\right)$.

2. Zeigen Sie, dass sich alle Graphen der Funktionenschar

   $f_k(x)=-\frac{1}{k}x-\frac{k+2}{3k};\ k\in\mathbb{R}\setminus\{0\};\ D_{f_k}=\mathbb{R}$

   im Punkt $P\left(-\frac{2}{3} \mid -\frac{1}{3}\right)$ schneiden.

Lösung:
Den Nachweis erbringen Sie durch Einsetzen der Punktkoordinaten in die Funktionsgleichung:

$$f_k\left(-\frac{2}{3}\right) = -\frac{1}{k}\left(-\frac{2}{3}\right) - \frac{k+2}{3k} = \frac{2}{3k} - \frac{k+2}{3k} = \frac{2-(k+2)}{3k} = \frac{-k}{3k} = -\frac{1}{3}$$

Jede Funktion der Schar besitzt also an der Stelle $-\frac{2}{3}$ den vom Scharparameter unabhängigen Wert $-\frac{1}{3}$. P liegt daher auf allen Graphen der Schar.

3. Untersuchen Sie, ob es Punkte gibt, in denen sich alle Graphen der Schar $f_k(x) = \frac{3}{(4+kx)^2}$; $k \in \mathbb{R}^+$; $\mathbb{D}_{f_k} = \mathbb{R}$ schneiden.

Lösung:
Sie berechnen zunächst die x-Koordinaten der Schnittpunkte zweier spezieller Scharfunktionen, indem Sie die zugehörigen Funktionsterme gleichsetzen:

$$\frac{3}{(4+k_1x)^2} = \frac{3}{(4+k_2x)^2}$$

$$(4+k_1x)^2 = (4+k_2x)^2$$

$$16+8k_1x+k_1^2x^2 = 16+8k_2x+k_2^2x^2$$

$$(k_1^2-k_2^2)x^2+(k_1-k_2)8x = 0$$

$$(k_1+k_2)x^2+8x = 0$$

$$x((k_1+k_2)x)+8 = 0$$

Daraus ergeben sich die beiden Lösungen $x_1 = 0$ und $x_2 = \frac{-8}{k_1+k_2}$. Nur $x_1 = 0$ ist vom Scharparameter unabhängig.

$$f_k(0) = \frac{3}{(4+k\cdot 0)^2} = \frac{3}{16}$$

Einziger gemeinsamer Punkt aller Scharkurven ist daher $\left(0 \,\middle|\, \frac{3}{16}\right)$.

CAS *Hinweise für den CAS-Einsatz:*

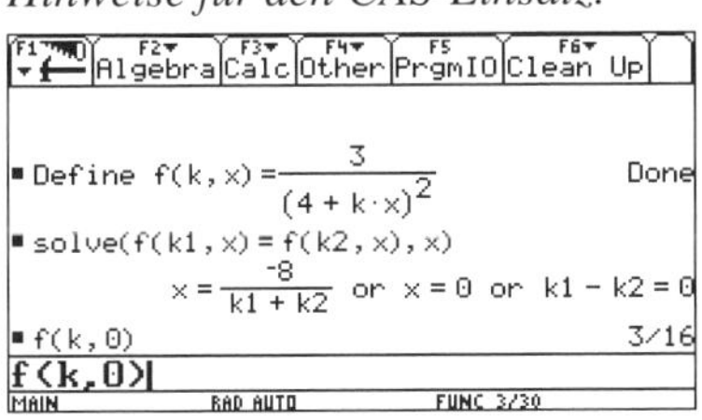

Die 3. Lösung, die der CAS-Rechner angibt, ist nicht brauchbar, weil nach Voraussetzung k_1 ungleich k_2 ist. $f_k(0)$ ergibt die y-Koordinate des Schnittpunktes.

Aufgaben **30.** Berechnen Sie die Koordinaten der Punkte, in denen sich die Graphen der Funktionspaare f(x) und g(x) schneiden.

a) $f(x)=\frac{2}{1+x};\ \mathbb{D}_f=\mathbb{R}\setminus\{-1\}$ $\quad g(x)=-\frac{x}{6}+1;\ \mathbb{D}_g=\mathbb{R}$

b) $f(x)=\frac{-2x^2-4x}{(x+1)^3};\ \mathbb{D}_f=\mathbb{R}\setminus\{-1\}$ $\quad g(x)=\frac{2x+4}{x^2+2x+1};\ \mathbb{D}_g=\mathbb{R}\setminus\{-1\}$

c) $f(x)=e^{-x};\ \mathbb{D}_f=\mathbb{R}$ $\quad g(x)=1-e^{-x};\ \mathbb{D}_g=\mathbb{R}$

d) $f(x)=\ln\frac{1}{x(4+x^2)};\ \mathbb{D}_f=\mathbb{R}^+$ $\quad g(x)=\ln\frac{4}{4+x^2};\ \mathbb{D}_g=\mathbb{R}$

31. Zeigen Sie, dass die jeweiligen Scharkurven genau einen gemeinsamen Punkt besitzen, und berechnen Sie dessen Koordinaten.

a) $f_k(x)=\ln\left(\frac{k}{k-x^2}\right);\ k\in\mathbb{R}^+;\ \mathbb{D}_{f_k}=\mathbb{R}$

b) $f_k(x)=(k+\ln x)\cdot\ln x;\ k\in\mathbb{R};\ \mathbb{D}_{f_k}=\mathbb{R}^+$

32. Zeigen Sie, dass die Scharkurven keine gemeinsamen Punkte besitzen.

a) $f_k(x)=6e^{-2x}(k-e^{-x});\ k\in\mathbb{R};\ \mathbb{D}_{f_k}=\mathbb{R}$

b) $f_k(x)=\frac{2x+k}{3x^2};\ k\in\mathbb{R};\ \mathbb{D}_{f_k}=\mathbb{R}\setminus\{0\}$

33. Für welche reellen Zahlen k schneiden die Kurven der Schar $f_k(x)=\frac{x^2-k}{x-1}$; $\mathbb{D}_{f_k}=\mathbb{R}\setminus\{1\}$; $k\in\mathbb{R}$ die Gerade g: $y=x+1$?

2.4 Symmetrie von Funktionsgraphen

Aus den Eigenschaften einer symmetrischen Funktion in einem in ihrer Definitionsmenge liegenden Intervall [a; b] können Sie ohne Rechnung auf entsprechende Eigenschaften im Intervall [–b; –a] schließen. Daher ist es nützlich, das Vorliegen von Symmetrien am Funktionsterm ablesen zu können. Dies ist mit geringem Aufwand möglich, wenn der Funktionsgraph Symmetrien bzgl. des Koordinatenursprungs oder der y-Achse aufweist.

Regel

Symmetrie bezüglich des Koordinatensystems

Der Graph einer reellen Funktion ist

- **achsensymmetrisch** bzgl. der y-Achse des Koordinatensystems, wenn für alle x aus $\mathbb{D}_{f,\,max}$ gilt:
  $f(-x) = f(x)$

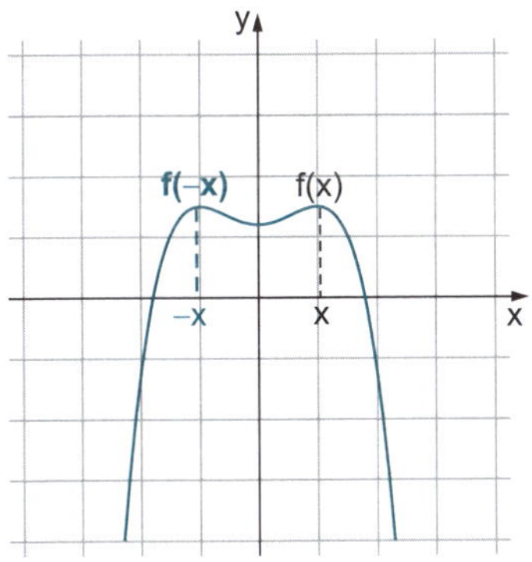

- **punktsymmetrisch** bzgl. des Koordinatenursprungs, wenn für alle x aus $\mathbb{D}_{f,\,max}$ gilt:
  $-f(-x) = f(x)$ bzw. $f(-x) = -f(x)$

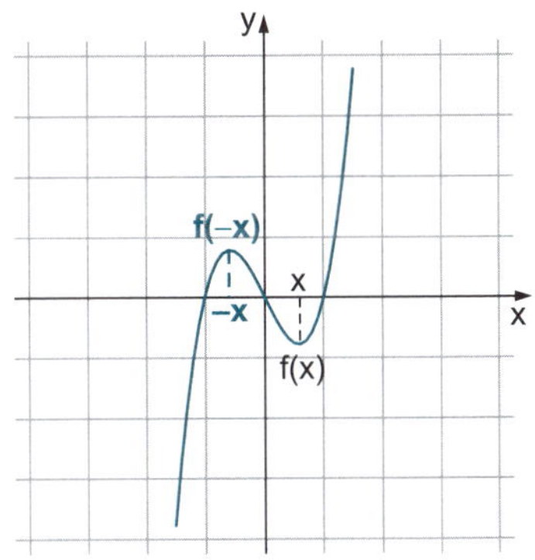

Bei der rechnerischen **Überprüfung** auf Symmetrie bzgl. des Koordinatensystems ist es zweckmäßig, dass Sie sich an folgenden Ablaufplan halten:

- Ersetzen Sie im Funktionsterm x durch –x und vereinfachen Sie algebraisch.
- Überprüfen Sie, ob $f(-x) = f(x)$:
  Falls ja, ist der Graph von f achsensymmetrisch bzgl. der y-Achse.
  Falls nein, multiplizieren Sie f(–x) mit –1 und vereinfachen algebraisch.
- Überprüfen Sie, ob $-f(-x) = f(x)$:
  Falls ja, ist der Graph von f punktsymmetrisch zum Koordinatenursprung.
  Falls nein, weist er keine Symmetrieeigenschaften bzgl. des Koordinatensystems auf.

Beispiel

Untersuchen Sie folgende Funktionen auf Symmetrie bzgl. des Koordinatensystems.

a) $f(x)=xe^{x^2}$; $\mathbb{D}_{f,max}=\mathbb{R}$

b) $f(x)=1-x^2-\ln|x|$; $\mathbb{D}_{f,max}=\mathbb{R}\setminus\{0\}$

c) $f(x)=\frac{4}{1+e^x}$; $\mathbb{D}_{f,max}=\mathbb{R}$

Lösung:

Für ein beliebiges x aus der Definitionsmenge gilt:

a) $f(-x)=-xe^{(-x)^2}=-xe^{x^2}\neq f(x)$

$-f(-x)=-(-xe^{x^2})=f(x)$

Der Graph von f ist punktsymmetrisch bzgl. des Koordinatenursprungs.

b) $f(-x)=1-(-x)^2-\ln|-x|=1-x^2-\ln|x|=f(x)$

Der Graph von f ist achsensymmetrisch bzgl. der y-Achse.

c) $f(-x)=\frac{4}{1+e^{-x}}\neq f(x)$

$-f(-x)=-\frac{4}{1+e^{-x}}\neq f(x)$

Der Graph von f weist keine Symmetrie bzgl. des Koordinatensystems auf.

Der Nachweis von Symmetrie bzgl. einer beliebigen vertikalen Achse oder eines beliebigen Punktes erfordert einen größeren Aufwand. Sie können dabei jeweils zwischen zwei Kriterien wählen.

Regel

Symmetriekriterien für allgemeine Achsensymmetrie

Der Graph einer reellen Funktion f ist **achsensymmetrisch** bzgl. der vertikalen Achse $x=x_0$, wenn für alle

(A1) t, für die x_0+t und x_0-t zu $\mathbb{D}_{f,max}$ gehören, gilt: $f(x_0+t)=f(x_0-t)$

(A2) x aus $\mathbb{D}_{f,max}$ gilt: $f(x)=f(2x_0-x)$

Symmetriekriterien für allgemeine Punktsymmetrie

Der Graph einer reellen Funktion f ist **punktsymmetrisch** bzgl. des Punktes $(x_0|y_0)$, wenn für alle

(P1) t, für die x_0+t und x_0-t zu $\mathbb{D}_{f,max}$ gehören, gilt: $f(x_0+t)-y_0=y_0-f(x_0-t)$

(P2) x aus $\mathbb{D}_{f,max}$ gilt: $f(x)=2y_0-f(2x_0-x)$

Das Kriterium A1 folgt unmittelbar aus Bild A. Ersetzt man im Kriterium A1 die Variable t durch $x - x_0$, so folgt daraus das Kriterium A2 (Bild B):

$f(x_0 + t) = f(x_0 + x - x_0) = \mathbf{f(x)} = f(x_0 - t) = f(x_0 - x + x_0) = \mathbf{f(2x_0 - x)}$

A

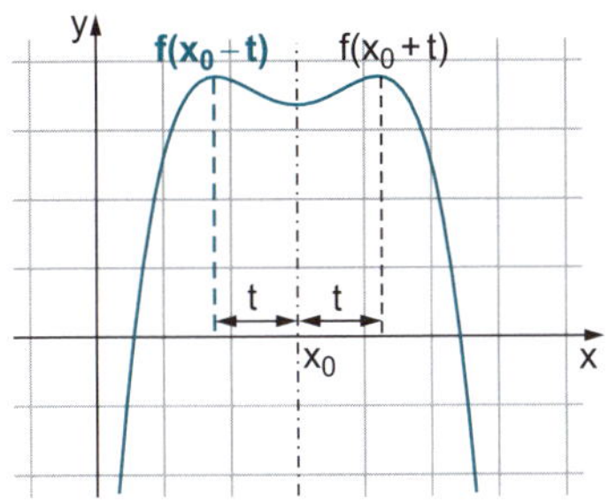

B

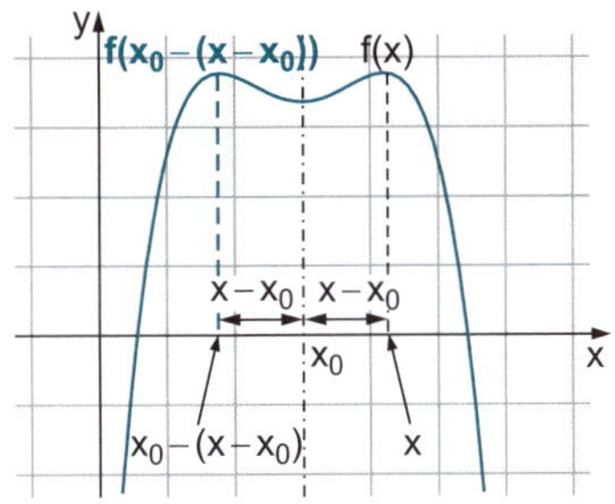

Das Kriterium P1 folgt unmittelbar aus Bild C. Ersetzt man im Kriterium P1 die Variable t durch $x - x_0$, so folgt daraus das Kriterium P2 (Bild D):

$$\left.\begin{aligned} \mathbf{f(x_0 + t) - y_0} &= f(x_0 + x - x_0) - y_0 = f(x) - y_0 \\ \mathbf{y_0 - f(x_0 - t)} &= y_0 - f(x_0 - x + x_0) = y_0 - f(2x_0 - x) \end{aligned}\right\} \Rightarrow$$

$$\Rightarrow \mathbf{f(x) = 2y_0 - f(2x_0 - x)}$$

C

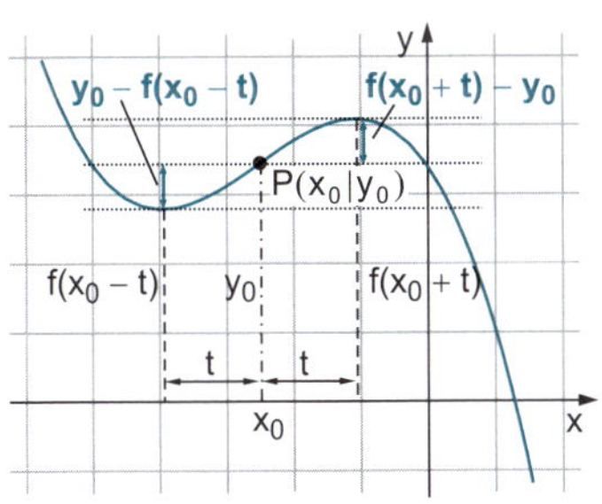

D

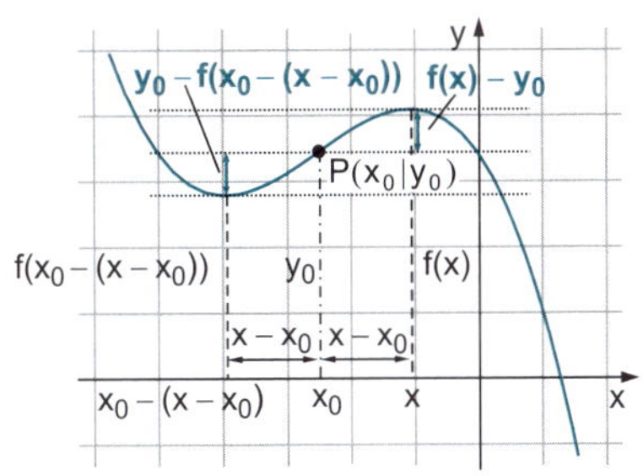

Beispiel

Zeigen Sie, dass

a) $f_k(x) = \frac{e^x}{(e^x + k)^2}$; $k \in \mathbb{R}^+$; $\mathbb{D}_{f_k,\,max} = \mathbb{R}$

achsensymmetrisch bezüglich der Geraden $x = \ln k$ ist.

b) $f(x) = \frac{4}{1 + e^x}$; $\mathbb{D}_{f,\,max} = \mathbb{R}$

punktsymmetrisch bezüglich $P(0\,|\,2)$ ist.

Lösung:

a) Verwendung des **Kriteriums A1 für Achsensymmetrie:**

$$f_k(\ln k + t) = f_k(\ln k - t)$$
Zu zeigen

$$f_k(\ln k + t) = \frac{e^{\ln k + t}}{(e^{\ln k + t} + k)^2}$$
Einsetzen in Funktionsterm auf der linken Seite

$$= \frac{e^{\ln k} e^t}{(e^{\ln k} e^t + k)^2}$$
1. Potenzgesetz

$$= \frac{ke^t}{(ke^t + k)^2}$$
$e^{\ln x} = x$

$$f_k(\ln k - t) = \frac{e^{\ln k - t}}{(e^{\ln k - t} + k)^2}$$
Einsetzen in Funktionsterm auf der rechten Seite

$$= \frac{e^{\ln k} e^{-t}}{(e^{\ln k} e^{-t} + k)^2}$$
1. Potenzgesetz

$$= \frac{ke^{-t}}{(ke^{-t} + k)^2}$$
$e^{\ln x} = x$

$$= \frac{ke^t}{(ke^{-t}e^t + ke^t)^2} = \frac{ke^t}{(k + ke^t)^2}$$
Mit e^{2t} erweitern

Beide Seiten stimmen überein, damit ist die Symmetrieeigenschaft nachgewiesen.

Verwendung des **Kriteriums A2 für Achsensymmetrie:**

$$f_k(x) = f_k(2\ln k - x) = f_k(\ln k^2 - x)$$
Zu zeigen (wobei $2\ln k = \ln k^2$)

$$f_k(\ln k^2 - x) = \frac{e^{\ln k^2 - x}}{(e^{\ln k^2 - x} + k)^2}$$
Einsetzen in Funktionsterm

$$= \frac{e^{\ln k^2} e^{-x}}{(e^{\ln k^2} e^{-x} + k)^2}$$
1. Potenzgesetz

$$= \frac{k^2 e^{-x}}{(k^2 e^{-x} + k)^2}$$
$e^{\ln x} = x$

$$= \frac{e^x}{\left((k^2 e^{-x} + k)\left(\frac{e^x}{k}\right)\right)^2}$$
Mit $\frac{e^{2x}}{k^2}$ erweitern und teilweise kürzen

$$= \frac{e^x}{(k + e^x)^2} = f_k(x)$$

CAS *Hinweise für den CAS-Einsatz:*

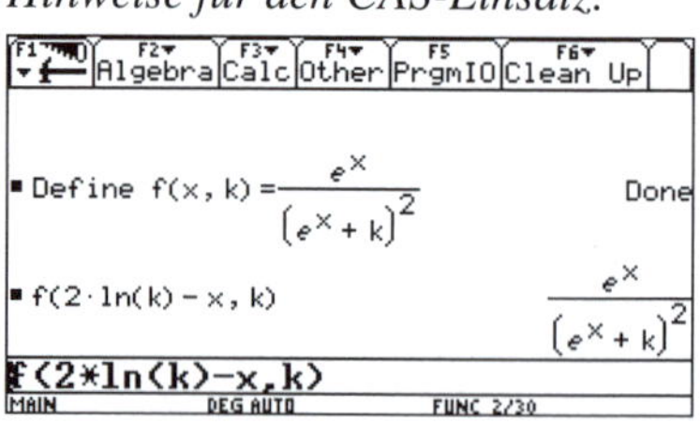

Die Vereinfachung des Funktionsterms für $f(2 \cdot \ln(k) - x,k)$ ergibt den ursprünglichen Term von $f(x,k)$. Damit ist das Kriterium A2 erfüllt.

b) Verwendung des **Kriteriums P1 für Punktsymmetrie:**

$f(t)-2=2-f(-t)$	Zu zeigen
$f(t)-2=\frac{4}{1+e^t}-2$	Einsetzen in Funktionsterm auf der linken Seite
$=\frac{4-2(1+e^t)}{1+e^t}$	Auf Hauptnenner bringen
$=\frac{2-2e^t}{1+e^t}$	Im Zähler ausmultiplizieren und zusammenfassen
$2-f(-t)=2-\frac{4}{1+e^{-t}}$	Einsetzen in Funktionsterm auf der rechten Seite
$=\frac{2(1+e^{-t})-4}{1+e^{-t}}$	Auf Hauptnenner bringen
$=\frac{-2+2e^{-t}}{1+e^{-t}}$	Im Zähler ausmultiplizieren und zusammenfassen
$=\frac{-2e^t+2}{e^t+1}$	Mit e^t erweitern

Beide Seiten stimmen überein, damit ist die Symmetrieeigenschaft nachgewiesen.

Verwendung des **Kriteriums P2 für Punktsymmetrie:**

$f(x)=2\cdot 2-f(2\cdot 0-x)=4-f(-x)$	Zu zeigen
$4-f(-x)=4-\frac{4}{1+e^{-x}}$	Einsetzen in Funktionsterm
$=\frac{4\cdot(1+e^{-x})-4}{1+e^{-x}}$	Auf Hauptnenner bringen
$=\frac{4e^{-x}}{1+e^{-x}}=\frac{4}{e^x+1}=f(x)$	Im Zähler zusammenfassen und mit e^x erweitern

Aufgaben Untersuchen Sie die Funktionen der Aufgaben 34 bis 37 auf Symmetrie bzgl. des Koordinatensystems.

34. a) $f(x)=\frac{|x|-1}{x}$; $\quad D_{f,\,max}=\mathbb{R}\setminus\{0\}$

b) $f(x)=\frac{1-x^2}{1+x^2}$; $\quad D_{f,\,max}=\mathbb{R}$

c) $f(x)=\frac{x^2-x}{1+x^2}$; $\quad D_{f,\,max}=\mathbb{R}$

35. a) $f(x) = \frac{1}{x^2} \cdot e^{\frac{1}{|x|}}$; $\mathbb{D}_{f,\,max} = \mathbb{R} \setminus \{0\}$

b) $f(x) = \frac{1 - e^x}{1 + e^x}$; $\mathbb{D}_{f,\,max} = \mathbb{R}$

c) $f(x) = (1 - x)(1 + x)\,e^{(1-x)(1+x)}$; $\mathbb{D}_{f,\,max} = \mathbb{R}$

36. a) $f(x) = \frac{\ln x^2}{x}$; $\mathbb{D}_{f,\,max} = \mathbb{R} \setminus \{0\}$

b) $f(x) = \ln \frac{4}{4 + x^2}$; $\mathbb{D}_{f,\,max} = \mathbb{R}$

c) $f(x) = \ln \frac{1 + x}{1 - x}$; $\mathbb{D}_{f,\,max} =]-1;\,1[$

37. a) $f_k(x) = \frac{e^{-kx} - e^{kx}}{k}$; $k \in \mathbb{R} \setminus \{0\}$; $\mathbb{D}_{f_k,\,max} = \mathbb{R}$

b) $f_k(x) = e^{-x^k}$; $k \in \mathbb{N}$; $\mathbb{D}_{f_k,\,max} = \mathbb{R}$

c) $f_k(x) = \frac{\ln x^2}{x^k}$; $k \in \mathbb{N}$; $\mathbb{D}_{f_k,\,max} = \mathbb{R} \setminus \{0\}$

38. Zeigen Sie mithilfe eines Symmetriekriteriums Ihrer Wahl, dass die Graphen folgender Funktionen achsensymmetrisch zur Geraden $x = 1$ sind.

a) $f(x) = \frac{3}{x^2 - 2x}$; $\mathbb{D}_{f,\,max} = \mathbb{R} \setminus \{0;\,2\}$

b) $f(x) = e^{-x^2 + 2x}$; $\mathbb{D}_{f,\,max} = \mathbb{R} \setminus \{1\}$

39. Zeigen Sie mithilfe eines Symmetriekriteriums Ihrer Wahl, dass die Graphen folgender Funktionen punktsymmetrisch bezüglich $P(1\,|\,2)$ sind.

a) $f(x) = \frac{x^2 + 2x}{2x - 2}$; $\mathbb{D}_{f,\,max} = \mathbb{R} \setminus \{1\}$

b) $f(x) = \frac{3e^x - e}{e^x - e}$; $\mathbb{D}_{f,\,max} = \mathbb{R} \setminus \{1\}$

40. Jede der angegebenen Funktionsgleichungen gehört zu mindestens einem der abgebildeten Graphen. Ordnen Sie jeder Gleichung den entsprechenden Graphen zu und begründen Sie Ihre Aussage.

a) $f(x) = 6 - f(-4 - x)$

b) $f(6 - x) = f(x)$

c) $f(x) = f(-4 - x)$

d) $f(x) = 6 - f(4 - x)$

e) $f(3 - x) = -f(3 + x)$

f) $f(3 + x) = f(3 - x)$

g) $f(x) = -f(6 - x)$

h) $f(-2 + x) - 3 = 3 - f(-2 - x)$

i) $f(2 + x) - 3 = 3 - f(2 - x)$

j) $f(-2 + x) = f(-2 - x)$

A

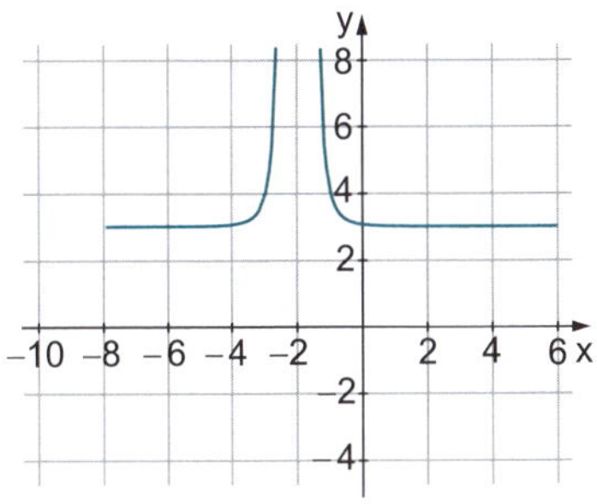

B

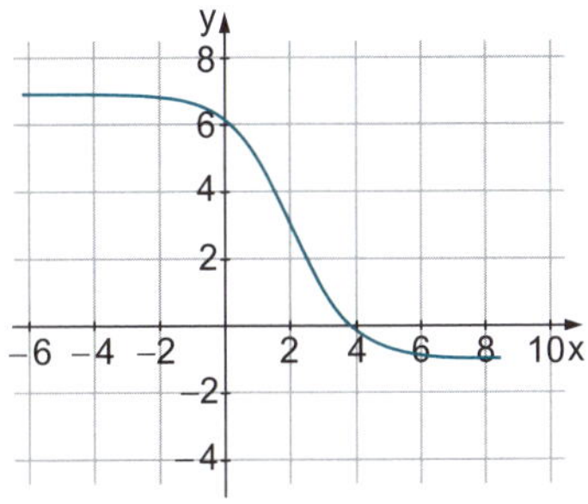

C

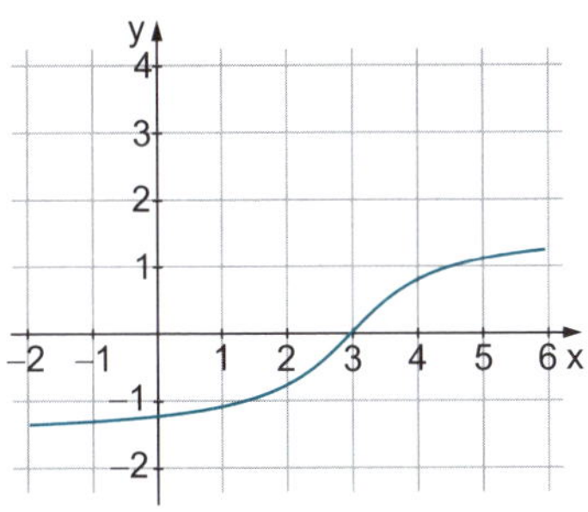

D

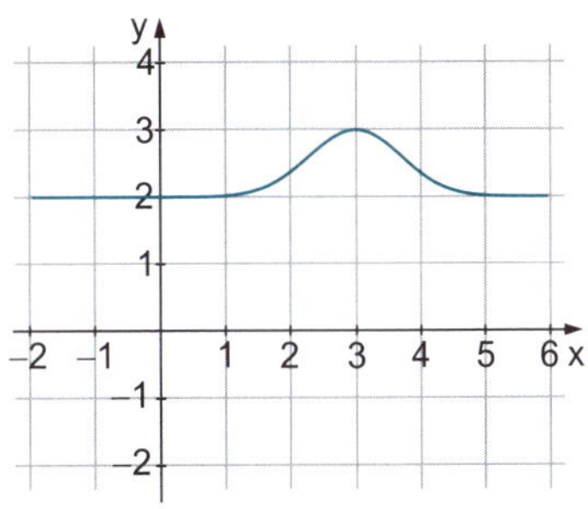

E

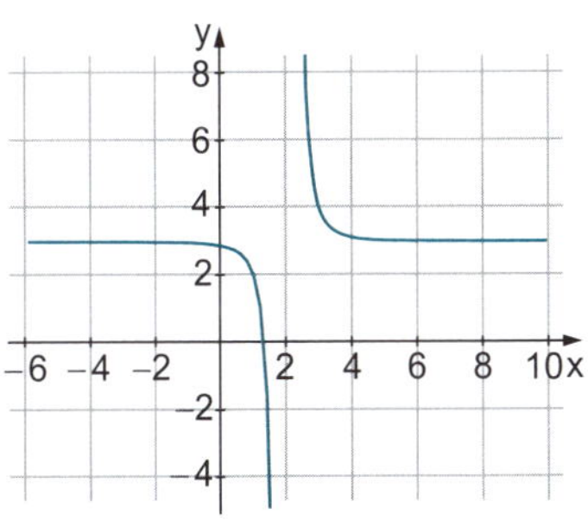

F

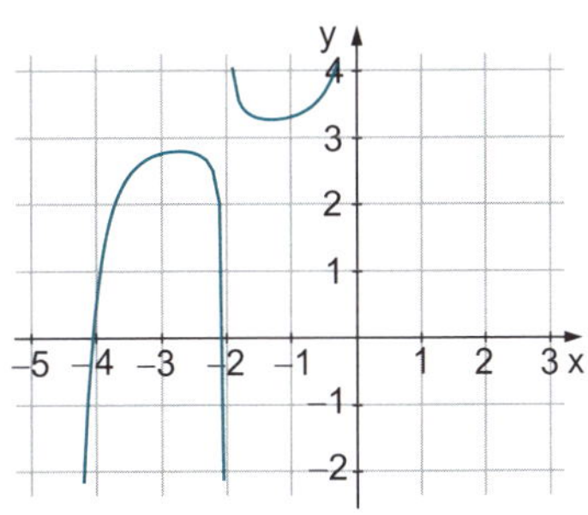

2.5 Lage- und Formänderungen von Funktionsgraphen

Die Eigenschaften einer Funktion g, deren Graph durch Verschiebung, Spiegelung, Stauchung oder Streckung aus dem Graphen einer anderen Funktion f hervorgeht, lassen sich aus den entsprechenden Eigenschaften von f ohne Rechnung herleiten. Sie müssen dazu aus den Unterschieden der Funktionsterme die entsprechenden Form- bzw. Lageänderungen der Funktionsgraphen ablesen können. Dabei helfen Ihnen die in den folgenden Regeln zusammengefassten und jeweils an Beispielen illustrierten Aussagen.

Regel

Verschiebung

a) Der Graph der Funktion $\mathbf{x \mapsto f(x+a)}$ entsteht aus dem Graphen der Funktion $x \mapsto f(x)$ durch eine Verschiebung parallel zur x-Achse um $|a|$ Längeneinheiten nach links (rechts), wenn a positiv (negativ) ist.

b) Der Graph der Funktion $\mathbf{x \mapsto f(x)+b}$ entsteht aus dem Graphen der Funktion $x \mapsto f(x)$ durch eine Verschiebung parallel zur y-Achse um $|b|$ Längeneinheiten nach oben (unten), wenn b positiv (negativ) ist.

Beispiele

a)

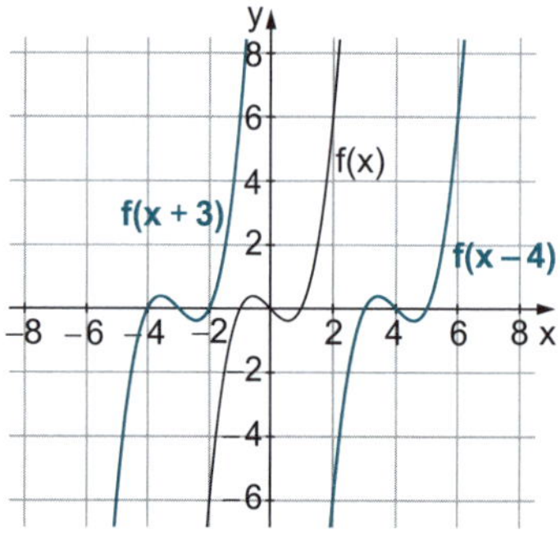

b)

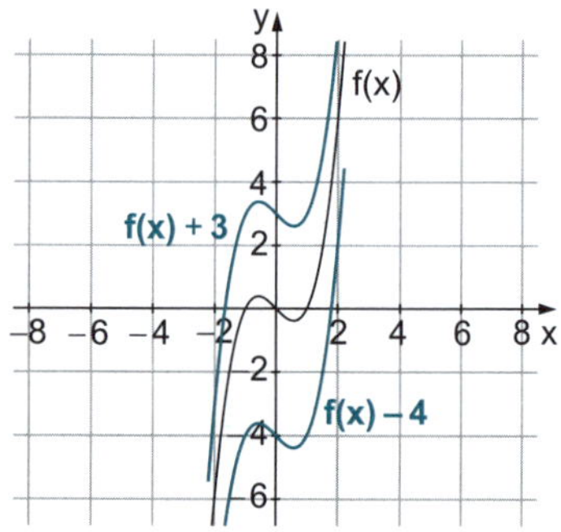

Regel

Spiegelung

a) Der Graph der Funktion $\mathbf{x \mapsto -f(x)}$ entsteht aus dem Graphen der Funktion $x \mapsto f(x)$ durch Spiegelung an der x-Achse.

b) Der Graph der Funktion $\mathbf{x \mapsto f(-x)}$ entsteht aus dem Graphen der Funktion $x \mapsto f(x)$ durch Spiegelung an der y-Achse.

Beispiel

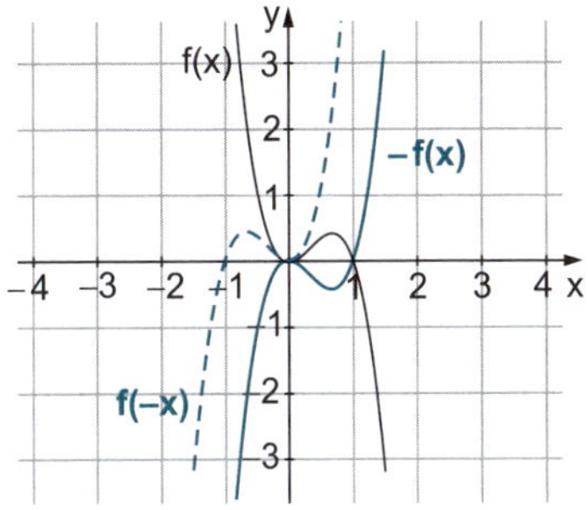

Regel

Dehnung und Stauchung

a) Der Graph der Funktion $x \mapsto f(c \cdot x)$ mit $c > 0$ entsteht aus dem Graphen der Funktion $x \mapsto f(x)$ durch eine Dehnung (Stauchung) parallel zur x-Achse, wenn $0 < c < 1$ ($c > 1$).
Ein Punkt $(x_0 \,|\, f(x_0))$ des Graphen wird dabei abgebildet auf $\left(\frac{x_0}{c} \,\middle|\, f(x_0)\right)$.

b) Der Graph der Funktion $x \mapsto d \cdot f(x)$ mit $d > 0$ entsteht aus dem Graphen der Funktion $x \mapsto f(x)$ durch eine Dehnung (Stauchung) parallel zur y-Achse, wenn $1 < d$ ($0 < d < 1$).
Ein Punkt $(x_0 \,|\, f(x_0))$ des Graphen wird dabei abgebildet auf $(x_0 \,|\, d \cdot f(x_0))$.

Beispiele

a)

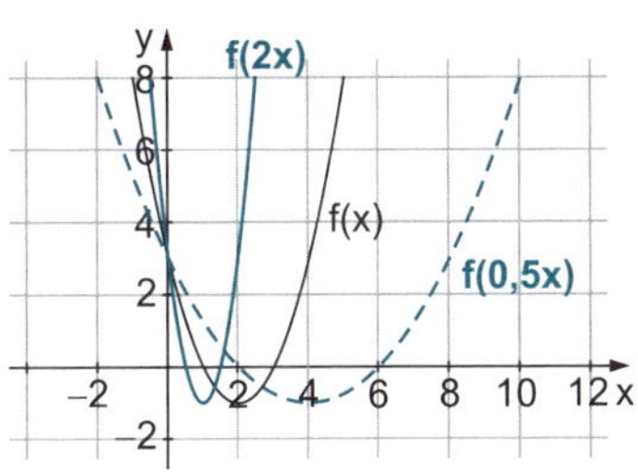

b)

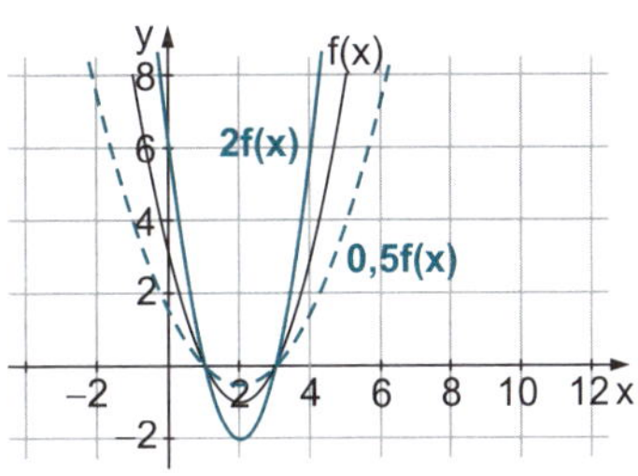

Regel

Betrag einer Funktion bzw. eines Funktionsarguments

a) Der Graph der Funktion $\mathbf{x \mapsto |f(x)|}$ entsteht aus dem Graphen der Funktion $x \mapsto f(x)$, in dem alle
- unter der x-Achse liegenden Teile des Graphen von f an der x-Achse gespiegelt werden.
- über der x-Achse liegenden Teile des Graphen von f unverändert bleiben.

b) Der Graph der Funktion $\mathbf{x \mapsto f(|x|)}$ entsteht aus dem Graphen der Funktion $x \mapsto f(x)$, in dem alle
- rechts von der y-Achse liegenden Teile des Graphen von f unverändert bleiben.
- links von der y-Achse liegenden Teile des Graphen von f durch die an der y-Achse gespiegelten Teile ersetzt werden, die rechts von der y-Achse liegen.

Beispiele a) b) c)

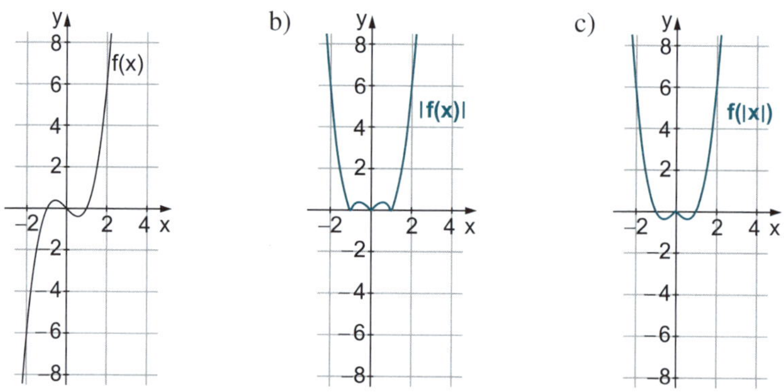

Werden mehrere dieser Funktionstermänderungen nacheinander ausgeführt, so spielt die Reihenfolge im Allgemeinen eine Rolle.

Beispiel

Der Graph der e-Funktion wird

a) um 3 Längeneinheiten parallel zur x-Achse nach rechts und dann um 2 Längeneinheiten parallel zur y-Achse nach oben verschoben;

b) um den Faktor 4 parallel zur x-Achse gedehnt und dann an der x-Achse gespiegelt;

c) parallel zur x-Achse um den Faktor 4 gestaucht und dann um 3 Längeneinheiten nach links verschoben;

d) um 3 Längeneinheiten nach links verschoben und dann parallel zur x-Achse um den Faktor 4 gestaucht.

Geben Sie jeweils den Funktionsterm g(x) des entstehenden Graphen an.

Lösung:

a)
- Verschiebung um 3 Längeneinheiten parallel zur x-Achse nach rechts: e^x wird zu e^{x-3}.
- Verschiebung um 2 Längeneinheiten parallel zur y-Achse nach oben: e^{x-3} wird zu $e^{x-3}+2$.

Daher gilt $g(x)=e^{x-3}+2$. Die Reihenfolge der Funktionstermänderungen spielt hier keine Rolle.

b)
- Dehnung parallel zur x-Achse um Faktor 4: e^x wird zu $e^{\frac{1}{4}x}$.
- Spiegelung an der x-Achse: $e^{\frac{1}{4}x}$ wird zu $-e^{\frac{1}{4}x}$.

Daher gilt $g(x)=-e^{\frac{1}{4}x}$. Auch hier spielt die Reihenfolge der Funktionstermänderungen keine Rolle.

c)
- Stauchung parallel zur x-Achse um Faktor 4: e^x wird zu e^{4x}.
- Verschiebung um 3 Längeneinheiten nach links: e^{4x} wird zu $e^{4(x+3)}$.

Daher gilt $g(x)=e^{4(x+3)}$. Der Vergleich mit Beispiel d zeigt, dass hier die Reihenfolge der Funktionstermänderungen nicht vertauscht werden darf.

d)
- Verschiebung um 3 Längeneinheiten nach links: e^x wird zu e^{x+3}.
- Stauchung parallel zur x-Achse um Faktor 4: e^{x+3} wird zu e^{4x+3}.

Daher gilt $g(x)=e^{4x+3}$. Der Vergleich mit Beispiel c zeigt, dass hier die Reihenfolge der Funktionstermänderungen nicht vertauscht werden darf.

Aufgaben

41. Der Graph der ln-Funktion wird

a) an der y-Achse gespiegelt und dann um 3 Längeneinheiten parallel zur x-Achse nach rechts verschoben.

b) parallel zur x-Achse um den Faktor 4 gedehnt und dann parallel zur y-Achse um 3 Längeneinheiten nach unten verschoben.

c) um 2 Längeneinheiten parallel zur x-Achse nach links verschoben. Anschließend werden alle unter der x-Achse liegenden Teile des modifizierten Graphen an der x-Achse gespiegelt, seine über der x-Achse liegenden Teile bleiben unverändert.

d) jeweils um 1 Längeneinheit parallel zur y-Achse nach oben und parallel zur x-Achse nach links verschoben. Anschließend bleiben alle rechts von der y-Achse liegenden Teile des modifizierten Graphen unverändert. Seine links davon liegenden Teile werden durch die an der y-Achse gespiegelten Teile ersetzt, die rechts von der y-Achse liegen.

Geben Sie jeweils den Funktionsterm g(x) des entstehenden Graphen an.

✱ **42.** Wie entsteht der Graph der Funktion $f^*(x) = e^{\frac{1}{4}x^2 + \frac{1}{2}x + \frac{1}{4}}$ aus dem Graphen der Funktion $f(x) = e^{x^2}$?

43. Skizzieren Sie ausgehend vom Graphen der Funktion $x \mapsto \frac{1}{x}$ den ungefähren Verlauf der Graphen folgender Funktionen:

a) $f(x) = \frac{1}{x-3}$; $\quad \mathbb{D}_{f,\,max} = \mathbb{R} \setminus \{3\}$

b) $f(x) = \frac{2}{|x+1|}$; $\quad \mathbb{D}_{f,\,max} = \mathbb{R} \setminus \{-1\}$

c) $f(x) = \frac{1}{x-2} + 1$; $\quad \mathbb{D}_{f,\,max} = \mathbb{R} \setminus \{2\}$

d) $f(x) = \frac{1}{|x|+1}$; $\quad \mathbb{D}_{f,\,max} = \mathbb{R}$

44. Skizzieren Sie ausgehend vom Graphen der e-Funktion den ungefähren Verlauf der Graphen folgender, auf $\mathbb{R}$ definierten Funktionen und begründen Sie Ihre Vorgehensweise.

a) $f(x) = -e^{-x} + 1$

b) $f(x) = 0{,}5e^{0{,}5x}$

c) $f(x) = |e^x - 1|$

d) $f(x) = e^{|x|} - 1$

45. Skizzieren Sie ausgehend vom Graphen der ln-Funktion den ungefähren Verlauf der Graphen folgender Funktionen:

a) $f(x) = \ln|x|$; $\quad \mathbb{D}_{f,\,max} = \mathbb{R} \setminus \{0\}$

b) $f(x) = |\ln x|$; $\quad \mathbb{D}_{f,\,max} = \mathbb{R}^+$

c) $f(x) = \ln(x-1)$; $\quad \mathbb{D}_{f,\,max} =]1; \infty[$

d) $f(x) = 2\ln(2x)$; $\quad \mathbb{D}_{f,\,max} = \mathbb{R}^+$

Differenzialrechnung

Die Differenzialrechnung interessiert sich für das lokale Verhalten einer Funktion und untersucht die Auswirkungen, welche infinitesimale – d. h. beliebig kleine – Änderungen im Funktionsargument auf Änderungen des Funktionswerts haben. Die dabei gefundenen Zusammenhänge und Rechenmethoden stellen eines von zwei Fundamenten der Analysis dar. Sie sind für die Untersuchung reeller Funktionen und die Entwicklung mathematischer Modelle, welche die Wirklichkeit abbilden, heute unverzichtbar.

3 Grenzwertrechnung

Die Grenzwertrechnung ist ein effektives mathematisches Werkzeug, mit dessen Hilfe man das lokale Verhalten von Funktionen rechnerisch untersuchen kann.

3.1 Grenzwerte vom Typ $x \to \pm\infty$

Grenzwerte vom Typ $x \to \pm\infty$ ermöglichen Aussagen über das Verhalten reeller Funktionen im Unendlichen. Strebt das Argument x einer reellen Funktion f mit rechts- bzw. linksseitig unbegrenzter Definitionsmenge gegen $+\infty$ bzw. gegen $-\infty$, so lassen sich drei Fälle unterscheiden.

Fall 1: Die Funktionswerte kommen bei dem Vorgang einer Zahl a beliebig nahe. Dann sagt man, dass f für $x \to +\infty$ bzw. $x \to -\infty$ gegen a konvergiert, und schreibt dafür kurz $\lim\limits_{x \to \infty} f(x) = a$ bzw. $\lim\limits_{x \to -\infty} f(x) = a$.

Definition

f **konvergiert für $x \to +\infty$** bzw. **$x \to -\infty$ gegen a**, wenn es zu jeder positiven Zahl ε reelle Zahlen $r(\varepsilon)$ bzw. $\ell(\varepsilon)$ so gibt, dass für alle x, die größer als $r(\varepsilon)$ bzw. kleiner als $\ell(\varepsilon)$ sind, gilt: $|f(x) - a| < \varepsilon$

Fall 2: Die Funktionswerte streben bei dem Vorgang gegen $+\infty$ oder $-\infty$. Dann sagt man, dass f für $x \to +\infty$ bzw. $x \to -\infty$ bestimmt gegen $+\infty$ oder $-\infty$ divergiert, und schreibt dafür kurz $\lim\limits_{x \to \infty} f(x) = +\infty$, $\lim\limits_{x \to \infty} f(x) = -\infty$, $\lim\limits_{x \to -\infty} f(x) = +\infty$, $\lim\limits_{x \to -\infty} f(x) = -\infty$.

Definition

- f **divergiert für $x \to +\infty$** bzw. **$x \to -\infty$ bestimmt gegen $+\infty$**, wenn es zu jeder reellen Zahl S Zahlen $r(S)$ bzw. $\ell(S)$ so gibt, dass für alle x, die größer als $r(S)$ bzw. kleiner als $\ell(S)$ sind, gilt: $f(x) > S$
- f **divergiert für $x \to +\infty$** bzw. **$x \to -\infty$ bestimmt gegen $-\infty$**, wenn es zu jeder reellen Zahl s Zahlen $r(s)$ bzw. $\ell(s)$ so gibt, dass für alle x, die größer als $r(s)$ bzw. kleiner als $\ell(s)$ sind, gilt: $f(x) < s$

Fall 3: f heißt **unbestimmt divergent**, wenn f weder konvergiert noch bestimmt divergiert.

Die folgenden Abbildungen veranschaulichen exemplarisch die Konvergenz gegen die Konstante a und die bestimmte Divergenz gegen $+\infty$ für $x \to +\infty$:

$\lim\limits_{x \to \infty} f(x) = a$

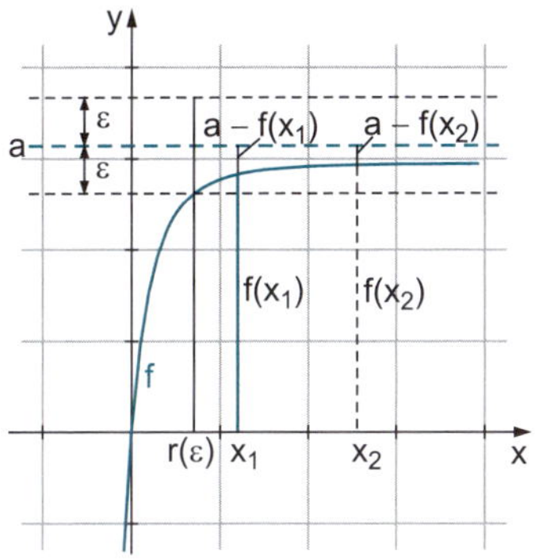

$\lim\limits_{x \to \infty} f(x) = +\infty$

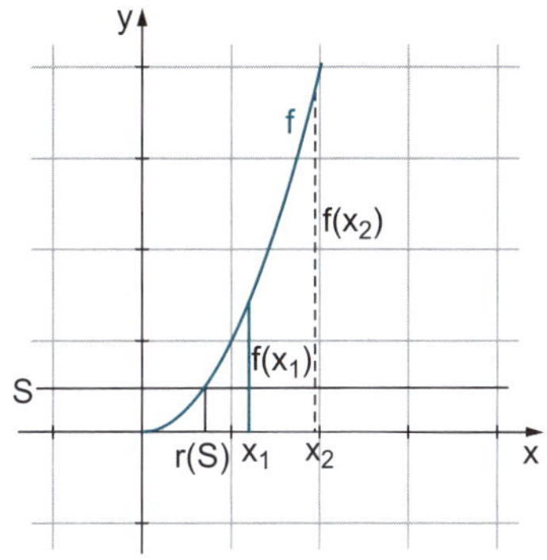

Diese abstrakten Definitionen sind für eine mathematisch präzise Fassung des Grenzwertbegriffs unerlässlich, eignen sich aber im Allgemeinen weniger für die praktische Berechnung von Grenzwerten. Lediglich die in der folgenden Übersicht zusammengestellten **elementaren Grenzwerte** lassen sich damit ohne großen Rechenaufwand ermitteln. Sie können sie im Weiteren ohne Begründung verwenden. Es gilt für $a \in \mathbb{R}$, $n \in \mathbb{N}$:

Konvergenz	**bestimmte Divergenz**
$\lim\limits_{x \to \pm\infty} a = a$	$\lim\limits_{x \to +\infty} x^n = +\infty$
$\lim\limits_{x \to \pm\infty} \frac{1}{x^n} = 0$	$\lim\limits_{x \to +\infty} e^x = +\infty$
$\lim\limits_{x \to +\infty} \frac{1}{e^x} = 0$	$\lim\limits_{x \to +\infty} \frac{e^x}{x^n} = +\infty$
$\lim\limits_{x \to +\infty} \frac{x^n}{e^x} = 0$	$\lim\limits_{x \to +\infty} \ln x = +\infty$
$\lim\limits_{x \to +\infty} \frac{\ln x}{x^n} = 0$	$\lim\limits_{x \to -\infty} x^n = \begin{cases} +\infty, & \text{falls n gerade} \\ -\infty, & \text{falls n ungerade} \end{cases}$
$\lim\limits_{x \to -\infty} e^x = 0$	$\lim\limits_{x \to -\infty} \frac{1}{e^x} = +\infty$
$\lim\limits_{x \to -\infty} \frac{e^x}{x^n} = 0$	$\lim\limits_{x \to -\infty} \frac{x^n}{e^x} = \begin{cases} +\infty, & \text{falls n gerade} \\ -\infty, & \text{falls n ungerade} \end{cases}$
$\lim\limits_{x \to \pm\infty} \frac{\sin(ax)}{x^n} = 0$	
$\lim\limits_{x \to \pm\infty} \frac{\cos(ax)}{x^n} = 0$	

Mithilfe der abstrakten Grenzwertdefinitionen lassen sich auch die folgenden Grenzwertsätze beweisen:

Regel

Grenzwertsätze

Sind $f: x \mapsto f(x),\ x \in \mathbb{D}_f$ und $g: x \mapsto g(x),\ x \in \mathbb{D}_g$ reelle Funktionen mit

$$\lim_{x \to \pm\infty} f(x) = p \text{ und } \lim_{x \to \pm\infty} g(x) = q,$$

so gilt:

a) Grenzwert einer Summe = Summe der Grenzwerte:

$$\lim_{x \to +\infty} (f+g)(x) = p+q \quad \text{bzw.} \quad \lim_{x \to -\infty} (f+g)(x) = p+q$$

b) Grenzwert einer Differenz = Differenz der Grenzwerte:

$$\lim_{x \to +\infty} (f-g)(x) = p-q \quad \text{bzw.} \quad \lim_{x \to -\infty} (f-g)(x) = p-q$$

c) Grenzwert eines Produkts = Produkt der Grenzwerte:

$$\lim_{x \to +\infty} (f \cdot g)(x) = p \cdot q \quad \text{bzw.} \quad \lim_{x \to -\infty} (f \cdot g)(x) = p \cdot q$$

d) Grenzwert eines Quotienten = Quotient der Grenzwerte:

$$\lim_{x \to +\infty} \frac{f}{g}(x) = \frac{p}{q} \quad \text{bzw.} \quad \lim_{x \to -\infty} \frac{f}{g}(x) = \frac{p}{q}, \quad \text{falls } q \neq 0$$

Indem Sie diese Regeln geschickt verwenden, können Sie Grenzwerte von zusammengesetzten Funktionen häufig auf elementare Grenzwerte zurückführen.

Beispiel

Berechnen Sie

a) $\lim\limits_{x \to +\infty} \dfrac{x^2+1}{3x^2-2x+3}$

b) $\lim\limits_{x \to +\infty} \dfrac{2x^3+x^2+1}{x^2+2}$

c) $\lim\limits_{x \to -\infty} \dfrac{e^x-1}{e^x+1}$

Lösung:

Bei gebrochenrationalen Funktionen kürzt man vor Anwendung der Grenzwertsätze immer mit der höchsten, im Nenner vorkommenden Potenz von x.

a) $$\lim_{x \to +\infty} \frac{x^2+1}{3x^2-2x+3} = \lim_{x \to +\infty} \frac{1+\frac{1}{x^2}}{3-\frac{2}{x}+\frac{3}{x^2}}$$ Mit x^2 kürzen

$$= \frac{\lim\limits_{x \to +\infty} 1 + \lim\limits_{x \to +\infty} \frac{1}{x^2}}{\lim\limits_{x \to +\infty} 3 - \lim\limits_{x \to +\infty} \frac{2}{x} + \lim\limits_{x \to +\infty} \frac{3}{x^2}}$$ Anwenden der Grenzwertsätze

$$= \frac{1+0}{3-0+0} = \frac{1}{3}$$ Liste der elementaren Grenzwerte

b) $\lim\limits_{x \to +\infty} \dfrac{2x^3 + x^2 + 1}{x^2 + 2} = \lim\limits_{x \to +\infty} \dfrac{2x + 1 + \frac{1}{x^2}}{1 + \frac{2}{x^2}}$ Mit x^2 kürzen

$= \dfrac{\lim\limits_{x \to +\infty} (2x+1) + \lim\limits_{x \to +\infty} \frac{1}{x^2}}{\lim\limits_{x \to +\infty} 1 + \lim\limits_{x \to +\infty} \frac{2}{x^2}}$ Anwenden der Grenzwertsätze

$= \dfrac{\lim\limits_{x \to +\infty} (2x+1) + 0}{1 + 0} = \lim\limits_{x \to +\infty} (2x+1) = +\infty$ Liste der elementaren Grenzwerte

c) Um den Grenzwert für $x \to \infty$ zu berechnen, kürzt man zuvor durch e^x:

$$\lim_{x \to \infty} \frac{e^x - 1}{e^x + 1} = \lim_{x \to \infty} \frac{1 - \frac{1}{e^x}}{1 + \frac{1}{e^x}}$$

$$= \lim_{x \to \infty} \frac{\lim\limits_{x \to \infty} 1 - \lim\limits_{x \to \infty} \frac{1}{e^x}}{\lim\limits_{x \to \infty} 1 + \lim\limits_{x \to \infty} \frac{1}{e^x}}$$

$$= \frac{1 - 0}{1 + 0} = 1$$

CAS *Hinweise für den CAS-Einsatz:*

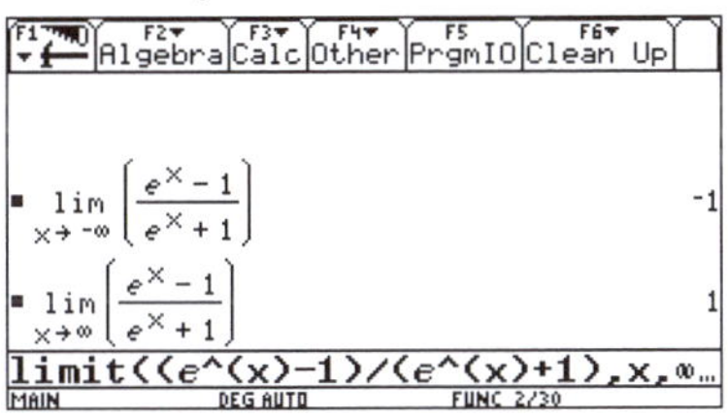

Mithilfe des Befehls **limit** berechnet der CAS-Rechner den Limes. Dabei werden der Funktionsterm, die Variable und die Grenze, gegen die die Variable strebt, in der Klammer angegeben.

Aufgaben Berechnen Sie bei den Aufgaben 46 bis 48 die Grenzwerte der angegebenen Funktionen für $x \to +\infty$ und $x \to -\infty$.

46. a) $f(x) = \dfrac{2x^2 - 5x - 3}{3x - x^3}$ b) $f(x) = \dfrac{-7x}{\sqrt{3x^2 + x}}$

47. a) $f(x) = \dfrac{2}{1 + e^x}$ b) $f(x) = xe^{2-x}$

48. a) $f(x) = \dfrac{x + x^2}{e^x}$ b) $f(x) = \dfrac{\sqrt{x^2 + 1}}{\sqrt{x^2 + 2}}$

49. Berechnen Sie die Grenzwerte folgender Funktionenscharen für $x \to +\infty$ und $x \to -\infty$. k ist dabei aus $\mathbb{R}$.

a) $f_k(x) = \frac{ke^x}{k - e^x}$

b) $f_k(x) = \frac{5e^{kx}}{1 + e^{kx}}$

c) $f_k(x) = 4x^2 e^{-kx^2}$

✱ **50.** Ein schwieriger Grenzwert! Berechnen Sie $\lim\limits_{x \to \pm\infty} (x - \sqrt{x^2 - x})$.

3.2 Grenzwerte vom Typ $x \to x_0$

Mit Grenzwerten vom Typ $x \to x_0$ können Sie reelle Funktionen auf ihre Stetig- und Differenzierbarkeitseigenschaften prüfen oder ihr Verhalten an den im Endlichen liegenden Rändern der Definitionsmenge untersuchen.

Definition

Wenn für jede auf der x-Achse gegen x_0 laufende Zahlenfolge $x_1, x_2, x_3, \ldots$ die Folge $f(x_1), f(x_2), f(x_3), \ldots$ der zugehörigen Funktionswerte einer reellen Funktion f stets gegen dieselbe Zahl a strebt, sagt man f **konvergiert für $x \to x_0$ gegen a** und schreibt abkürzend $\lim\limits_{x \to x_0} f(x) = a$.

Zur rechnerischen Bestimmung des Grenzwertes für $x \to x_0$ muss man manchmal den rechts- **und** linksseitigen Grenzwert bestimmen:

Regel

Der Grenzwert von f(x) für $x \to x_0$ existiert genau dann, wenn rechts- **und** linksseitiger Grenzwert existieren **und** gleich sind:

$$\lim_{x \to x_0 + 0} f(x) = \lim_{x \to x_0 - 0} f(x) = \lim_{x \to x_0} f(x) = a \in \mathbb{R}$$

Bei der Berechnung von $\lim\limits_{x \to x_0} f(x) = a$ hilft oft die **h-Methode**.

Man ersetzt dabei im Funktionsterm x durch $x_0 + h$ bzw. $x_0 - h$ und lässt für **h nur positive Werte** zu. Streben für $h \to 0$ die Funktionswerte $f(x_0 + h)$ bzw. $f(x_0 - h)$ stets gegen dieselbe reelle Zahl R bzw. L, so sagt man, dass f rechts- bzw. linksseitig gegen R bzw. L konvergiert und schreibt abkürzend

$$\lim_{x \to x_0 + 0} f(x) = R \quad \text{bzw.} \quad \lim_{x \to x_0 - 0} f(x) = L.$$

Für die Grenzwerte vom Typ $x \to x_0$ gelten die analogen Sätze wie für die Grenzwerte vom Typ $x \to \pm\infty$.

Regel

Grenzwertsätze

Sind f(x) und g(x) reelle Funktionen mit $\lim\limits_{x \to x_0} f(x) = p$ und $\lim\limits_{x \to x_0} g(x) = q$, so gilt:

a) Grenzwert einer Summe = Summe der Grenzwerte:

$$\lim_{x \to x_0} (f + g)(x) = p + q$$

b) Grenzwert einer Differenz = Differenz der Grenzwerte:

$$\lim_{x \to x_0} (f - g)(x) = p - q$$

c) Grenzwert eines Produkts = Produkt der Grenzwerte:

$$\lim_{x \to x_0} (f \cdot g)(x) = p \cdot q$$

d) Grenzwert eines Quotienten = Quotient der Grenzwerte:

$$\lim_{x \to x_0} \frac{f}{g}(x) = \frac{p}{q}, \text{ falls } q \neq 0$$

Mithilfe dieser Sätze und der h-Methode können Sie Grenzwerte von zusammengesetzten Funktionen wiederum auf folgende **elementare Grenzwerte** zurückführen, die Sie im Weiteren ohne Begründung verwenden können.

Für $a \in \mathbb{R}$, $n \in \mathbb{N}$ gilt:

- $\lim\limits_{\substack{h \to 0 \\ h > 0}} a = a$
- $\lim\limits_{\substack{h \to 0 \\ h > 0}} \frac{1}{h^n} = +\infty$
- $\lim\limits_{\substack{h \to 0 \\ h > 0}} (a \pm h)^n = a^n$

Beispiel

Berechnen Sie mithilfe der h-Methode:

a) $\lim\limits_{x \to -2 \pm 0} \dfrac{x^2 + x - 2}{x^2 - x - 6}$

b) $\lim\limits_{x \to 3 \pm 0} \dfrac{x^2 + x - 2}{x^2 - x - 6}$

c) $\lim\limits_{x \to -2 \pm 0} e^{\frac{1}{x+2}}$

Lösung:

Um den Rechenaufwand zu mindern, stellt man Zähler- und Nennerterm zunächst als Produkt von Linearfaktoren dar:

$\dfrac{x^2 + x - 2}{x^2 - x - 6} = \dfrac{(x-1)(x+2)}{(x-3)(x+2)}$

Da x bei beiden Grenzübergängen $x \to -2$ und $x \to 3$ den Wert –2 nicht annimmt, darf man mit $x + 2$ kürzen:

$\dfrac{x^2 + x - 2}{x^2 - x - 6} = \dfrac{x-1}{x-3}$

Dann gilt:

a) $\lim\limits_{x \to -2 \pm 0} \dfrac{x^2 + x - 2}{x^2 - x - 6} = \lim\limits_{x \to -2 \pm 0} \dfrac{x-1}{x-3}$

$= \lim\limits_{\substack{h \to 0 \\ h > 0}} \dfrac{(-2 \pm h) - 1}{(-2 \pm h) - 3}$ Übergang zur h-Methode

$= \dfrac{\lim\limits_{\substack{h \to 0 \\ h > 0}} (-2 \pm h) - \lim\limits_{\substack{h \to 0 \\ h > 0}} 1}{\lim\limits_{\substack{h \to 0 \\ h > 0}} (-2 \pm h) - \lim\limits_{\substack{h \to 0 \\ h > 0}} 3}$ Anwenden der Grenzwertsätze

$= \dfrac{-2-1}{-2-3} = \dfrac{3}{5}$ Liste der Grundtypen

Links- und rechtsseitiger Grenzwert stimmen überein, es gilt:

$\lim\limits_{x \to -2} \dfrac{x^2 + x - 2}{x^2 - x - 6} = \dfrac{3}{5}$

CAS

Hinweise für den CAS-Einsatz:

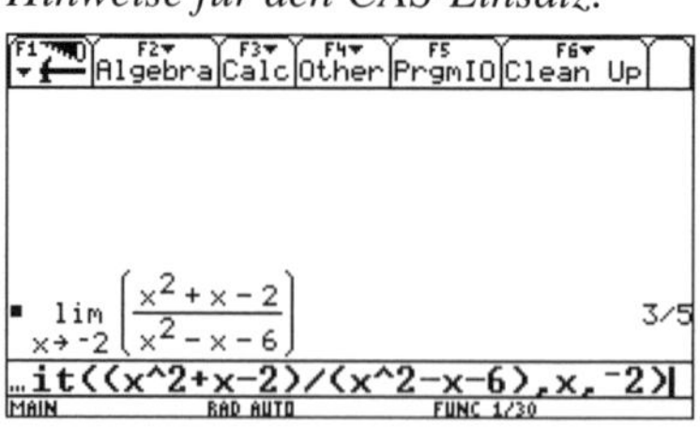

Der CAS-Rechner berechnet mit dem Befehl **limit** den Grenzwert.

b) $\lim\limits_{x \to 3 \pm 0} \frac{x^2 + x - 2}{x^2 - x - 6} = \lim\limits_{x \to 3 \pm 0} \frac{x - 1}{x - 3}$

$= \lim\limits_{\substack{h \to 0 \\ h > 0}} \frac{(3 \pm h) - 1}{(3 \pm h) - 3}$ Übergang zur h-Methode

$= \lim\limits_{\substack{h \to 0 \\ h > 0}} \frac{2 \pm h}{\pm h}$ Zusammenfassen

$= \lim\limits_{\substack{h \to 0 \\ h > 0}} \frac{1}{\pm h} \cdot \lim\limits_{\substack{h \to 0 \\ h > 0}} (2 \pm h)$ Anwenden der Grenzwertsätze

$= \begin{cases} +\infty \cdot 2 = +\infty \\ -\infty \cdot 2 = -\infty \end{cases}$ Liste der Grundtypen

Weder links- noch rechtsseitige Grenzwerte existieren.

CAS *Hinweise für den CAS-Einsatz:*

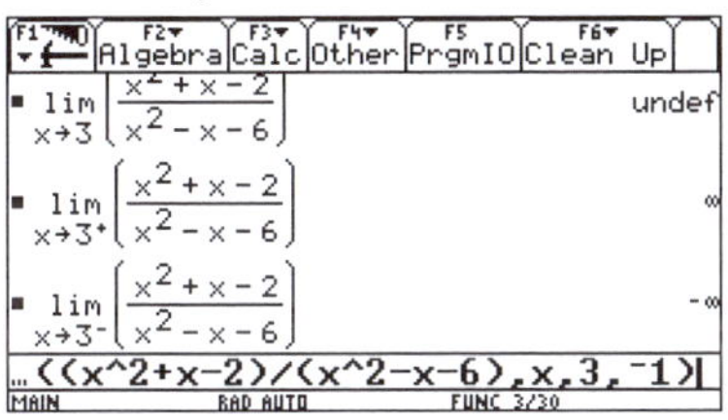

Der CAS-Rechner zeigt an, dass der Grenzwert für $x \to 3$ nicht existiert. Der linksseitige Grenzwert wird durch den zusätzlichen Parameter –1 beim Befehl **limit** ermittelt. Für den rechtsseitigen Grenzwert wird als zusätzlicher Parameter 1 oder eine andere positive Zahl eingegeben.

c) $\lim\limits_{x \to -2 \pm 0} e^{\frac{1}{x+2}} = \lim\limits_{\substack{h \to 0 \\ h > 0}} e^{\frac{1}{-2 \pm h + 2}}$ Übergang zur h-Methode

$= \lim\limits_{\substack{h \to 0 \\ h > 0}} e^{\pm \frac{1}{h}}$ Zusammenfassen

$= \begin{cases} e^{+\infty} = +\infty \\ e^{-\infty} = 0 \end{cases}$ Liste der Grundtypen

$\lim\limits_{x \to -2} e^{\frac{1}{x+2}}$ existiert **nicht**, da nur der linksseitige Grenzwert existiert.

CAS *Hinweise für den CAS-Einsatz:*

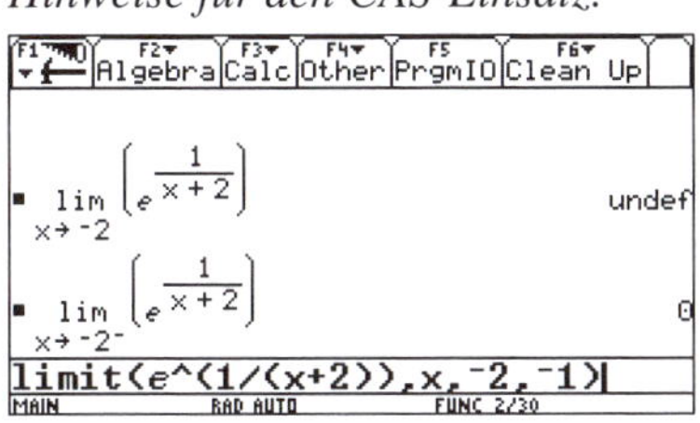

Der CAS-Rechner zeigt an, dass es keinen Grenzwert für $x \to -2$ gibt. Der linksseitige Grenzwert existiert.

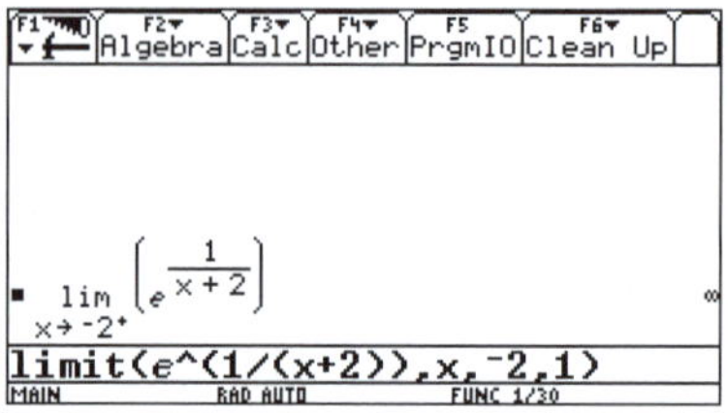

Aber der rechtsseitige Grenzwert existiert nicht, wie der Screenshot zeigt.

Aufgaben Berechnen Sie für die Terme der Aufgaben 51 bis 54 jeweils die Grenzwerte.

51. a) $\lim\limits_{x \to 1 \pm 0} \frac{x+3}{x-1}$ b) $\lim\limits_{x \to 1{,}5 \pm 0} \frac{2 \cdot |1{,}5 - x|}{2x^2 - x - 3}$

52. a) $\lim\limits_{x \to 2+0} \frac{x}{\sqrt{x^2-4}}$ b) $\lim\limits_{x \to 2-0} \frac{2x-4}{\sqrt{2x}-2}$

53. a) $\lim\limits_{x \to 1} \frac{1-e^{2x-2}}{1-e^{x-1}}$ b) $\lim\limits_{x \to 1 \pm 0} e^{\frac{x}{1-x}}$

54. a) $\lim\limits_{x \to 1+0} \ln\left(\frac{x+1}{x-1}\right)$ b) $\lim\limits_{x \to 1-0} \ln\left(\frac{1}{1-x}\right)$

3.3 Asymptoten

Asymptoten sind Geraden, denen sich der Graph einer Funktion beliebig genau nähert. Sie geben Ihnen wichtige Hinweise auf den Verlauf des Graphen und auf Möglichkeiten, Funktionsterme näherungsweise zu vereinfachen. Man unterscheidet drei Typen.

Definition

Ist f eine reelle Funktion, so heißt eine Gerade g mit der Gleichung

- g: $y = a$ **horizontale Asymptote** von f für $x \to \pm\infty$, wenn

  $\lim\limits_{x \to \pm\infty} f(x) = a$ bzw. $\lim\limits_{x \to \pm\infty} (f(x) - a) = 0.$

- g: $y = mx + t$ **schräge Asymptote** von f für $x \to \pm\infty$, wenn

  $\lim\limits_{x \to \pm\infty} \big(f(x) - (mx + t)\big) = 0.$

- g: $x = x_0$ **vertikale Asymptote** von f, wenn

  $\lim\limits_{x \to x_0 + 0} f(x) = \pm\infty$ oder $\lim\limits_{x \to x_0 - 0} f(x) = \pm\infty.$

Beispiele

1. Zeigen Sie, dass die Funktion $f(x)=\frac{e^x-2}{e^x-1}$ mit $\mathbb{D}_{f,\max}=\mathbb{R}\setminus\{0\}$

   a) die horizontale Asymptote $y=1$ für $x\to+\infty$,

   b) die horizontale Asymptote $y=2$ für $x\to-\infty$

   c) und die vertikale Asymptote $x=0$

   besitzt.

   Lösung:

   a) $y=1$ ist horizontale Asymptote für $x\to+\infty$, weil

   $$\lim_{x\to+\infty} f(x)=\lim_{x\to+\infty}\frac{e^x-2}{e^x-1}=\lim_{x\to+\infty}\frac{1-\frac{2}{e^x}}{1-\frac{1}{e^x}}=\frac{\lim\limits_{x\to+\infty}1-\lim\limits_{x\to+\infty}\frac{2}{e^x}}{\lim\limits_{x\to+\infty}1-\lim\limits_{x\to+\infty}\frac{1}{e^x}}=\frac{1-0}{1-0}=1.$$

   b) $y=2$ ist horizontale Asymptote für $x\to-\infty$, weil

   $$\lim_{x\to-\infty} f(x)=\lim_{x\to-\infty}\frac{e^x-2}{e^x-1}=\frac{\lim\limits_{x\to-\infty}e^x-\lim\limits_{x\to-\infty}2}{\lim\limits_{x\to-\infty}e^x-\lim\limits_{x\to-\infty}1}=\frac{0-2}{0-1}=2.$$

   c) $x=0$ ist vertikale Asymptote, weil $\lim\limits_{x\to 0\pm 0}\frac{e^x-2}{e^x-1}=\mp\infty$.

   Für $x\to 0$ strebt e^x nämlich gegen $e^0=1$ und daher der Zähler gegen -1, der Nenner gegen 0 und damit der **Betrag** des Quotienten gegen ∞. **Vorzeichen:** Für kleine positive (negative) x ist der Nenner positiv (negativ), der Zähler negativ, folglich der Quotient negativ (positiv).

2. Zeigen Sie, dass die Funktion $f(x)=3x-4+xe^{-x}$ die schräge Asymptote $y=3x-4$ für $x\to+\infty$ besitzt.

   Lösung:

   $$\lim_{x\to+\infty}\big(f(x)-(mx+t)\big)=\lim_{x\to+\infty}\big(3x-4+xe^{-x}-(3x-4)\big)=\lim_{x\to+\infty}(xe^{-x})$$
   $$=\lim_{x\to+\infty}\frac{x}{e^x}=0$$

Besonders einfach finden Sie die Asymptoten bei gebrochenrationalen Funktionen mithilfe des folgenden Lehrsatzes.

Regel

Asymptoten einer gebrochenrationalen Funktion

Eine gebrochenrationale Funktion der Form

$$f(x)=\frac{z(x)}{n(x)}=\frac{a_n x^n + a_{n-1}x^{n-1}+\ldots+a_1 x + a_0}{b_m x^m + b_{m-1}x^{m-1}+\ldots+b_1 x + b_0} \quad \text{mit } a_n, b_m \neq 0$$

besitzt

- für $x \to \pm\infty$ die horizontale Asymptote g: $y = 0$, wenn $\text{grad}(z) < \text{grad}(n)$.
- für $x \to \pm\infty$ die horizontale Asymptote g: $y = \frac{a_n}{b_m}$, wenn $\text{grad}(z) = \text{grad}(n)$.
- für $x \to \pm\infty$ eine schräge Asymptote, wenn $\text{grad}(z) = \text{grad}(n) + 1$.
  Ihre Gleichung erhalten Sie durch Polynomdivision. Dabei wird der unecht gebrochene Quotient aufgespaltet in einen ganzrationalen Summanden vom Grad 1 (die schräge Asymptote) und einen echt gebrochenen Summanden, der für $x \to \pm\infty$ gegen 0 strebt.
- für jede Polstelle x_0 eine vertikale Asymptote mit der Gleichung $x = x_0$. Es gilt:

$$\lim_{x \to x_0 \pm 0} f(x) = \begin{cases} \pm\infty \text{ oder } \mp\infty, \text{ bei ungerader Polstellenordnung} \\ +\infty \text{ oder } -\infty, \text{ bei gerader Polstellenordnung} \end{cases}$$

Beispiel

Berechnen Sie die Gleichungen der Asymptoten folgender gebrochenrationaler Funktionen. Beschreiben Sie auch, wie sich die Funktionsgraphen den Asymptoten jeweils nähern.

a) $f(x)=\frac{x^3+x^2-x-3}{x^4+2x^2+1}; \qquad \mathbb{D}_f = \mathbb{R}$

b) $f(x)=\frac{3x^3-4x^2+6x-7}{x^2+2}; \qquad \mathbb{D}_f = \mathbb{R}$

c) $f(x)=\frac{3x^3-x+1}{(x-2)^2\cdot(1-2x)}; \qquad \mathbb{D}_f = \mathbb{R}\setminus\{2; 0,5\}$

Lösung:

a) • Die Funktion besitzt wegen $\mathbb{D}_f = \mathbb{R}$ keine Polstellen und damit keine vertikalen Asymptoten.

• Da der Grad des Zählerpolynoms kleiner als der Grad des Nennerpolynoms ist, besitzt sie für $x \to \pm\infty$ die **horizontale Asymptote $y = 0$**.

• Weil das Nennerpolynom nur positive Werte annimmt und weil für das Zählerpolynom z(x) gilt

$$\lim_{x \to +\infty} z(x) = +\infty \quad \text{bzw.} \quad \lim_{x \to -\infty} z(x) = -\infty,$$

nähert sich der Graph für $x \to +\infty$ von oben, für $x \to -\infty$ von unten der x-Achse.

b) • Die Funktion besitzt wegen $\mathbb{D}_f = \mathbb{R}$ keine Polstellen und damit keine vertikalen Asymptoten.

• Da der Grad des Zählerpolynoms genau um 1 größer als der Grad des Nennerpolynoms ist, besitzt sie für $x \to \pm\infty$ eine **schräge Asymptote**, die man durch Polynomdivision findet.

Aus $(3x^3 - 4x^2 + 6x - 7) : (x^2 + 2) = 3x - 4$ Rest 1 folgt:

$$f(x) = \frac{3x^3 - 4x^2 + 6x - 7}{x^2 + 2} = 3x - 4 + \frac{1}{x^2 + 2}$$

Die Gleichung der schrägen Asymptote lautet $y = 3x - 4$, weil

$$\lim_{x \to \pm\infty} (f(x) - (3x - 4)) = \lim_{x \to \pm\infty} \frac{1}{x^2 + 2} = 0$$

• Wegen $f(x) - (3x - 4) = \frac{1}{x^2 + 2} > 0$ verläuft der Funktionsgraph stets über der schrägen Asymptote.

CAS *Hinweise für den CAS-Einsatz:*

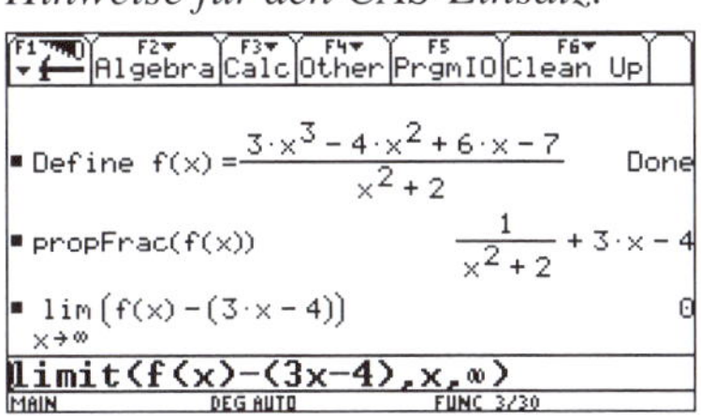

Die Umwandlung des Bruchterms in eine Summe erledigt die Funktion **propFrac**. Der Nachweis, dass die angegebene Gerade $y = 3x - 4$ schräge Asymptote ist, kann wieder mit **limit** geführt werden.

c) • Da $x_1 = 2$ und $x_2 = 0{,}5$ Polstellen der Funktion sind, besitzt f zwei vertikale Asymptoten mit den Gleichungen $x = 2$ und $x = 0{,}5$.

• Da $x_1 = 2$ ein Pol gerader Ordnung ist, haben links- und rechtsseitiger Grenzwert das gleiche Vorzeichen. Wegen

$$\lim_{x \to 2 \pm 0} f(x) = \lim_{\substack{h \to 0 \\ h > 0}} \frac{3(2 \pm h)^3 - (2 \pm h) + 1}{(2 \pm h - 2)^2 \cdot (1 - 2(2 \pm h))} = \lim_{\substack{h \to 0 \\ h > 0}} \frac{1}{h^2} \cdot \frac{3 \cdot 2^3 - 2 + 1}{1 - 2 \cdot 2} = \infty \cdot \frac{23}{-3}$$
$$= -\infty$$

streben die Funktionswerte bei links- und rechtsseitiger Annäherung der Argumente an der Stelle 2 gegen $-\infty$.

• Da $x_2 = 0{,}5$ ein Pol ungerader Ordnung ist, haben links- und rechtsseitiger Grenzwert unterschiedliche Vorzeichen. Bei linksseitiger Annäherung strebt die Funktion gegen $+\infty$, bei rechtsseitiger Annäherung gegen $-\infty$, denn:

$$\lim_{x \to 0{,}5 \pm 0} f(x) = \lim_{\substack{h \to 0 \\ h > 0}} \frac{3(0{,}5 \pm h)^3 - (0{,}5 \pm h) + 1}{(0{,}5 \pm h - 2)^2 \cdot (1 - 2(0{,}5 \pm h))} = \lim_{\substack{h \to 0 \\ h > 0}} \frac{1}{\mp 2h} \cdot \frac{3 \cdot 0{,}5^3 - 0{,}5 + 1}{(-1{,}5)^2}$$
$$= \mp\infty \cdot \frac{7}{18} = \mp\infty$$

• Da Zähler- und Nennerpolynom den gleichen Grad besitzen und

$$f(x) = \frac{3x^3 - x + 1}{(x-2)^2 \cdot (1 - 2x)} = \frac{3x^3 - x + 1}{-2x^3 + 9x^2 - 12x + 4}$$
$$\overset{\text{Polynom-division}}{=} -\frac{3}{2} + \frac{13{,}5x^2 - 19x + 7}{-2x^3 + 9x^2 - 12x + 4},$$

hat f für $x \to \pm\infty$ eine horizontale Asymptote mit der Gleichung $y = -\frac{3}{2}$, denn:

$$\lim_{x \to \pm\infty} \left[f(x) - \left(-\frac{3}{2}\right) \right] = \lim_{x \to \pm\infty} \frac{13{,}5x^2 - 19x + 7}{-2x^3 + 9x^2 - 12x + 4} = 0$$

• Nach dem Kürzen durch x^3 erhält man

$$\lim_{x \to \pm\infty} \frac{3 - \frac{1}{x^2} + \frac{1}{x^2}}{-2 + \frac{9}{x} - \frac{12}{x^2} + \frac{4}{x^3}} = -\frac{3}{2}$$

• Für $x \to -\infty$ ($x \to +\infty$) nähert sich der Funktionsgraph der horizontalen Asymptote von oben (unten), weil

$$f(x) - \left(-\frac{3}{2}\right) = \frac{\overbrace{13{,}5x^2 - 19x + 7}^{\to +\infty \text{ für } x \to \pm\infty}}{\underbrace{-2x^3 + 9x^2 - 12x + 4}_{\substack{\to -\infty \text{ für } x \to +\infty \\ \to +\infty \text{ für } x \to -\infty}}} \begin{cases} < 0, & \text{wenn } x \to +\infty \\ > 0, & \text{wenn } x \to -\infty \end{cases}$$

Aufgaben

55. Zeigen Sie, dass die Gerade g für $x \to -\infty$ schräge Asymptote der Funktion f(x) ist.

a) $f(x) = \frac{e^x - x^2}{x}$
g: $y = -x$

b) $f(x) = |x-2| + xe^x$
g: $y = -x + 2$

56. Zeigen Sie, dass die Gerade g für $x \to +\infty$ schräge Asymptote der Funktion f(x) ist.

a) $f(x) = \frac{-0{,}5xe^x + 1}{0{,}5e^x}$
g: $y = -x$

b) $f(x) = \frac{e^x x + 2e^x + 1}{e^x}$
g: $y = x + 2$

57. Zeigen Sie, dass die Gerade g für $x \to \pm\infty$ schräge Asymptote der Funktion f(x) ist.

$f(x) = \frac{x\ln(|x|^2) - 1}{\ln|x|}$ g: $y = 2x$

58. Berechnen Sie alle horizontalen Asymptoten der Funktion f(x) für $x \to \pm\infty$.

a) $f(x) = \frac{e^x + 1}{2e^x - 1}$

b) $f(x) = \frac{4 - 2x^2}{x^2 + 4}$

59. Untersuchen Sie das Verhalten der Funktion

$f(x) = \ln\frac{1+x}{x}$; $\mathbb{D}_{f;\,max} =]-\infty; -1[\cup]0; +\infty[$

an den Grenzen der maximalen Definitionsmenge und geben Sie die Gleichungen aller Asymptoten an.

60. Berechnen Sie die Gleichungen aller vertikalen Asymptoten der Funktion f(x).

a) $f(x) = e^{\frac{x}{1-x}}$
$\mathbb{D}_f = \mathbb{R} \setminus \{1\}$

b) $f(x) = -2 + \ln\frac{x+1}{x-1}$
$\mathbb{D}_f =]-\infty; -1[\cup]1; +\infty[$

61. Berechnen Sie die Gleichungen der schrägen Asymptoten folgender Funktionen und geben Sie an, für welche Werte von x die Graphen oberhalb dieser Asymptoten verlaufen.

a) $f(x) = \frac{-x^3 + 6x^2 - 9x}{(x-1)^2}$
$\mathbb{D}_f = \mathbb{R} \setminus \{1\}$

b) $f(x) = \frac{1 - x^2}{2(2-x)}$
$\mathbb{D}_f = \mathbb{R} \setminus \{2\}$

3.4 Stetigkeit

In der Analysis verbindet man mit der Eigenschaft „stetig“ die Vorstellung von Funktionsgraphen, die sich auf einem Intervall ohne Absetzen des Zeichenstifts zeichnen lassen. Leider geht diese Anschaulichkeit verloren, wenn man Stetigkeit in der Sprache der Mathematik formuliert. Die mathematisch exakte Definition bietet dafür aber die Möglichkeit, Funktionsstellen rechnerisch auf Stetigkeit zu untersuchen.

Definition

Eine reelle Funktion f heißt **an einer Stelle x_0** aus ihrer Definitionsmenge **stetig**, wenn $\lim\limits_{x \to x_0} f(x) = f(x_0)$.

Der Stetigkeitsnachweis an einer Stelle x_0 ist für eine Funktion f erbracht, wenn gezeigt ist, dass

- der linksseitige Grenzwert $\lim\limits_{x \to x_0 - 0} f(x)$ existiert,
- der rechtsseitige Grenzwert $\lim\limits_{x \to x_0 + 0} f(x)$ existiert,
- beide Grenzwerte gleich sind,
- der Funktionswert $f(x_0)$ existiert
- und $f(x_0)$ mit dem links- und rechtsseitigen Grenzwert übereinstimmt.

Stetigkeit ist eine **lokale**, an einer Stelle x_0 vorhandene Eigenschaft einer Funktion, aus der man keine Schlüsse auf ihr Verhalten an anderen Stellen ziehen kann.

Definition

Eine Funktion heißt **stetig auf einem offenen Intervall**, wenn f an jeder Stelle des Intervalls stetig ist.

Mit der Stetigkeitsdefinition und den Grenzwertsätzen lässt sich der Verknüpfungssatz beweisen.

Regel

Verknüpfungssatz

Sind zwei reelle Funktionen f und g an der Stelle x_0 ihrer jeweiligen Definitionsmenge stetig, so sind auch die Funktionen

- $(f+g)(x) := f(x) + g(x)$,
- $(f-g)(x) := f(x) - g(x)$,
- $(f \cdot g)(x) := f(x) \cdot g(x)$,
- $(k \cdot f)(x) := k \cdot f(x)$, k beliebig aus $\mathbb{R}$,
- $\left(\frac{f}{g}\right)(x) := \frac{f(x)}{g(x)}$, falls zusätzlich $g(x_0) \neq 0$,

an der Stelle x_0 stetig.

Ist die Funktion h an der Stelle $f(x_0)$ stetig, so ist auch die Verkettung

$$(h \circ f)(x) := h(f(x))$$

an der Stelle x_0 stetig.

Mithilfe des Verknüpfungssatzes kann man zeigen:

Regel

Stetigkeit der elementaren Funktionen

Die rationalen Funktionen, Potenzfunktionen, Wurzelfunktionen, Logarithmusfunktionen, Exponentialfunktionen, trigonometrischen Funktionen sind **an jeder Stelle** ihrer maximalen Definitionsmenge **stetig**.

Für diese Funktionen reduziert sich die Berechnung eines Grenzwerts an einer Stelle x_0 aus ihrer Definitionsmenge wegen $\lim\limits_{x \to x_0} f(x) = f(x_0)$ auf eine Funktionswertberechnung.

Beispiel

Untersuchen Sie, ob folgende Funktionen auf $\mathbb{R}$ stetig sind.

a) $f(x) = \begin{cases} e^x, & \text{falls } x \leq \ln 3 \\ \frac{e^x}{e^x - 2}, & \text{falls } x > \ln 3 \end{cases}$

b) $g(x) = \begin{cases} e^x, & \text{falls } x \geq 0 \\ \ln \frac{1}{1-x}, & \text{falls } x < 0 \end{cases}$

Lösung:

Beide Funktionen sind nach dem Satz über die Stetigkeit elementarer Funktionen auf $\mathbb{R} \setminus \{x_0\}$ stetig, wobei x_0 die Stückelstellen $\ln 3$ bzw. 0 bezeichnet. Bei der Berechnung des links- bzw. rechtsseitigen Grenzwerts L bzw. R an diesen Stellen muss auf die Verwendung des richtigen Funktionszweigs geachtet werden.

a) Da $x \mapsto e^x$ auf $\mathbb{R}$ stetig ist, kann die Grenzwert- durch die Punktwertberechnung ersetzt werden.

$L = \lim\limits_{x \to \ln 3 - 0} e^x = e^{\ln 3} = 3$ $\qquad$ $R = \lim\limits_{x \to \ln 3 + 0} \frac{e^x}{e^x - 2} = \frac{e^{\ln 3}}{e^{\ln 3} - 2} = \frac{3}{3-2} = 3$

Links- und rechtsseitiger Grenzwert existieren, sind gleich und stimmen mit dem Funktionswert an der Stelle $\ln 3$ überein. f ist daher auch an der Stelle $x_0 = \ln 3$ stetig.

b) Da $x \mapsto \frac{1}{1-x}$ als rationale Funktion auf $\mathbb{R} \setminus \{1\}$ und $x \mapsto \ln \frac{1}{1-x}$ als Verkettung von auf $\mathbb{R} \setminus \{1\}$ stetigen Funktionen dort stetig sind, und $x \mapsto e^x$ auf $\mathbb{R}$ stetig ist, kann die Grenzwert- durch die Punktwertberechnung ersetzt werden:

$L = \lim\limits_{x \to 0-0} \ln \frac{1}{1-x} = \ln \frac{1}{1-0} = \ln 1 = 0$ $\qquad$ $R = \lim\limits_{x \to 0+0} e^x = e^0 = 1$

Links- und rechtsseitiger Grenzwert existieren, sind aber nicht gleich. g ist daher an der Stelle $x_0 = 0$ nicht stetig.

Zwei wesentliche Eigenschaften von stetigen Funktionen sind im Nullstellensatz und im Satz vom Extremum formuliert.

Regel

Nullstellensatz

Ist f eine im Intervall [a; b] stetige Funktion und haben **f(a)** und **f(b) verschiedene Vorzeichen**, so besitzt f im Intervall]a; b[mindestens eine Nullstelle, d. h., es gibt mindestens eine Zahl x_0 mit $a < x_0 < b$, sodass $f(x_0) = 0$.

Die Aussage des Nullstellensatzes ist unmittelbar einsichtig, wie die beiden folgenden Funktionsgraphen beispielhaft illustrieren:

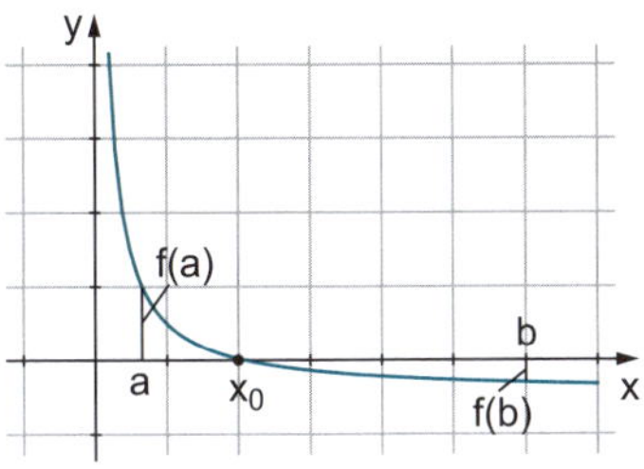

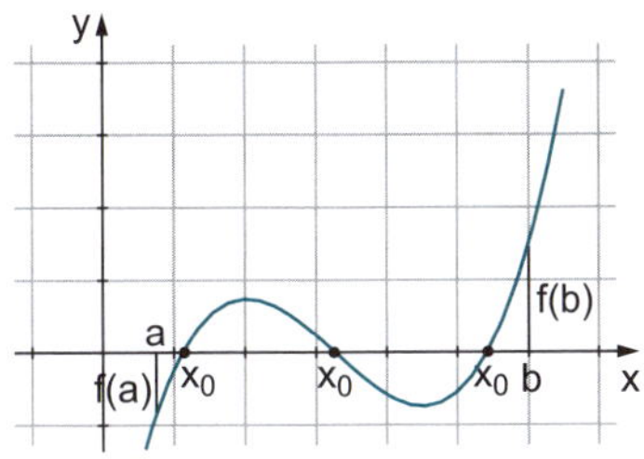

Beispiel

Zeigen Sie, dass die Gleichung $x^3 - 2x - 2 = 0$ mindestens eine Lösung besitzt.

Lösung:

Die Funktion $f(x) = x^3 - 2x - 2$ ist als Polynom nach dem Verknüpfungssatz auf $\mathbb{R}$ stetig. Wegen $f(0) = -2 < 0$ und $f(2) = 2 > 0$ erfüllt f im Intervall $[0; 2]$ die Voraussetzungen des Nullstellensatzes. f besitzt daher im Intervall $]0; 2[$ mindestens eine Nullstelle, d. h., es gibt mindestens eine Zahl x_0 mit $0 < x_0 < 2$, sodass $x_0^3 - 2x_0 - 2 = 0$.

Regel

Satz vom Extremum

Eine in einem **abgeschlossenen** Intervall $[a; b]$ stetige Funktion f nimmt dort ihr Minimum und ihr Maximum an. D. h., es gibt Zahlen x_{min} und x_{max} aus $[a; b]$ sodass für alle x aus $[a; b]$ gilt: $f(x_{min}) \leq f(x) \leq f(x_{max})$.

Auf dieser Eigenschaft basiert die Definition des Riemann-Integrals, siehe Abschnitt 7.1, Seite 120. Die Behandlung sogenannter relativer Extrema erfolgt ausführlich im Abschnitt 5.2, Seite 96.

Aufgaben

62. Überprüfen Sie, ob die reelle Funktion

$$f: x \mapsto \begin{cases} \cos(\pi \cdot x), & \text{falls } x < 1, \\ -1, & \text{falls } x = 1, \\ \frac{x}{x-2}, & \text{falls } x > 1, \end{cases}$$

in $x_0 = 1$ stetig ist.

63. Gegeben ist die Schar reeller Funktionen

$$f_{a,b}:\ x \mapsto \begin{cases} 2x^2 - ax + ab, & \text{für } x \geq b; \\ 3x - x^2 + b - \frac{4}{3}, & \text{für } x < b. \end{cases}$$

Für welche $a, b \in \mathbb{R}$ ist $f_{a,b}$ in $\mathbb{R}$ stetig?

64. Gegeben ist für $a, b \in \mathbb{R}$ die reelle Funktionenschar

$$f_{a,b}:\ x \mapsto \begin{cases} -5 - 7\sin\left(\frac{x}{3}\right), & \text{falls } x > 0, \\ -2a - a^2 - 6, & \text{falls } x = 0, \\ 3x^2 + b, & \text{falls } x < 0. \end{cases}$$

Welche Bedingungen müssen die Scharparameter a, b erfüllen, damit $f_{a,b}$ in $x_0 = 0$ stetig ist?

65. Gegeben ist die reelle Funktion

$$f(x) = \frac{e^{2x-6} - 1}{e^{x-3} - 1} \text{ mit } \mathbb{D}_f = \mathbb{R} \setminus \{3\}.$$

Zeigen Sie, dass sich f auf $\mathbb{R}$ stetig fortsetzen lässt, d. h.: Geben Sie eine auf $\mathbb{R}$ stetige Funktion g an, die auf $\mathbb{D}_f$ mit f übereinstimmt.

66. Zeigen Sie, dass die Gleichung

$$e^x - \ln(1 + 100x) = 0$$

im Intervall $]0; 0{,}02[$ mindestens eine Lösung besitzt.

4 Ableitung

Wesentliche Eigenschaften einer Funktion lassen sich aus ihrer „Empfindlichkeit" gegenüber den Änderungen der Argumentwerte ablesen. Mithilfe von Grenzwerten kann der Empfindlichkeitsbegriff präzise gefasst und geometrisch als Steigung einer Graphentangente interpretiert werden. Verschiedene Techniken ermöglichen es, die Tangentensteigungen ohne zeit- und arbeitsaufwendige Grenzwertrechnungen zu bestimmen.

4.1 Differenzierbarkeit

Eine Funktion reagiert an einer Stelle x_0 ihrer Definitionsmenge umso empfindlicher auf eine Änderung der Argumentwerte, je größer die Differenz der Funktionswerte $f(x)-f(x_0)$ relativ zur Differenz der Argumentwerte $x-x_0$ ist. Als Empfindlichkeitsmaß kann daher der Quotient $\frac{f(x)-f(x_0)}{x-x_0}$ dienen.

Definition

Unter dem **Differenzenquotienten** einer reellen Funktion $f: x \mapsto f(x)$ an der Stelle x_0 ihrer Definitionsmenge versteht man den Ausdruck $\frac{f(x)-f(x_0)}{x-x_0}$.

Der Differenzenquotient kann geometrisch als Steigung m_s der Sekante s durch die Graphenpunkte $(x_0 | f(x_0))$ und $(x | f(x))$ interpretiert werden. Je „näher" x bei x_0 liegt, desto „näher" liegt f(x) bei $f(x_0)$ und desto besser stimmt die Steigung m_s der Sekante mit der Steigung m_t der Tangente an den Funktionsgraphen im Punkt $(x_0 | f(x_0))$ überein. Für m_t gilt daher:

$$m_t := \lim_{x \to x_0} \frac{f(x)-f(x_0)}{x-x_0}$$

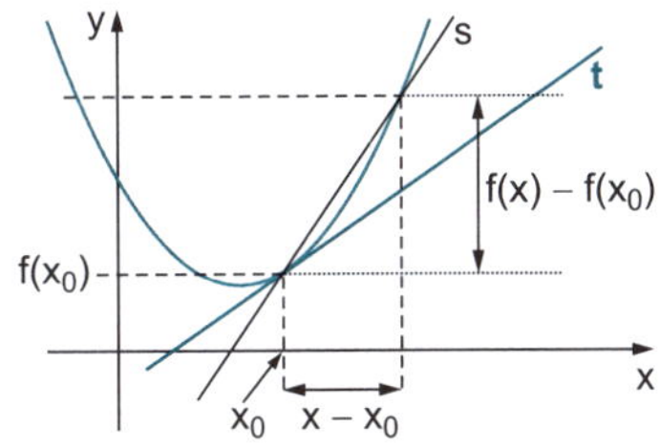

Definition

Eine Funktion $f: x \mapsto f(x)$ heißt **differenzierbar an einer Stelle x_0** aus ihrer Definitionsmenge, wenn der Grenzwert $\lim_{x \to x_0} \frac{f(x)-f(x_0)}{x-x_0}$ existiert.

Dieser Grenzwert heißt **Differenzialquotient** oder **1. Ableitung der Funktion f an der Stelle x_0** und wird abkürzend mit $f'(x_0)$ oder $\frac{df}{dx}(x_0)$ bezeichnet.

Von der **Anschauung** her ist eine reelle **Funktion** an einer Stelle x_0 aus ihrer Definitionsmenge **differenzierbar**, wenn sie an dieser Stelle stetig ist und ihr Graph dort keine Ecken aufweist; denn dann lässt sich im Punkt $(x_0 | f(x_0))$ an ihren Graphen eindeutig eine Tangente legen.

Rechnerisch können Sie die Differenzierbarkeit einer Funktion an einer Stelle x_0 dadurch zeigen, dass Sie

- die Existenz des linksseitigen Differenzialquotienten
  $f'_L(x_0) = \lim\limits_{x \to x_0 - 0} \frac{f(x) - f(x_0)}{x - x_0}$,
- die Existenz des rechtsseitigen Differenzialquotienten
  $f'_R(x_0) = \lim\limits_{x \to x_0 + 0} \frac{f(x) - f(x_0)}{x - x_0}$,
- die Gleichheit beider Grenzwerte sowie
- die Stetigkeit von f an der Stelle x_0

nachweisen.

Häufig ist es leichter, die links- und rechtsseitigen Differenzialquotienten mit der h-Methode zu berechnen, weil anstelle von $(x - x_0)$ nur h auszuklammern ist. Es gilt:

- $f'_L(x_0) = \lim\limits_{\substack{h \to 0 \\ h > 0}} \frac{f(x_0 - h) - f(x_0)}{(x_0 - h) - x_0} = \lim\limits_{\substack{h \to 0 \\ h > 0}} \frac{f(x_0 - h) - f(x_0)}{-h}$
- $f'_R(x_0) = \lim\limits_{\substack{h \to 0 \\ h > 0}} \frac{f(x_0 + h) - f(x_0)}{(x_0 + h) - x_0} = \lim\limits_{\substack{h \to 0 \\ h > 0}} \frac{f(x_0 + h) - f(x_0)}{h}$

Beispiel

Prüfen Sie, ob die zusammengesetzte Funktion

$$f(x) = \begin{cases} x^2 - 4x + 2, & \text{falls } x < 1, \\ \frac{x}{x-2}, & \text{falls } x \geq 1, \end{cases}$$

an der Stelle $x_0 = 1$ differenzierbar ist.

Lösung:

$$f_L(1) = \lim\limits_{h \to 0, h > 0} \frac{f(x_0 - h) - f(x_0)}{-h}$$

$$= \lim\limits_{h \to 0, h > 0} \frac{(1-h)^2 - 4(1-h) + 2 - \frac{1}{1-2}}{-h}$$

$$= \lim\limits_{h \to 0, h > 0} \frac{h^2 + 2h}{-h}$$

$$= \lim\limits_{h \to 0, h > 0} -h - 2 = -2$$

$$f_R(1) = \lim_{h \to 0, h>0} \frac{f(x_0+h)-f(x_0)}{h}$$

$$= \lim_{h \to 0, h>0} \frac{\frac{1+h}{1+h-2} - \frac{1}{1-2}}{h}$$

$$= \lim_{h \to 0, h>0} \frac{\frac{1+h}{1+h-2} + 1}{h}$$

$$= \lim_{h \to 0, h>0} \frac{\frac{1+h+h-1}{h-1}}{h}$$

$$= \lim_{h \to 0, h>0} \frac{2h}{h(h-1)}$$

$$= \lim_{h \to 0, h>0} \frac{2}{(h-1)} = -2$$

Stetigkeit von f an der Stelle 1:

$$L = \lim_{x \to 1-0} f(x) = \lim_{x \to 1-0} (x^2 - 4x + 2) = 1 - 4 + 2 = -1$$

$$R = \lim_{x \to 1+0} f(x) = \lim_{x \to 1+0} \frac{x}{x-2} = \frac{1}{1-2} = -1$$

Insgesamt folgt: Es existieren links- und rechtsseitiger Differenzialquotient $f_L'(x_0)$ und $f_R'(x_0)$ und stimmen überein. Da die beiden Funktionszweige an der Stelle $x_0 = 1$ den gemeinsamen Funktionswert –1 besitzen, ist f an der Stelle $x_0 = 1$ auch stetig. f ist daher in $x_0 = 1$ differenzierbar.

Definition

Eine Funktion heißt **differenzierbar auf** einem offenen **Intervall**, wenn f an jeder Stelle des Intervalls differenzierbar ist.

Beispiel

Zeigen Sie, dass die Funktion

$$f(x) = \frac{3x}{4x+2}$$

in ihrer maximalen Definitionsmenge $\mathbb{D}_{f,\,max} = \mathbb{R} \setminus \{-0,5\}$ differenzierbar ist.

Lösung:

Für ein beliebiges x_0 aus $\mathbb{D}_{f,\max}$ existiert $\lim\limits_{x \to x_0} \frac{f(x)-f(x_0)}{x-x_0}$, denn:

$$\lim_{h\to 0} \frac{f(x_0+h)-f(x_0)}{h} = \lim_{h\to 0} \frac{\frac{3(x_0+h)}{4(x_0+h)+2} - \frac{3x_0}{4x_0+2}}{h}$$

$$= \lim_{h\to 0} \frac{\frac{3(x_0+h)\cdot(4x_0+2)\,3x_0\cdot(4(x_0+h)+2)}{(4x_0+2)(4(x_0+h)+2)}}{h}$$

$$= \lim_{h\to 0} \frac{\frac{6h}{(4x_0+2)(4(x_0+h)+2)}}{h}$$

$$= \lim_{h\to 0} \frac{6}{(4x_0+2)(4(x_0+h)+2)}$$

$$= \frac{6}{(4x_0+2)^2}$$

Weil f als rationale Funktion nach dem Verknüpfungssatz in $\mathbb{D}_{f,\max}$ auch stetig ist, ist die Differenzierbarkeit in der maximalen Definitionsmenge nachgewiesen.

Allgemein kann man zeigen:

Regel

Differenzierbarkeit der elementaren Funktionen

Die rationalen Funktionen, Potenzfunktionen, Wurzelfunktionen, Logarithmusfunktionen, Exponentialfunktionen, trigonometrischen Funktionen sind **an jeder Stelle** ihrer maximalen Definitionsmenge **differenzierbar**.

Die zugehörigen Differenzialquotienten sind in der folgenden Tabelle zusammengefasst:

Funktion	**1. Ableitung**
$f(x)=x^r;\ r\in\mathbb{R}$	$f'(x_0)=r\cdot x_0^{r-1}$
Insbesondere:	
$f(x)=k;\ k\in\mathbb{R}$	$f'(x_0)=0$
$f(x)=\sqrt{x}$	$f'(x_0)=\frac{1}{2\cdot\sqrt{x_0}}$
$f(x)=a_nx^n+a_{n-1}x^{n-1}+\ldots+a_2x^2+a_1x+a_0$	$f'(x_0)=na_nx_0^{n-1}+(n-1)a_{n-1}x_0^{n-2}+\ldots+2a_2x_0+a_1$
$f(x)=a^x;\ x\in\mathbb{R}^+$	$f'(x_0)=a^{x_0}\cdot\ln a$
Insbesondere:	
$f(x)=e^x$	$f'(x_0)=e^{x_0}$
$f(x)=\log_a x;\ a\in\mathbb{R}^+\setminus\{1\}$	$f'(x_0)=\frac{1}{\ln a}\cdot\frac{1}{x_0}$
Insbesondere:	
$f(x)=\ln x$	$f'(x_0)=\frac{1}{x_0}$
$f(x)=\sin(kx);\ k\in\mathbb{R}^+$	$f'(x_0)=k\cos(kx_0)$
$f(x)=\cos(kx);\ k\in\mathbb{R}^+$	$f'(x_0)=-k\sin(kx_0)$
$f(x)=\tan(kx);\ k\in\mathbb{R}^+$	$f'(x_0)=\frac{k}{(\cos(kx_0))^2}$
$f(x)=\cot(kx);\ k\in\mathbb{R}^+$	$f'(x_0)=\frac{-k}{(\sin(kx_0))^2}$

Diese Differenzialquotienten dürfen Sie im Weiteren ohne Begründung verwenden und können damit meist mühsame Grenzwertrechnungen vermeiden.

Beispiel

Zeigen Sie, dass die zusammengesetzte Funktion

$$f(x)=\begin{cases}\ln x, & \text{falls } x\geq 1,\\ x^2-x, & \text{falls } x<1,\end{cases}$$

an der Stelle $x_0=1$ differenzierbar ist.

Lösung:

Unter Verwendung der Differenzialquotienten aus der Tabelle erhalten Sie für den linksseitigen Differenzialquotienten

$$f_L'(x_0)=2x_0-1 \quad\Rightarrow\quad f_L'(1)=2\cdot1-1=1,$$

für den rechtsseitigen Differenzialquotienten

$$f_R'(x_0)=\frac{1}{x_0} \quad\Rightarrow\quad f_R'(1)=\frac{1}{1}=1.$$

Links- und rechtsseitiger Differenzialquotient $f_L'(x_0)$ und $f_R'(x_0)$ stimmen überein. Da die beiden Funktionszweige an der Stelle $x_0 = 1$ den gemeinsamen Funktionswert 0 besitzen, ist f an der Stelle $x_0 = 1$ auch stetig. f ist daher in $x_0 = 1$ differenzierbar.

Obwohl Stetigkeit und Differenzierbarkeit unterschiedliche Eigenschaften reeller Funktionen beschreiben, besteht zwischen ihnen eine logische Hierarchie.

Regel

> **Wenn** eine Funktion an einer Stelle x_0 ihrer Definitionsmenge **differenzierbar** ist, **dann** ist sie dort auch **stetig**. Aber nicht jede an einer Stelle x_0 ihrer Definitionsmenge stetige Funktion ist dort auch differenzierbar.

Beispielsweise ist die Funktion $f(x) = |x|$ an der Stelle $x = 0$ zwar stetig, aber nicht differenzierbar.

Mithilfe des Differenzialquotienten können Sie aus einer Funktion f eine neue Funktion f' konstruieren, indem Sie jedem x aus der Differenzierbarkeitsmenge $\mathbb{D}_f'$ der Funktion f den Differenzialquotienten der Funktion f an der Stelle x zuordnen; dabei versteht man unter $\mathbb{D}_f'$ die Menge aller x aus der Definitionsmenge $\mathbb{D}_f$, in denen f differenzierbar ist:

$$f': \mathbb{D}_f' \to \mathbb{R}$$
$$x \mapsto \lim_{\overline{x} \to x} \frac{f(\overline{x}) - f(x)}{\overline{x} - x}$$

Die Funktion f' heißt **1. Ableitungsfunktion** der Funktion f.

In gleicher Weise lässt sich fortfahren: Die Menge aller x aus $\mathbb{D}_f'$, in denen die 1. Ableitungsfunktion f' differenzierbar ist, wird mit $\mathbb{D}_f''$ bezeichnet. Unter der **2. Ableitungsfunktion** versteht man dann die Funktion, die jedem x_0 aus $\mathbb{D}_f''$ die Zahl $(f')'(x_0)$ zuordnet. Sie wird mit f'' bezeichnet. Analog werden die **dritte, vierte, ... Ableitungsfunktion** f''', f'''', ... definiert.

Aufgaben

67. Berechnen Sie mithilfe der Definition des Differenzialquotienten die 1. Ableitung der Funktion $f(x) = \sin(2 \cdot x) - 3 \cdot \sin(x)$, $x \in \mathbb{R}$ an der Stelle $x_0 = 0$.
Hinweis: Verwenden Sie, dass für $a, b \in \mathbb{R}$ mit $b \neq 0$ gilt: $\lim_{x \to 0} \frac{\sin(ax)}{bx} = \frac{a}{b}$

68. Zeigen Sie, dass die Funktion

$$f\colon x \mapsto \begin{cases} \cos(\pi \cdot x), & \text{falls } x < 1, \\ -1, & \text{falls } x = 1, \\ \frac{x}{x-2}, & \text{falls } x > 1, \end{cases}$$

an der Stelle $x_0 = 1$ nicht differenzierbar ist.

69. Für welche reellen a, b sind die zugehörigen Funktionen der Schar

$$f_{a,b}\colon x \mapsto \begin{cases} 2x^2 - ax + ab & \text{für } x \geq b, \\ 3x - x^2 + b - \frac{4}{3} & \text{für } x < b \end{cases}$$

auf $\mathbb{R}$ differenzierbar?

Hinweis: Verwenden Sie die Ergebnisse von Aufgabe 63.

70. Für welche reellen a, b sind die zugehörigen Funktionen der Schar

$$f_{a,b}\colon x \mapsto \begin{cases} -5 - 7\sin\left(\frac{x}{3}\right), & \text{falls } x > 0, \\ -2a - a^2 - 6, & \text{falls } x = 0, \\ 3x^2 + b, & \text{falls } x < 0, \end{cases}$$

in $x_0 = 0$ differenzierbar?

Hinweis: Verwenden Sie die Ergebnisse von Aufgabe 64.

71. Welche Beziehung besteht zwischen a und b, wenn die zugehörige Funktion der Schar

$$f_{a,b}\colon x \mapsto \begin{cases} a^x - 1 & \text{für } x < 0, \\ \sin(bx) & \text{für } x \geq 0 \end{cases}$$

in $x_0 = 0$ differenzierbar ist?

4.2 Ableitungsregeln

Die 1. Ableitungen von Funktionen, die durch Addition, Subtraktion, Multiplikation, Division oder Verkettung aus zwei oder mehr differenzierbaren Funktionen entstehen, können ohne Grenzwertrechnung aus den Ableitungen der zugrunde liegenden Funktionen ermittelt werden. Sind f und g an einer Stelle x_0 der gemeinsamen Definitionsmenge differenzierbare Funktionen, so sind auch die Funktionen $f + g$, $f - g$, $f \cdot g$, $\frac{f}{g}$, wenn $g(x_0) \neq 0$, sowie $f \circ g$, wenn f an der Stelle $g(x_0)$ definiert ist, an der Stelle x_0 differenzierbar. Dabei gelten für die Differenzialquotienten im Einzelnen folgende Ableitungsregeln:

Regel

Summenregel

$(f+g)'(x_0) = f'(x_0) + g'(x_0)$

Differenzregel

$(f-g)'(x_0) = f'(x_0) - g'(x_0)$

Produktregel

$(f \cdot g)'(x_0) = f(x_0) \cdot g'(x_0) + g(x_0) \cdot f'(x_0)$

Ist k eine reelle Zahl so gilt:

$(k \cdot f)'(x_0) = k \cdot f'(x_0)$

Dies ist ein Spezialfall der Produktregel.

Quotientenregel

$$\left(\frac{f}{g}\right)'(x_0) = \frac{g(x_0) \cdot f'(x_0) - f(x_0) \cdot g'(x_0)}{(g(x_0))^2} \qquad (g(x_0) \neq 0)$$

Kettenregel

$$(f \circ g)'(x_0) = f'(g(x_0)) \cdot g'(x_0) \qquad (g(x_0) \in \mathbb{D}_f)$$

$f'(g(x_0))$ heißt äußere, $g'(x_0)$ innere Ableitung von $f(g(x_0))$. Die Multiplikation von $f'(g(x_0))$ mit $g'(x_0)$ bezeichnet man als **Nachdifferenzieren**.

Beispiel

Berechnen Sie jeweils die 1. Ableitung folgender Funktionen und vereinfachen Sie das Ergebnis algebraisch.

a) $f(x) = e^x + \sqrt{x}$

b) $f(x) = \frac{3}{x^2} - \ln x$

c) $f(x) = (x^2 - x) \cdot e^x$

d) $f(x) = \frac{e^x}{e^x - x}$

e) $f(x) = \ln(x^4 + 4x^2)$

Lösung:

a) Aus $g(x) = e^x \Rightarrow g'(x) = e^x$ und $h(x) = \sqrt{x} \Rightarrow h'(x) = \frac{1}{2 \cdot \sqrt{x}}$ folgt mit der **Summenregel:**

$$f'(x) = e^x + \frac{1}{2 \cdot \sqrt{x}}$$

b) Aus

$g(x) = \frac{3}{x^2} = 3 \cdot x^{-2} \Rightarrow g'(x) = 3 \cdot (-2) \cdot x^{-3} = -6x^{-3} = \frac{-6}{x^3}$ und

$h(x) = \ln x \Rightarrow h'(x) = \frac{1}{x}$

folgt mit der **Differenzregel:**

$f'(x) = \frac{-6}{x^3} - \frac{1}{x} = -\frac{x^2+6}{x^3}$

c) Aus $g(x) = x^2 - x \Rightarrow g'(x) = 2x - 1$ und $h(x) = e^x \Rightarrow h'(x) = e^x$ folgt mit der **Produktregel:**

$f'(x) = (x^2 - x) \cdot e^x + e^x \cdot (2x-1) = e^x \cdot (x^2 + x - 1)$

d) Mithilfe der **Quotientenregel** findet man:

$$f'(x) = \frac{\overbrace{(e^x - x)}^{\text{Nenner}} \cdot \overbrace{e^x}^{\text{Ableitung des Zählers}} - \overbrace{e^x}^{\text{Zähler}} \cdot \overbrace{(e^x - 1)}^{\text{Ableitung des Nenners}}}{\underbrace{(e^x - x)^2}_{\text{Nenner im Quadrat}}} = \frac{e^x(1-x)}{(e^x - x)^2}$$

CAS *Hinweise für den CAS-Einsatz:*

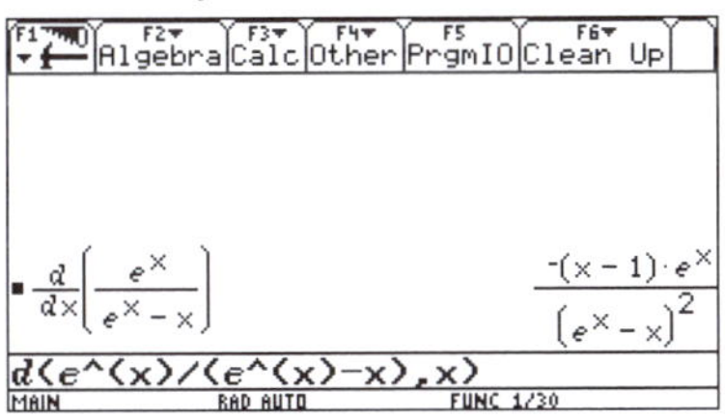

Mit der Taste [d] oder dem Befehl [F3]; 1: ∂(differentiate kann die Ableitung berechnet werden. Dabei muss neben der Funktion angegeben werden, nach welcher Variablen abgeleitet werden soll.

e) $f(x) = \ln(x^4 + 4x^2)$ ist eine Verkettung $f(x) = (g \circ h)(x)$ der Funktionen $g(x) = \ln x$ und $h(x) = x^4 + 4x^2$. Nach der **Kettenregel** folgt wegen $g'(x) = \frac{1}{x}$ und $h'(x) = 4x^3 + 8x$:

$$f'(x) = \underbrace{\frac{1}{x^4 + 4x^2}}_{\text{äußere Ableitung}} \cdot \underbrace{(4x^3 + 8x)}_{\text{innere Ableitung}} = \frac{4x^2 + 8}{x^3 + 4x}$$

CAS *Hinweise für den CAS-Einsatz:*

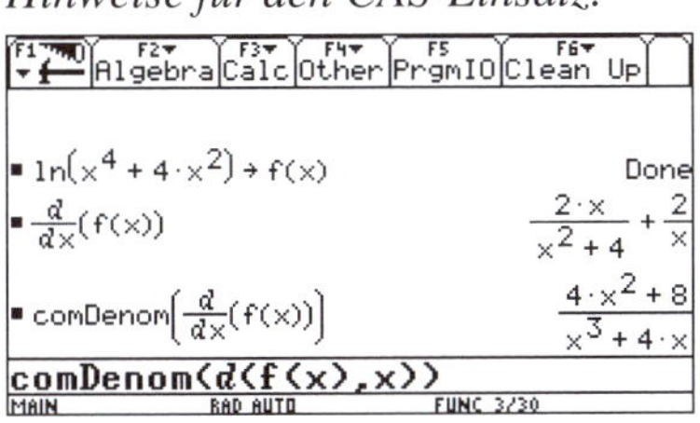

Der Funktionsterm kann mithilfe der Taste [STO▸] als f(x) abgespeichert werden. Die Ableitung wird als Summe zweier Brüche ausgegeben. Der Befehl **comDenom** bildet den Hauptnenner und fasst beide Brüche zu einem Bruch zusammen.

Lässt sich eine Funktion f(x) nur mühsam oder gar nicht ableiten, kann es hilfreich sein, die Funktion $g(x) = \ln(f(x))$ abzuleiten und nach $f'(x)$ aufzulösen:

$$g'(x) = \frac{1}{f(x)} \cdot f'(x) \quad \Rightarrow \quad f'(x) = g'(x) \cdot f(x)$$

Diese Technik bezeichnet man als **logarithmisches Ableiten**.

Beispiel

Berechnen Sie die 1. Ableitung folgender Funktionen logarithmisch.

a) $f(x) = x^x$

b) $f(x) = (x-1)^7 (x+2)^8 (x-7)^9$

Lösung:

a) Für die 1. Ableitung der Funktion

$$g(x) = \ln(f(x)) = \ln(x^x) = x \ln x$$

gilt nach der Produktregel:

$$g'(x) = x \cdot \frac{1}{x} + \ln x \cdot 1 = 1 + \ln x$$

Eingesetzt in $f'(x) = g'(x) \cdot f(x)$ erhält man:

$$f'(x) = (1 + \ln x) \cdot x^x$$

b) Für die 1. Ableitung der Funktion

$$\begin{aligned} g(x) &= \ln(f(x)) = \ln((x-1)^7 (x+2)^8 (x-7)^9) \\ &= 7\ln(x-1) + 8\ln(x+2) + 9\ln(x-7) \end{aligned}$$

gilt

$$g'(x) = \frac{7}{x-1} + \frac{8}{x+2} + \frac{9}{x-7},$$

sodass wegen $f'(x) = g'(x) \cdot f(x)$ folgt:

$$\begin{aligned} f'(x) &= \left(\frac{7}{x-1} + \frac{8}{x+2} + \frac{9}{x-7}\right) \cdot (x-1)^7 (x+2)^8 (x-7)^9 \\ &= 7(x-1)^6 (x+2)^8 (x-7)^9 + 8(x-1)^7 (x+2)^7 (x-7)^9 \\ &\quad + 9(x-1)^7 (x+2)^8 (x-7)^8 \end{aligned}$$

Aufgaben Berechnen Sie in den Aufgaben 72 bis 74 jeweils die 1. Ableitung der angegebenen Funktionen und vereinfachen Sie das Ergebnis algebraisch.

72. a) $f(x) = e^{3x} + 2$ b) $f(x) = 1 - e^{-\sqrt{x}}$

c) $f(x) = \sqrt{\ln x} - \ln \sqrt{x}$ d) $f(x) = (\ln x)^2 - x \cdot \ln x$

73. a) $f(x) = -2x^2 \cdot e^{x^2}$ b) $f(x) = (1-x) \cdot e^{\frac{x^2}{1-x}}$

c) $f(x) = (1+e^x)^2 (1-e^x)^2$ d) $f(x) = (x+2) \cdot \sqrt{x} \cdot e^x$

74. a) $f(x)=\frac{x^2-2}{x^2+2}$ b) $f(x)=\frac{e^x}{x}$

c) $f(x)=\frac{4e^x}{(2-e^x)^2}$ d) $f(x)=\frac{\ln x}{x}$

75. Berechnen Sie jeweils die 1. Ableitung folgender Funktionen. Algebraische Vereinfachungen sind nicht erforderlich.

a) $f(x)=3e^{3x+2}$ b) $f(x)=(e^x)^2$

c) $f(x)=e^{x^2}$ d) $f(x)=\ln\frac{1}{x}$

e) $f(x)=2\ln\left(\frac{1}{x}\right)^2$ f) $f(x)=\sqrt{\ln(x^2+1)}$

g) $f(x)=\ln(\ln\sqrt{x})$ h) $f(x)=\sqrt[7]{(2x-1)^6}$

76. Berechnen Sie jeweils f''(x).

a) $f(x)=\frac{5x}{(2x-1)^2}$ b) $f(x)=\ln\frac{1}{(1-e^x)^2}$

c) $f(x)=(2\ln x-1)^2$ d) $f(x)=\ln\frac{1+x^2}{1-x^2}$

77. Berechnen Sie jeweils die 1. Ableitung folgender Funktionenscharen. Algebraische Vereinfachungen sind nicht erforderlich.

a) $f_k(x)=2-\frac{k}{x}+\frac{1}{x^2}$ b) $f_k(x)=\frac{x}{x+k}-\frac{x}{x-k}$

78. Überprüfen Sie jeweils, ob die Funktion f an der Stelle x_0 differenzierbar ist.

a) $f(x)=\frac{|x+2|-2}{x}$; $x_0=-2$

b) $f(x)=\begin{cases}4(x-1)e^{x-1}; & \text{falls } x\le 1\\ \frac{4\ln x}{x}; & \text{falls } x>1\end{cases}$; $x_0=1$

79. Berechnen Sie f'(x) durch logarithmisches Ableiten.

a) $f(x)=x^{\ln x}$ b) $f(x)=\sqrt[7]{(x-4)^3(x-3)^4}$

4.3 Tangenten und Normalen

Mithilfe der 1. Ableitung können Sie die Gleichungen von Geraden aufstellen, die einen Funktionsgraphen in einem Punkt berühren oder senkrecht schneiden, den Schnittwinkel zweier Funktionsgraphen berechnen oder überprüfen, ob sich Funktionsgraphen berühren.

Abweichend vom Tangentenbegriff der Geometrie, in der die Kurve stets „auf der gleichen“ Seite der Tangente verläuft und der Berührpunkt der einzige gemeinsame Punkt ist (Bild A), lässt man in der Analysis auch Geraden als **Tangenten** zu, die den Funktionsgraph in einem anderen Punkt schneiden (Bild B) oder ihn im Berührpunkt durchstoßen (Bild C). Eine Gerade, die im Berührpunkt auf der Tangente senkrecht steht, heißt **Normale**.

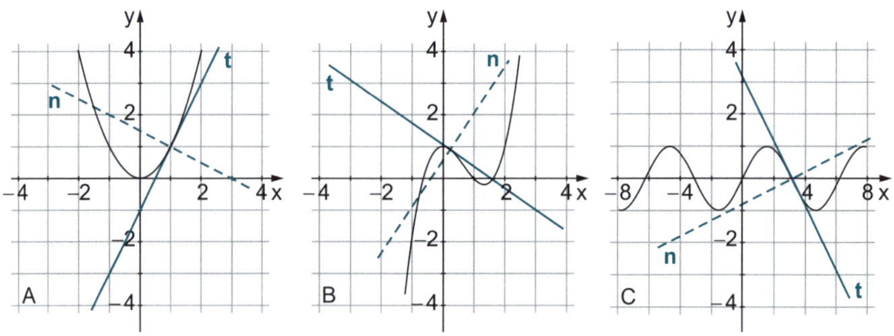

In Verbindung mit den Eigenschaften der linearen Funktion (vgl. Abschnitt 1.1, Seite 3) führt die Interpretation des Differenzialquotienten als Tangentensteigung zu einer Formel für die Tangenten- bzw. Normalengleichung.

Regel

Tangenten- und Normalenformel

Ist eine Funktion f an der Stelle x_B aus ihrer Definitionsmenge differenzierbar, so lautet die Gleichung

- der Tangente an ihren Graphen im Punkt $(x_B \mid f(x_B))$:

  $$t(x) = f'(x_B) \cdot (x - x_B) + f(x_B)$$

- der Normalen an ihren Graphen im Punkt $(x_B \mid f(x_B))$:

  $$n(x) = -\frac{1}{f'(x_B)} \cdot (x - x_B) + f(x_B)$$

Beispiele

1. Tangente und Normale an einen Funktionsgraphen durch einen Punkt, der **auf dem Graphen** liegt:
   Stellen Sie die Gleichungen der Tangente und der Normale an den Graphen der Funktion $f(x) = -x^2 - 4x + 3;\; x \in \mathbb{R}$ im Punkt $B(2 \mid ?)$ auf.

Lösung:

$f(x) = -x^2 - 4x + 3 \Rightarrow f'(x) = -2x - 4$ Berechnen von f'(x)

$f(2) = -2^2 - 4 \cdot 2 + 3 = -9$ Einsetzen von $x_B = 2$ in f(x) und f'(x)

$f'(2) = -2 \cdot 2 - 4 = -8$

$t(x) = -8(x-2) - 9 = -8x + 7$ Einsetzen in die Tangentenformel

$n(x) = \frac{1}{8}(x-2) - 9 = \frac{1}{8}x - \frac{37}{4}$ Einsetzen in die Normalenformel

CAS *Hinweise für den CAS-Einsatz:*

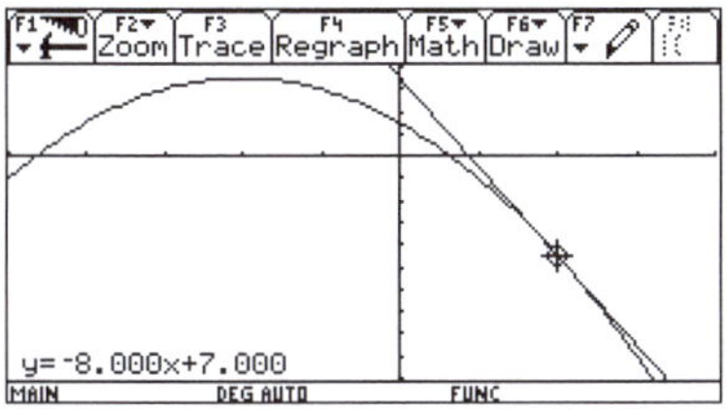

Lässt man sich den Funktionsgraphen anzeigen, so steht unter [F5]; A: Tangent zur Verfügung. Damit wird nicht nur die Tangente eingezeichnet, sondern der Rechner gibt auch die Geradengleichung der Tangente an.

2. Tangente und Normale an einen Funktionsgraphen durch einen Punkt, der **nicht auf dem Graphen** liegt:
Gegeben sind die Punkte T(–2 | 16) und N(–2 | 2,5) sowie die Funktion $f(x) = -x^2 - 4x + 3;\ x \in \mathbb{R}$. Stellen Sie die Gleichungen aller Tangenten durch T bzw. aller Normalen durch N an G_f auf.

Lösung:

Anders als im Beispiel 1 müssen Sie zunächst die x-Koordinaten des Berühr- bzw. Schnittpunkts berechnen. Dafür ersetzen Sie in der Tangentengleichung x durch –2 und t(x) durch 16 und in der Normalengleichung x durch –2 und n(x) durch 2,5 und erhalten für die

Tangente	Normale
$16 = (-2x_B - 4) \cdot (-2 - x_B) - x_B^2 - 4x_B + 3$	$2{,}5 = \frac{-1}{-2x_B - 4} \cdot (-2 - x_B) - x_B^2 - 4x_B + 3$

Durch Ausmultiplizieren, Zusammenfassen und Ordnen nach Potenzen auf einer Gleichungsseite nehmen diese Gleichungen folgende Form an:

$x_B^2 + 4x_B - 5 = 0$	$x_B^2 + 4x_B = 0$

Die Lösungsformel für quadratische Gleichungen liefert die Lösungen:

$x_{B_1} = -5;\ x_{B_2} = 1$	$x_{B_3} = 0;\ x_{B_4} = -4$

Jetzt fahren Sie wie in Beispiel 1 fort, indem Sie x_B in f(x) und f'(x) einsetzen:

$f(-5) = -2 \qquad f'(-5) = 6$
$f(1) = -2 \qquad f'(1) = -6$

Einsetzen in
$t(x) = f'(x_B) \cdot (x - x_B) + f(x_B)$

liefert die Tangentengleichungen:

$t_1(x) = 6 \cdot (x+5) - 2 = 6x + 28$

$t_2(x) = -6 \cdot (x-1) - 2 = -6x + 4$

$f(0) = 3 \qquad f'(0) = -4$
$f(-4) = 3 \qquad f'(-4) = 4$

Einsetzen in
$n(x) = -\frac{1}{f'(x_B)} \cdot (x - x_B) + f(x_B)$

liefert die Normalengleichungen:

$n_1(x) = \frac{1}{4}x + 3$

$n_2(x) = -\frac{1}{4}(x+4) + 3 = -\frac{1}{4}x + 2$

Durch die Interpretation des Differenzialquotienten als Tangentensteigung lässt sich auch der Begriff des Schnittwinkels zweier Funktionsgraphen präzise fassen.

Definition

Unter dem **Schnittwinkel** zweier Graphen versteht man den spitzen Winkel, den die Tangenten an die Graphen im Schnittpunkt miteinander einschließen.

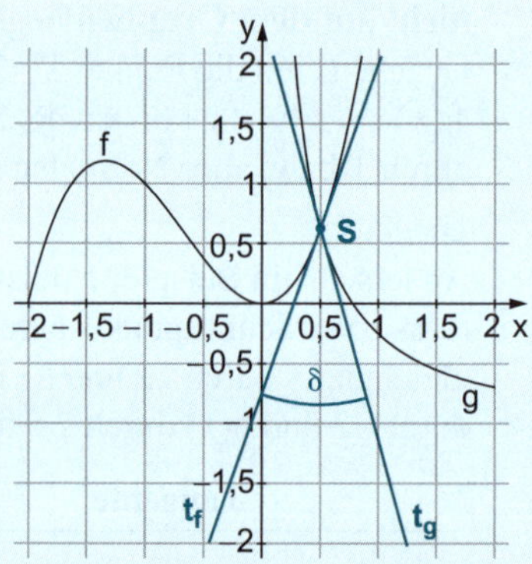

Regel

Schnittwinkel zweier Funktionsgraphen

Schneiden sich die Graphen der Funktionen f und g im Punkt $S(x_S | y_S)$, und sind f und g in x_S differenzierbar, so gilt für den Schnittwinkel δ:

$$\tan \delta = \left| \frac{f'(x_S) - g'(x_S)}{1 + f'(x_S) \cdot g'(x_S)} \right|$$

Bei der Schnittwinkelberechnung gehen Sie am besten schrittweise vor, wie das folgende Beispiel demonstriert.

Beispiel

Berechnen Sie den Winkel, unter dem sich die Graphen der Funktionen $f(x) = (2 - e^x)^2$ und $g(x) = (3 - e^x)^2$ schneiden.

Lösung:

Schritt 1: Berechnung der Schnittpunktsabszisse

$(2 - e^{x_S})^2 = (3 - e^{x_S})^2$ — Die Abszisse des Schnittpunkts ist die Lösung der Gleichung, die durch Gleichsetzen der beiden Funktionsgleichungen entsteht.

$4 - 4e^{x_S} + e^{2x_S} = 9 - 6e^{x_S} + e^{2x_S}$ — 2. binomische Formel

$2e^{x_S} = 5 \;\Rightarrow\; e^{x_S} = \frac{5}{2}$ — Alle Terme mit x auf der linken Seite, alle Terme ohne x auf der rechten Seite sammeln und zusammenfassen, mit 2 auf beiden Seiten dividieren.

$x_S = \ln\frac{5}{2}$ — Logarithmieren

Schritt 2: Berechnung der Ableitungen der Funktionen

Mithilfe der Kettenregel erhalten Sie:

$f'(x) = 2 \cdot (2 - e^x) \cdot (-e^x)$

$g'(x) = 2 \cdot (3 - e^x) \cdot (-e^x)$

Schritt 3: Berechnung der Tangentensteigungen

$$f'(x_S) = 2 \cdot \left(2 - e^{\ln\frac{5}{2}}\right) \cdot \left(-e^{\ln\frac{5}{2}}\right) = 2 \cdot \left(2 - \frac{5}{2}\right) \cdot \left(-\frac{5}{2}\right) = \frac{5}{2}$$

$$g'(x_S) = 2 \cdot \left(3 - e^{\ln\frac{5}{2}}\right) \cdot \left(-e^{\ln\frac{5}{2}}\right) = 2 \cdot \left(3 - \frac{5}{2}\right) \cdot \left(-\frac{5}{2}\right) = -\frac{5}{2}$$

Schritt 4: Einsetzen in die Schnittwinkelformel

$$\tan\delta = \left|\frac{\frac{5}{2} - \left(-\frac{5}{2}\right)}{1 + \frac{5}{2} \cdot \left(-\frac{5}{2}\right)}\right| = \frac{20}{21} \;\Rightarrow\; \delta = 43{,}6°$$

Die Graphen zweier Funktionen **berühren** sich in einem gemeinsamen Punkt, wenn sie dort auch eine gemeinsame Tangente besitzen (siehe Abbildung). Rechnerisch lässt sich dies mithilfe der folgenden Regel nachweisen.

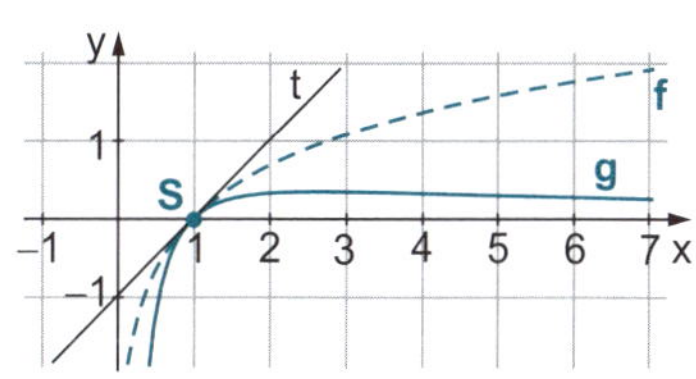

Regel

Berührung von Funktionsgraphen

Die Graphen zweier Funktionen f und g berühren sich im Punkt $S(x_S \,|\, y_S)$, wenn

- f und g in x_S differenzierbar sind,
- $f(x_S) = g(x_S) =: y_S$ und
- $f'(x_S) = g'(x_S)$.

Beispiel

Zeigen Sie, dass sich die Graphen der Funktionen $f(x) = \ln x$ und $g(x) = \frac{\ln x}{x}$, $\mathbb{D}_f = \mathbb{D}_g = \mathbb{R}^+$, im einzigen gemeinsamen Punkt berühren.

Lösung:

Auch hier geht man wieder schrittweise vor.

Schritt 1: Berechnung der Schnittpunktsabszisse

$$f(x) = g(x) \quad \Leftrightarrow \quad \ln x = \frac{\ln x}{x} \quad \Leftrightarrow \quad \ln x - \frac{\ln x}{x} = 0 \quad \Leftrightarrow \quad \ln x \cdot \left(1 - \frac{1}{x}\right) = 0$$

Da ein Produkt dann null ist, wenn mindestens ein Faktor null ist, folgt:

(1) $\ln x = 0$ d. h. $x = 1$ oder

(2) $1 - \frac{1}{x} = 0$ d. h. $x = 1$

Die Funktionen können sich also höchstens in $(1 \mid 0)$ berühren.

Schritt 2: Berechnung der Ableitungen der Funktionen

$$f'(x) = \frac{1}{x}$$

$$g'(x) = \frac{x \cdot \frac{1}{x} - \ln x \cdot 1}{x^2} = \frac{1 - \ln x}{x^2}$$

Schritt 3: Berechnung der Tangentensteigungen

$$f'(1) = \frac{1}{1} = 1 \quad \text{und} \quad g'(1) = \frac{1 - \ln 1}{1^2} = 1$$

Die Graphen von f und g berühren sich im Punkt $(1 \mid 0)$.

Aufgaben

80. Gegeben ist die reelle Funktion $f(x) = \frac{e^x - x}{x - 1}$.
Stellen Sie die Gleichungen der Tangente t und der Normalen n an G_f im Punkt $B(0 \mid ?)$ auf und berechnen Sie den Inhalt der Dreiecksfläche, die von t, n und der x-Achse eingeschlossen wird.

81. Gegeben ist die reelle Funktion $f\colon x \mapsto \frac{3x}{4x + 2}$, $x \in \mathbb{D}_{f,\,max}$.
Wie viele zur Geraden $g\colon y + 6x - 4 = 0$ senkrechte Tangenten kann man an den Graphen der Funktion f legen?
Berechnen Sie die zugehörigen Berührpunkte.

82. Gegeben sind die Schar reeller Funktionen $f_k(x) = \ln(x + 3) + k$, $k \in \mathbb{R}$, $\mathbb{D}_{f_k} =]-3; \infty[$ und die Gerade $g\colon y = 0{,}5x + 4$.
Für welchen Scharparameter k berührt g die zugehörige Scharkurve?

83. Gegeben ist die Schar reeller Funktionen $f_k(x) = \frac{1}{k} e^{kx + 2}$, $k \in \mathbb{R} \setminus \{0\}$, $x \in \mathbb{R}$.
Für welchen Scharparameter k verläuft die Normale an den Graphen der Funktion $f_k(x)$ in $Q(1 \mid ?)$ parallel zur Geraden $g\colon 6y + 2x - 12 = 0$?

84. Gegeben ist die Schar reeller Funktionen $f_k(x) = k \cdot e^{-x}$, $k \in \mathbb{R} \setminus \{0\}$, $x \in \mathbb{R}$.
Zeigen Sie, dass alle Tangenten in $P(1 \mid f_k(1))$ an die Funktionsgraphen durch einen gemeinsamen Punkt verlaufen.

85. Gegeben ist die Schar reeller Funktionen $f_k(x) = (x-k) \cdot e^{2-\frac{x}{k}}$, $k \in \mathbb{R} \setminus \{0\}$, $x \in \mathbb{R}$.
Zeigen Sie, dass alle Tangenten in $P_k(3k \mid ?)$ an den Graphen G_{f_k} parallel zueinander sind.

86. Berechnen Sie die Schnittwinkel folgender Funktionspaare:

a) $f(x) = e^{-x}$ $\qquad$ $g(x) = 1 - e^{-x}$
$\mathbb{D}_f = \mathbb{R}$ $\qquad$ $\mathbb{D}_g = \mathbb{R}$

b) $f(x) = (1 + \ln x) \cdot \ln x$ $\qquad$ $g(x) = 1 + \ln x$
$\mathbb{D}_f = \mathbb{R}^+$ $\qquad$ $\mathbb{D}_g = \mathbb{R}^+$

4.4 Regeln von L'Hospital

Die Regeln von L'Hospital bedienen sich der 1. Ableitung und sind technische Sätze zur Ermittlung von Grenzwerten. Sie kommen meist dann zum Einsatz, wenn alle gängigen Methoden der Grenzwertrechnung versagen, weil bei der Grenzwertbildung unbestimmte Ausdrücke der Form $\frac{0}{0}$, $\frac{\infty}{\infty}$, $0 \cdot \infty$, ∞^0, 0^0, 1^∞ oder $\infty - \infty$ auftreten.

Regel

Erste Regel von L'Hospital $\left(\frac{0}{0} \text{ für } x \to x_0\right)$

Wenn für zwei **an der Stelle x_0** differenzierbare Funktionen u(x) und v(x)

- $\lim\limits_{x \to x_0} u(x) = \lim\limits_{x \to x_0} v(x) = 0$ und
- $\lim\limits_{x \to x_0} \frac{u'(x)}{v'(x)}$ existiert,

dann existiert auch der Grenzwert $\lim\limits_{x \to x_0} \frac{u(x)}{v(x)}$ und es gilt:

$$\lim_{x \to x_0} \frac{u(x)}{v(x)} = \lim_{x \to x_0} \frac{u'(x)}{v'(x)}$$

Beispiel

Berechnen Sie folgende Grenzwerte:

a) $\lim\limits_{x \to 1} \frac{e^x - e}{\ln x}$

b) $\lim\limits_{x \to 0} \frac{e^x + e^{-x} - 2}{1 - \cos x}$

Lösung:

a) Wenn Sie im Term $\frac{e^x - e}{\ln x}$ die Variable x durch 1 ersetzen, erhalten Sie den unbestimmten Ausdruck

$$\frac{e^1 - e}{\ln 1} = \frac{0}{0}.$$

Die 1. Regel von L'Hospital führt Sie aus der scheinbaren Sackgasse, weil

$$\lim_{x \to 1} \frac{\overbrace{e^x - e}^{u(x)}}{\underbrace{\ln x}_{v(x)}} \overset{(H1)}{=} \lim_{x \to 1} \frac{\overbrace{e^x}^{u'(x)}}{\underbrace{\frac{1}{x}}_{v'(x)}} = \frac{e^1}{\frac{1}{1}} = e.$$

Durch die Schreibweise „$\overset{(H1)}{=}$" wird im Weiteren auf die Anwendung der 1. L'Hospital'schen Regel hingewiesen.

b) Auch hier erhalten Sie den unbestimmten Ausdruck $\frac{0}{0}$, wenn Sie im Term $\frac{e^x + e^{-x} - 2}{1 - \cos x}$ die Variable x durch 0 ersetzen:

$$\frac{e^0 + e^{-0} - 2}{1 - \cos 0} = \frac{1 + 1 - 2}{1 - 1} = \frac{0}{0}$$

Die 1. Regel von L'Hospital **zweimal nacheinander** angewendet liefert:

$$\lim_{x \to 0} \frac{\overbrace{e^x + e^{-x} - 2}^{u(x)}}{\underbrace{1 - \cos x}_{v(x)}} \overset{(H1)}{=} \lim_{x \to 0} \frac{\overbrace{e^x - e^{-x}}^{u'(x)}}{\underbrace{\sin x}_{v'(x)}} \overset{(H1)}{=} \lim_{x \to 0} \frac{\overbrace{e^x + e^{-x}}^{u''(x)}}{\underbrace{\cos x}_{v''(x)}} = \frac{e^0 + e^0}{\cos 0} = \frac{1+1}{1} = 2$$

Regel

Die **Erste Regel von L'Hospital** gilt auch für den Fall $x \to \pm\infty$.

Beispiel

Berechnen Sie $\lim\limits_{x \to +\infty} \frac{\sin\frac{1}{x}}{\frac{1}{x}}$.

Lösung:
Wegen $\lim\limits_{x \to +\infty} \frac{1}{x} = 0$ und $\lim\limits_{x \to +\infty} \sin\frac{1}{x} = 0$ führt $x \to +\infty$ auf den unbestimmten Ausdruck $\frac{0}{0}$. Unter Beachtung der Bemerkung hilft die 1. Regel von L'Hospital weiter:

$$\lim_{x \to +\infty} \frac{\overbrace{\sin\frac{1}{x}}^{u(x)}}{\underbrace{\frac{1}{x}}_{v(x)}} \overset{(H1)}{=} \lim_{x \to +\infty} \frac{\overbrace{\cos\frac{1}{x} \cdot \left(-\frac{1}{x^2}\right)}^{u'(x)}}{\underbrace{-\frac{1}{x^2}}_{v'(x)}} = \lim_{x \to +\infty} \cos\frac{1}{x} = \cos 0 = 1$$

Regel

Zweite Regel von L'Hospital $\left(\frac{\pm\infty}{\pm\infty} \text{ für } x \to x_0\right)$

Wenn für zwei **an der Stelle x_0** differenzierbare Funktionen u(x) und v(x)

- $\lim\limits_{x \to x_0} u(x) = +\infty$ bzw. $\lim\limits_{x \to x_0} u(x) = -\infty$ und
  $\lim\limits_{x \to x_0} v(x) = +\infty$ bzw. $\lim\limits_{x \to x_0} v(x) = -\infty$ und
- $\lim\limits_{x \to x_0} \frac{u'(x)}{v'(x)}$ existiert,

dann existiert auch der Grenzwert $\lim\limits_{x \to x_0} \frac{u(x)}{v(x)}$ und es gilt:

$$\lim_{x \to x_0} \frac{u(x)}{v(x)} = \lim_{x \to x_0} \frac{u'(x)}{v'(x)}$$

Beispiel

Berechnen Sie $\lim\limits_{x \to 1+0} \frac{\ln(x-1)}{\frac{1}{x-1}}$.

Lösung:
Wegen $\lim\limits_{x \to 1+0} \ln(x-1) = -\infty$ und $\lim\limits_{x \to 1+0} \frac{1}{x-1} = +\infty$ tritt für $x \to 1+0$ der unbestimmte Ausdruck $\frac{-\infty}{+\infty}$ auf. Mit der 2. L'Hospital'schen Regel folgt:

$$\lim_{x \to 1+0} \frac{\overbrace{\ln(x-1)}^{u(x)}}{\underbrace{\frac{1}{x-1}}_{v(x)}} \overset{(H2)}{=} \lim_{x \to 1+0} \frac{\overbrace{\frac{1}{x-1}}^{u'(x)}}{\underbrace{\frac{(x-1)\cdot 0 - 1\cdot 1}{(x-1)^2}}_{v'(x)}} = \lim_{x \to 1+0} -\frac{(x-1)^2}{x-1} = \lim_{x \to 1+0} -(x-1)$$

$$= -1 + 1 = 0$$

Regel

Die **zweite Regel von L'Hospital** gilt ebenfalls für $x \to \pm\infty$.

Beispiel

Berechnen Sie $\lim\limits_{x \to +\infty} \frac{x + x^2}{e^x}$.

Lösung:

Für $x \to \infty$ entsteht im Term $\frac{x + x^2}{e^x}$ der unbestimmte Ausdruck $\frac{\infty}{\infty}$.

Unter Beachtung der Bemerkung zur 2. Regel erhält man durch zweimaliges Anwenden der 2. Regel von L'Hospital:

$$\lim_{x \to +\infty} \frac{\overbrace{x + x^2}^{u(x)}}{\underbrace{e^x}_{v(x)}} \overset{(H2)}{=} \lim_{x \to +\infty} \frac{\overbrace{1 + 2x}^{u'(x)}}{\underbrace{e^x}_{v'(x)}} \overset{(H2)}{=} \lim_{x \to +\infty} \frac{\overbrace{2}^{u''(x)}}{\underbrace{e^x}_{v''(x)}} = 0$$

Bei der Grenzwertbildung auftretende unbestimmte Ausdrücke der Form „$0 \cdot \infty$“ und „$\infty - \infty$“ lassen sich meist auf unbestimmte Ausdrücke der Form „$\frac{0}{0}$“ bzw. „$\frac{\infty}{\infty}$“ zurückführen.

Beispiel

Berechnen Sie $\lim\limits_{x \to \infty} \left(x \cdot \sin\left(\frac{1}{x}\right)\right)$.

Lösung:

Wegen $\lim\limits_{x \to \infty} \frac{1}{x} = 0$ und $\sin 0 = 0$ liegt für $\lim\limits_{x \to \infty} \left(x \cdot \sin \frac{1}{x}\right)$ der unbestimmte Ausdruck „$\infty \cdot 0$“ vor, der sich durch die Termumformung

$$x \cdot \sin\left(\frac{1}{x}\right) = \frac{\sin\left(\frac{1}{x}\right)}{\frac{1}{x}}$$

auf den unbestimmten Ausdruck „$\frac{0}{0}$“ zurückführen und mit der 1. Regel von L'Hospital lösen lässt (vgl. Beispiel zur 2. Regel):

$$\lim_{x \to \infty} \left(x \cdot \sin \frac{1}{x}\right) = \lim_{x \to \infty} \frac{\sin \frac{1}{x}}{\frac{1}{x}} \overset{(H1)}{=} 1$$

Auch unbestimmte Ausdrücke des Typs „∞^0, 0^0, 1^∞“ lassen sich durch Logarithmieren meist auf „$\frac{0}{0}$“ bzw. „$\frac{\infty}{\infty}$“ zurückführen.

Beispiel

Berechnen Sie $\lim\limits_{x \to 0} x^x$.

Lösung:

Logarithmiert man $f(x) := x^x$ auf beiden Seiten, so erhält man

$\ln f(x) = \ln x^x = x \ln x$.

Aus

$$\lim_{x \to 0} (x \ln x) = \lim_{x \to 0} \left(\frac{\ln x}{\frac{1}{x}} \right) \overset{(H2)}{=} \lim_{x \to 0} \frac{\frac{1}{x}}{-\frac{1}{x^2}} = \lim_{x \to 0} (-x) = 0$$

folgt:

$$\lim_{x \to 0} (\ln(f(x)) = 0$$

Durch den Vergleich mit $\ln 1 = 0$ erhält man hieraus $\lim\limits_{x \to 0} f(x) = 1$, d. h.

$$\lim_{x \to 0} x^x = 1.$$

Aufgaben **87.** Berechnen Sie in den Aufgaben 87 bis 92 jeweils die Grenzwerte.

a) $\lim\limits_{x \to 0} \frac{\sin ax}{bx}$ b) $\lim\limits_{x \to 0} \frac{1 - \cos x}{\sin x}$

c) $\lim\limits_{x \to 0} \frac{\ln(\cos x)}{x}$ d) $\lim\limits_{x \to 0} \frac{-e^x + x + 1}{x^2 + x - \sin x}$

88. a) $\lim\limits_{x \to 0} \frac{e^{2x} - 1}{\ln(x+1)}$ b) $\lim\limits_{x \to 1} \frac{\ln x}{x - 1}$

c) $\lim\limits_{x \to 2+0} \frac{\ln \frac{x}{2}}{\sqrt{x-2}}$ d) $\lim\limits_{x \to 1} x \cdot \frac{x^n - 1}{x^{n+1} - 1}$; $n \in \mathbb{N}$

89. a) $\lim\limits_{x \to +\infty} \frac{\ln \frac{x-1}{x}}{\ln \frac{x+1}{x}}$ b) $\lim\limits_{x \to +\infty} \frac{\sin \frac{1}{x}}{e^{\frac{1}{x}} - 1}$

90. a) $\lim\limits_{x \to 0+0} \frac{\ln x}{\ln 2x}$ b) $\lim\limits_{x \to 0+0} \frac{(\ln x)^2}{\frac{1}{x^2}}$

c) $\lim\limits_{x \to 0+0} \frac{\frac{1}{x}}{e^{\frac{1}{x}}}$ d) $\lim\limits_{x \to 0+0} x e^{\frac{1}{x}}$

91. a) $\lim\limits_{x \to +\infty} \frac{x + x^2}{e^x}$ b) $\lim\limits_{x \to +\infty} \frac{\ln x}{x^2 - 2x}$

c) $\lim\limits_{x \to +\infty} \frac{3e^x + x}{e^x - 3x}$ d) $\lim\limits_{x \to -\infty} \frac{x \cdot \ln(-x)}{(1+x)^2}$

92. a) $\lim\limits_{x \to 0} \left(\frac{1}{x} - \frac{1}{e^x - 1} \right)$ b) $\lim\limits_{x \to 0} \left(\frac{1}{x \sin x} - \frac{1}{x^2} \right)$

5 Elemente der Kurvendiskussion

Unter Kurvendiskussion versteht man die rechnerische Ermittlung möglichst vieler Eigenschaften einer reellen Funktion aus dem Funktionsterm. Die Ergebnisse dieser „Diskussion“ liefern die markanten Punkte des Funktionsgraphen.

5.1 Steigungsverhalten

Fasst man den Graph einer Funktion als Höhenprofil auf, so kann man die Definitionsmenge in Bereiche einteilen, in denen man von einem Steigen oder Fallen der Funktion sprechen kann. Diese Vorstellung lässt sich mathematisch präzisieren.

Definition

Eine reelle Funktion f(x) heißt auf einem Intervall I

- **streng monoton steigend**, wenn für alle x_1, x_2 aus I gilt:
  $f(x_1) < f(x_2) \iff x_1 < x_2$
- **streng monoton fallend**, wenn für alle x_1, x_2 aus I gilt:
  $f(x_1) < f(x_2) \iff x_1 > x_2$
- **monoton steigend**, wenn für alle x_1, x_2 aus I gilt:
  $f(x_1) \le f(x_2) \iff x_1 < x_2$
- **monoton fallend**, wenn für alle x_1, x_2 aus I gilt:
  $f(x_1) \le f(x_2) \iff x_1 > x_2$

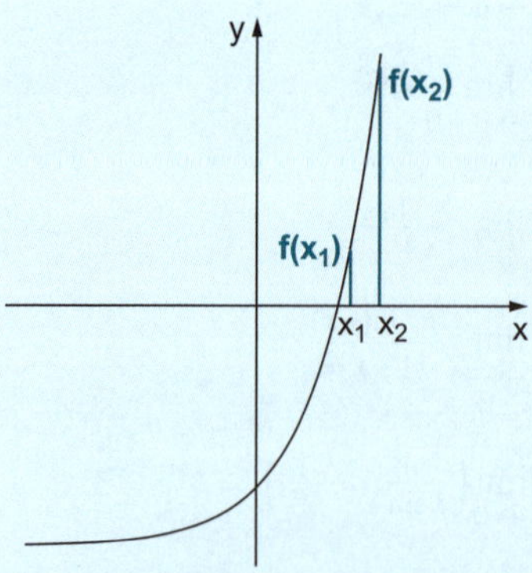

f streng monoton steigend

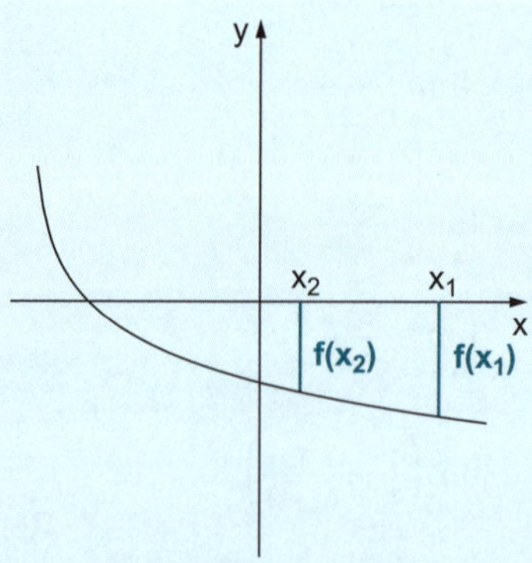

f streng monoton fallend

Mithilfe dieser Definition können Sie das Steigungsverhalten berechnen, wenn es Ihnen gelingt, die Ungleichung $f(x_1) < f(x_2)$ oder $f(x_1) > f(x_2)$ durch Äquivalenzumformungen in die Form $x_1 < x_2$ oder $x_1 > x_2$ zu bringen.

Beispiel

Zeigen Sie, dass die Funktion $f(x) = \frac{7x}{8-4x}$ auf dem Intervall $]2; \infty[$ streng monoton steigt.

Lösung:

$\frac{7x_1}{8-4x_1} < \frac{7x_2}{8-4x_2}$	Einsetzen des Funktionsterms in die Ungleichung $f(x_1) < f(x_2)$
$7x_1 \cdot (8-4x_2) < 7x_2 \cdot (8-4x_1)$	Mit Hauptnenner multiplizieren und kürzen (Da der Hauptnenner $(8-4x_1)(8-4x_2)$ für $x_1; x_2 \in\ ]2; \infty[$ positiv ist, weil jeder Faktor negativ ist, ändert sich bei der Multiplikation das Ungleichungszeichen nicht.)
$56x_1 - 28x_1x_2 < 56x_2 - 28x_1x_2$	Ausmultiplizieren
$56x_1 < 56x_2$	Auf beiden Seiten $28x_1x_2$ addieren
$x_1 < x_2$	Auf beiden Seiten mit 56 dividieren

Insgesamt gilt:

$f(x_1) < f(x_2) \Leftrightarrow x_1 < x_2$

f steigt daher streng monoton in $]2; \infty[$.

Bei Funktionen mit komplizierteren Funktionstermen lässt sich dieses direkte Rechenverfahren zur Feststellung des **Steigungsverhaltens** nicht mehr durchführen. Hier helfen aber folgende Sätze weiter:

Regel

Erster Monotoniesatz (hinreichende Bedingung für strenge Monotonie)
Gilt für eine auf einem offenen Intervall I differenzierbare Funktion f für alle $x \in I$

- $f'(x) > 0$, dann steigt f auf I streng monoton.
- $f'(x) < 0$, dann fällt f auf I streng monoton.

Zweiter Monotoniesatz (notwendige und hinreichende Bedingung für Monotonie)
Eine auf einem offenen Intervall I differenzierbare Funktion f

- steigt auf I genau dann monoton, wenn für alle $x \in I$ gilt: $f'(x) \geq 0$.
- fällt auf I genau dann monoton, wenn für alle $x \in I$ gilt: $f'(x) \leq 0$.

Die Umkehrung des 1. Monotoniesatzes ist im Allgemeinen falsch, wie Sie an der Funktion $f(x) = x^3$, $\mathbb{D}_f = \mathbb{R}$ erkennen können: Obwohl f auf $\mathbb{R}$ streng monoton steigt, ist $f'(0) = 0$.

Beispiel

Untersuchen Sie mithilfe der Monotoniesätze das Steigungsverhalten folgender Funktionen auf ihrer Definitionsmenge.

a) $f(x)=\frac{1}{2}\cdot(2-e^x)^2, \quad \mathbb{D}_{f,\max}=\mathbb{R}$

b) $f(x)=x(\ln x)^2, \quad \mathbb{D}_{f,\max}=\mathbb{R}^+$

c) $f(x)=\frac{x^2-2x+1}{x^2-2x}, \quad \mathbb{D}_{f,\max}=\mathbb{R}\setminus[0;2]$

Lösung:

a) $f'(x)=\frac{1}{2}\cdot 2\cdot(2-e^x)(-e^x)$
$\quad =e^x\cdot(e^x-2)$

Ableiten mit der Kettenregel

$e^x\cdot(e^x-2)>0 \iff e^x-2>0$
$\iff x>\ln 2$

Einsetzen in $f'(x)>0$, Auflösen nach x ($e^x>0$ für alle x)

f ist auf

1. Monotoniesatz

- $]\ln 2; +\infty[$ streng monoton steigend;
- $]-\infty; \ln 2[$ streng monoton fallend.

b) $f'(x)=x\cdot 2\ln x\cdot\frac{1}{x}+(\ln x)^2$
$\quad =(\ln x)(\ln x+2)$

Ableiten mit Produkt- und Kettenregel

$f'(x)=0$ für

- $\ln x=0 \iff x_1=1$
- $\ln x+2=0 \iff x_2=e^{-2}$

Nullstellen von $f'(x)$ (Ein Produkt ist genau dann null, wenn mindestens ein Faktor null ist.)

Durch x_1 und x_2 wird die Definitionsmenge in drei Intervalle zerlegt, für die nach dem 1. Monotoniesatz gilt:

- **$x\in I_1=]0; e^{-2}[$:** $\ln x<0$ und $\ln x+2<0$
  $\Rightarrow$ f'(x) ist auf I_1 positiv und f steigt auf I_1 streng monoton.
- **$x\in I_2=]e^{-2}; 1[$:** $\ln x<0$ und $\ln x+2>0$
  $\Rightarrow$ f'(x) ist auf I_2 negativ und f fällt auf I_2 streng monoton.
- **$x\in I_3=]1; \infty[$:** $\ln x>0$ und $\ln x+2>0$
  $\Rightarrow$ f'(x) ist auf I_3 positiv und f steigt auf I_3 streng monoton.

c) $f'(x)=\frac{(x^2-2x)(2x-2)-(x^2-2x+1)\cdot(2x-2)}{(x^2-2x)^2}$
$\quad =\frac{(2x-2)(x^2-2x-x^2+2x-1)}{(x^2-2x)^2}=\frac{2-2x}{(x^2-2x)^2}$

Ableiten mit der Quotientenregel

$f'(x)>0 \iff 2-2x>0 \iff 1>x$

Da der Nenner als Quadrat für alle x aus $\mathbb{R}\setminus[0;2]$ positiv ist, bestimmt nur der Zähler das Vorzeichen von $f'(x)$.

f ist auf

1. Monotoniesatz

- $]-\infty; 1[\setminus\{0\}$ streng monoton steigend;
- $]1; +\infty[\setminus\{2\}$ streng monoton fallend.

ufgaben **93.** Stellen Sie **ohne** Zuhilfenahme der 1. Ableitung fest, in welchen Teilbereichen ihrer maximalen Definitionsmenge die Funktion streng monoton steigt bzw. fällt.

a) $f(x)=\frac{x^2}{x^2+4}$; $\mathbb{D}_{f,\,max}=\mathbb{R}$ b) $f(x)=\frac{6x}{3-x}$; $\mathbb{D}_{f,\,max}=\mathbb{R}\setminus\{3\}$

94. Ermitteln Sie mithilfe der 1. Ableitung das Steigungsverhalten der auf $\mathbb{R}$ definierten Funktionen.

a) $f(x)=(x-1)\cdot e^{2-x}$ b) $f(x)=4x\cdot e^{-0{,}5x^2}$

95. Ermitteln Sie mithilfe der 1. Ableitung das Steigungsverhalten der auf $\mathbb{R}^+$ definierten Funktionen.

a) $f(x)=x\cdot(2-\ln x)$ b) $f(x)=(\ln x)^2-\ln x^2$

96. Stellen Sie mithilfe der 1. Ableitung fest, in welchen Teilbereichen ihrer maximalen Definitionsmenge die Funktionen streng monoton steigen bzw. fallen.

a) $f(x)=\ln\frac{3x}{x^2-1}$ b) $f(x)=\frac{3x^2-8x}{(x-2)^2}$

$\mathbb{D}_{f,\,max}=]-1;0[\,\cup\,]1;\infty[$ $\mathbb{D}_{f,\,max}=\mathbb{R}\setminus\{2\}$

97. Stellen Sie mithilfe der 1. Ableitung fest, in welchen Teilbereichen ihrer maximalen Definitionsmenge die Scharkurven streng monoton steigen bzw. fallen.

a) $f_k(x)=\frac{x^2-2kx+2k^2}{x-k}$ b) $f_k(x)=\frac{kx^2-1}{x^2-k^2}$

$k\in\mathbb{R}^+$; $\mathbb{D}_{f_k,\,max}=\mathbb{R}\setminus\{k\}$ $k\in\mathbb{R}\setminus\{1\}$; $\mathbb{D}_{f_k,\,max}=\mathbb{R}\setminus\{\pm k\}$

* **98.** Vergleichen Sie das Steigungsverhalten einer auf ihrer Definitionsmenge $\mathbb{D}_f$ differenzierbaren Funktion f mit dem Steigungsverhalten der Funktionen

a) $g(x)=\left(f(x)\right)^2$, b) $h(x)=\frac{1}{f(x)}$,

wenn für f die Umkehrung des 1. Monotoniesatzes gilt.

5.2 Relative Extrema

So wie bei einem Panorama der deutschen Alpen neben dem höchsten Gipfel der Zugspitze auch die niedrigeren von Watzmann, Mädelegabel oder Hochkalter ins Auge fallen, sind auch bei Funktionsgraphen nicht nur die Stellen mit dem absolut größten und kleinsten Funktionswert, sondern ebenso die „Nebengipfel" des Graphen von Interesse. Der Begriff „Nebengipfel eines Funktionsgraphen" lässt sich in der folgenden Weise mathematisch präzisieren:

Definition

Eine reelle Funktion f(x) besitzt an der Stelle x_0 ihrer Definitionsmenge $\mathbb{D}_f$ ein

- **relatives** oder **lokales Maximum**, wenn es ein in $\mathbb{D}_f$ enthaltenes, offenes Intervall I, das x_0 enthält, so gibt, dass für alle $x \neq x_0$ aus I gilt:

  $f(x) < f(x_0)$

- **relatives** oder **lokales Minimum**, wenn es ein in $\mathbb{D}_f$ enthaltenes, offenes Intervall I, das x_0 enthält, so gibt, dass für alle $x \neq x_0$ aus I gilt:

  $f(x) > f(x_0)$

Die zugehörigen Punkte des Funktionsgraphen nennt man **Hoch-** bzw. **Tiefpunkte**.

Maxima und Minima fasst man als **Extrema** zusammen. Um die Lage und Art von relativen Extrema zu berechnen, sind folgende Lehrsätze hilfreich:

Regel

1. Satz: Notwendige Bedingung für relative Extrema

Wenn eine differenzierbare Funktion f an der Stelle x_0 ihrer Definitionsmenge ein relatives Extremum besitzt, dann gilt $f'(x_0) = 0$.

2. Satz: Hinreichende Bedingungen für relative Extrema

a) Wenn für eine differenzierbare Funktion f an der Stelle x_0 ihrer Definitionsmenge $f'(x_0) = 0$ gilt und wenn $f'(x)$ beim Fortschreiten von links nach rechts über die Stelle x_0 hinweg das Vorzeichen wechselt, dann besitzt f an der Stelle x_0 ein relatives Extremum. Dabei gilt:

   Ein lokales $\left\{ \begin{matrix} \text{Maximum} \\ \text{Minimum} \end{matrix} \right\}$ liegt vor, wenn das Vorzeichen von $\left\{ \begin{matrix} + \text{ nach } - \\ - \text{ nach } + \end{matrix} \right\}$ wechselt.

b) Wenn für eine zweimal differenzierbare Funktion f an der Stelle x_0 ihrer Definitionsmenge $f'(x_0) = 0$, $f''(x_0) \neq 0$ und $f''(x)$ in einer Umgebung von x_0 stetig ist, dann besitzt f an der Stelle x_0 ein relatives Extremum. Dabei gilt:

   Ein lokales $\left\{ \begin{matrix} \text{Maximum} \\ \text{Minimum} \end{matrix} \right\}$ liegt vor, wenn $\left\{ \begin{matrix} f''(x_0) < 0 \\ f''(x_0) > 0 \end{matrix} \right\}$.

Die Umkehrungen dieser Sätze sind im Allgemeinen falsch. Das erkennen Sie mithilfe folgender **Gegenbeispiele:**

- Die Funktion $f(x) = x^3$, $\mathbb{D}_f = \mathbb{R}$ verbietet eine Umkehrung des 1. Satzes, weil f an der Stelle 0 kein relatives Extremum besitzt, obwohl $f'(0) = 0$ ist.
- Die Funktion
  $$g(x) = \begin{cases} x^2\left(1+\sin\frac{1}{x}\right), & \text{falls } x \in \mathbb{R}\setminus\{0\}, \\ 0, & \text{falls } x = 0, \end{cases}$$
  verbietet eine Umkehrung des Satzes 2 a, weil g zwar an der Stelle 0 ein relatives Minimum besitzt, aber ein eindeutiger Vorzeichenwechsel für $g'(x)$ dort nicht feststellbar ist.
- Die Funktion $h(x) = x^4$, $\mathbb{D}_h = \mathbb{R}$ verbietet eine Umkehrung des Satzes 2 b, weil h an der Stelle 0 ein lokales Minimum besitzt, obwohl $h''(0) = 0$.

Mithilfe der genannten Sätze können Sie auf folgende Weise die Lage und die Art der relativen Extrema einer differenzierbaren Funktion $f(x)$ berechnen:

Regel

Schrittweises Bestimmen der Lage und Art von relativen Extrema

1. Berechnen Sie $f'(x)$.
2. Berechnen Sie die Lösungen der Gleichung $f'(x) = 0$.
3. Berechnen Sie, falls möglich, $f''(x)$ oder fahren Sie mit Schritt 5 fort. (Es kann manchmal einfacher sein, das Vorzeichenwechselkriterium anzuwenden.)
4. Berechnen Sie den Funktionswert $f''(x_0)$ und werten Sie aus:
   - Ist $f''(x_0) > 0$, so besitzt f bei x_0 ein relatives Minimum.
   - Ist $f''(x_0) < 0$, so besitzt f bei x_0 ein relatives Maximum.
   - Ist $f''(x_0) = 0$, so lässt sich endgültig keine Aussage darüber machen, ob f an der Stelle x_0 ein relatives Extremum besitzt. Fahren Sie mit Schritt 5 fort.
5. Überprüfen Sie für jede Lösung x_0, ob $f'(x)$ beim Fortschreiten von links nach rechts über x_0 hinweg das Vorzeichen wechselt.
   - Nutzen Sie hierfür das eventuell schon bekannte Steigungsverhalten von f aus oder ermitteln Sie für kleine positive, reelle h die Vorzeichen von $f'(x_0 + h)$ und $f'(x_0 - h)$.
6. Werten Sie aus:
   - Wechselt $f'(x)$ das Vorzeichen von + nach –, so besitzt f bei x_0 ein relatives Maximum.
   - Wechselt $f'(x)$ das Vorzeichen von – nach +, so besitzt f bei x_0 ein relatives Minimum.
   - Wechselt $f'(x)$ das Vorzeichen nicht, so lässt sich mit dem Kriterium des Vorzeichenwechsels keine Aussage darüber machen, ob f an der Stelle x_0 ein relatives Extremum besitzt.

Im Gegensatz zu einem relativen Extremum bei x_0, an dem die Funktion in einer beliebig kleinen Umgebung von x_0 einen kleinsten oder größten Wert annimmt, bezieht sich ein **absolutes** oder **globales** Extremum auf die gesamte Definitionsmenge der Funktion. Die Abbildung zeigt die unterschiedlichen Arten von Extrema am Beispiel einer kubischen Funktion.

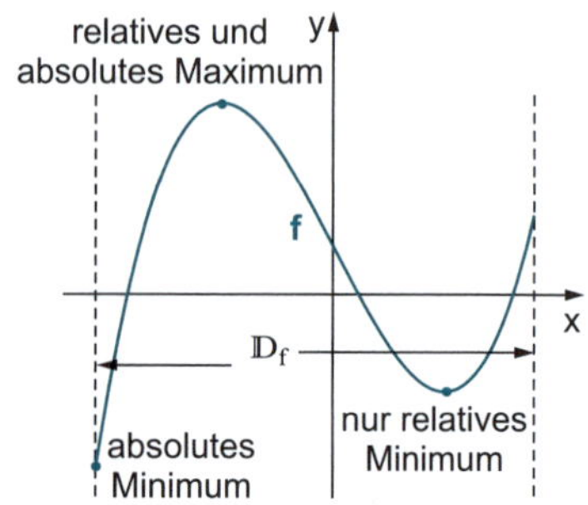

Beispiele

1. Ermitteln Sie unter Zuhilfenahme der 2. Ableitung Lage und Art der relativen Extrema der Funktion $f(x) = (x-1)\cdot e^{1-x}$; $\mathbb{D}_f = \mathbb{R}$.

Lösung:

Schritt 1:

$f'(x) = (x-1)\cdot e^{1-x}\cdot(-1) + e^{1-x}\cdot 1 = e^{1-x}\cdot(2-x)$

Schritt 2: Wegen $e^{1-x} > 0$ für alle $x \in \mathbb{R}$ gilt

$f'(x_0) = 0 \iff e^{1-x_0}\cdot(2-x_0) = 0 \iff x_0 = 2.$

Schritt 3: Die 2. Ableitung von f(x) lautet

$f''(x) = e^{1-x}\cdot(-1) + (2-x)\cdot e^{1-x}\cdot(-1) = e^{1-x}\cdot(x-3).$

Schritt 4: Wert und Vorzeichen der 2. Ableitung bei $x_0 = 2$

$f''(x_0) = e^{1-x_0}\cdot(x_0-3) = e^{1-2}\cdot(2-3) = -\frac{1}{e} < 0$

Wegen $f''(x_0) < 0$ besitzt f bei $x_0 = 2$ ein **relatives Maximum**.

2. Ermitteln Sie ohne Zuhilfenahme der 2. Ableitung Lage und Art der relativen Extrema bei folgenden Funktionen:

a) $f(x) = x - \ln x$; $\mathbb{D}_f = \mathbb{R}^+$

b) $f(x) = \frac{\ln x}{x^2}$; $\mathbb{D}_f = \mathbb{R}^+$

Lösung:

a) **Schritt 1:** Berechnen der 1. Ableitung von f(x)

$f'(x) = 1 - \frac{1}{x}$

Schritt 2: Berechnung der Nullstellen der 1. Ableitung

$f'(x_0) = 0 \iff 1 - \frac{1}{x_0} = 0 \iff x_0 = 1$

Schritt 5: Untersuchung des Vorzeichenwechsels von f'(x) mit der h-Methode

Für ein kleines positives h gilt:

$$f'(x_0-h)=1-\frac{1}{x_0-h}=1-\frac{1}{1-h}=\frac{1-h-1}{1-h}=\frac{\overbrace{-h}^{<0}}{\underbrace{1-h}_{>0}}<0$$

$$f'(x_0+h)=1-\frac{1}{x_0+h}=1-\frac{1}{1+h}=\frac{1+h-1}{1-h}=\frac{\overbrace{h}^{>0}}{\underbrace{1-h}_{>0}}>0$$

Schritt 6: Auswertung
$f'(x)$ wechselt bei x_0 das Vorzeichen von „–" nach „+". Folglich hat f bei $x_0=1$ ein **relatives Minimum**.

b) **Schritt 1:** Mithilfe der Quotientenregel erhält man

$$f'(x)=\frac{x^2\cdot\frac{1}{x}-\ln x\cdot 2x}{x^4}=\frac{x-\ln x\cdot 2x}{x^4}=\frac{1-2\ln x}{x^3}.$$

Schritt 2: Die Nullstelle von $f'(x)$ lautet unter Beachtung von $\mathbb{D}_f$

$$\frac{1-2\ln x_0}{x_0^3}=0 \Leftrightarrow 1-2\ln x_0=0 \Leftrightarrow \ln x_0=\frac{1}{2} \Leftrightarrow x_0=\sqrt{e}.$$

Schritt 5: Es gilt mit $x\in\mathbb{D}_f$:

$$f'(x)>0 \Leftrightarrow \frac{1-2\ln x}{x^3}>0 \Leftrightarrow 1-2\ln x>0 \Leftrightarrow \ln x<\frac{1}{2} \Leftrightarrow x<\sqrt{e}$$

Entsprechend folgt:

$$f'(x)<0 \Leftrightarrow x>\sqrt{e}$$

Schritt 6: $f'(x)$ wechselt bei x_0 das Vorzeichen von „+" nach „–".
Folglich hat f bei $x_0=\sqrt{e}$ ein **relatives Maximum**.

CAS

Hinweise für den CAS-Einsatz:

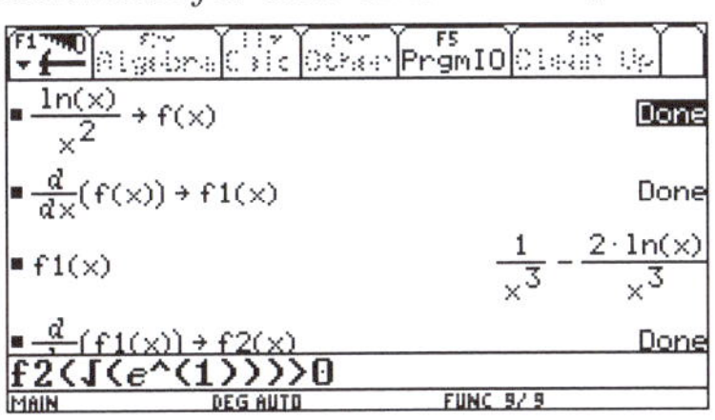

Die Funktion wird mit f(x) bezeichnet. Mit dem CAS-Rechner wird die 1. Ableitung berechnet und als f1(x) gespeichert. Die 2. Ableitung wird als Ableitung der ersten gebildet. Sie wird hier f2(x) genannt.

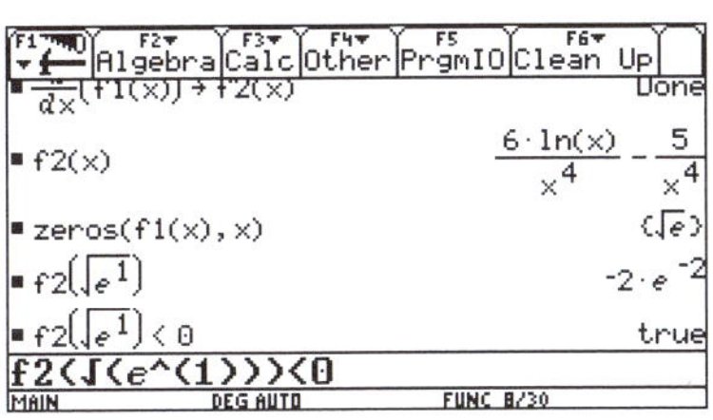

Man bestimmt die Nullstellen der 1. Ableitung f1(x) und setzt diese Stelle in die 2. Ableitung ein. Durch die Eingabe der entsprechenden Ungleichung wird geprüft, ob $f''(x_0)$ kleiner 0 ist. Damit ist $x_0=\sqrt{e^1}$ eine relative Maximalstelle.

3. Zeigen Sie, dass die Funktion $f(x) = \frac{2x}{1-x}$; $\mathbb{D}_f = \mathbb{R} \setminus \{1\}$ keine relativen Extrema besitzt.

Lösung:

Schritt 1:

$$f'(x) = \frac{(1-x) \cdot 2 - 2x \cdot (-1)}{(1-x)^2} = \frac{2}{(1-x)^2} > 0 \text{ für alle } x \in \mathbb{D}_f$$

Satz 1 über Extrema: Weil f'(x) keine Nullstelle besitzt, kann f kein Extremum besitzen.

Aufgaben

99. Ermitteln Sie nur unter Zuhilfenahme der 1. Ableitung Lage und Art der relativen Extrema folgender Funktionen:

a) $f(x) = 4x \cdot e^{-0{,}5x^2}$; $\mathbb{D}_f = \mathbb{R}$ b) $f(x) = 1 - (\ln(1-x))^2$; $\mathbb{D}_f =]-\infty; 1[$

100. Ermitteln Sie unter Zuhilfenahme der 2. Ableitung Lage und Art der relativen Extrema folgender Funktionen:

a) $f(x) = \frac{x^2}{x^2+1}$; $\mathbb{D}_f = \mathbb{R}$ b) $f(x) = x(\ln x)^2$; $\mathbb{D}_f = \mathbb{R}^+$

101. Zeigen Sie, dass folgende Funktionen keine relativen Extrema besitzen.

a) $f(x) = \frac{e^x - 1}{e^x + 1}$
$\mathbb{D}_f = \mathbb{R}$

b) $f(x) = \ln \frac{x}{x^2 - 1}$
$\mathbb{D}_f =]-1; 0[\cup]1; +\infty[$

c) $f(x) = \sqrt{xe^x}$
$\mathbb{D}_f = \mathbb{R}^+$

d) $f(x) = \frac{x}{x^2 - 4}$
$\mathbb{D}_f = \mathbb{R} \setminus \{-2; 2\}$

102. In den folgenden Skizzen sind die zu den Funktionen f(x), g(x) und j(x) gehörenden Graphen abgebildet. f, g, j sind die 1. Ableitungen von Funktionen, deren Graphen ebenfalls dargestellt sind.
Finden Sie im Ausschlussverfahren heraus, welche Graphen in diesem Sinn zusammengehören, und begründen Sie Ihre Entscheidung nur mithilfe der relativen Extrema.

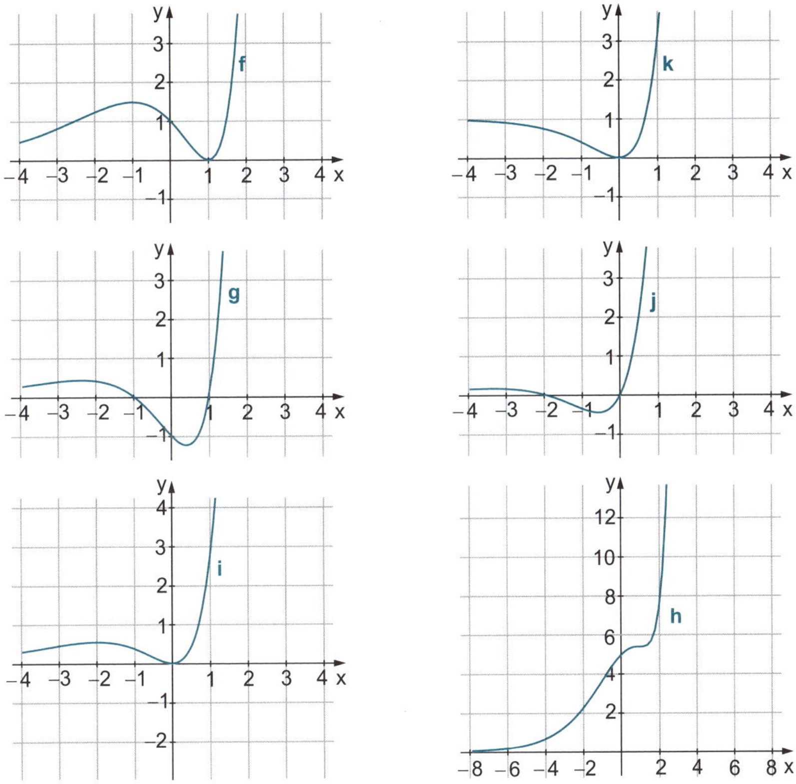

✱ **103.** Zeigen Sie, dass eine zweimal differenzierbare Funktion an einer doppelten Nullstelle ein relatives Extremum besitzt.

5.3 Krümmungsverhalten

Die Krümmung eines Funktionsgraphen bzw. der zugehörigen Funktion lässt sich leicht veranschaulichen, wenn man mit dem Finger entlang des Graphen in zunehmender x-Richtung gleitet: Beschreibt der Finger eine Linkskurve (Rechtskurve), spricht man von Linkskrümmung (Rechtskrümmung).

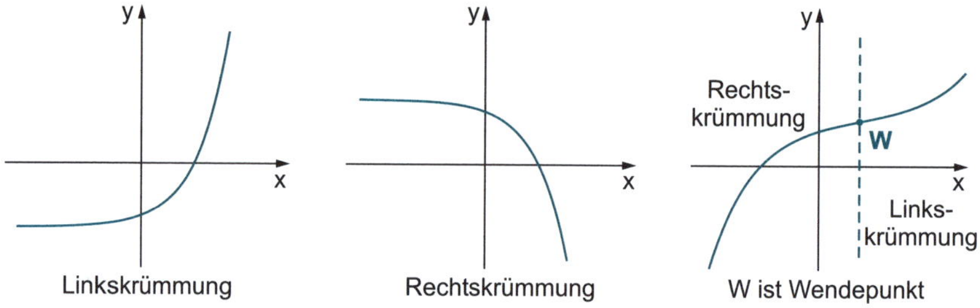

Von besonderem Interesse sind die Punkte des Graphen, in denen er sein Krümmungsverhalten ändert, also z. B. von einer Links- in eine Rechtskrümmung übergeht.

Definition

Ein Punkt, in dem der Graph sein Krümmungsverhalten ändert, heißt **Wendepunkt**, die zugehörige x-Koordinate heißt **Wendestelle**.
Die Tangente an den Funktionsgraphen in einem Wendepunkt wird als **Wendetangente** bezeichnet.
Einen Wendepunkt mit horizontaler Wendetangente nennt man **Terrassenpunkt**.

Das Krümmungsverhalten einer Funktion ist wesentlich durch ihre 2. Ableitung bestimmt:

Regel

Hinreichende Bedingung für die Krümmungsart
Gilt für eine auf einem offenen Intervall I zweimal differenzierbare Funktion f für alle $x \in I$
- $f''(x) > 0$, dann ist f auf I linksgekrümmt.
- $f''(x) < 0$, dann ist f auf I rechtsgekrümmt.

Die Lage der Wendestellen lässt sich mithilfe zweier Lehrsätze berechnen, die in folgender Regel zusammengestellt sind:

Regel

1. Satz: Notwendige Bedingung für Wendestellen
Wenn eine zweimal differenzierbare Funktion f an der Stelle x_0 ihrer Definitionsmenge eine Wendestelle besitzt, dann gilt $f''(x_0)=0$.

2. Satz: Hinreichende Bedingungen für Wendestellen

a) Wenn für eine zweimal differenzierbare Funktion f an der Stelle x_0 ihrer Definitionsmenge $f''(x_0)=0$ gilt und wenn $f''(x)$ beim Fortschreiten über die Stelle x_0 hinweg das Vorzeichen wechselt, dann ist x_0 eine Wendestelle von f.

b) Wenn für eine dreimal differenzierbare Funktion f an der Stelle x_0 ihrer Definitionsmenge $f''(x_0)=0$ gilt und $f'''(x_0)\neq 0$ ist, dann ist x_0 eine Wendestelle von f.

Diese Kriterien erlauben Ihnen, schrittweise die Wendestellen einer mindestens zwei bzw. dreimal differenzierbaren Funktion f(x) zu ermitteln.

Regel

Schrittweises Bestimmen von Wendestellen

1. Berechnen Sie $f''(x)$.
2. Berechnen Sie die Lösungen der Gleichung $f''(x)=0$.
3. Berechnen Sie, falls möglich, $f'''(x)$ oder fahren Sie mit Schritt 5 fort.
4. Berechnen Sie den Funktionswert $f'''(x_0)$:
   - Ist $f'''(x_0)\neq 0$, so ist x_0 eine Wendestelle.
   - Ist $f'''(x_0)=0$, so lässt sich endgültig keine Aussage darüber machen, ob x_0 eine Wendestelle ist. Fahren Sie mit Schritt 5 fort.
5. Überprüfen Sie für jede Lösung x_0, ob $f''(x)$ bei x_0 das Vorzeichen wechselt.
   - Nutzen Sie hierfür das eventuell schon bekannte Krümmungsverhalten von f aus oder ermitteln Sie für kleine positive, reelle h die Vorzeichen von $f''(x_0+h)$ und $f''(x_0-h)$.
6. Werten Sie aus:
   - Wechselt $f''(x)$ das Vorzeichen, so ist x_0 eine Wendestelle.
   - Wechselt $f''(x)$ das Vorzeichen nicht, so lässt sich mit dem Kriterium des Vorzeichenwechsels keine Aussage darüber machen, ob x_0 eine Wendestelle ist.
7. Falls sich x_0 als Wendestelle erwiesen hat, überprüfen Sie, ob $f'(x)=0$. Wenn die 1. Ableitung gleich null ist, so handelt es sich um eine Terrassenstelle oder Sattelstelle.

Beispiele

1. Berechnen Sie die Lage des einzigen Wendepunktes der Funktion $f(x)=x\cdot e^x;\ \mathbb{D}_f=\mathbb{R}$.

   Lösung:

   Schritt 1: Berechnen der 2. Ableitung von f(x)

   $f'(x)=x\cdot e^x+e^x=e^x(x+1)$

   $f''(x)=e^x\cdot 1+(x+1)\cdot e^x=e^x(x+2)$

Schritt 2: Berechnen der Nullstellen der 2. Ableitung

$f''(x) = e^x(x+2) = 0 \quad \Leftrightarrow \quad x_0 = -2 \quad (\text{da } e^x > 0)$

Schritt 3: Aufstellen der 3. Ableitung: $f'''(x) = e^x(x+3)$

Schritt 4: Wegen $f'''(-2) = e^{-2} \cdot 1 = e^{-2} \neq 0$ ist $x_0 = -2$ Wendestelle von f.

2. Berechnen Sie das Krümmungsverhalten der Funktion $f(x) = x^2 e^x$; $\mathbb{D}_f = \mathbb{R}$. Geben Sie damit die Lage aller Wendepunkte der Funktion an.

Lösung:

Schritt 1: Berechnen der 2. Ableitung von f(x)

$f'(x) = x^2 \cdot e^x + e^x \cdot 2x = e^x(x^2 + 2x)$

$f''(x) = e^x \cdot (2x+2) + (x^2+2x) \cdot e^x = e^x(x^2 + 4x + 2)$

Regel zur Krümmungsart: Wegen $e^x > 0$ stimmt das Vorzeichen von $f''(x)$ mit dem Vorzeichen des quadratischen Terms $x^2 + 4x + 2$ überein. Mithilfe der Lösungsformel für quadratische Gleichungen finden Sie, dass die nach oben offene Parabel $y = x^2 + 4x + 2$ die x-Achse bei

$x_1 = -2 - \sqrt{2}$ und $x_2 = -2 + \sqrt{2}$

schneidet; sie verläuft daher auf $]-\infty; -2-\sqrt{2}[\; \cup \;]-2+\sqrt{2}; +\infty[$ über und auf $]-2-\sqrt{2}; -2+\sqrt{2}[$ unter der x-Achse.

Daraus folgt für

- $x \in]-\infty; -2-\sqrt{2}[\cup]-2+\sqrt{2}; +\infty[$: $f''(x) > 0$ und f linksgekrümmt
- $x \in]-2-\sqrt{2}; -2+\sqrt{2}[$: $f''(x) < 0$ und f rechtsgekrümmt

Schritt 5: f besitzt Wendestellen bei $x_1 = -2 - \sqrt{2}$ und $x_2 = -2 + \sqrt{2}$.

CAS *Hinweise für den CAS-Einsatz:*

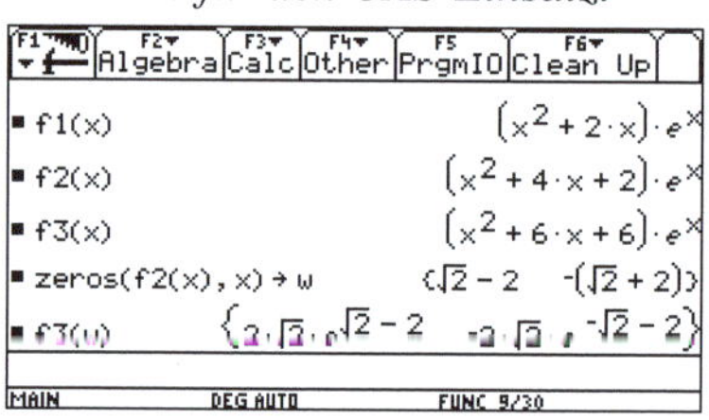

Der Befehl **zeros** angewendet auf die 2. Ableitung der Funktion ergibt zwei mögliche Wendestellen. Diese werden mit der Variablen „w" gespeichert. Die Berechnung **f3(w)** bestätigt, dass die beiden Stellen Wendestellen sind, da $f_3(w) \neq \{0;0\}$.

3. Zeigen Sie, dass der Ursprung Terrassenpunkt der Funktion $f(x) = x^3 e^x$; $\mathbb{D}_f = \mathbb{R}$ ist.

Lösung:

Mithilfe der Produktregel berechnen Sie zunächst f'(x), f''(x) und f'''(x):

$f'(x) = x^3 \cdot e^x + e^x \cdot 3x^2 = e^x(x^3 + 3x^2)$

$f''(x) = e^x \cdot (3x^2 + 6x) + (x^3 + 3x^2) \cdot e^x = e^x(x^3 + 6x^2 + 6x)$

$f'''(x) = e^x \cdot (3x^2 + 12x + 6) + (x^3 + 6x^2 + 6x) \cdot e^x = e^x(x^3 + 9x^2 + 18x + 6)$

Dann gilt:

- **Satz 2 b über Wendestellen:** f hat bei $x_0 = 0$ eine Wendestelle, weil $f''(0) = e^0 \cdot 0 = 0$ und $f'''(0) = e^0 \cdot 6 = 6 \neq 0$.
- **Schritt 7:** Wegen $f'(0) = e^0 \cdot 0 = 0$ besitzt die Wendetangente die Steigung 0 und verläuft horizontal.

f besitzt bei $x = 0$ also einen Terrassenpunkt.

4. Zeigen Sie, dass die Funktion $f(x) = \frac{2x}{1-x}$; $\mathbb{D}_f = \mathbb{R} \setminus \{1\}$ keine Wendestelle besitzt.

Lösung:

Schritt 1: Berechnen der 2. Ableitung von f(x)

$$f'(x) = \frac{(1-x) \cdot 2 - 2x \cdot (-1)}{(1-x)^2} = \frac{2}{(1-x)^2}$$

$$f''(x) = \frac{(1-x)^2 \cdot 0 - 2 \cdot 2 \cdot (1-x) \cdot (-1)}{(1-x)^4} = \frac{4}{(1-x)^3}$$

Satz 1 über Wendestellen: Besäße f eine Wendestelle, hätte die 2. Ableitung mindestens eine Nullstelle. Dies ist aber nicht der Fall, weil der Zähler des Quotienten $\frac{4}{(1-x)^3}$ nicht null wird.

ufgaben **104.** Zeigen Sie, dass die Graphen der folgenden Funktionen genau einen Wendepunkt aufweisen, und berechnen Sie dessen Koordinaten.

a) $f(x) = \frac{x+1}{e^{2x}}$
$\mathbb{D}_f = \mathbb{R}$

b) $f_k(x) = 4e^{-x}(k - e^{-x})$
$\mathbb{D}_{f_k} = \mathbb{R};\ k \in \mathbb{R}^+$

105. Wo schneidet die einzige Wendetangente des Graphen der Funktion $f(x) = x \cdot e^{1-x}$; $\mathbb{D}_f = \mathbb{R}$ die x-Achse?

106. Zeigen Sie, dass alle Wendetangenten der Schar $f_k(x) = (x-k) \cdot e^{2 - \frac{x}{k}}$; $\mathbb{D}_{f_k} = \mathbb{R};\ k \in \mathbb{R}^+$ parallel zueinander verlaufen.

107. Die Skizze zeigt den Graphen der 1. Ableitung f' einer Funktion f. Geben Sie die Lage der Wendestellen der Funktion f möglichst genau an und begründen Sie Ihr Vorgehen.

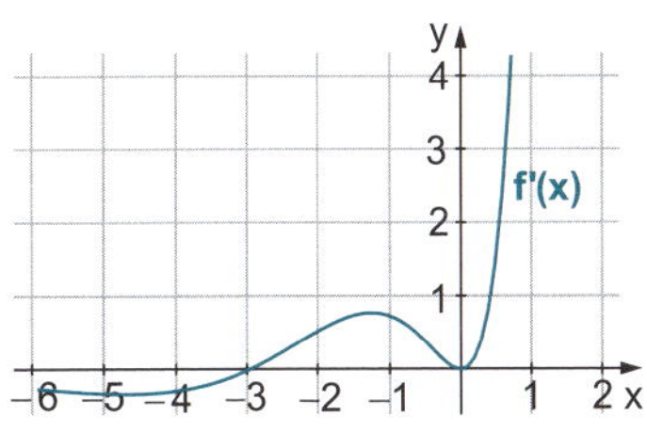

108. Die Skizze zeigt die Graphen einer Funktion f(x) und ihrer Ableitungen f'(x) und f''(x).
Welcher Graph gehört zu welcher Funktion?
Begründen Sie Ihre Aussagen.

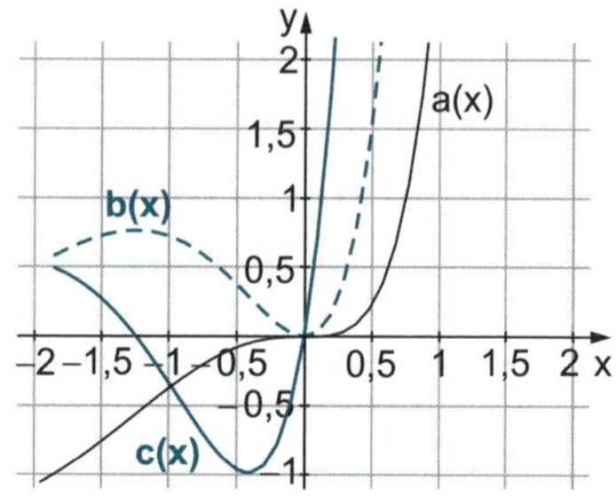

109. Die Skizze zeigt den Graphen G_f einer Funktion f(x) mit seinen beiden Wendepunkten.
Skizzieren Sie den Graphen $G_{f'}$ der Funktion f'(x), wenn alle Schnittpunkte von G_f und $G_{f'}$ auf den Koordinatenachsen liegen.
Begründen Sie Ihr Vorgehen.

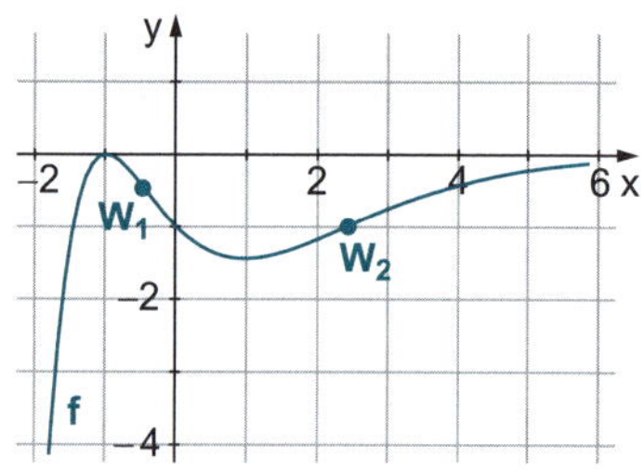

✱ **110.** Beweisen oder widerlegen Sie folgende Aussagen. Für die Widerlegung genügt die Skizze eines geeigneten Funktionsgraphen.

a) Wenn eine zweimal differenzierbare Funktion eine Wendestelle besitzt, dann besitzt sie auch mindestens ein relatives Extremum.

b) Wenn eine zweimal differenzierbare Funktion in Teilen ihrer Definitionsmenge rechts- und in anderen linksgekrümmt ist, dann besitzt sie auch eine Wendestelle.

c) Wenn eine zweimal differenzierbare Funktion auf $\mathbb{R}$ nur linksgekrümmt ist, dann besitzt sie mindestens ein relatives Minimum.

5.4 Wertemenge

Kennt man die Hoch- und Tiefpunkte einer **stetigen** Funktion, ihr Steigungsverhalten und ihr Verhalten an den Grenzen der Definitionsmenge, so kann man ihre Wertemenge angeben.

Definition

Die **Wertemenge W_f** einer Funktion f ist die Menge aller Funktionswerte der Funktion f, also die Menge $W_f = \{y \in \mathbb{R} \mid \text{Es gibt ein } x \in \mathbb{D}_f \text{ mit } y = f(x)\}$.

Die Wertemenge oder die zugehörige Funktion heißen

- **nach oben beschränkt**, wenn es eine Zahl S so gibt, dass für alle x aus der Definitionsmenge $f(x) \leq S$ gilt. S heißt obere Schranke von f, die kleinste aller oberen Schranken nennt man **Supremum** von f. Gehört das Supremum einer Funktion zur Wertemenge, so heißt es **Maximum**.
- **nach unten beschränkt**, wenn es eine Zahl s so gibt, dass für alle x aus der Definitionsmenge $f(x) \geq s$ gilt. s heißt untere Schranke von f, die größte aller unteren Schranken nennt man **Infimum** von f. Gehört das Infimum einer Funktion zur Wertemenge, so heißt es **Minimum**.
- **beschränkt**, wenn sie sowohl nach oben als auch nach unten beschränkt ist.

Beispiel

Geben Sie zu den folgenden Funktionen jeweils die Wertemenge und gegebenenfalls das Supremum, Maximum, Infimum und Minimum an.
Berücksichtigen Sie dabei die angegebenen Funktionseigenschaften.
Beschreiben Sie das Beschränktheitsverhalten.

a) Für $f(x) = \ln \frac{x}{4-x}$; $\mathbb{D}_{f,\max} =]0; 4[$ gilt:

$\lim\limits_{x \to 0+0} f(x) = -\infty$ und $\lim\limits_{x \to 4-0} f(x) = +\infty$

b) Für $f(x) = x \cdot (2 - \ln x)$; $\mathbb{D}_{f,\max} = \mathbb{R}^+$ gilt:

- Das einzige relative Extremum ist der Hochpunkt $H(e \mid e)$.
- $\lim\limits_{x \to 0+0} f(x) = 0$, $\lim\limits_{x \to +\infty} f(x) = -\infty$

c) Für $f(x) = 4x \cdot e^{-0{,}5x^2}$; $\mathbb{D}_{f,\max} = \mathbb{R}$ gilt:

- $H\left(1 \,\middle|\, \frac{4}{\sqrt{e}}\right)$ ist einziger Hochpunkt, $T\left(-1 \,\middle|\, -\frac{4}{\sqrt{e}}\right)$ einziger Tiefpunkt.
- $\lim\limits_{x \to +\infty} f(x) = \lim\limits_{x \to -\infty} f(x) = 0$

d) Für $f(x) = (1 + e^x)^2 (1 - e^x)^2$; $\mathbb{D}_{f,\max} = \mathbb{R}$ gilt:

- $T(0 \mid 0)$ ist einziger Tiefpunkt.
- $\lim\limits_{x \to +\infty} f(x) = +\infty$, $\lim\limits_{x \to -\infty} f(x) = 1$

Lösung:

a) Da f auf $\mathbb{D}_{f,\,max}$ stetig ist, gilt:
- $W_f = \mathbb{R}$
- Supremum und Infimum gibt es nicht.
- Die Funktion ist weder nach oben noch nach unten beschränkt.

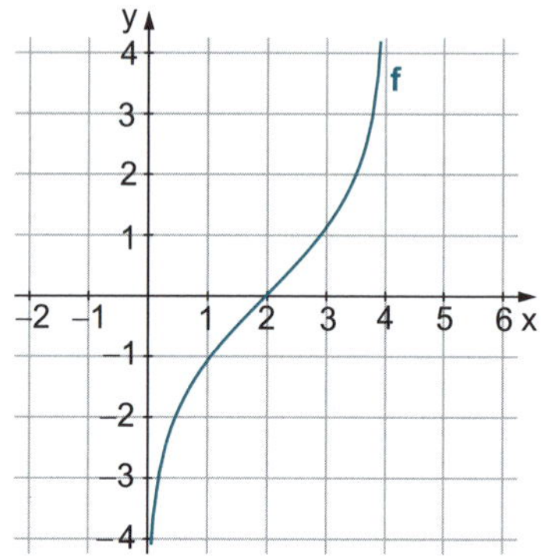

Hinweise für den CAS-Einsatz:

Bei der Grenzwertuntersuchung liefert der CAS-Rechner in diesem Fall kein brauchbares Ergebnis. Hier hat der Rechner selbst seine Grenzen erreicht.

b) Da f auf $\mathbb{D}_{f,\,max}$ stetig ist, gilt:
- $W_f =]-\infty;\, e]$
- e ist Supremum und Maximum, ein Infimum gibt es nicht.
- Die Funktion ist nach oben, aber nicht nach unten beschränkt.

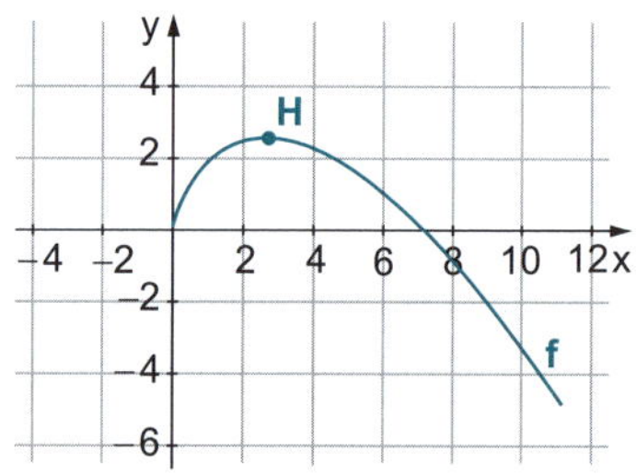

c) Da f auf $\mathbb{D}_{f,\,max}$ stetig ist, gilt:
- $W_f = \left[\frac{-4}{\sqrt{e}};\, \frac{4}{\sqrt{e}}\right]$
- $\frac{-4}{\sqrt{e}}$ ist Infimum und Minimum.
- $\frac{4}{\sqrt{e}}$ ist Supremum und Maximum.
- Die Funktion ist beschränkt.

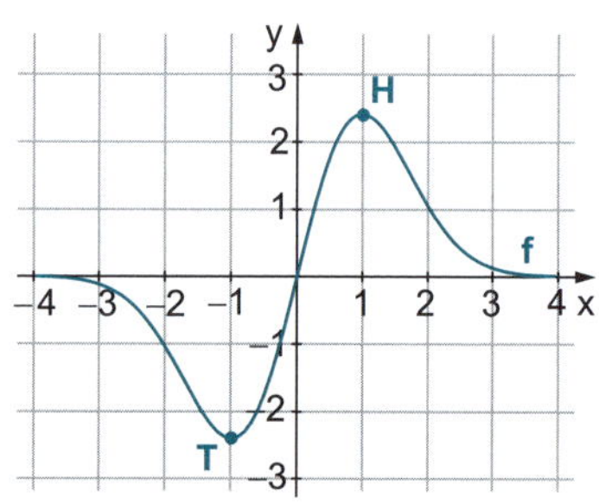

d) Da f auf $\mathbb{D}_{f,\,max}$ stetig ist, gilt:
- $W_f = [0;\, \infty[$
- 0 ist Infimum und Minimum, ein Supremum gibt es nicht.
- Die Funktion ist nach unten, aber nicht nach oben beschränkt.

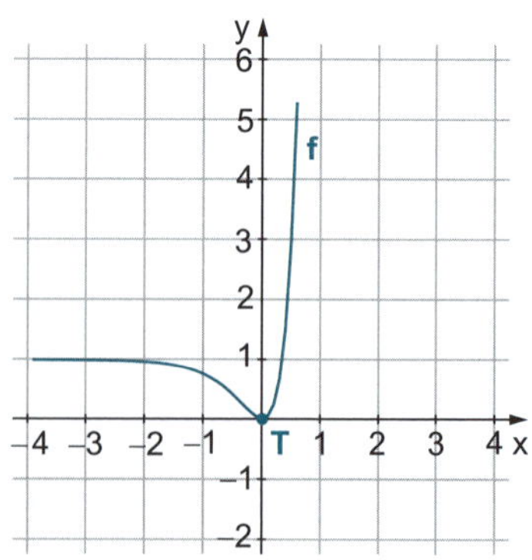

Aufgaben Ermitteln Sie aus den Angaben die Wertemengen folgender Funktionen und geben Sie – soweit vorhanden – das Supremum, Maximum, Infimum und Minimum an. Beschreiben Sie das Beschränktheitsverhalten.

111. Für $f(x) = \frac{e^x - 2}{e^x + 1}$; $\mathbb{D}_f = \mathbb{R}$ gilt:

- $\lim\limits_{x \to +\infty} f(x) = 1$
- $\lim\limits_{x \to -\infty} f(x) = -1$
- f steigt auf der Definitionsmenge streng monoton.

112. Für $f(x) = \ln \frac{x}{x^2 - 1}$; $\mathbb{D}_f =]-1; 0[\cup]1; +\infty[$ gilt:

- $\lim\limits_{x \to -1+0} f(x) = +\infty$
- $\lim\limits_{x \to 0-0} f(x) = -\infty$
- f fällt auf der Definitionsmenge streng monoton.

113. Für $f(x) = \frac{x}{x^2 - 4}$; $\mathbb{D}_f = \mathbb{R} \setminus \{-2; 2\}$ gilt:

- $\lim\limits_{x \to -2+0} f(x) = +\infty$
- $\lim\limits_{x \to 2-0} f(x) = -\infty$
- f fällt auf der Definitionsmenge streng monoton.

114. Für $f(x) = (x-1) \cdot e^{1-x}$; $\mathbb{D}_f = \mathbb{R}$ gilt:

- f steigt auf $]-\infty; 2[$ streng monoton.
- f fällt auf $]2; +\infty[$ streng monoton.
- Einziges relatives Extremum ist der Hochpunkt $H(2 \mid e^{-1})$.
- $\lim\limits_{x \to +\infty} f(x) = 0$
- $\lim\limits_{x \to -\infty} f(x) = -\infty$

115. Für $f(x) = \frac{x^2}{x^2 + 1}$; $\mathbb{D}_f = \mathbb{R}$ gilt:

- f steigt auf $\mathbb{R}^+$ streng monoton.
- f fällt auf $\mathbb{R}^-$ streng monoton.
- Einziges relatives Extremum ist der Tiefpunkt $T(0 \mid 0)$.
- $\lim\limits_{x \to +\infty} f(x) = \lim\limits_{x \to -\infty} f(x) = 1$

5.5 Ortskurven

Zur Analyse einer Funktionenschar gehört auch die Ermittlung der Funktionen, auf deren Graphen die Hoch-, Tief- und Wendepunkte der Schar liegen. Diese Graphen sind Beispiele für Ortskurven.

Definition

Als **Ortskurve** bezeichnet man den geometrischen Ort aller Punkte mit einer genau definierten Eigenschaft.

Kommt diese genau definierte Eigenschaft dadurch zum Ausdruck, dass sich die x- und y-Koordinaten der Punkte als Terme einer gemeinsamen Variablen k darstellen lassen, $x = T_1(k)$ und $y = T_2(k)$, können Sie diese Gleichungen als Gleichungssystem aus zwei Gleichungen mit den drei Unbekannten x, y und k auffassen. Die Gleichung der Ortskurve ermitteln Sie dann gemäß folgender Regel:

Regel

Bestimmung der Gleichung einer Ortskurve

1. Lösen Sie eine der Gleichungen des Gleichungssystems $\{x = T_1(k);\ y = T_2(k)\}$ nach k auf.
2. Setzen Sie den Term für k in die zweite Gleichung ein. Sie erhalten so die Gleichung der Ortskurve in der Form $y = f(x)$.
3. Beachten Sie, dass zwar jeder Punkt mit der definierten Eigenschaft auf der Ortskurve liegt, aber nicht jeder Kurvenpunkt die Eigenschaft besitzen muss.

Beispiel

Wie lautet die Gleichung der Ortskurve, auf der die Punkte der Punkteschar P_k liegen? Gehört jeder Punkt der Ortskurve auch zur gegebenen Punkteschar?

a) $P_k\left(-\frac{k}{2} \,\middle|\, 3-4k^2\right),\ k \in \mathbb{R}$

b) $P_k\left(\frac{k^2}{8} \,\middle|\, \frac{k^6}{2048}+\frac{k^4}{128}\right),\ k \in \mathbb{R}$

c) $P_k(\ln k \mid k^2 + k),\ k \in \mathbb{R}^+$

Lösung:

a) Aus der 1. Gleichung des Systems

(1) $x = -\frac{k}{2}$

(2) $y = 3 - 4k^2$

folgt $k = -2x$. Einsetzen in (2) führt auf die Gleichung der Ortskurve:

$y = 3 - 4\cdot(-2x)^2 = -16x^2 + 3$

Jeder Punkt der Ortskurve gehört auch zur Punkteschar.

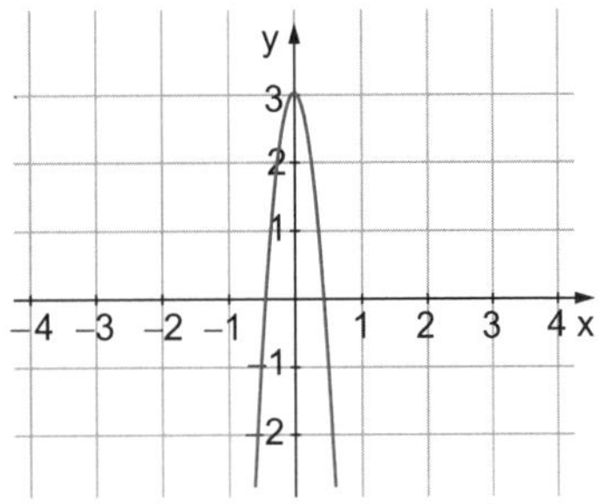

b) Aus der 1. Gleichung des Systems

(1) $x = \frac{k^2}{8}$

(2) $y = \frac{k^6}{2048} + \frac{k^4}{128}$

folgt $k^2 = 8x$. Daher gilt:

$k^6 = (k^2)^3 = (8x)^3 = 512x^3$

$k^4 = (8x)^2 = 64x^2$

Einsetzen in (2) führt auf die Gleichung der Ortskurve:

$y = \frac{512x^3}{2048} + \frac{64x^2}{128} = \frac{x^3}{4} + \frac{x^2}{2}$

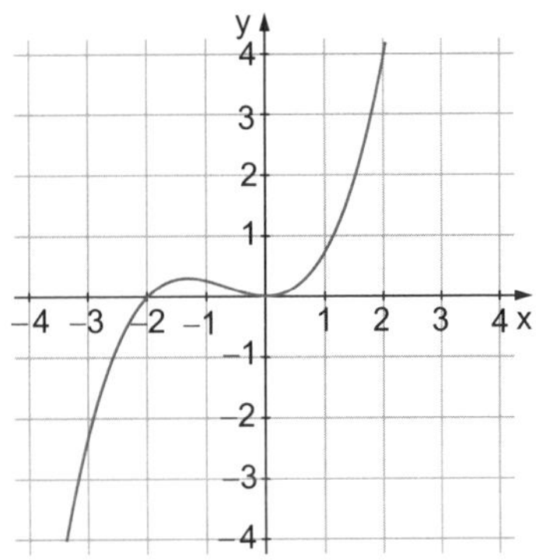

CAS *Hinweise für den CAS-Einsatz:*

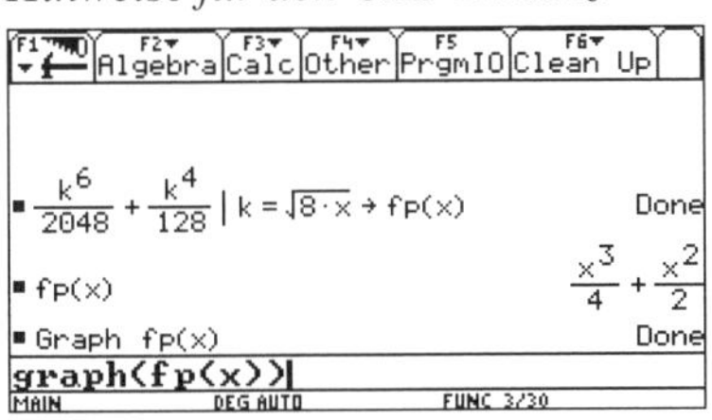

Der senkrechte Strich in der ersten Zeile des Displays gibt die zusätzliche Bedingung $k = \sqrt{8\cdot x}$ für k an. Daraus berechnet der CAS-Rechner die Ortskurve für den Punkt P, die unter fp(x) abgespeichert wird.

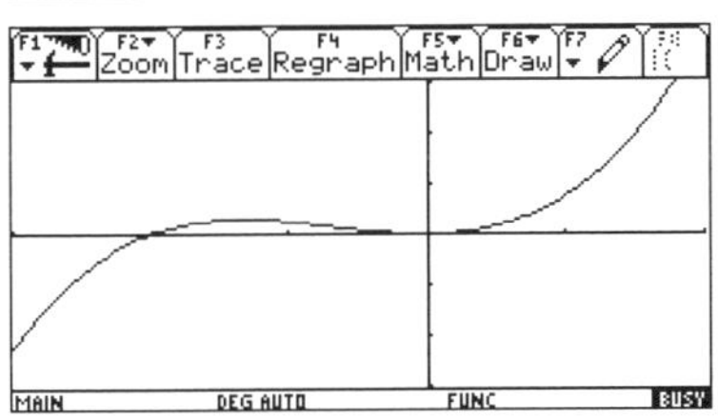

Die Abbildung zeigt den Graphen von fp(x), der mit dem Befehl **graph(fp(x))** angezeigt wird.

Da die y-Koordinaten der Punkte aus der Punkteschar nicht negativ sind, gehören z. B. die Ortskurvenpunkte mit negativer y-Koordinate nicht zur Punkteschar.

c) Aus der 1. Gleichung des Systems

(1) $x = \ln k$

(2) $y = k^2 + k$

folgt $k = e^x$. Einsetzen in (2) führt auf die Gleichung der Ortskurve:

$y = (e^x)^2 + e^x = e^x(e^x + 1)$

Jeder Punkt der Ortskurve gehört auch zur Punkteschar.

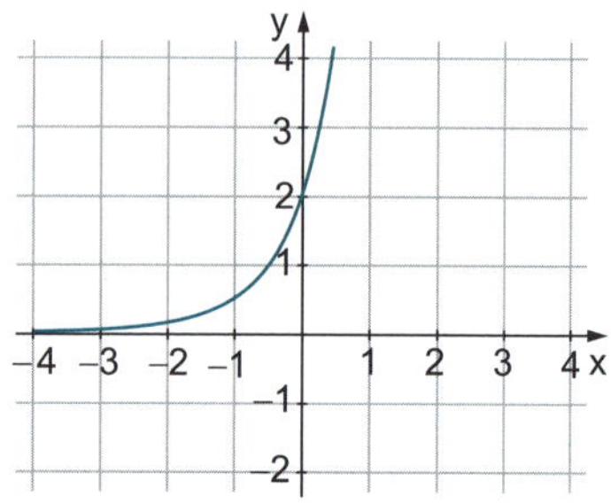

Aufgaben **116.** Jede Funktion der Schar $f_k(x) = \frac{x^3}{9(x+k)}$, $x \in \mathbb{R} \setminus \{-k\}$, $k \in \mathbb{R}^+$ besitzt genau ein relatives Minimum mit den Koordinaten $\left(-\frac{3}{2}k \,\middle|\, \frac{3}{4}k^2\right)$.
Berechnen Sie die Gleichung der Ortskurve dieser Minima.

117. Jede Funktion der Schar $f_k(x) = \frac{e^x}{(e^x+k)^2}$, $x \in \mathbb{R}$, $k \in \mathbb{R}^+$ besitzt genau ein relatives Maximum mit den Koordinaten $\left(\ln k \,\middle|\, \frac{1}{4k}\right)$.
Berechnen Sie die Gleichung der Ortskurve dieser Maxima.

118. Jede Funktion der Schar $f_k(x) = \frac{x^2+k}{x+2}$, $x \in \mathbb{R} \setminus \{-2\}$, $k \in \mathbb{R}^+$ besitzt genau einen

- Tiefpunkt mit den Koordinaten $(-\sqrt{k+4} - 2 \mid -2\sqrt{k+4} - 4)$;
- Hochpunkt mit den Koordinaten $(\sqrt{k+4} - 2 \mid 2\sqrt{k+4} - 4)$.

Berechnen Sie die Gleichung der Ortskurve dieser relativen Extrema.

119. Jede Funktion der Schar $f_k(x) = \frac{2e^x}{\sqrt{k} + e^x}$, $x \in \mathbb{R}$, $k \in \mathbb{R}^+$ besitzt genau einen Wendepunkt mit den Koordinaten $\left(\ln\sqrt{k} \,\middle|\, \frac{1}{\sqrt{k}}\right)$.
Berechnen Sie die Gleichung der Ortskurve dieser Wendepunkte.

120. Jede Funktion der Schar $f_k(x) = (k \ln x - 1)^2$, $x \in \mathbb{R}^+$, $k \in \mathbb{R} \setminus \{0\}$ besitzt genau einen Wendepunkt mit den Koordinaten $\left(e^{\frac{k+1}{k}} \,\middle|\, k^2\right)$.
Berechnen Sie die Gleichung der Ortskurve dieser Wendepunkte und geben Sie an, welchen Einfluss das Vorzeichen des Parameters darauf hat, wo der zugehörige Wendepunkt auf der Ortskurve liegt.

6 Die Umkehrfunktion und ihre Ableitung

Dreht man bei einer reellen Funktion f die Richtung der Zuordnung um, so erhält man die Umkehrung von f. Diese ordnet jeder Zahl y aus der Wertemenge W_f Zahlen aus der Definitionsmenge $\mathbb{D}_f$ zu. Die Umkehrung von f ist nicht zwangsläufig wieder eine Funktion, denn es können möglicherweise einem y aus W_f mehr als ein x aus $\mathbb{D}_f$ zugewiesen werden. In Bild A ist ein Beispiel für einen solchen Fall dargestellt. Bild B zeigt dagegen eine Funktion, deren Umkehrung wieder eine Funktion ist. Dieser Fall wird in diesem Abschnitt genauer betrachtet.

Definition

Eine Funktion $f: x \mapsto y = f(x)$, $x \in \mathbb{D}_f$, $y \in W_f$ heißt **umkehrbar**, wenn die Umkehrung von f wieder eine Funktion ist, d. h., wenn sie jedem y aus W_f genau ein x aus $\mathbb{D}_f$ zuordnet.

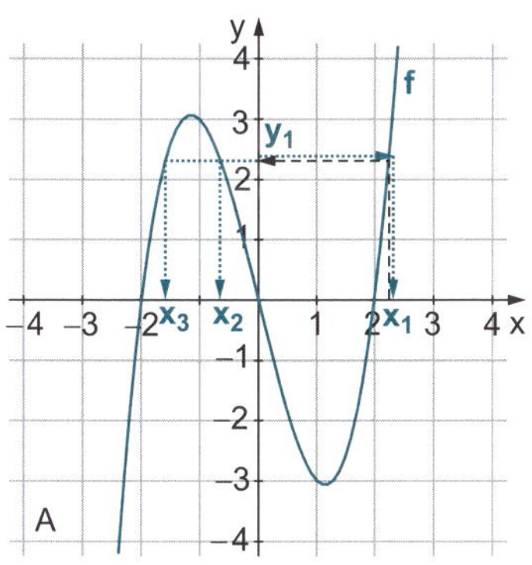

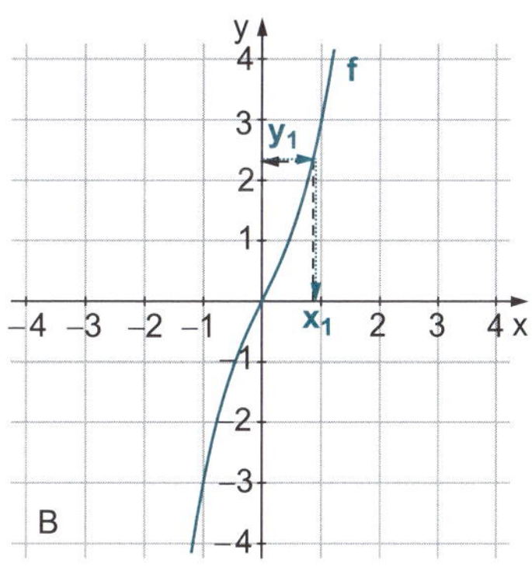

Die Umkehrung einer umkehrbaren Funktion wird üblicherweise mit $f^{-1}(x)$ bezeichnet. Beachten Sie, dass f^{-1} nur ein Symbol ist und nicht etwa eine negative Potenz mit Basis f und Exponent –1 bedeutet.

Die bekanntesten Umkehrfunktionen sind:

- die **Logarithmusfunktionen** $x \mapsto \log_a(x)$; $x \in \mathbb{R}^+$, $a \in \mathbb{R}^+$: Sie sind die Umkehrfunktionen der Exponentialfunktionen $x \mapsto a^x$; $x \in \mathbb{R}$, $a \in \mathbb{R}^+$;
- die **Wurzelfunktionen** $x \mapsto \sqrt[n]{x}$; $x \in \mathbb{R}^+$, $n \in \mathbb{N}$: Sie sind die Umkehrfunktionen der Einschränkungen der Potenzfunktionen $x \mapsto x^n$; $x \in \mathbb{R}^+$, $n \in \mathbb{N}$.

Bei der Überprüfung beliebiger Funktionen auf Umkehrbarkeit ist der folgende Lehrsatz ein unentbehrliches Hilfsmittel.

Regel

Bedingungen für Umkehrbarkeit

a) Wenn eine reelle Funktion f auf ihrer Definitionsmenge $\mathbb{D}_f$ entweder nur streng monoton fällt oder nur streng monoton steigt, dann ist sie auf $\mathbb{D}_f$ umkehrbar.

b) Wenn die 1. Ableitung f'(x) einer auf einem offenen Intervall I differenzierbaren Funktion f für alle $x \in I$ entweder nur positiv oder nur negativ ist, dann ist f auf I umkehrbar.

Manchmal ist es bei einer umkehrbaren Funktion f möglich, die Gleichung $y = f(x)$ nach x aufzulösen und dadurch den **Term $f^{-1}(y)$ der Umkehrfunktion** in Abhängigkeit von y explizit anzugeben. Tauscht man dann noch die Variablen x und y, so liegt die Definitionsmenge von f^{-1} wie üblich auf der x-Achse, ihre Wertemenge auf der y-Achse. Nach dem **Variablentausch** ist der Graph der Umkehrfunktion das Spiegelbild des Graphen der Funktion f bzgl. der Winkelhalbierenden $y = x$.

Beispiel

Überprüfen Sie, ob folgende Funktionen auf ihrer maximalen Definitionsmenge umkehrbar oder teilweise umkehrbar sind, und berechnen Sie die Terme der Umkehrfunktionen.

a) $f(x) = \ln\frac{x}{4-x}$; $\mathbb{D}_{f,\,max} =]0;\,4[$

b) $f(x) = \ln(1-x^2)$; $\mathbb{D}_{f,\,max} =]-1;\,1[$

Lösung:

a) Mittels Ketten- und Quotientenregel finden Sie für die 1. Ableitung von f:

$$f'(x) = \frac{1}{\frac{x}{4-x}} \cdot \frac{(4-x)\cdot 1 - x\cdot(-1)}{(4-x)^2} = \frac{4}{x(4-x)}$$

Für $x \in \mathbb{D}_{f,\,max} =]0;\,4[$ sind die beiden Nennerfaktoren x und $(4-x)$ positiv und somit auch f'(x) positiv. f ist daher nach Bedingung b auf $\mathbb{D}_{f,\,max}$ umkehrbar. Den Term der Umkehrfunktion finden Sie durch Auflösen der Gleichung $y = \ln\frac{x}{4-x}$ nach x:

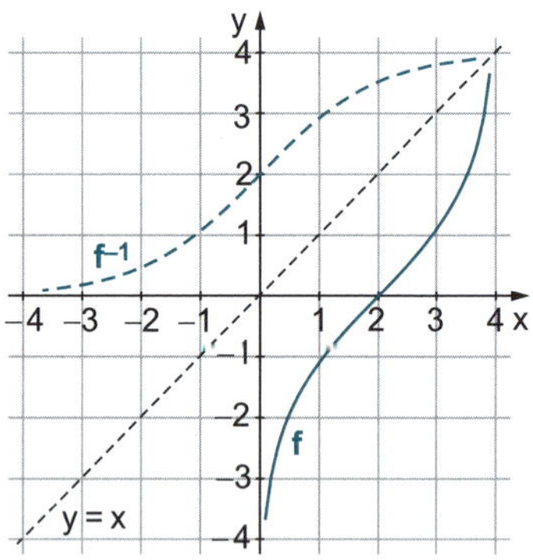

$$e^y = \frac{x}{4-x}$$ Delogarithmieren

$$4e^y - xe^y = x$$ Multiplikation mit $4-x$ auf beiden Gleichungsseiten, Auflösen nach x

$$-xe^y - x = -4e^y$$

$$-x(e^y + 1) = -4e^y \Rightarrow x = \frac{4e^y}{e^y+1}$$

$$f^{-1}(x) = \frac{4e^x}{e^x+1}$$ Tausch der Variablen

b) Mithilfe der Kettenregel finden Sie für die 1. Ableitung von f:

$$f'(x) = \frac{1}{1-x^2} \cdot (-2x) = \frac{-2x}{1-x^2}$$

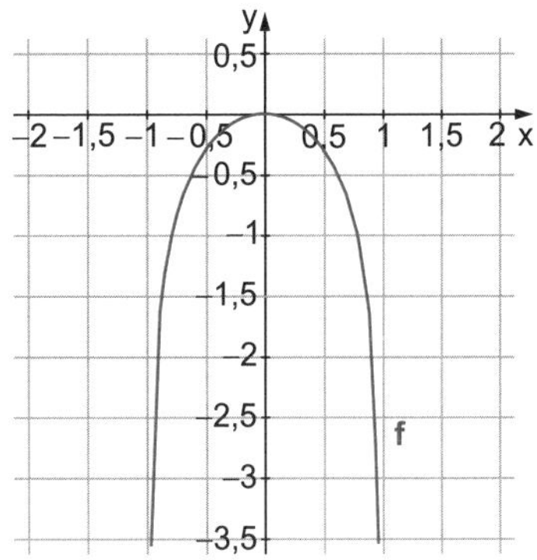

Da für $x \in \mathbb{D}_{f,\,max} =]-1;\, 1[$ der Nenner $1-x^2$ positiv ist, stimmt das Vorzeichen von $f'(x)$ mit dem des Zählers $-2x$ überein: Dieser ist für $x \in\,]-1;\, 0[$ positiv und für $x \in\,]0;\, 1[$ negativ. Daher sind die Einschränkungen

$f_1(x) := \ln(1-x^2);\; x \in\,]-1;\, 0[$ und

$f_2(x) := \ln(1-x^2);\; x \in\,]0;\, 1[$

der Funktion f nach Bedingung b umkehrbar. Die zugehörigen Umkehrfunktionsterme finden Sie durch Auflösen der Gleichung $y = \ln(1-x^2)$ nach x:

$e^y = 1 - x^2$	Delogarithmieren
$\Leftrightarrow\; x^2 = 1 - e^y$	Auflösen nach x
$\Leftrightarrow\; \lvert x \rvert = \sqrt{1-e^y}$	
$\Leftrightarrow\; x_1 = -\sqrt{1-e^y};$	
$x_2 = +\sqrt{1-e^y}$	
$f_1^{-1}(x) = -\sqrt{1-e^x};$	Tausch der Variablen
$f_2^{-1}(x) = +\sqrt{1-e^x}$	

Dabei sind $f_1^{-1}(x)$ bzw. $f_2^{-1}(x)$ die Umkehrungen der Einschränkungen $f_1(x)$ bzw. $f_2(x)$, weil $W_{f_1^{-1}} = \mathbb{D}_{f_1}$ und $W_{f_2^{-1}} = \mathbb{D}_{f_2}$.

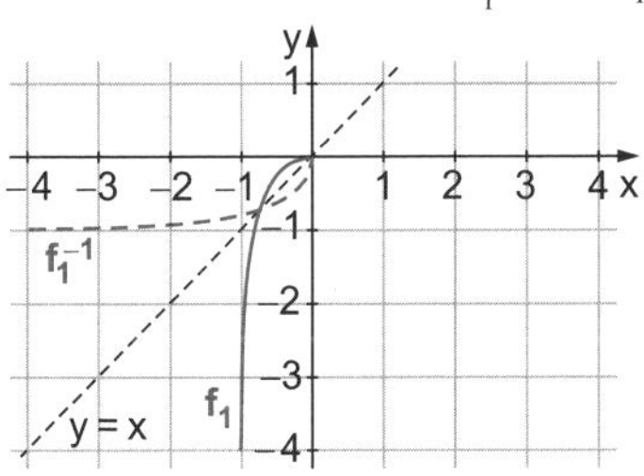

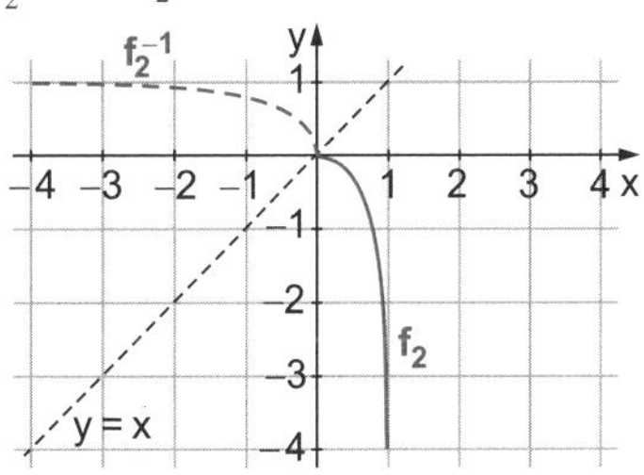

Leider kann man die Gleichung $y = f(x)$ einer umkehrbaren Funktion nicht immer nach x auflösen und so den Term der Umkehrfunktion explizit angeben. In diesem Fall helfen die folgenden Aussagen bei der Untersuchung der Umkehrfunktion.

Regel

Stetig- und Differenzierbarkeit der Umkehrfunktion

Für eine auf einem offenen Intervall I umkehrbare Funktion f gilt:

a) Wenn f(x) in $a \in I$ stetig ist, dann ist $f^{-1}(x)$ in $b = f(a)$ stetig.

b) Wenn f(x) in $a \in I$ differenzierbar und $f'(a) \neq 0$ ist, dann ist $f^{-1}(x)$ in $b = f(a)$ differenzierbar und es gilt:

$$\left(f^{-1}\right)'(b) = \frac{1}{f'\left(f^{-1}(b)\right)}$$

Steigungsverhalten der Umkehrfunktionen

Für eine auf einem offenen Intervall I umkehrbare Funktion f gilt: Wenn f(x) auf I streng monoton steigt (fällt), dann steigt (fällt) $f^{-1}(x)$ auf f(I) streng monoton.

Es ist in jedem Fall nützlich, sich daran zu erinnern, dass

- mindestens ein Schnittpunkt der Graphen G_f und $G_{f^{-1}}$ (sofern sie sich überhaupt schneiden) auf der Geraden $y = x$ liegt.
- $\mathbb{D}_{f^{-1}} = W_f$
- $W_{f^{-1}} = \mathbb{D}_f$
- $(f^{-1} \circ f)(x) = x$
- $(f \circ f^{-1})(x) = x$
- der Punkt $(b\,|\,a)$ genau dann auf $G_{f^{-1}}$ liegt, wenn der Punkt $(a\,|\,b)$ auf G_f liegt.

Beispiel

Obwohl die Funktion $f(x) = x + \ln x - e$; $\mathbb{D}_f = \mathbb{R}^+$ auf $\mathbb{D}_f$ umkehrbar ist (Nachweis nicht erforderlich), lässt sich der Term der Umkehrfunktion $f^{-1}(x)$ nicht angeben. Berechnen Sie:

a) die Definitionsmenge von $f^{-1}(x)$.

b) das Steigungsverhalten von $f^{-1}(x)$.

c) die Koordinaten des einzigen Schnittpunkts S der Graphen G_f und $G_{f^{-1}}$. (Sie können ohne Nachweis voraussetzen, dass es nur einen Schnittpunkt gibt.)

d) den Funktionswert $f^{-1}(1)$.

e) die Steigung des Graphen der Umkehrfunktion im Punkt $(e\,|\,?)$.

f) die Funktionswerte f(2,01) und f(2,02). Geben Sie damit möglichst genau die Koordinaten des Punktes an, in dem der Graph $f^{-1}(x)$ die y-Achse schneidet.

Lösung:

a) Weil f eine stetige Funktion mit

$$\lim_{x \to \infty} (x + \ln x - e) = +\infty \quad \text{und} \quad \lim_{x \to 0} (x + \ln x - e) = -\infty$$

ist, besitzt f die Wertemenge $W_f =]-\infty; +\infty[$.

Wegen $\mathbb{D}_{f^{-1}} = W_f$ folgt: $\mathbb{D}_{f^{-1}} =]-\infty; +\infty[$.

b) Weil $f'(x) = 1 + \frac{1}{x}$ für x aus $\mathbb{D}_f = \mathbb{R}^+$ positiv ist, steigt f auf $\mathbb{R}^+$ streng monoton. Da das Steigungsverhalten von f und f^{-1} gleich ist, steigt auch $f^{-1}(x)$ auf $\mathbb{D}_{f^{-1}} =]-\infty; +\infty[$ streng monoton.

c) Da mindestens ein Schnittpunkt der Graphen G_f und $G_{f^{-1}}$ auf der Geraden $y = x$ liegt, ist S der Schnittpunkt von G_f mit der Geraden $y = x$. Die x-Koordinate von S ist daher die Lösung der Gleichung $x + \ln x - e = x$:
$x + \ln x - e = x \iff \ln x = e \iff x = e^e \Rightarrow S(e^e \,|\, e^e)$

d) Setzt man $f^{-1}(1) = b$, so folgt $1 = f(f^{-1}(1)) = f(b)$ und daraus $1 = b + \ln b - e$. Durch Raten finden Sie $b = e$, denn: $e + \ln e - e = \ln e = 1$. Also gilt: $f^{-1}(1) = e$

e) Wegen $f'(x) = 1 + \frac{1}{x}$ gilt nach der Regel zur Ableitung der Umkehrfunktion:

$$(f^{-1})'(1) = \frac{1}{f'(f^{-1}(1))} = \frac{1}{1 + \frac{1}{f^{-1}(1)}} \overset{\text{Teilaufgabe d}}{=} \frac{1}{1 + \frac{1}{e}} = \frac{e}{e+1}$$

f) Es gilt:
$f(2{,}01) = 2{,}01 + \ln 2{,}01 - e = -0{,}0101 < 0$
$f(2{,}02) = 2{,}02 + \ln 2{,}02 - e = +0{,}0048 > 0$
Weil f auf $\mathbb{D}_f = \mathbb{R}^+$ zudem stetig ist, besitzt f nach dem Nullstellensatz (siehe Abschnitt 3.4, Seite 66) eine zwischen 2,01 und 2,02 liegende Nullstelle. Diese kommt nach der Spiegelung an der Winkelhalbierenden auf der y-Achse zu liegen. Daher schneidet der Graph von $f^{-1}(x)$ die y-Achse zwischen 2,01 und 2,02.

ufgaben **121.** Zeigen Sie, dass jede Funktion in $\mathbb{D}_f$ umkehrbar ist, und ermitteln Sie die Gleichung der Umkehrfunktion.

a) $f(x) = \frac{e^x - e}{e^x + e}$; $\mathbb{D}_f = \mathbb{R}$

b) $f(x) = \ln\sqrt{\frac{1-x}{1+x}}$; $\mathbb{D}_f =]-1; 1[$

c) $f_k(x) = \ln\frac{x}{4 - kx}$ $k \in \mathbb{R}^+$; $\mathbb{D}_{f_k} = \left]0; \frac{4}{k}\right[$

d) $f_k(x) = -\ln(k - e^{-x})$ $k \in \mathbb{R}^+$; $\mathbb{D}_{f_k} =]-\ln k; +\infty[$

122. Berechnen Sie möglichst große Teilintervalle der Definitionsmenge, auf denen die Einschränkungen der Funktionen umkehrbar sind, und geben Sie die zugehörigen Umkehrfunktionen an.

a) $f(x) = \ln \frac{2}{2 - x^2}$

$\mathbb{D}_f =]-\sqrt{2}; \sqrt{2}[$

b) $f(x) = \frac{4x^2 + 2}{1 + x^2}$

$\mathbb{D}_f = \mathbb{R}$

c) $f(x) = \frac{e^{x^2}}{4}$

$\mathbb{D}_f = \mathbb{R}$

123. Berechnen Sie $(f^{-1})'(x_0)$ für

a) $f(x) = 2\sqrt{x} + \frac{x^3}{3} + 2$ und $x_0 = \frac{13}{3}$

Hinweis: Berechnen Sie f(1).

b) $f(x) = 2x + \sin(2x)$ und $x_0 = 2\pi$

c) $f(x) = x - e^{-x}$ und $x_0 = -1$

124. Die Funktion $f(x) = 2\sqrt{x} + \frac{x^3}{3}$; $\mathbb{D}_f = \mathbb{R}^+$ ist auf $\mathbb{D}_f$ umkehrbar. Berechnen Sie die Koordinaten des einzigen Wendepunkts ihrer Umkehrfunktion.

125. Entscheiden Sie, ob folgende Aussagen wahr oder falsch sind, und begründen Sie Ihre Antworten.

a) Eine auf $\mathbb{R}$ definierte Funktion, die auf $\mathbb{R}_0^-$ streng monoton steigt und auf $\mathbb{R}^+$ streng monoton fällt, ist auf $\mathbb{R}$ nicht umkehrbar.

b) Die Graphen G_f und $G_{f^{-1}}$ einer umkehrbaren Funktion f(x) und ihrer Umkehrfunktion $f^{-1}(x)$ schneiden sich in höchstens einem Punkt.

c) Gilt für zwei reelle Funktionen f und g $W_g = \mathbb{D}_f$ und $\mathbb{D}_g = W_f$, so ist g die Umkehrung von f.

d) Eine Funktion f(x) ist umkehrbar, wenn f'(x) für alle x aus $\mathbb{D}_f$ negativ ist.

Integralrechnung

Das Hauptanliegen der Integralrechnung war ursprünglich die Berechnung der Inhalte von Flächen, die von „krummen Linien“ begrenzt werden. Die bei der Lösung dieses Problems entstandene Theorie stellt neben der Differenzialrechnung das zweite Fundament der Analysis dar. Zwischen beiden besteht ein enger Zusammenhang, der im Hauptsatz der Differenzial- und Integralrechnung zum Ausdruck kommt. Mit seiner Hilfe können „Werkzeuge“ der Differenzialrechnung äußerst wirkungsvoll auf Probleme der Integralrechnung angewendet werden und umgekehrt. Neben der „klassischen“ Flächenberechnung lässt sich die Integralrechnung so auch zur Kurvendiskussion, zur Berechnung von Streckenlängen und Rauminhalten oder zur Lösung von Differenzialgleichungen und Extremwertproblemen einsetzen.

7 Bestimmtes Integral

Das bestimmte Integral ist die mathematische Antwort auf die Frage, wie man den Inhalt von Flächen berechnet, die von Funktionsgraphen und Geraden begrenzt werden, die parallel zu den Koordinatenachsen verlaufen. Die Grundidee zur Lösung dieses Problems ist schon mehr als 2 500 Jahre alt und besteht darin, die Flächen mit regelmäßigen Polygonen bekannten Inhalts bestmöglich zu füllen.

7.1 Riemann'sches Integral

Ein formal fortgeschrittener, diese Grundidee aufgreifender Ansatz stammt von Bernhard Riemann, der den gesuchten Flächeninhalt von oben und von unten mit den einfach zu berechnenden Flächeninhalten von Rechtecken annäherte. Sein Konzept und die im Weiteren verwendeten Begriffe lassen sich am Beispiel einer auf dem Intervall $I=[a; b]$ positiven, stetigen Funktion f veranschaulichen.

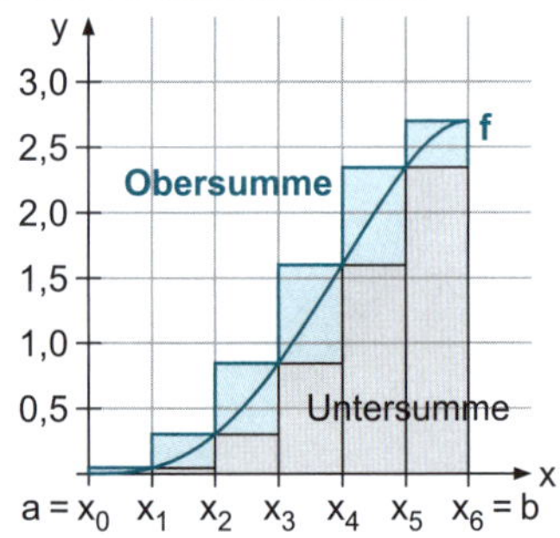

Zur Abschätzung des Flächeninhalts A, den ihr Graph, die x-Achse und die vertikalen Geraden $x=a$ und $x=b$ einschließen, zerlegt man I durch die Teilpunkte

$a=x_0<x_1<\ldots<x_n=b$

in n Teile nicht unbedingt gleicher Länge

$\Delta_i=x_i-x_{i-1}$, $i=1, \ldots, n$.

Bezeichnet m_i den kleinsten und M_i den größten Funktionswert von f im Teilintervall $[x_{i-1}; x_i]$, so ist der gesuchte Flächeninhalt mindestens so groß wie der Flächeninhalt

$$s_n = \sum_{i=1}^{n} m_i \cdot \Delta_i$$

aller Rechtecke mit den Seiten Δ_i und m_i und höchstens so groß wie der Flächeninhalt

$$S_n = \sum_{i=1}^{n} M_i \cdot \Delta_i$$

aller Rechtecke mit den Seiten Δ_i und M_i, d. h., es gilt: $s_n \leq A \leq S_n$.

S_n heißt **Obersumme** und s_n **Untersumme von f** auf [a; b].

Diese Abschätzung bleibt auch erhalten, wenn man die **Zerlegung verfeinert**, also die Zahl der Teilpunkte, bei entsprechender Abnahme der Intervallbreiten Δ_i, erhöht. Streben Unter- und Obersumme bei jeder Verfeinerung, bei der die Zahl der Teilpunkte gegen ∞ und das größte Δ_i gegen 0 strebt, gegen den gleichen Wert, so stimmt der gemeinsame Grenzwert mit dem gesuchten Flächeninhalt überein. Auf dem Hintergrund dieser Vorstellung trifft man folgende Vereinbarung.

Definition

Eine auf einem Intervall [a; b] beschränkte Funktion f heißt **Riemann-integrierbar**, wenn für jede Verfeinerung der Intervallzerlegung, bei der die Zahl der Teilpunkte gegen ∞ und das größte Δ_i gegen 0 strebt, gilt:

$$\lim_{n \to \infty} s_n = \lim_{n \to \infty} S_n$$

- Der gemeinsame Grenzwert von Ober- und Untersumme heißt **bestimmtes Integral von f auf [a; b]** und wird mit

$$\int_a^b f(x)\,dx$$

bezeichnet.
- f heißt **Integrandenfunktion**, a untere, b obere **Integrationsgrenze**.

Welche Voraussetzung eine Funktion erfüllen muss, um Riemann-integrierbar zu sein, sagen Ihnen die folgenden Kriterien.

Regel

Riemann-Kriterien

Jede in einem abgeschlossenen Intervall
- stetige oder
- monotone oder
- stückweise monotone oder
- stückweise stetige und beschränkte

Funktion ist dort Riemann-integrierbar.

Das bestimmte Integral **bilanziert Flächeninhalte** in dem Sinn, dass es die Differenz aus den Beträgen der ober- und unterhalb der x-Achse liegenden Flächeninhalte bildet.

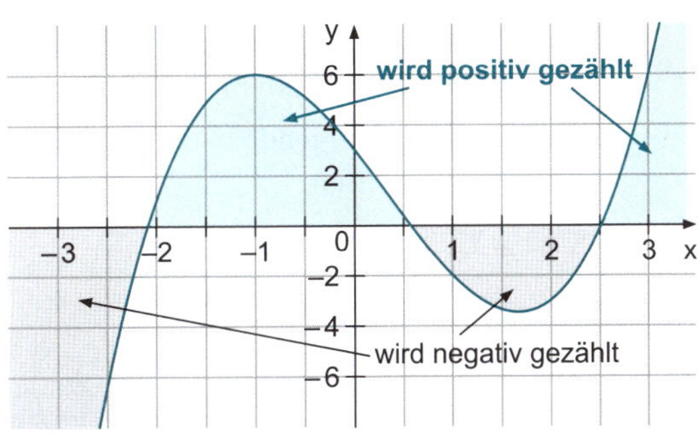

Die elementare, sehr aufwendige Berechnung eines bestimmten Integrals mithilfe der Definition kann man dadurch vereinfachen, dass man das Intervall [a; b] in n **äquidistante** (d. h. gleich lange) Teilintervalle der Länge $\frac{b-a}{n}$ zerlegt.

Regel

Vereinfachte Riemann'sche Summe

Für das bestimmte Integral einer auf [a; b] Riemann-integrierbaren Funktion gilt:

$$\int_a^b f(x)\,dx = \lim_{n\to\infty} \frac{b-a}{n} \cdot \sum_{i=1}^{n} f\left(a + \frac{b-a}{n} \cdot i\right)$$

Beispiel

a) Zerlegen Sie das Intervall [0; 3] in n gleich lange Teilintervalle und berechnen Sie die Obersumme S_n und die Untersumme s_n der Funktion $f(x) = \frac{2}{5}x^3 - \frac{1}{10}x^4$.

b) Zeigen Sie, dass gilt: $\lim\limits_{n\to\infty} s_n = \lim\limits_{n\to\infty} S_n$

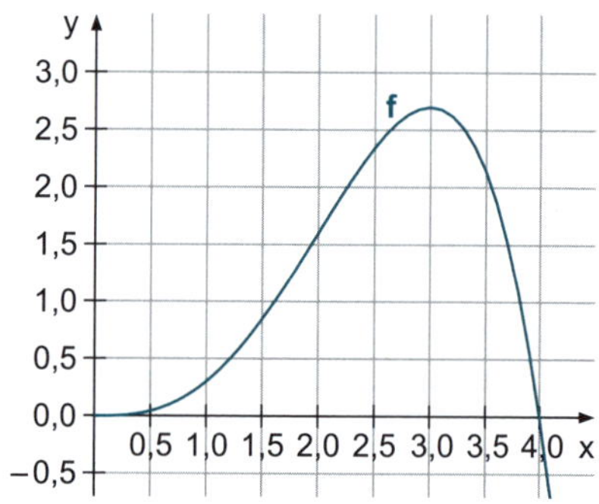

Lösung:

a) Für die Berechnung von Ober- und Untersumme benötigen Sie folgende Daten:
- Jedes Teilintervall hat die Länge $\Delta_n = \frac{3}{n}$.
- Die Teilpunkte der Zerlegung lauten $x_i = \frac{3}{n} \cdot i$; $i = 0, \ldots, n$.
- Da f im Intervall [0; 3] streng monoton steigt, liegt der größte Funktionswert in einem Teilintervall jeweils am rechten Rand, der kleinste am linken.

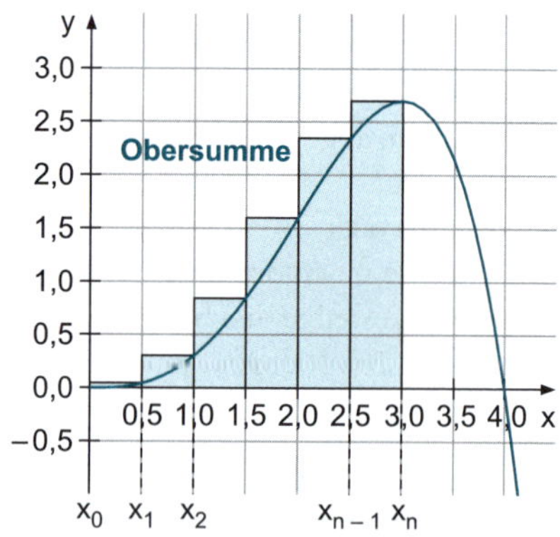

Ferner wird auf folgende in der Formelsammlung angegebenen Beziehungen zurückgegriffen:

$$\sum_{i=1}^{n} i^3 = \frac{n^2 \cdot (n+1)^2}{4} \qquad (*)$$

$$\sum_{i=1}^{n} i^4 = \frac{n(6n^4 + 15n^3 + 10n^2 - 1)}{30} \qquad (**)$$

Damit erhalten Sie für die Obersumme:

$$S_n = \sum_{i=1}^{n} f(x_i)\cdot\Delta_n$$

$$= \sum_{i=1}^{n} f\left(\tfrac{3}{n}\cdot i\right)\cdot\tfrac{3}{n} = \sum_{i=1}^{n}\left[\tfrac{2}{5}\cdot\left(\tfrac{3}{n}\cdot i\right)^3 - \tfrac{1}{10}\cdot\left(\tfrac{3}{n}\cdot i\right)^4\right]\cdot\tfrac{3}{n}$$

$$= \sum_{i=1}^{n}\left[\tfrac{2}{5}\cdot\tfrac{27}{n^3}\cdot i^3 - \tfrac{1}{10}\cdot\tfrac{81}{n^4}\cdot i^4\right]\cdot\tfrac{3}{n}$$

$$= \sum_{i=1}^{n}\left[\tfrac{2}{5}\cdot\tfrac{81}{n^4}\cdot i^3 - \tfrac{1}{10}\cdot\tfrac{243}{n^5}\cdot i^4\right]$$

$$= \sum_{i=1}^{n}\left[\tfrac{2}{5}\cdot\tfrac{81}{n^4}\cdot i^3\right] - \sum_{i=1}^{n}\left[\tfrac{1}{10}\cdot\tfrac{243}{n^5}\cdot i^4\right] = \tfrac{2}{5}\cdot\tfrac{81}{n^4}\cdot\sum_{i=1}^{n} i^3 - \tfrac{243}{10n^5}\sum_{i=1}^{n} i^4$$

$$\underset{(**)}{\overset{(*)}{=}} \frac{2}{5}\cdot\frac{81}{n^4}\cdot\frac{n^2\cdot(n+1)^2}{4} - \frac{243}{10n^5}\cdot\frac{n\cdot(6n^4+15n^3+10n^2-1)}{30}$$

$$= \frac{81}{10}\cdot\frac{(n+1)^2}{n^2} - \frac{81}{100}\cdot\frac{(6n^4+15n^3+10n^2-1)}{n^4}$$

Die Untersumme wird völlig analog berechnet, nur läuft der Summenindex i jetzt von 0 bis $n-1$. Da $f(x_0)=0$, fällt der erste Summand weg:

$$s_n = \sum_{i=1}^{n-1} f(x_i)\cdot\Delta_n$$

$$= \frac{2}{5}\cdot\frac{81}{n^4}\cdot\sum_{i=1}^{n-1} i^3 - \frac{243}{10n^5}\sum_{i=1}^{n-1} i^4$$

$$\underset{(**)}{\overset{(*)}{=}} \frac{2}{5}\cdot\frac{81}{n^4}\cdot\frac{(n-1)^2\cdot n^2}{4} - \frac{243}{10n^5}\cdot\frac{(n-1)\cdot\left(6(n-1)^4+15(n-1)^3+10(n-1)^2-1\right)}{30}$$

$$= \frac{81}{10}\cdot\frac{(n-1)^2}{n^2} - \frac{81}{100}\cdot\frac{6(n-1)^5+15(n-1)^4+10(n-1)^3-(n-1)}{n^5}$$

b) $$\lim_{n\to\infty} S_n = \lim_{n\to\infty}\frac{81}{10}\cdot\underbrace{\frac{(n+1)^2}{n^2}}_{\to 1} - \lim_{n\to\infty}\frac{81}{100}\cdot\underbrace{\frac{(6n^4+15n^3+10n^2-1)}{n^4}}_{\to 6}$$

$$= \frac{81}{10} - \frac{81\cdot 6}{100} = \frac{81}{25}$$

$$\lim_{n\to\infty} s_n = \lim_{n\to\infty}\frac{81}{10}\cdot\underbrace{\frac{(n-1)^2}{n^2}}_{\to 1} - \lim_{n\to\infty}\frac{81}{100}\cdot\underbrace{\frac{6(n-1)^5+15(n-1)^4+10(n-1)^3-(n-1)}{n^5}}_{\to 6}$$

$$= \frac{81}{10} - \frac{81\cdot 6}{100} = \frac{81}{25}$$

Die Grenzwerte von Ober- und Untersumme stimmen überein.

CAS

Hinweise für den CAS-Einsatz:

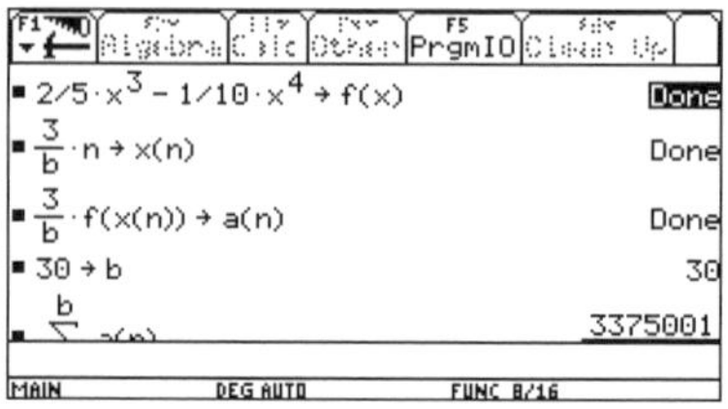

Die Größe b ist die Anzahl der Streifen. Für b kann eine natürliche Zahl gewählt werden. Da die Intervallbreite 3 beträgt, ist 3/b die Breite eines Streifens.
Mit x(n) wird die Stelle für den n-ten Streifen vorgegeben, an der mit f(x(n)) die Höhe des Streifens berechnet wird. Durch a(n) wird folglich die Fläche des n-ten Streifens berechnet.

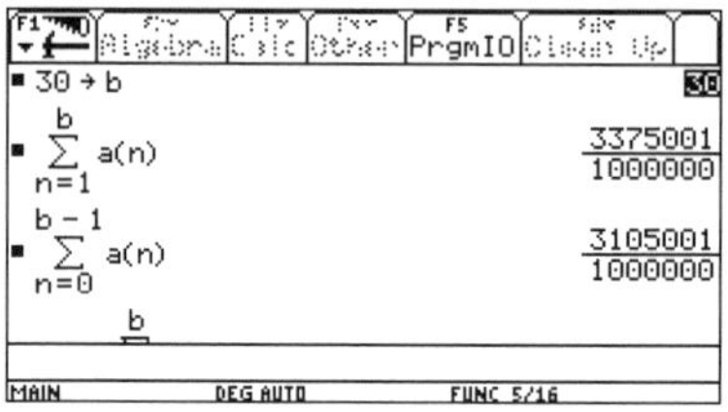

Mit der ersten Summe wird die Obersumme für b = 30 Streifen berechnet. Die zweite Summe gibt entsprechend die Untersumme an.

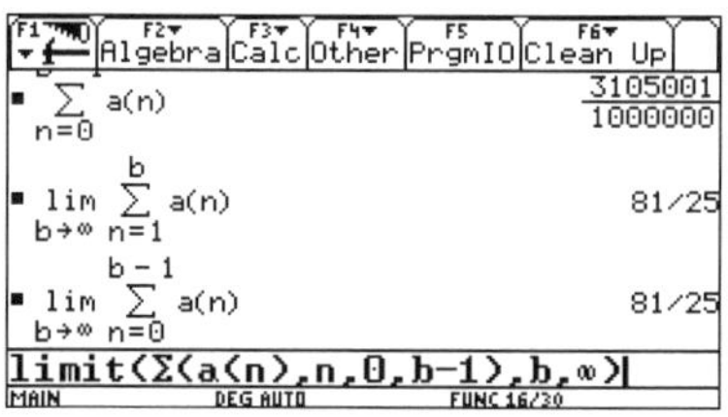

Um zu zeigen, dass für unendlich viele Streifen die Unter- und Obersumme denselben Wert ergeben, kann mit der Funktion **limit** der Limes für b gegen unendlich gebildet werden. In der Abbildung ist das zu erwartende Ergebnis sichtbar.

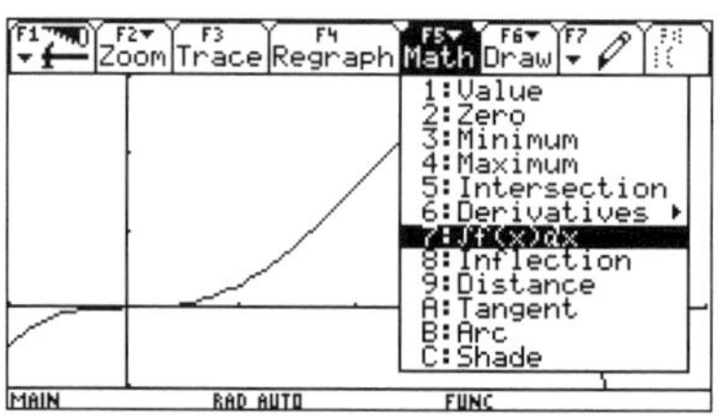

Für eine numerische Berechnung des Flächeninhalts wird unter [F5]; 7: ∫ f(x) dx die Integralfunktion ausgewählt. Mit dem Cursor oder direkt über die Tastatureingabe wird die untere und obere Integrationsgrenze angegeben.

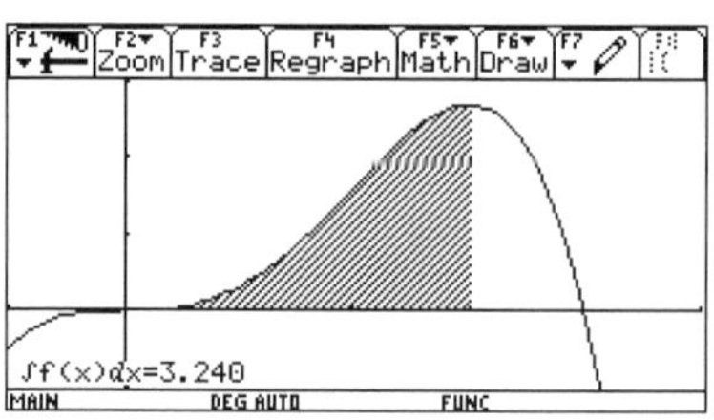

Die berechnete Fläche wird schraffiert dargestellt und der Wert des Flächeninhalts am unteren Bildrand angezeigt.

ufgaben Bei den Lösungen können Sie folgende Beziehungen verwenden:

$\sum_{i=1}^{n} i = \frac{n(n+1)}{2}$ (*) und $\sum_{i=1}^{n} i^2 = \frac{n(n+1)(2n+1)}{6}$ (**)

126. Berechnen Sie

$$\int_0^{10} \left(-\frac{x^2}{10} - \frac{x}{2} + 5\right) dx$$

mithilfe des Grenzwerts der Obersumme bei äquidistanter Zerlegung des Intervalls [0; 10].

127. Berechnen Sie

$$\int_1^{4} (-x^2 + 6x - 3)\, dx$$

mithilfe des Grenzwerts der Untersumme. Zerlegen Sie hierfür das Intervall [1; 4] so in äquidistante Abschnitte, dass auf ein Teilintervall der Länge 1 genau n Abschnitte treffen.

128. Berechnen Sie

$$\int_{-2}^{5} (2x - 3)\, dx$$

mithilfe des Lehrsatzes über vereinfachte Riemann'sche Summen und überprüfen Sie Ihr Ergebnis durch elementare geometrische Überlegungen.

* **129.** a) Zeigen Sie ohne Rechnung, dass sich Ober- und Untersumme der Funktion $f(x) = \frac{2}{5}x^3 - \frac{1}{10}x^4$ auf dem Intervall $I = [0; 3]$ um $\frac{81}{10} \cdot \frac{1}{n}$ unterscheiden, wenn man I äquidistant in n Teile zerlegt.

b) Ab welcher Rechteckszahl ist die Differenz zwischen Ober- und Untersumme kleiner als 10^{-6}?

7.2 Der Hauptsatz der Differenzial- und Integralrechnung

Die Berechnung von Flächeninhalten durch Abschätzung mit Rechteckflächen ist sehr rechenaufwendig. Hier hilft die Integrationsformel weiter, die einen Zusammenhang zwischen dem bestimmten Integral und den Stammfunktionen seiner Integrandenfunktion herstellt. Sie wird auch 2. Teil des Hauptsatzes der Differenzial- und Integralrechnung genannt.

Definition

Eine differenzierbare Funktion F heißt **Stammfunktion** einer Funktion f, wenn F und f die gleiche Definitionsmenge besitzen und f die Ableitung von F ist, wenn also $F' = f$ gilt.

Sind F und G Stammfunktionen von f, so unterscheiden sie sich nur um eine additive Konstante. D. h., dass es dann eine reelle Zahl k gibt, sodass $F(x) = G(x) + k$ gilt. Anschaulich bedeutet das, dass die Graphen zweier Stammfunktionen derselben Funktion f durch eine Verschiebung parallel zur y-Achse auseinander hervorgehen.

Definition

Die Menge aller Stammfunktionen einer Funktion f heißt **unbestimmtes Integral** von f und wird mit $\int f(x)\,dx$ bezeichnet.

Mithilfe der Integralfunktion gelangt man zur Integrationsformel:

Definition

Ist f eine auf dem Intervall [a; b] integrierbare Funktion und c eine beliebig aus [a; b] gewählte Zahl, so heißt eine Funktion der Form

$$I_c(x) = \int_c^x f(t)\,dt, \quad x \in [a; b],$$

die jeder Zahl x aus [a; b] die Flächenbilanz der Funktion f auf dem Intervall [c; x] bzw. [x; c] zuordnet, **Integralfunktion von f über [a; b]**.

Um Verwechslungen zu vermeiden, werden im Weiteren die Variable der Integrandenfunktion f mit t und die der Integralfunktion I mit x bezeichnet.
Die wichtigste Eigenschaft einer Integralfunktion gibt der 1. Teil des Hauptsatzes der Differenzial- und Integralrechnung wieder:

Regel

1. Teil des Hauptsatzes der Differenzial- und Integralrechnung (HDI)
Für eine auf [a; b] stetige Funktion f gilt:

- Die Integralfunktion $I_c(x) = \int_c^x f(t)\,dt$ mit $c, x \in [a; b]$ ist differenzierbar.
- Die Ableitung der Integralfunktion ist die Integrandenfunktion: $I_c'(x) = f(x)$

Jede Integralfunktion ist also Stammfunktion der Integrandenfunktion. Die Umkehrung dieser Aussage ist dagegen im Allgemeinen falsch.

Wenn nun F eine Stammfunktion von f ist, so gilt $I_c(x) = F(x) + k$. Wegen $I_c(c) = 0$ ist dann $k = -F(c)$. Es ergibt sich damit der 2. Teil des Hauptsatzes der Differenzial- und Integralrechnung:

Regel

2. Teil des Hauptsatzes der Differenzial- und Integralrechnung (HDI) / Integrationsformel

Wenn F eine beliebige Stammfunktion von einer auf $[a_0; b_0]$ stetigen Funktion f ist, dann gilt:

$$I_a(b) = \int_a^b f(x)dx = F(b) - F(a) \text{ mit } a, b \in [a_0; b_0]$$

Für die Differenz $F(b) - F(a)$ haben sich die Abkürzungen $[F(x)]_a^b$ oder $F(x)|_a^b$ eingebürgert. Mithilfe der Integrationsformel kann man rasch folgende Eigenschaften des bestimmten Integrals herleiten.

Regel

Eigenschaften des bestimmten Integrals

Sind f, g auf [a; b] Riemann-integrierbare Funktionen, $k \in \mathbb{R}$ und $c \in [a; b]$, so gilt:

1. $\int_a^a f(x)\,dx = 0$
2. $\int_a^b f(x)\,dx = -\int_b^a f(x)\,dx$
3. $\int_a^b k \cdot f(x)\,dx = k \cdot \int_a^b f(x)\,dx$ (1. Linearitätseigenschaft)
4. $\int_a^b f((x) \pm g(x))\,dx = \int_a^b f(x)\,dx \pm \int_a^b g(x)\,dx$ (2. Linearitätseigenschaft)
5. $\int_a^b f(x)\,dx = \int_a^c f(x)\,dx + \int_c^b f(x)\,dx$ (Additivitätseigenschaft)
6. $f(x) \leq g(x)$ für $x \in [a; b] \Rightarrow \int_a^b f(x)\,dx \leq \int_a^b g(x)\,dx$ (Monotonieeigenschaft)

Durch intelligentes Raten oder geschickte Anwendung der Ableitungsregeln finden Sie für jede elementare Funktion eine Stammfunktion. Sie sind in folgender Übersicht zusammengestellt und können im Weiteren ohne Begründung verwendet werden.

Elementare Funktion	Beispiel für eine Stammfunktion
$f(x)=k;\ k\in\mathbb{R}$	$F(x)=k\cdot x$
$f(x)=x^r;\ r\in\mathbb{R}\setminus\{-1\}$	$F(x)=\frac{x^{r+1}}{r+1}$
$f(x)=\frac{1}{x}$	$F(x)=\ln\lvert x\rvert$
$f(x)=\sin(kx);\ k\in\mathbb{R}\setminus\{0\}$	$F(x)=-\frac{1}{k}\cdot\cos(kx)$
$f(x)=\cos(kx);\ k\in\mathbb{R}\setminus\{0\}$	$F(x)=\frac{1}{k}\cdot\sin(kx)$
$f(x)=\tan x$	$F(x)=-\ln(\cos x)$
$f(x)=a^x;\ a>0,\ a\neq 1$	$F(x)=\frac{1}{\ln a}\cdot a^x$
Speziell: $f(x)=e^x$	$F(x)=e^x$
$f(x)=e^{ax}$	$F(x)=\frac{1}{a}e^{ax}$
$f(x)=\log_a x;\ a>0,\ a\neq 1$	$F(x)=\frac{1}{\ln a}\cdot(x\ln x-x)$
Speziell: $f(x)=\ln x$	$F(x)=x\ln x-x$

Damit ist das Ziel erreicht: Unter Verwendung der Integrationsformel, der Eigenschaften des bestimmten Integrals und der aufgelisteten Stammfunktionen können bestimmte Integrale effektiv berechnet werden.

Beispiel

Berechnen Sie:

a) $\int_{-\frac{\pi}{2}}^{\pi} \sin(3x)\,dx$

b) $\int_{1}^{3} e^{3x}\,dx$

c) $\int_{-4}^{5} (2x^3-7x+5)\,dx$

d) $\int_{\pi}^{2\pi} \big(\sin(2x)+\cos(3x)\big)\,dx$

e) $\int_{1}^{2} \left(3(\ln x-e^x)+\frac{3}{x}\right)dx$

f) $\int_{6}^{-2} (\lvert 6-2x\rvert-4)\,dx$

Lösung:

a) $\int_{-\frac{\pi}{2}}^{\pi} \sin(3x)\,dx=\left[-\frac{1}{3}\cos(3x)\right]_{-\frac{\pi}{2}}^{\pi}$

$=-\frac{1}{3}\cos(3\pi)-\left(-\frac{1}{3}\cos\left(3\cdot(-\frac{\pi}{2})\right)\right)$

$=-\frac{1}{3}\cdot(-1)=\frac{1}{3}$

Anwenden der Integrationsformel, wobei $F(x)=-\frac{1}{3}\cos(3x)$ eine Stammfunktion der Integrandenfunktion $f(x)=\sin(3x)$ ist.

b) $\int_1^3 e^{3x}dx = \left[\frac{1}{3}e^{3x}\right]_1^3 = \frac{1}{3}e^9 - \frac{1}{3}e^3$

$= \frac{e^3}{3}(e^6 - 1) \approx 2\,694{,}3$

$F(x) = \frac{1}{3}e^{3x}$ ist Stammfunktion von $f(x) = e^{3x}$; Anwenden der Integrationsformel

c) $\int_{-4}^{5} (2x^3 - 7x + 5)\,dx = \left[\frac{1}{2}x^4 - \frac{7}{2}x^2 + 5x\right]_{-4}^{5}$

Integrationsformel, Stammfunktionstabelle

$= \frac{1}{2}5^4 - \frac{7}{2}5^2 + 5\cdot 5 - \left(\frac{1}{2}(-4)^4 - \frac{7}{2}(-4)^2 + 5\cdot(-4)\right)$

$= 198$

Einsetzen der Integrationsgrenzen

d) $\int_{\pi}^{2\pi} (\sin(2x) + \cos(3x))\,dx$

$= \int_{\pi}^{2\pi} \sin(2x)\,dx + \int_{\pi}^{2\pi} \cos(3x)\,dx$

2. Linearitätseigenschaft

$= \left[-\frac{1}{2}\cos(2x)\right]_{\pi}^{2\pi} + \left[\frac{1}{3}\sin(3x)\right]_{\pi}^{2\pi}$

Integrationsformel, Stammfunktionstabelle

$= -\frac{1}{2}\cos(4\pi) + \frac{1}{2}\cos(2\pi) + \frac{1}{3}\sin(6\pi) - \frac{1}{3}\sin(3\pi)$

$= -\frac{1}{2} + \frac{1}{2} + 0 + 0 = 0$

Einsetzen der Integrationsgrenzen

e) $\int_1^2 \left(3(\ln x - e^x) + \frac{3}{x}\right)dx$

$= 3\cdot\left(\int_1^2 \ln x\,dx - \int_1^2 e^x\,dx + \int_1^2 \frac{1}{x}\,dx\right)$

Linearitätseigenschaften

$= 3\cdot\left(\left[x\ln x - x\right]_1^2 - \left[e^x\right]_1^2 + \left[\ln|x|\right]_1^2\right)$

Integrationsformel, Stammfunktionstabelle

$= 3\cdot\left(2\ln 2 - 2 - (1\ln 1 - 1) - e^2 + e^1 + \ln 2 - \ln 1\right)$

$\approx -10{,}8$

Einsetzen der Integrationsgrenzen

CAS

Hinweise für den CAS-Einsatz:

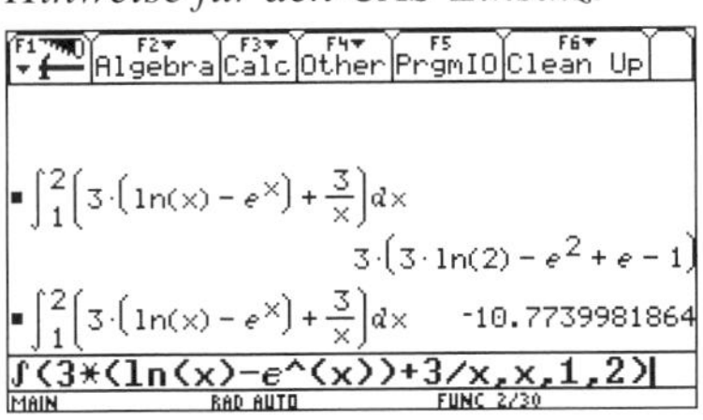

Der CAS-Rechner kann zusätzlich zur exakten Lösung auch mit der darstellbaren Rechnergenauigkeit eine Näherungslösung angeben.

f) Wegen $6-2x \geq 0 \Leftrightarrow 3 \geq x$ lautet die abschnittsweise, betragsfreie Darstellung von f:

$$|6-2x|-4=\begin{cases} 6-2x-4=2-2x & \text{für } x \in]-\infty; 3[\\ -6+2x-4=-10+2x & \text{für } x \in]3; +\infty[\end{cases}$$

Damit folgt:

$$\int_6^{-2} (|6-2x|-4)\,dx$$

$$=\int_6^{3} (|6-2x|-4)\,dx + \int_3^{-2} (|6-2x|-4)\,dx$$ Additivität

$$=\int_6^{3} (-10+2x)\,dx + \int_3^{-2} (2-2x)\,dx$$ Betragsfreie Darstellung von f

$$=\left[-10x+x^2\right]_6^3+\left[2x-x^2\right]_3^{-2}$$ Integrationsformel, Stammfunktionstabelle

$$=(-10\cdot 3+3^2)-(-10\cdot 6+6^2)$$
$$+(2\cdot(-2)-(-2)^2)-(2\cdot 3-3^2)$$ Einsetzen der Integrationsgrenzen

$$=-2$$

CAS *Hinweise für den CAS-Einsatz:*

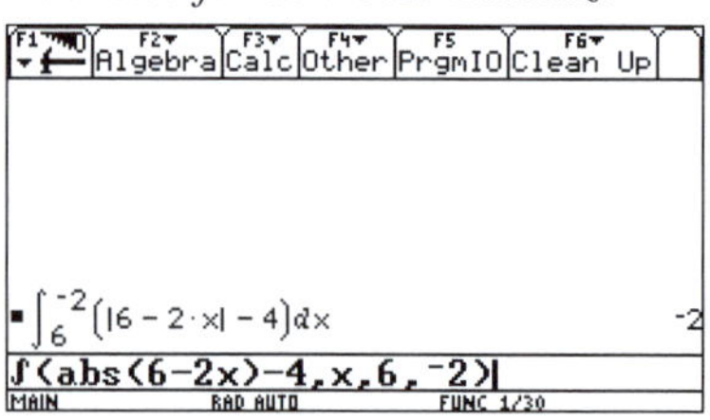

Die Betragsfunktion wird beim CAS-Rechner mit dem Befehl **abs()** eingegeben.

Aufgaben **130.** Berechnen Sie:

a) $\int_0^3 (x^3-x)\,dx$

b) $\int_0^3 \sqrt{x}\,dx$

c) $\int_1^e (x-\ln x)\,dx$

d) $\int_{-1}^1 \frac{e^x+e^{-x}}{2}\,dx$

131. Berechnen Sie nach geeigneter vorheriger Umformung der Integrandenfunktion:

a) $\int_{-\frac{\pi}{2}}^{\pi} (\cos x - \sin x)^2 \, dx$ (Hinweis: $2 \sin x \cos x = \sin(2x)$)

b) $\int_{-1}^{2} \frac{2x^3 + 5x^2 + 6x + 15}{x^2 + 3} \, dx$ (Hinweis: Polynomdivision)

c) $\int_{0}^{\ln 2} \frac{e^{2x} - 1}{e^x + 1} \, dx$ (Hinweis: binomische Formel)

d) $\int_{-4}^{3} |x^2 + x - 6| \, dx$

e) $\int_{0}^{2\pi} |\sin 2x| \, dx$ (Hinweis: Skizze des Funktionsgraphen $\sin 2x$)

132. Bestimmen Sie $k \in \mathbb{R}$ so, dass die folgenden Beziehungen gültig sind.

a) $\int_{0}^{\frac{2}{k}} \big(x(2 - kx)\big) \, dx = \frac{16}{3}$

b) $\int_{-k}^{k} 2e^x dx = 1$

c) $\int_{0}^{k} \frac{e^{kx}}{k} = \frac{1}{k^2}$

133. Zeigen Sie unter Ausnutzen der Eigenschaften des bestimmten Integrals, dass für $k > 0$ gilt:

$$\int_{3}^{k} \frac{x^2(x^2 - 1)}{x^2 + 2} \, dx - \int_{k}^{2k} \frac{x^2}{x^2 + 2} \, dx + \int_{3}^{2k} \frac{x^2}{x^2 + 2} \, dx + \int_{k}^{3} \frac{4}{x^2 + 2} \, dx = \int_{3}^{k} (x^2 - 2) \, dx$$

7.3 Flächenberechnungen

Da das bestimmte Integral Flächen bilanziert, kann es bei der Flächenberechnung nur abschnittsweise zum Einsatz kommen.
Bei der Berechnung des Inhalts einer Fläche, die von den Graphen zweier Funktionen f(x) und g(x) begrenzt wird, spielt deren Lage bzgl. der x-Achse keine Rolle, vielmehr ist hier die Lage der beiden Graphen zueinander von Bedeutung.

Regel

Flächensatz

Sind f und g zwei Riemann-integrierbare Funktionen und $x_1 < x_2 < \ldots < x_n$ die x-Koordinaten der Schnittpunkte ihrer Graphen, so gilt für die von den Graphen eingeschlossene Fläche:

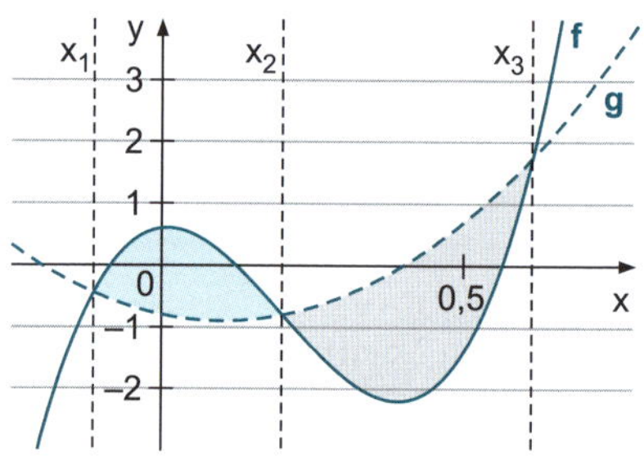

$$A = \left| \int_{x_1}^{x_2} (f(x) - g(x))\,dx \right| + \left| \int_{x_2}^{x_3} (f(x) - g(x))\,dx \right| + \ldots + \left| \int_{x_{n-1}}^{x_n} (f(x) - g(x))\,dx \right|$$

Regel

Wenn die Fläche zu berechnen ist, die der Graph einer Funktion f mit der **x-Achse** einschließt, dann ist $g(x) = 0$ zu wählen. g(x) ist in diesem Fall die Gerade, die entlang der x-Achse verläuft.

Beispiel

Berechnen Sie den Inhalt A der Fläche, die von den Graphen der Funktionen
$f(x) = e^x$ und
$g(x) = 5 - 4e^{-x}$
eingeschlossen wird.

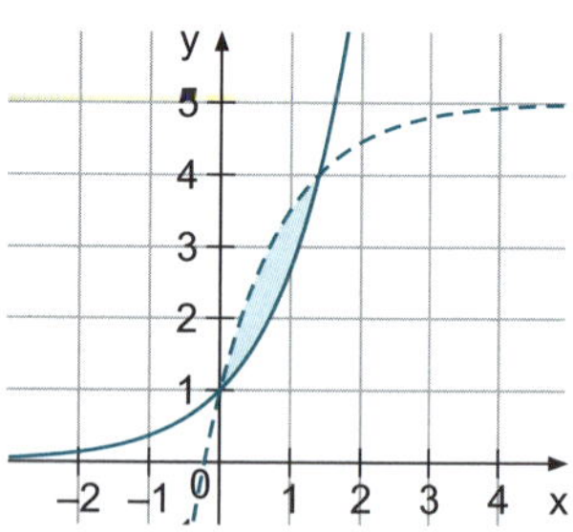

Lösung:

x-Koordinaten der Graphenschnittpunkte

$e^x = 5 - 4e^{-x}$ — f(x) = g(x)

$e^{2x} - 5e^x + 4 = 0$ — Auf beiden Seiten mit e^x multiplizieren und auf einer Seite zusammenfassen

$z^2 - 5z + 4 = 0$ — Substitution $e^x = z$

$z_1 = 4$ und $z_2 = 1$	Lösungsformel für quadratische Gleichungen
$e^x = 4$ und $e^x = 1$	Resubstitution
$x_1 = \ln 4$ und $x_2 = 0$	Logarithmieren

Flächeninhalt

$A = \left\lvert \int_0^{\ln 4} \left(e^x - (5 - 4e^{-x})\right) dx \right\rvert$	Flächensatz
$= \left\lvert \int_0^{\ln 4} e^x\, dx - \int_0^{\ln 4} 5\, dx + 4 \int_0^{\ln 4} e^{-x}\, dx \right\rvert$	Linearität
$= \left\lvert \left[e^x\right]_0^{\ln 4} - [5x]_0^{\ln 4} + 4 \cdot \left[-e^{-x}\right]_0^{\ln 4} \right\rvert$	Integrationsformel, Stammfunktionstabelle
$= \lvert (e^{\ln 4} - e^0) - (5 \ln 4 - 0) + 4(-e^{-\ln 4} + e^0) \rvert$	Einsetzen der Integrationsgrenzen
$= \left\lvert 4 - 1 - 5 \ln 4 - 4 \cdot \frac{1}{4} + 4 \right\rvert$	
$= \lvert 6 - 5 \ln 4 \rvert \approx 0{,}93$	

CAS *Hinweise für den CAS-Einsatz:*

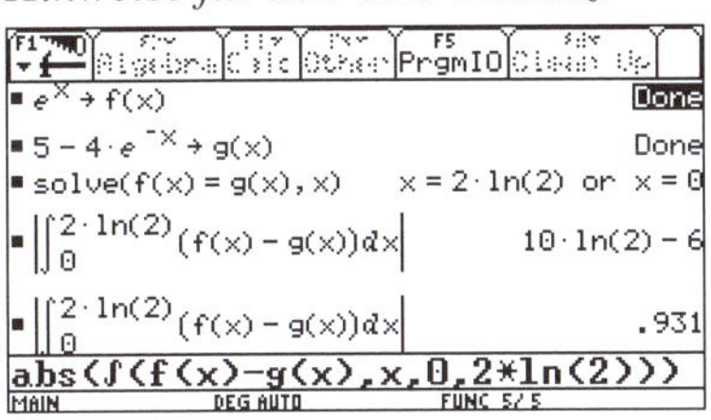

Zunächst werden die Schnittstellen mit dem Befehl **solve** berechnet. Der Wert des Integrals wird als exakter Wert und als Näherungswert angegeben.

Beispiel

Berechnen Sie den Inhalt A der Fläche, die vom Graphen der Funktion $f(x) = e - e^x$, der x-Achse und den vertikalen Geraden $x = -1$ und $x = 1{,}5$ begrenzt wird. (vgl. Bemerkung zum Flächensatz)

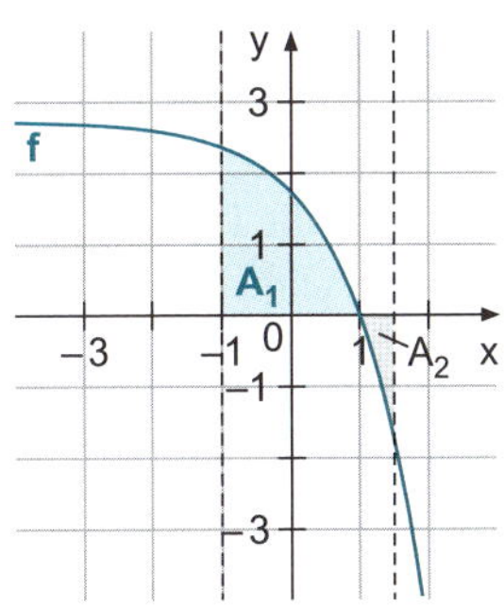

Lösung:

Nullstellen der Integrandenfunktion

$f(x) = 0 \quad \Leftrightarrow \quad e - e^x = 0 \quad \Leftrightarrow \quad e^x = e \quad \Leftrightarrow \quad x = 1$

1 ist die einzige Nullstelle von f zwischen –1 und 1,5.

Flächeninhalt

$$A = \left| \int_{-1}^{1} (e - e^x)\,dx \right| + \left| \int_{1}^{1,5} (e - e^x)\,dx \right| \qquad \text{1. Flächensatz}$$

$$= \left| \left[ex - e^x \right]_{-1}^{1} \right| + \left| \left[ex - e^x \right]_{1}^{1,5} \right| \qquad \text{Integrationsformel, Stammfunktionstabelle}$$

$$= |(e - e) - (-e - e^{-1})| + |(e \cdot 1,5 - e^{1,5}) - (e - e)| \qquad \text{Einsetzen der Integrationsgrenzen}$$

$$= |e + e^{-1}| + |e \cdot 1,5 - e^{1,5}|$$

$$= e + e^{-1} + e^{1,5} - 1,5e = e^{-1} + e^{1,5} - 0,5e \approx 3,5$$

Aufgaben

134. Berechnen Sie den Inhalt der Fläche, die vom Graphen der Funktion
$f(x) = \frac{1}{2}(e^x + e^{-x}),\ x \in \mathbb{R}$,
der x-Achse und den vertikalen Geraden $x = -e$ und $x = e$ begrenzt wird.

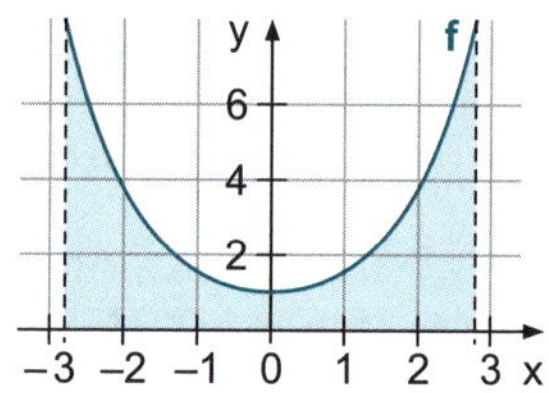

135. Die Skizze zeigt den Graphen der 1. Ableitung der Funktion
$f(x) = e^{1 - 0,5x^2},\ x \in \mathbb{R}$.
Berechnen Sie den Inhalt der Fläche, die vom Graphen der Funktion $f'(x)$, der x-Achse und den Geraden $x = -1$ und $x = 1$ eingeschlossen wird.

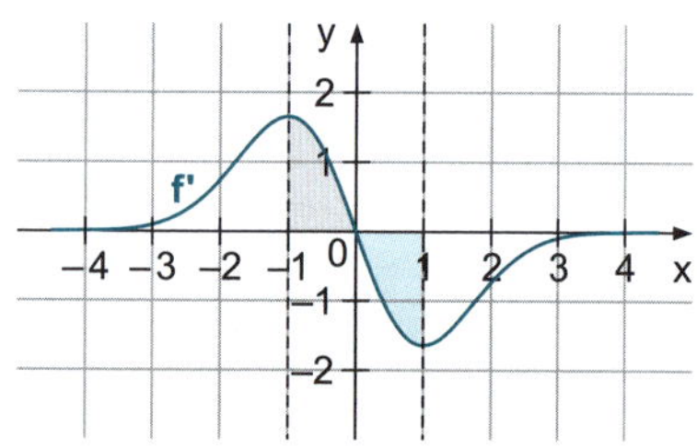

136. Berechnen Sie den Inhalt der Fläche, welche der Graph der Funktion
$f(x) = (e^x - 2)^2,\ x \in \mathbb{R}$
und die Geraden $y = 4$ und $x = -4$ einschließen.

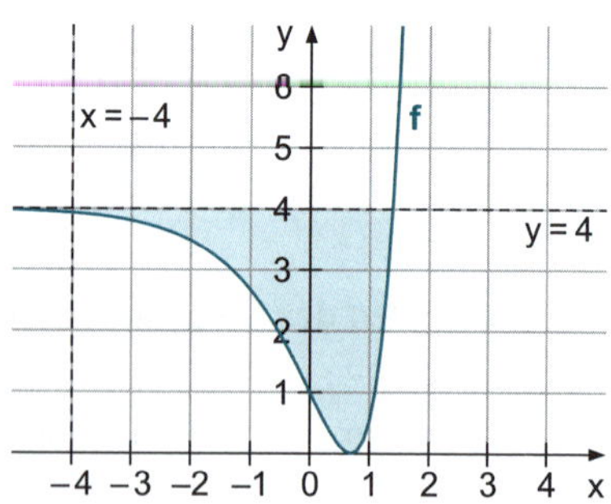

137. Für welchen Scharparameter $k \in \mathbb{R}^+$ besitzt die im 1. Quadranten liegende, vom Graphen der Funktion $f_k(x) = 2e^{-kx},\ x \in \mathbb{R}$, den Koordinatenachsen und der Geraden $x = \frac{3}{k}$ begrenzte Fläche den Inhalt 2?

138. Berechnen Sie den Inhalt der gefärbten Fläche, welche die Graphen der Funktionen
$f(x) = 2e^x - e^{2x},\ x \in \mathbb{R}$
und
$g(x) = -x^2 + 1,\ x \in \mathbb{R}$
im 1. Quadranten miteinander einschließen.

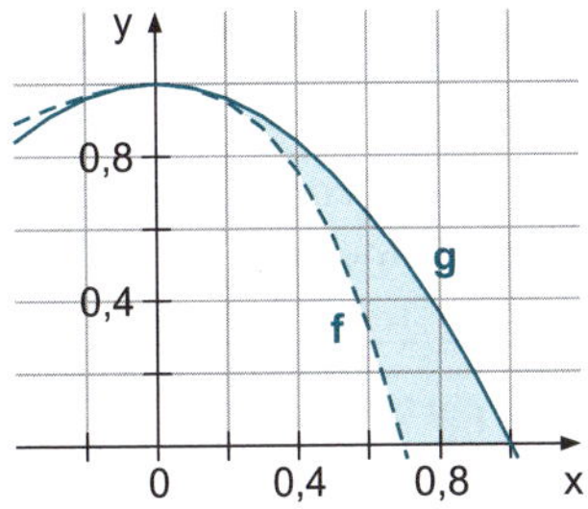

139. Berechnen Sie den Inhalt der Fläche, welche die Graphen der Funktionen
$f(x) = e^{-x},\ x \in \mathbb{R}$
und
$g(x) = e^{0,2x},\ x \in \mathbb{R}$
und die Geraden $x = -1$ und $x = 1$ einschließen.

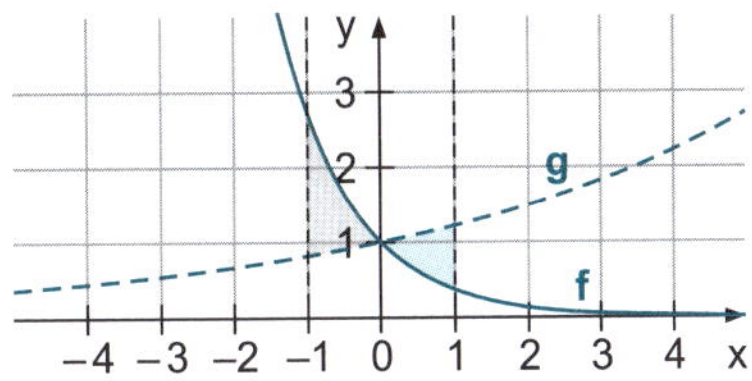

140. Die Funktionenscharen
$$f_k(x) = \frac{x^3}{2} - kx^2 + \frac{k^2}{2}x \quad \text{und} \quad g_k(x) = -\frac{k}{2}x^2 + \frac{k^2}{2}x$$
mit $x \in \mathbb{R}$, $k \in \mathbb{R}^+$ weisen folgende Eigenschaften auf, die Sie ohne Begründung im Weiteren verwenden können:

- Die Schnittpunkte zweier Funktionsgraphen mit gleichem Parameter sind die Nullstellen von $g_k(x)$.
- Zwischen diesen Nullstellen verlaufen G_{f_k} und G_{g_k} oberhalb der x-Achse.
- Zwischen diesen Nullstellen verläuft G_{f_k} unterhalb von G_{g_k}.

In welchem Verhältnis teilt G_{f_k} die von G_{g_k} und der x-Achse eingeschlossene Fläche?

141. Gegeben sind die quadratischen Funktionen
$f(x) = -x^2 + 6x - 5,\ x \in \mathbb{R}$
und
$h(x) = x^2 - 4x + 3,\ x \in \mathbb{R}$.
In welchem Verhältnis teilt die Gerade durch die Schnittpunkte der Funktionsgraphen das Flächenstück, das die beiden Funktionsgraphen einschließen?

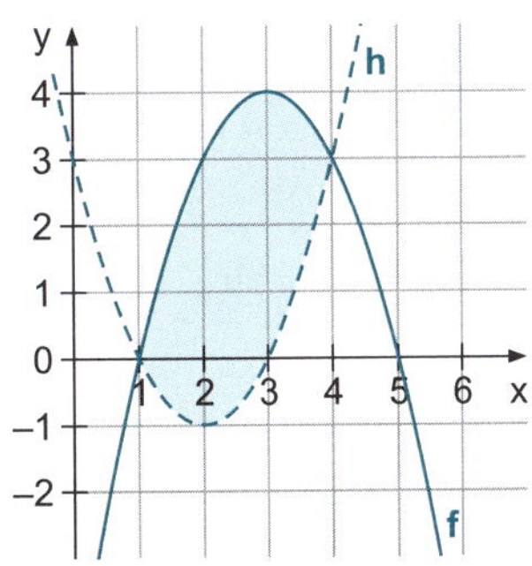

7.4 Rauminhalt von Drehkörpern

Unter gewissen Voraussetzungen können Sie mithilfe des bestimmten Integrals den Rauminhalt eines Drehkörpers berechnen.

Regel

Drehkörpervolumen

Dreht sich das vom Graphen der Funktion f(x), der x-Achse und den vertikalen Geraden $x=a$ und $x=b$ eingeschlossene Flächenstück um die x-Achse, entsteht ein von zwei parallelen Ebenen begrenzter Rotationskörper vom Rauminhalt

$$V=\pi\int_a^b (f(x))^2\,dx.$$

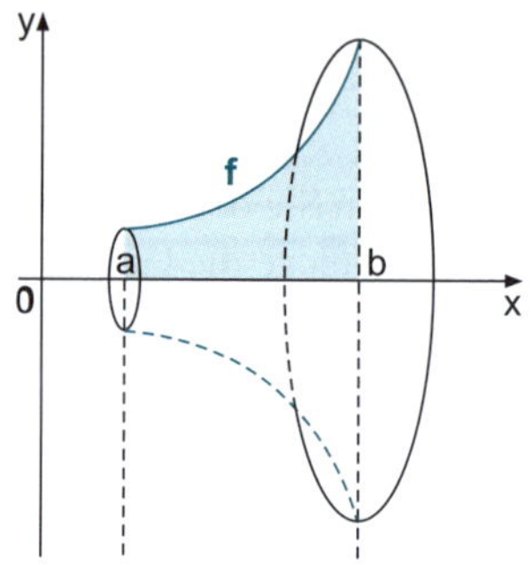

Die Regel lässt sich auch dann anwenden, wenn sich das Flächenstück um die y-Achse dreht. Sie müssen dazu lediglich den Graphen vorher an der Winkelhalbierenden $y=x$ des 1. Quadranten spiegeln (siehe 2. Beispiel).

Beispiele

1. **Rotation um die x-Achse**

Das vom Graphen der Funktion

$f(x)=\sqrt{x}\cdot(x-4),\ x\in[0;4]$

und der x-Achse eingeschlossene Flächenstück rotiert um die x-Achse. Berechnen Sie das Volumen des dabei entstehenden Rotationskörpers.

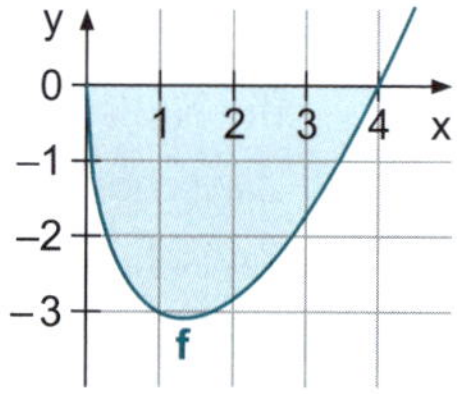

Lösung:

Nach der Regel über das Drehkörpervolumen folgt:

$$V=\pi\int_0^4 (\sqrt{x}\cdot(x-4))^2\,dx=\pi\int_0^4 \left(x\cdot(x^2-8x+16)\right)dx$$

$$=\pi\int_0^4 (x^3-8x^2+16x)\,dx=\pi\cdot\left[\frac{x^4}{4}-\frac{8}{3}x^3+8x^2\right]_0^4$$

$$=\pi\cdot\left(\frac{4^4}{4}-\frac{8}{3}\cdot4^3+8\cdot4^2\right)=\frac{64}{3}\pi\approx67{,}0$$

CAS

Hinweise für den CAS-Einsatz:

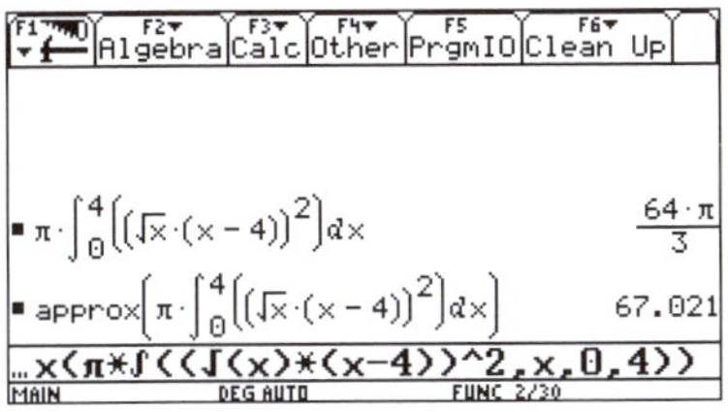

Eine Näherungslösung erhält man über die Tastenkombination [♦] und [ENTER] oder durch den Befehl **approx**.

2. **Rotation um die y-Achse**

Das vom Graphen der Funktion $f(x) = -x^2 + 4$ und den Koordinatenachsen eingeschlossene Flächenstück rotiert um die y-Achse.
Berechnen Sie das Volumen des dabei entstehenden Rotationskörpers.

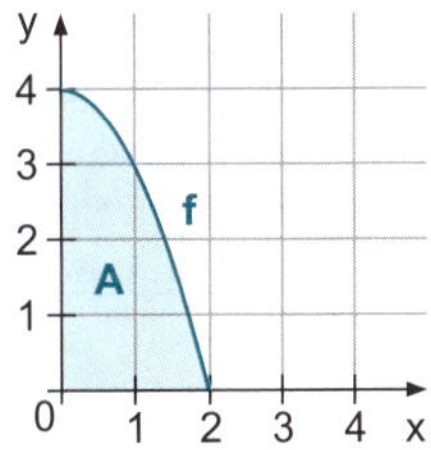

Lösung:
Da der Satz über das Drehkörpervolumen Rotationen um die x-Achse voraussetzt, spiegeln Sie das gegebene Flächenstück A an der Winkelhalbierenden $y = x$. Der bei der Drehung des Spiegelbilds A* um die x-Achse erzeugte Rotationskörper besitzt dann das gleiche Volumen wie der durch die Rotation von A um die y-Achse erzeugte. Die berandende Funktion von A* ist die Umkehrfunktion f^{-1} von f, die sich in bekannter Weise ermitteln lässt (vgl. Abschnitt 6, Seite 113):

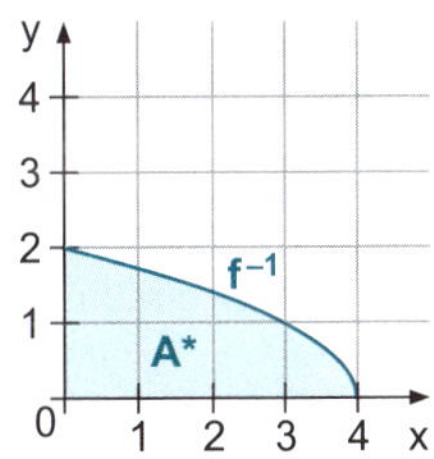

- Auflösen der Gleichung $y = f(x)$ nach x:
  $y = -x^2 + 4 \Leftrightarrow x^2 = -y + 4 \Leftrightarrow x_1 = +\sqrt{-y+4};\ x_2 = -\sqrt{-y+4}$
- Variablentausch: $y_1 = +\sqrt{4-x};\ y_2 = -\sqrt{4-x}$

Die Randfunktion des Spiegelbilds lautet daher $f^{-1}(x) = \sqrt{4-x}$, also:

$$V = \pi\int_0^4 (\sqrt{4-x})^2\,dx = \pi\int_0^4 (4-x)\,dx = \pi\cdot\left[4x - \frac{x^2}{2}\right]_0^4 = \pi\cdot\left(4\cdot 4 - \frac{4^2}{2}\right)$$
$$= 8\pi \approx 25{,}1$$

Aufgaben **142.** Das von der Normalparabel, der Geraden $x = 2$ und der x-Achse begrenzte Flächenstück rotiert um die x-Achse. Berechnen Sie das Volumen des dabei entstehenden Rotationskörpers.

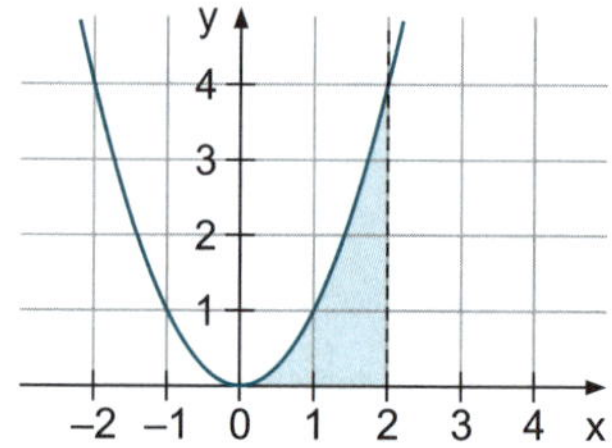

143. Das vom Graphen der Funktion

$f(x) = \sqrt{8 - 2x},\ x \in [0; 4]$

und den Koordinatenachsen eingeschlossene Flächenstück rotiert um die x-Achse.
Berechnen Sie das Volumen des dabei entstehenden Rotationskörpers.

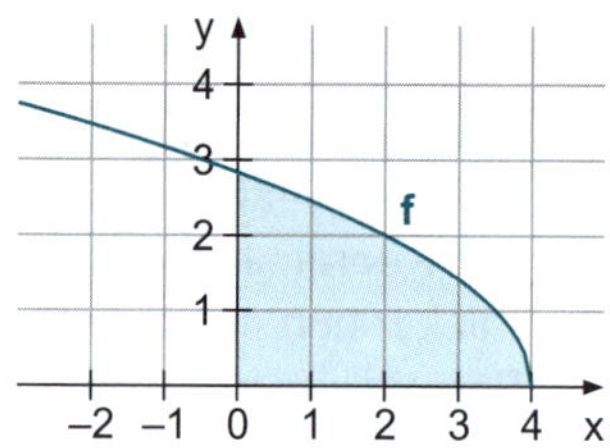

144. Das vom Graphen der Funktion $f(x) = 2e^{-x^2}$, den Koordinatenachsen und der Geraden $x = 1$ eingeschlossene Flächenstück rotiert um die y-Achse.
Berechnen Sie das Volumen des dabei entstehenden Rotationskörpers.

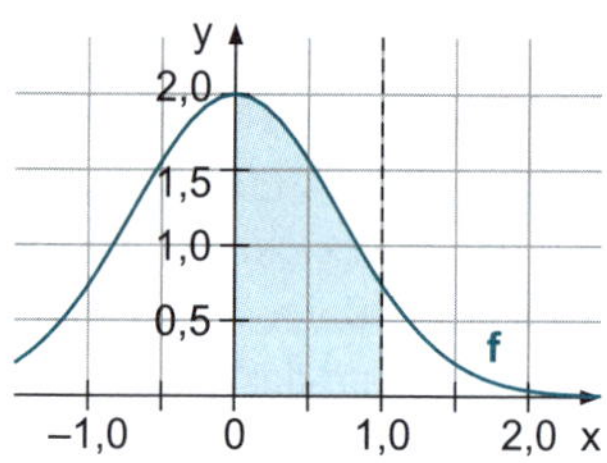

145. Die Skizze zeigt zwei Gläser, die durch Rotation der zu den Funktionen $f(x) = x^2$ und $g(x) = |x^3|$ gehörenden Graphen um die jeweilige Symmetrieachse entstehen.
Beide Gläser werden mit derselben Flüssigkeitsmenge gefüllt. Wie viel wurde eingeschenkt, wenn die Füllhöhe h in beiden Gläsern gleich ist?

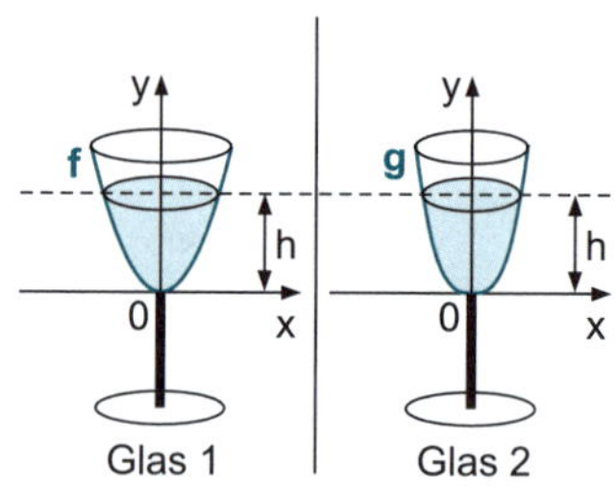

8 Integrationsmethoden

Die Analysis hat eine Reihe von Werkzeugen entwickelt, mit deren Hilfe man zu vorgegebenen Funktionen Stammfunktionen berechnen kann. Davon werden vier in diesem Kapitel behandelt. Im Gegensatz zu den Ableitungsregeln sind diese Verfahren aber keine einfachen oder allgemeinen Algorithmen. Sie greifen oft nur, wenn Sie durch intensives Üben zielgerichtetes Raten erlernt und einen Blick für passende Umformungen entwickelt haben.

8.1 Integration durch Substitution

Die Integration durch Substitution hat vor allem dann Aussicht auf Erfolg, wenn die Integrandenfunktion eine Verkettung von Funktionen ist. Durch geschicktes Ersetzen (= Substitution) der inneren Funktion versucht man zu einer einfacheren Integrandenfunktion zu gelangen, für die eine Stammfunktion angegeben werden kann. Die Substitutionsmethode wird formal korrekt durch folgenden Lehrsatz beschrieben.

Regel

Substitutionsregel

Sind f und g genügend oft differenzierbare, auf Intervallen definierte Funktionen, so gilt:

$$\int_a^b f(g(x)) \cdot g'(x)\,dx = \int_{g(a)}^{g(b)} f(z)\,dz$$

Beispiel

Berechnen Sie $\int_1^5 \frac{3x^2}{\sqrt{x^3+2}}\,dx$.

Lösung:

Das gegebene Integral ist vom Typ

$$\int_a^b f(g(x)) \cdot g'(x)dx,$$

weil mit $f(x) = \frac{1}{\sqrt{x}}$, $g(x) = x^3 + 2$, $g'(x) = 3x^2$ gilt:

$$f(g(x)) \cdot g'(x) = \frac{1}{\sqrt{x^3+2}} \cdot 3x^2$$

Daher kann man die Substitutionsregel anwenden:

$$\int_1^5 \frac{3x^2}{\sqrt{x^3+2}}\,dx = \int_1^5 \frac{g'(x)}{\sqrt{g(x)}}\,dx = \int_1^5 \frac{1}{\sqrt{g(x)}}\cdot g'(x)\,dx = \int_{g(1)}^{g(5)} \frac{1}{\sqrt{z}}\,dz$$

Mit $g(1)=3$, $g(5)=127$ und $\frac{1}{\sqrt{z}} = z^{-\frac{1}{2}}$ kann das letzte Integral mithilfe der Integrationsformel berechnet werden:

$$\int_3^{127} z^{-\frac{1}{2}}\,dz = \left[\frac{z^{\frac{1}{2}}}{\frac{1}{2}}\right]_3^{127} = 2(\sqrt{127}-\sqrt{3})$$

Die Rechnung gestaltet sich übersichtlicher, wenn Sie auf die Transformation der Integrationsgrenzen verzichten und sich an folgendes Rezept halten:

Bearbeitungsschritte	**Beispiel:** $\int_1^5 \frac{3x^2}{\sqrt{x^3+2}}dx$
1. Ersetzen Sie einen geeigneten Term in der Integrandenfunktion durch z.	$z := x^3+2$
2. Fassen Sie z als Funktion von x auf und leiten Sie nach x ab. Schreiben Sie dabei $\frac{dz}{dx}$ anstatt z'(x).	$\frac{dz}{dx} = 3x^2$
3. Fassen Sie dz und dx als Variable auf und lösen Sie den Ausdruck $\frac{dz}{dx}$ nach dx auf.	$\frac{dz}{dx} = 3x^2 \Leftrightarrow dx = \frac{dz}{3x^2}$
4. Ersetzen Sie im gegebenen Term unter dem Integral dx durch den im 3. Schritt berechneten Ausdruck und den im 1. Schritt ausgewählten Term durch z.	$\frac{3x^2}{\sqrt{x^3+2}}dx = \frac{3x^2}{\sqrt{z}}\frac{dz}{3x^2}$
5. Nur wenn jetzt nach der algebraischen Vereinfachung im Term kein x mehr auftritt, war Ihre Substitution erfolgversprechend.	$\frac{3x^2}{\sqrt{x^3+2}}dx = \frac{dz}{\sqrt{z}}$
6. Finden Sie ohne Berücksichtigung der Integrationsgrenzen eine Stammfunktion für den Term.	$\int \frac{dz}{\sqrt{z}} = 2\sqrt{z}$
7. Resubstituieren Sie in der berechneten Stammfunktion.	$2\sqrt{z} = 2\sqrt{x^3+2}$
8. Setzen Sie die ursprünglichen Integrationsgrenzen ein und subtrahieren Sie. Der Wert der Differenz ist das gesuchte bestimmte Integral.	$\int_1^5 \frac{3x^2}{\sqrt{x^3+2}}dx = 2\sqrt{5^3+2} - 2\sqrt{1^3+2} = 2(\sqrt{127}-\sqrt{3})$

CAS *Hinweise für den CAS-Einsatz:*

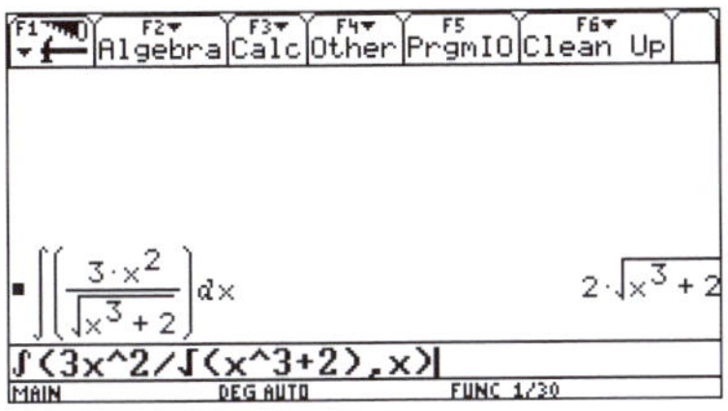

Werden die Integrationsgrenzen nicht angegeben, löst der Rechner das unbestimmte Integral auf und ermittelt wenn möglich eine Stammfunktion. Der CAS-Rechner kann allerdings nicht für alle Funktionen die explizite Form einer Stammfunktion berechnen.

ufgaben **146.** Berechnen Sie folgende bestimmte Integrale:

a) $\int\limits_{(\ln 2)^2}^{(\ln 3)^2} \frac{e^{\sqrt{x}}}{\sqrt{x}}\,dx$ b) $\int\limits_{0}^{\ln 2} \frac{e^x}{(e^x+1)^2}\,dx$

c) $\int\limits_{\frac{1}{3}}^{\frac{2}{3}} e^{3x-2}\,dx$ d) $\int\limits_{\ln 2}^{\ln 3} (e^x+5)^3 e^x\,dx$

147. Berechnen Sie folgende unbestimmte Integrale:

a) $\int x^2 e^{x^3}\,dx$ b) $\int e^x\sqrt{e^x-1}\,dx$

c) $\int \frac{e^x}{2e^x+1}\,dx$ d) $\int \frac{e^{-\frac{1}{x}}}{x^2}\,dx$

8.2 Partielle Integration

Versagt die Substitutionsmethode, so hilft manchmal die partielle Integration beim Auffinden einer Stammfunktion weiter. Die Idee dabei ist, das zu berechnende Integral als Differenz aus einem integralfreien Term und einem zweiten Integral darzustellen, das „leichter" zu berechnen ist. Mithilfe der Produktregel für Ableitungen lässt sich zeigen:

Regel

Integrationsregel der partiellen Integration

Sind u(x) und v(x) auf einem Intervall I differenzierbare Funktionen und a, b ∈ I, so gilt:

$$\int_a^b u(x)\cdot v'(x)dx = [u(x)\cdot v(x)]_a^b - \int_a^b u'(x)\cdot v(x)dx$$

Beispiel

Berechnen Sie

a) $\int_0^{\frac{\pi}{2}} (x\cdot\cos x)\,dx$

b) $\int_0^1 (x+e)^2 e^x\,dx$

c) $\int_1^e \ln x\,dx$

d) $\int_0^{\pi} e^x \sin x\,dx$

Lösung:

a) Dieses Integral lässt sich durch **einmalige** partielle Integration berechnen.

- Wahl der Teilfunktionen u und v des Integranden:
  $u(x)=x$ und $v'(x)=\cos x \Rightarrow u'(x)=1$ und $v(x)=\sin x$
- Partielle Integration:

$$\int_0^{\frac{\pi}{2}} \underbrace{x}_{u(x)}\cdot\underbrace{\cos x}_{v'(x)}\,dx = \left[\underbrace{x}_{u(x)}\cdot\underbrace{\sin x}_{v(x)}\right]_0^{\frac{\pi}{2}} - \int_0^{\frac{\pi}{2}} \underbrace{1}_{u'(x)}\cdot\underbrace{\sin x}_{v(x)}\,dx$$

$$= [x\sin x]_0^{\frac{\pi}{2}} - [-\cos x]_0^{\frac{\pi}{2}} = [x\sin x+\cos x]_0^{\frac{\pi}{2}} = \frac{\pi}{2}-1$$

b) Hier ist **zweimalige** partielle Integration erforderlich.

- Wahl der Teilfunktionen u und v des Integranden:
  $u(x)=(x+e)^2$ und $v'(x)=e^x \Rightarrow u'(x)=2(x+e)$ und $v(x)=e^x$
- 1. partielle Integration:

$$\int_0^1 \underbrace{(x+e)^2}_{u(x)}\cdot\underbrace{e^x}_{v'(x)}\,dx = \left[\underbrace{(x+e)^2}_{u(x)}\cdot\underbrace{e^x}_{v(x)}\right]_0^1 - \int_0^1 \underbrace{2(x+e)}_{u'(x)}\cdot\underbrace{e^x}_{v(x)}\,dx$$

$$= \left((1+e)^2\cdot e^1\right) - \left((0+e)^2\cdot e^0\right) - 2\int_0^1 (x+e)\cdot e^x\,dx$$

$$= e+e^2+e^3-2\underbrace{\int_0^1 (x+e)\cdot e^x\,dx}_{\text{2. partielle Integration}} \qquad (*)$$

- Wahl der neuen Teilfunktionen u und v des Integranden:
  $u(x) = (x+e)$ und $v'(x) = e^x \Rightarrow u'(x) = 1$ und $v(x) = e^x$
- 2. partielle Integration:

$$\int_0^1 \underbrace{(x+e)}_{u(x)} \cdot \underbrace{e^x}_{v'(x)} \, dx = \left[\underbrace{(x+e)}_{u(x)} \cdot \underbrace{e^x}_{v(x)} \right]_0^1 - \int_0^1 \underbrace{1}_{u'(x)} \cdot \underbrace{e^x}_{v(x)} \, dx$$

$$= \left[(x+e)e^x \right]_0^1 - \left[e^x \right]_0^1 = \left[(x+e-1)e^x \right]_0^1$$

$$= e^2 - e + 1 \qquad (**)$$

- Insgesamt folgt mit den Teilergebnissen (*) und (**):

$$\int_0^1 (x+e)^2 \cdot e^x \, dx = e + e^2 + e^3 - 2(e^2 - e + 1) = e^3 - e^2 + 3e - 2 \approx 18{,}9$$

CAS *Hinweise für den CAS-Einsatz:*

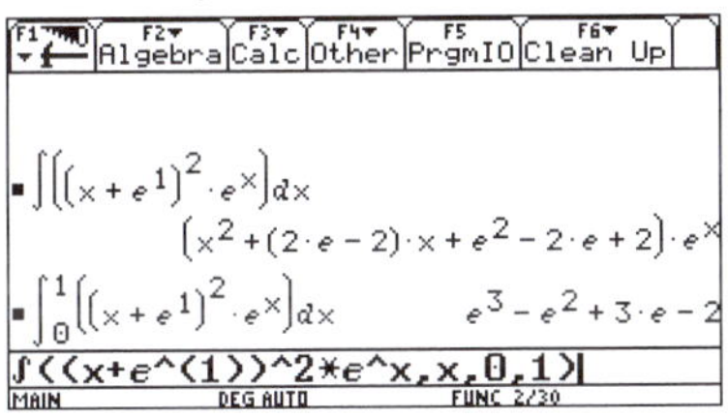

Der Rechner ermittelt eine Stammfunktion. Zusätzlich kann das bestimmte Integral berechnet werden.

c) Von einer Funktion mit einfacher Ableitung finden Sie manchmal eine Stammfunktion durch Anwendung des **Faktor-1-Tricks**, der im Folgenden am Beispiel der ln-Funktion veranschaulicht wird:

$$\int_1^e \ln x \, dx \overset{\text{Faktor-1-}}{\underset{\text{Trick}}{=}} \int_1^e \underbrace{1}_{u'(x)} \cdot \underbrace{\ln x}_{v(x)} \, dx \overset{\text{partielle}}{\underset{\text{Integration}}{=}} \left[\underbrace{x}_{u(x)} \cdot \underbrace{\ln x}_{v(x)} \right]_1^e - \int_1^e \underbrace{x}_{u(x)} \cdot \underbrace{\frac{1}{x}}_{v'(x)} \, dx$$

$$= \left[x \cdot \ln x \right]_1^e - \int_1^e dx = \left[x \cdot \ln x \right]_1^e - \left[x \right]_1^e = \left[x \cdot \ln x - x \right]_1^e$$

$$= (e \cdot \ln e - e) - (1 \cdot \ln 1 - 1) = 1$$

d) Treten im Integranden wie in diesem Fall Funktionen wie sin, cos oder die e-Funktion auf, so kann **nach mehrmaligem partiellen Integrieren das ursprüngliche Integral wieder auftreten** und berechnet werden:

$$\int_0^{\pi} \underbrace{e^x}_{u(x)} \underbrace{\sin x}_{v'(x)}\, dx \overset{\text{1. partielle}}{\underset{\text{Integration}}{=}} \left[\underbrace{e^x}_{u(x)} \cdot \underbrace{(-\cos x)}_{v(x)}\right]_0^{\pi} - \int_0^{\pi} \underbrace{e^x}_{u'(x)} \cdot \underbrace{(-\cos x)}_{v(x)}\, dx$$

$$= -\left[e^x \cdot (\cos x)\right]_0^{\pi} + \int_0^{\pi} \underbrace{e^x}_{u(x)} \cdot \underbrace{\cos x}_{v'(x)}\, dx$$

$$\overset{\text{2. partielle}}{\underset{\text{Integration}}{=}} -\left[e^x \cdot (\cos x)\right]_0^{\pi} + \left[\underbrace{e^x}_{u(x)} \cdot \underbrace{\sin x}_{v(x)}\right]_0^{\pi} - \int_0^{\pi} \underbrace{e^x}_{u'(x)} \cdot \underbrace{\sin x}_{v(x)}\, dx$$

$$= \left[e^x \sin x - e^x \cos x\right]_0^{\pi} - \int_0^{\pi} \underbrace{e^x}_{u'(x)} \cdot \underbrace{\sin x}_{v(x)}\, dx$$

Auf beiden Seiten dieser Gleichung wird $\int_0^{\pi} e^x \cdot \sin x\, dx$ addiert:

$$2\int_0^{\pi} e^x \sin x\, dx = \left[e^x \sin x - e^x \cdot \cos x\right]_0^{\pi}$$

$$\Rightarrow \int_0^{\pi} e^x \sin x\, dx = \frac{1}{2}\left[e^x \sin x - e^x \cdot \cos x\right]_0^{\pi}$$

$$= \frac{e^{\pi}+1}{2}$$

Aufgaben Berechnen Sie mittels partieller Integration.

148. $\int_0^{\ln 2} xe^{-x}\, dx$

149. $\int_e^{1} (x-2)\ln x\, dx$

150. $\int_0^{\pi} x \cdot \sin(-x)\,dx$

151. $\int_0^{\pi} x^2 \sin x\,dx$

152. $\int_1^{e} \frac{\ln x}{x}\,dx$

8.3 Logarithmische Integration

Mithilfe der logarithmischen Integration finden Sie für eine Funktion, die ein Quotient zweier Funktionen ist, immer dann ohne Rechenaufwand eine Stammfunktion, wenn im Zähler die Ableitung des Nenners steht. Wie Sie mit der Kettenregel leicht überprüfen können, gilt nämlich:

Regel

Logarithmische Integration

Ist f eine auf [a; b] differenzierbare Funktion, die in [a; b] keine Nullstellen besitzt, so gilt:

$$\int_a^b \frac{f'(x)}{f(x)}\,dx = \left[\ln|f(x)|\right]_a^b$$

Beispiel

Berechnen Sie $\int_{-\ln 2}^{0} \frac{4e^x}{2e^x+1}\,dx$.

Lösung:

Nach Berechnung der Ableitung der Nennerfunktion

$f(x) = 2e^x + 1 \quad \Rightarrow \quad f'(x) = 2e^x$

erkennen Sie, dass die Integrandenfunktion die Form $\frac{2 \cdot f'(x)}{f(x)}$ besitzt. Durch logarithmische Integration folgt:

$$\int_{-\ln 2}^{0} \frac{4e^x}{2e^x+1}\,dx = \int_{-\ln 2}^{0} 2 \cdot \frac{2e^x}{2e^x+1}\,dx = 2 \cdot \int_{-\ln 2}^{0} \frac{\overbrace{2e^x}^{f'(x)}}{\underbrace{2e^x+1}_{f(x)}}\,dx = 2 \cdot \left[\ln|2e^x+1|\right]_{-\ln 2}^{0}$$

$$= 2\ln|2e^0+1| - 2\ln|2e^{-\ln 2}+1| = 2\ln 3 - 2\ln 2 \approx 0{,}81$$

Aufgaben Berechnen Sie:

153. $\int_{0}^{1} \frac{6x+6}{x^2+2x+7}\,dx$

154. $\int_{1}^{3} \frac{2x+3}{x^2+3x}\,dx$

155. $\int_{\frac{\pi}{4}}^{\frac{\pi}{3}} \tan x\,dx$

156. $\int_{\ln 2}^{\ln 3} \frac{e^{2x}+e^{-2x}}{e^{2x}-e^{-2x}}\,dx$

157. $\int_{0}^{1} \frac{x^3+x^2+5x+2}{x^2+2}\,dx$

158. $\int_{e}^{e^2} \frac{1}{x\ln x}\,dx$

✱ **159.** Geben Sie den Funktionsterm einer auf $\mathbb{R}$ differenzierbaren Funktion f(x) an, deren Graph immer oberhalb der x-Achse verläuft und für die $f(0)=2$ und $f'(x)=x \cdot f(x)$ ist.

8.4 Integration durch Partialbruchzerlegung

Die Integration durch Partialbruchzerlegung eignet sich für rationale Funktionen. Sie ist häufig mit einem enormen Rechenaufwand verbunden. Daher beschränkt man sich in der Schulmathematik auf einfachere Fälle.

Jede rationale Funktion lässt sich durch Polynomdivision in die Form

$$f(x) = p(x) + \frac{z(x)}{n(x)}$$

bringen, in der p(x), z(x), n(x) Polynome sind, für die grad z(x) < grad n(x) ist. Sind $\{x_1, \ldots, x_n\}$ die Menge aller reellen Nullstellen von n(x) sowie $k_1, \ldots, k_n$ deren Vielfachheiten und **besitzt n(x) ausschließlich reelle Nullstellen**, kann man $\frac{z(x)}{n(x)}$ als Summe von Partialbrüchen mit reellen $a_{11}, a_{12}, \ldots, a_{nk_n}$ schreiben:

$$\frac{z(x)}{n(x)} = \frac{a_{11}}{(x-x_1)} + \frac{a_{12}}{(x-x_1)^2} + \ldots + \frac{a_{1k_1}}{(x-x_1)^{k_1}} + \ldots + \frac{a_{n1}}{(x-x_n)} + \frac{a_{n2}}{(x-x_n)^2} + \ldots + \frac{a_{nk_n}}{(x-x_n)^{k_n}}$$

Wegen der Linearität des Integrals gilt dann:

$$\int_a^b f(x)\,dx = \int_a^b p(x)\,dx + \int_a^b \frac{a_{11}}{(x-x_1)}\,dx + \int_a^b \frac{a_{12}}{(x-x_1)^2}\,dx + \ldots + \int_a^b \frac{a_{nk_n}}{(x-x_n)^{k_n}}\,dx$$

Mithilfe der Partialbruchzerlegung überführt man also ein Integral in eine Summe aus Integralen, die elementar sind oder mit anderen Verfahren – etwa durch logarithmische Integration – ausgewertet werden können.

Beispiel

Berechnen Sie:

a) $\int_2^3 \frac{3x-2}{x^2-1}\,dx$

b) $\int_2^3 \frac{2}{x^3-x^2}\,dx$

Lösung:

a) Da der Grad des Zählerpolynoms kleiner als der des Nennerpolynoms ist und x^2-1 nur die einfachen, reellen Nullstellen +1 und –1 besitzt, gilt:

$$\frac{3x-2}{x^2-1} = \frac{A}{(x-1)} + \frac{B}{(x+1)}$$

Aus

$$\frac{A}{(x-1)} + \frac{B}{(x+1)} = \frac{A(x+1)+B(x-1)}{x^2-1} = \frac{(A+B)x+(A-B)}{x^2-1} = \frac{3x-2}{x^2-1}$$

ergibt sich durch Koeffizientenvergleich das Gleichungssystem:

$A + B = 3 \quad (1)$

$A - B = -2 \quad (2)$

Es besitzt die Lösungen $A = 0{,}5$ und $B = 2{,}5$, sodass gilt:

$$\int_2^3 \frac{3x-2}{x^2-1}\,dx = \int_2^3 \left(\frac{0{,}5}{x-1} + \frac{2{,}5}{x+1}\right) dx = \left[0{,}5 \ln|x-1| + 2{,}5 \ln|x+1|\right]_2^3$$

$$= 0{,}5 \cdot \ln 2 + 2{,}5 \cdot \ln 4 - 0{,}5 \cdot \ln 1 - 2{,}5 \ln 3 \approx 1{,}07$$

b) Da der Grad des Zählerpolynoms kleiner als der des Nennerpolynoms ist und $x^3 - x^2 = x^2(x-1)$ die doppelte Nullstelle 0 und die einfache Nullstelle +1 besitzt, gilt:

$$\frac{2}{x^3 - x^2} = \frac{A}{x} + \frac{B}{x^2} + \frac{C}{x-1}$$

Aus

$$\frac{A}{x} + \frac{B}{x^2} + \frac{C}{x-1} = \frac{Ax(x-1) + B(x-1) + Cx^2}{x^2(x-1)} = \frac{(A+C)x^2 + (B-A)x - B}{x^2(x-1)} = \frac{2}{x^2(x-1)}$$

ergibt sich durch Koeffizientenvergleich das Gleichungssystem:

$A + C = 0 \quad (1)$

$B - A = 0 \quad (2)$

$-B = 2 \quad (3)$

Mit den Lösungen $A = -2$, $B = -2$, $C = 2$ folgt:

$$\int_2^3 \frac{2}{x^3 - x^2}\,dx = \int_2^3 \left(\frac{-2}{x} + \frac{-2}{x^2} + \frac{2}{x-1}\right) dx = 2 \cdot \left[-\ln|x| + \frac{1}{x} + \ln|x-1|\right]_2^3$$

$$= -2 \ln 3 + \frac{2}{3} + 2 \ln 2 + 2 \ln 2 - 1 - 2 \ln 1 \approx 0{,}24$$

Aufgaben Berechnen Sie:

160. $\displaystyle\int_{-1}^{+1} \frac{2}{x^2 - 4}\,dx$

161. $\displaystyle\int_{-1}^{0} \frac{1}{(x-1)^2(x-2)}\,dx$

162. $\displaystyle\int_{1}^{2} \frac{2x^3 + 2x^2 - x + 1}{x^2 + x}\,dx$

9 Uneigentliche Integrale

Uneigentlichen Integralen begegnet man in der Physik, z. B. bei der Berechnung der kinetischen Energie, mit der Alphateilchen den Atomkern verlassen, oder bei der Ermittlung der Arbeit, die erforderlich ist, um einen Körper unendlich weit von der Erde weg ins All zu schießen. In der Mathematik treten sie bei der Berechnung von Flächen auf, die sich ins Unendliche erstrecken, oder bei der Integration, wenn eine oder beide Integrationsgrenzen Pole der Integrandenfunktion sind.

9.1 Uneigentliche Integrale 1. Art

Bei uneigentlichen Integralen 1. Art nehmen eine oder beide Integrationsgrenzen beliebig große Werte an.

Definition

1. Ist die Funktion f(x) in jedem abgeschlossenen Teilintervall von $[a; \infty[$ integrierbar und existiert der Grenzwert

   $$\lim_{R \to \infty} \int_a^R f(x)dx,$$

   so nennt man diesen Grenzwert das **uneigentliche Integral von f(x) über [a; ∞[**. Man sagt, dass dieses Integral konvergiert, und schreibt dafür kurz:

   $$\int_a^\infty f(x)\,dx := \lim_{R \to \infty} \int_a^R f(x)\,dx$$

2. Analog definiert man das **uneigentliche Integral einer Funktion g(x) über]−∞; b]:**

   $$\int_{-\infty}^b g(x)\,dx := \lim_{L \to -\infty} \int_L^b g(x)\,dx$$

3. Ist die Funktion h(x) in jedem abgeschlossenen Teilintervall von $\mathbb{R}$ integrierbar, c eine beliebige, aber feste reelle Zahl und konvergieren die Integrale

   $$\int_c^\infty h(x)\,dx \text{ und } \int_{-\infty}^c h(x)\,dx,$$

   so versteht man unter dem **uneigentlichen Integral von h(x) über ℝ:**

   $$\int_{-\infty}^\infty h(x)\,dx := \int_{-\infty}^c h(x)\,dx + \int_c^\infty h(x)\,dx$$

Die Definition uneigentlicher Integrale legt die Vorgehensweise ihrer Berechnung nahe: Sie integrieren wie gewohnt über die zunächst festen Grenzen und führen anschließend den Grenzübergang durch.

Beispiel

Berechnen Sie:

a) $\int\limits_{1}^{+\infty} \frac{1}{x^2}\,dx$

b) $\int\limits_{-\infty}^{0} e^x\,dx$

Lösung:

a) $\int\limits_{1}^{+\infty} \frac{1}{x^2}\,dx = \lim\limits_{R \to +\infty} \int\limits_{1}^{R} \frac{1}{x^2}\,dx = \lim\limits_{R \to +\infty} \left[-\frac{1}{x}\right]_1^R = \lim\limits_{R \to +\infty} \left(-\frac{1}{R}+1\right) = 1$

b) $\int\limits_{-\infty}^{0} e^x\,dx = \lim\limits_{L \to -\infty} \int\limits_{L}^{0} e^x\,dx = \lim\limits_{L \to -\infty} \left[e^x\right]_L^0 = \lim\limits_{L \to -\infty} (e^0 - e^L) = e^0 = 1$

CAS

Hinweise für den CAS-Einsatz:

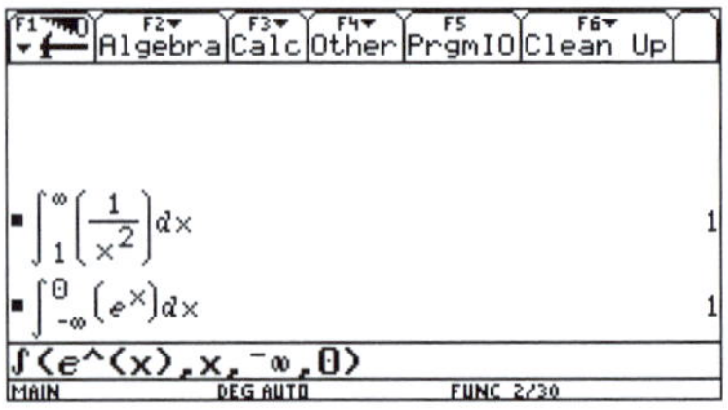

Eine gesonderte Grenzwertbetrachtung ist bei dem CAS-Rechner nicht notwendig. Uneigentliche Integrale können hier genauso wie bestimmte Integrale behandelt werden. Das Bild zeigt die Lösungen der Aufgaben a und b.

Aufgaben **163.** Berechnen Sie:

a) $\int\limits_{-\infty}^{-1} \frac{-4}{x^3}\,dx$

b) $\int\limits_{2}^{+\infty} \frac{3}{\sqrt{x^5}}\,dx$

164. Überprüfen Sie, ob folgende Integrale konvergieren. Wie lautet gegebenenfalls der Wert?

a) $\int\limits_{3}^{+\infty} \frac{4x}{x^2-4}\,dx$

b) $\int\limits_{3}^{+\infty} \frac{3}{3-x^2}\,dx$

Hinweis: Die Partialbruchzerlegung der Integrandenfunktion lautet:

$$\frac{3}{3-x^2} = \frac{\sqrt{3}}{2} \cdot \left(\frac{1}{x+\sqrt{3}} - \frac{1}{x-\sqrt{3}}\right)$$

165. Berechnen Sie den Inhalt des vom Graphen der Funktion

$f(x) = \frac{8x}{(x^2-4)^2}$, $x \in \mathbb{R} \setminus \{-2; +2\}$,

der x-Achse und der Geraden $x = 3$ begrenzten Flächenstücks A.

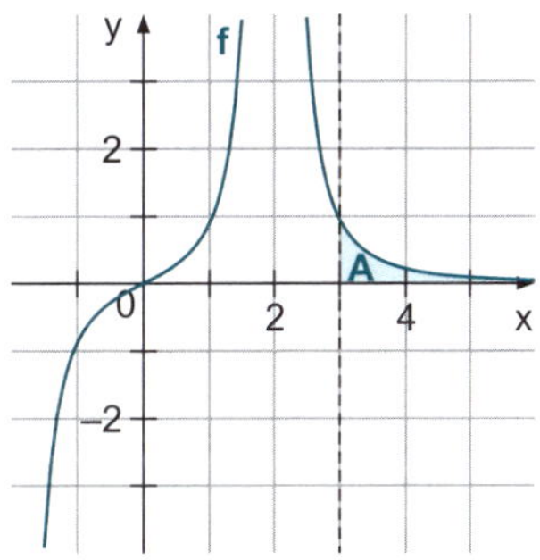

166. Berechnen Sie den Inhalt des vom Graphen der Funktion

$f(x) = \frac{2x^3+1}{2x^2}$, $x \in \mathbb{R} \setminus \{0\}$,

seiner schrägen Asymptote $y = x$ und der Geraden $x = 1$ begrenzten Flächenstücks A.

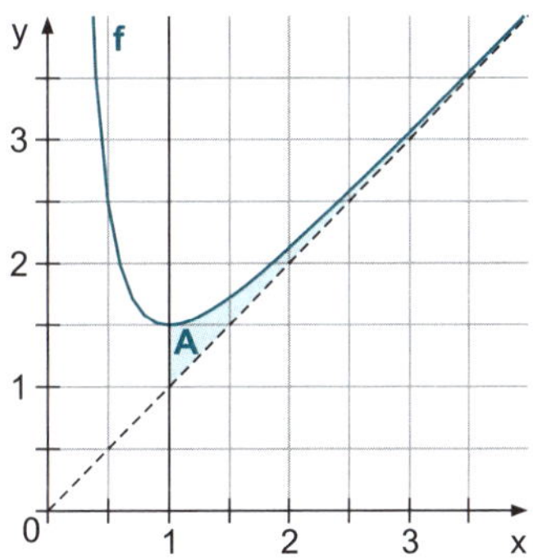

167. Die Skizze zeigt die Graphen der Funktionen $f(x) = e^{-x^2}$, $x \in \mathbb{R}$ und $g(x) = e^{-x}$, $x \in \mathbb{R}$. Für f(x) lässt sich eine Stammfunktion explizit nicht angeben.
Zeigen Sie, dass das Integral

$$\int_0^\infty e^{-x^2}\,dx$$

konvergiert, und geben Sie einen Näherungswert an.

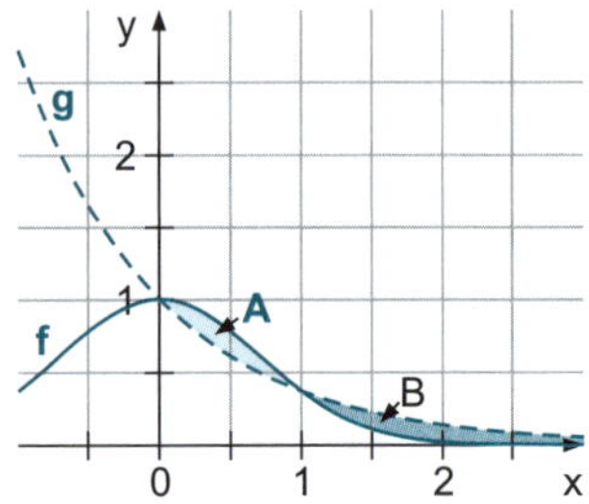

9.2 Uneigentliche Integrale 2. Art

Bei den uneigentlichen Integralen 2. Art liegen zwar die Integrationsgrenzen anders als bei den uneigentlichen Integralen 1. Art im Endlichen, dafür strebt aber die Integrandenfunktion an den Integrationsgrenzen gegen unendlich.

Definition

1. Ist die Funktion f(x) in jedem abgeschlossenen Teilintervall von [a; b[integrierbar, besitzt f in b eine Polstelle und existiert der Grenzwert
$$\lim_{u \to b-0} \int_a^u f(x)\,dx,$$
so nennt man diesen Grenzwert **das uneigentliche Integral von f(x) über [a; b[**. Man sagt, dass dieses Integral konvergiert und schreibt dafür kurz:
$$\int_a^b f(x)\,dx := \lim_{u \to b-0} \int_a^u f(x)\,dx$$
2. Analog spricht man vom **uneigentlichen Integral von f(x) über]a; b]**, wenn f in a eine Polstelle besitzt, und schreibt:
$$\int_a^b f(x)\,dx := \lim_{v \to a+0} \int_v^b f(x)\,dx$$

Wie bei den uneigentlichen Integralen 1. Art berechnen Sie uneigentliche Integrale 2. Art, indem Sie zunächst das Integral mit festen Grenzen auswerten und anschließend den Grenzprozess durchführen.

Beispiel

Berechnen Sie:

a) $\int\limits_{-1}^{3} \frac{dx}{\sqrt{x+1}}$ b) $\int\limits_{0}^{1} \frac{dx}{\sqrt{1-x}}$

Lösung:

a) Die Polstelle der Integrandenfunktion liegt bei der unteren Integrationsgrenze. Daher gilt nach Teil 2 der Definition:

$$\int\limits_{-1}^{3} \frac{dx}{\sqrt{x+1}} = \lim_{v \to -1+0} \int\limits_{v}^{3} (x+1)^{-\frac{1}{2}}\, dx = \lim_{v \to -1+0} \left[2(x+1)^{\frac{1}{2}} \right]_v^3$$

$$= \lim_{v \to -1+0} \left(2(3+1)^{\frac{1}{2}} - \underbrace{2(v+1)^{\frac{1}{2}}}_{\to 0} \right) = 4$$

b) Die Polstelle der Integrandenfunktion liegt bei der oberen Integrationsgrenze. Daher gilt nach Teil 1 der Definition:

$$\int\limits_{0}^{1} \frac{dx}{\sqrt{1-x}} = \lim_{u \to 1-0} \int\limits_{0}^{u} (1-x)^{-\frac{1}{2}}\, dx = \lim_{u \to 1-0} \left[-2(1-x)^{\frac{1}{2}} \right]_0^u$$

$$= \lim_{u \to 1-0} \left(\underbrace{-2(1-u)^{\frac{1}{2}}}_{\to 0} + 2(1-0)^{\frac{1}{2}} \right) = 2$$

CAS

Hinweise für den CAS-Einsatz:

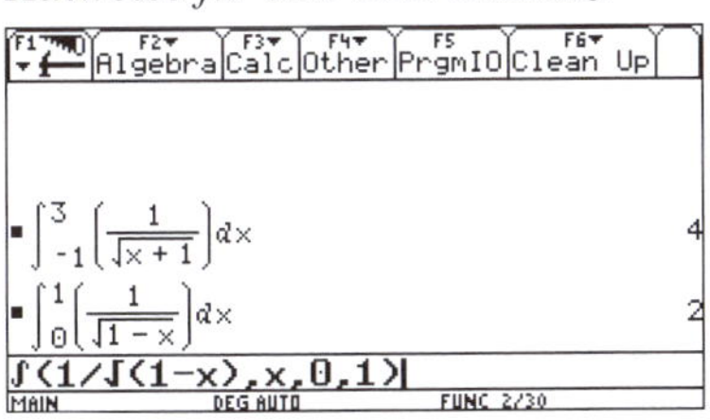

Obwohl eine Grenze eine Polstelle der Integrandenfunktion ist, wird das uneigentliche Integral vom CAS-Rechner wie ein bestimmtes Integral behandelt. Gezeigt werden hier die Lösungen zu den Beispielen a und b.

Aufgaben Berechnen Sie:

168. $\int\limits_{0}^{27} \frac{1}{\sqrt[3]{x}}\, dx$

169. $\int\limits_{1}^{3} \frac{x}{\sqrt[3]{x^2-1}}\, dx$ (Hinweis: Substitution $z = x^2 - 1$)

170. $\displaystyle\int_0^1 \frac{\ln x}{\sqrt{x}}\,dx$ (Hinweis: partielle Integration)

171. $\displaystyle\int_0^{\frac{e}{2}} \frac{1}{x(1-\ln x)^2}\,dx$ (Hinweis: Substitution $z = 1 - \ln x$)

172. Zeigen Sie, dass das Integral

$$\int_0^1 \frac{1}{\sqrt[n]{x}}\,dx,$$

für alle $n > 1$ aus $\mathbb{N}$ konvergiert und berechnen Sie den Inhalt A_n der Fläche, welche der Graph der Funktion

$$f_n(x) = \frac{1}{\sqrt[n]{x}},$$

die Koordinatenachsen und die Gerade $x = 1$ begrenzen.
Geben Sie eine geometrische Deutung für $\lim\limits_{n \to \infty} A_n$.

Anwendungsaufgaben

Die Anwendungsmöglichkeiten der Infinitesimalrechnung sind äußerst vielfältig, besonders in allen Natur-, Ingenieur- und Wirtschaftswissenschaften. Nach Art und Inhalt der Fragestellung lassen sich dabei verschiedene Aufgabenklassen unterscheiden, von denen auf den folgenden Seiten drei wichtige – auch im Hinblick auf ihre Prüfungsrelevanz – ausführlich dargestellt sind: Steckbrief- und Extremwertaufgaben sowie Aufgaben zu Wachstums- und Abnahmeprozessen.

10 Steckbriefaufgaben

Bei Steckbriefaufgaben sind ein oder mehrere Parameter in einem Funktionsterm mithilfe von vorgegebenen Funktionseigenschaften zu berechnen. Dabei ist es immer möglich, mithilfe der Angaben des Aufgabentextes ein eindeutig lösbares Gleichungssystem aufzustellen, das die Parameter als Unbekannte besitzt.

Beispiel

Stellen Sie den Funktionsterm einer ganzrationalen Funktion 3. Grades auf, die in $(0|4{,}5)$ einen Wendepunkt besitzt, deren Graph zusammen mit den Koordinatenachsen und der Geraden $x=-3$ eine über der x-Achse liegende Fläche vom Inhalt $\frac{81}{16}$ einschließt und deren sämtliche Stammfunktionen an der Stelle $x_W=3$ einen Wendepunkt besitzen.

Lösung:

Der Term einer ganzrationalen Funktion 3. Grades hat die Form:

$f(x)=ax^3+bx^2+cx+d$

Die Parameter a, b, c, d erhält man als Lösungen eines Gleichungssystems mit vier Gleichungen:

(1) Da der Punkt $(0|4{,}5)$ auf G_f liegt, gilt: $\mathbf{f(0)=4{,}5}$

(2) Da f bei $(0|4{,}5)$ einen Wendepunkt hat, muss gelten: $\mathbf{f''(0)=0}$

(3) Da die Koordinatenachsen, die Gerade $x=-3$ und G_f eine über der x-Achse liegende Fläche vom Inhalt $\frac{81}{16}$ einschließen, gilt:

$$\int_{-3}^{0} f(x)\,dx=\frac{81}{16}$$

(4) Da eine Stammfunktion F von f an der Stelle $x_W=3$ einen Wendepunkt hat, gilt: $\mathbf{0=F''(3)=f'(3)}$

Unter Berücksichtigung von

- $f'(x)=3ax^2+2bx+c$,
- $f''(x)=6ax+2b$,
- $\int_{-3}^{0}(ax^3+bx^2+cx+d)dx=\left[\frac{a}{4}x^4+\frac{b}{3}x^3+\frac{c}{2}x^2+dx\right]_{-3}^{0}$

erhält man aus dieser mathematischen Fassung des Aufgabentexts folgendes Gleichungssystem:

(1) $d=4{,}5$

(2) $2b=0 \quad\Rightarrow\quad b=0$

(3) $\left[\frac{a}{4}x^4+\frac{b}{3}x^3+\frac{c}{2}x^2+dx\right]_{-3}^{0}=-\frac{81}{4}a+9b-\frac{9}{2}c+3d=\frac{81}{16}$

(4) $27a+6b+c=0$

Setzt man die Zahlenwerte der Gleichungen (1) und (2) in (3) und (4) ein, reduziert sich das System auf 2 Gleichungen mit den Unbekannten a und c:

(3*) $-\frac{81}{4}a-\frac{9}{2}c+\frac{27}{2}=\frac{81}{16} \quad\Rightarrow\quad -\frac{81}{4}a-\frac{9}{2}c=-\frac{135}{16}$

(4*) $27a+c=0 \quad\Rightarrow\quad c=-27a$

Eingesetzt in (3*) folgt:

$$-\frac{81}{4}a-\frac{9}{2}\cdot(-27a)=-\frac{135}{16} \quad\Rightarrow\quad a=-\frac{1}{12} \quad\overset{(4^*)}{\Rightarrow}\quad c=\frac{9}{4}$$

Die gesuchte Funktion lautet daher:

$$f(x)=-\frac{1}{12}x^3+\frac{9}{4}x+\frac{9}{2}$$

CAS *Hinweise für den CAS-Einsatz:*

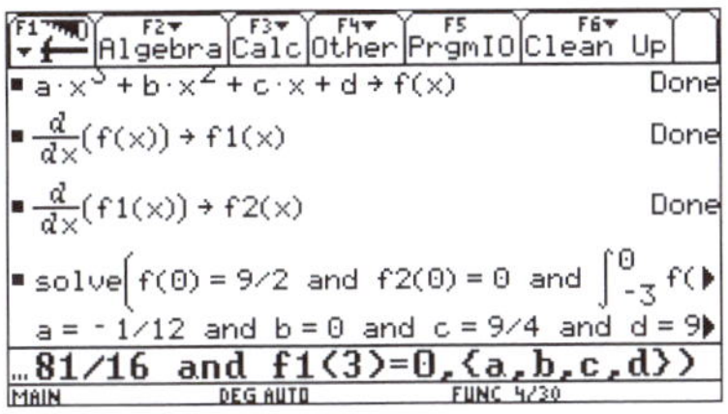

Nach der Definition des Funktionsterms f(x) werden die Ableitungen gebildet. Mithilfe des Befehls **solve** wird das Gleichungssystem gelöst. Dabei werden die einzelnen Gleichungen mit **and** verbunden. Damit die Ergebnisse nicht als Näherungswerte, sondern als gemeine Brüche ausgegeben werden, müssen in den Gleichungen gemeine Brüche verwendet werden. Z. B. ist 9/2 anstelle von 4,5 einzugeben.

ufgaben

173. Stellen Sie den Funktionsterm einer ganzrationalen Funktion 3. Grades auf, deren Graph durch den Koordinatenursprung verläuft, in $(-1\,|\,?)$ eine zur Geraden g: $15x-8y-48=0$ parallele Tangente besitzt, deren sämtliche Stammfunktionen im Koordinatenursprung einen Wendepunkt besitzen und deren bestimmtes Integral über dem Intervall $[-1; +1]$ den Wert $-0{,}5$ hat.

174. Stellen Sie den Funktionsterm einer ganzrationalen Funktion 3. Grades auf, deren Graph zum Koordinatenursprung punktsymmetrisch ist, im Intervall $[0; 1]$ eine vollständig unter der x-Achse liegende Fläche vom Inhalt 1 einschließt und deren sämtliche Stammfunktionen in $\left(\frac{1}{2}\sqrt{6}\,\middle|\,?\right)$ ein relatives Minimum besitzen.

175. Jede Funktion der Schar

$$J_k(x)=\int_{-k}^{x}(at^2+b)\,dt$$

besitzt für $x=\frac{k\sqrt{3}}{3}$ eine horizontale Tangente und in $(0\,|\,?)$ eine Normale mit der Steigung $\frac{1}{k^2}$. Geben Sie für $J_k(x)$ eine integralfreie Darstellung an.

11 Extremwertaufgaben

In Extremwertaufgaben wird nach den Voraussetzungen gefragt, unter denen eine bestimmte Größe maximal oder minimal wird. Die Berechnung dieses größten bzw. kleinsten Wertes wird gefordert. Bei der Lösung gehen Sie schrittweise vor.

Regel

Schrittweises Bestimmen der Extremwerte

1. Stellen Sie die Größe, für die Sie einen Extremalwert berechnen sollen, als sogenannte **Zielfunktion** von einer oder mehreren Variablen dar.
2. Suchen Sie im Aufgabentext nach **Nebenbedingungen** und stellen Sie damit Zusammenhänge zwischen den Variablen der Zielfunktion her. Kommen in der Zielfunktion n Variable vor, so enthält der Aufgabentext mindestens $n-1$ Nebenbedingungen, die zu einem Gleichungssystem von $n-1$ Gleichungen und n Unbekannten führen.
3. Stellen Sie mithilfe dieses Gleichungssystems die Zielfunktion als **Funktion einer einzigen Variablen** dar und bestimmen Sie einen **sinnvollen Definitionsbereich**.
4. Bestimmen Sie mit den Werkzeugen der Analysis die absoluten **Maxima** bzw. **Minima** der einvariabligen Zielfunktion.

Beispiel

Aus einem Baumstamm (gerader Kreiszylinder) mit einem Durchmesser von 100 cm soll ein Balken mit möglichst großem rechteckigen Querschnitt herausgeschnitten werden. Berechnen Sie die Maße des Rechtecks und seinen Flächeninhalt.

Lösung:

Die Größe, deren Maximalwert berechnet werden soll, ist der Flächeninhalt A des Rechtecks.

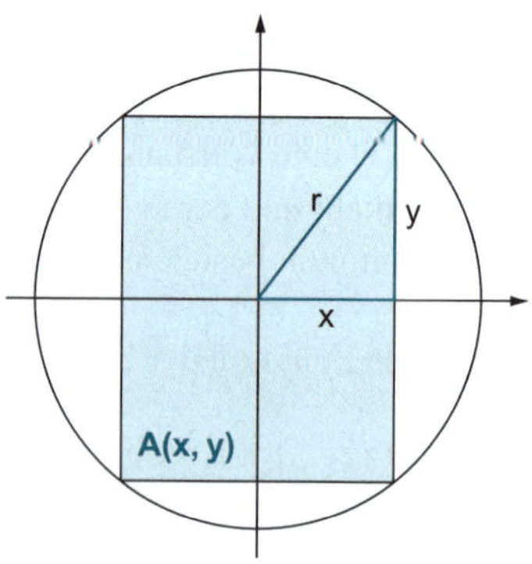

Schritt 1: Mit den in der Skizze eingeführten Benennungen können Sie A als Zielfunktion der Variablen x und y darstellen:

$A(x,y) = 2x \cdot 2y = 4xy$

Schritt 2: Die Nebenbedingung, dass das Rechteck einem Kreis vom Radius r einbeschrieben ist, können Sie mithilfe des Satzes von Pythagoras in Form einer Gleichung schreiben:

$x^2 + y^2 = r^2$ mit $r = \frac{100\,\text{cm}}{2} = 50\,\text{cm}$

Schritt 3: Lösen Sie diese Gleichung nach y auf: $y = \pm\sqrt{r^2 - x^2}$

Da für x und y als geometrische Größen nur positive Werte sinnvoll sind, setzen Sie den Ausdruck $+\sqrt{r^2 - x^2}$ für y in $A(x, y)$ ein und erhalten so eine einvariablige Zielfunktion:

$A(x) = 4x \cdot \sqrt{r^2 - x^2}$, $\mathbb{D}_{max} = [-r; +r]$

Aufgrund des geometrischen Hintergrunds ist ein sinnvoller Definitionsbereich durch das Intervall [0; r] gegeben.

Schritt 4: Die Produktregel liefert für die 1. Ableitung:

$$A'(x) = 4x \cdot \frac{-2x}{2\sqrt{r^2 - x^2}} + \sqrt{r^2 - x^2} \cdot 4 = \frac{-4x^2}{\sqrt{r^2 - x^2}} + \sqrt{r^2 - x^2} \cdot 4$$

$$= \frac{-4x^2 + (r^2 - x^2) \cdot 4}{\sqrt{r^2 - x^2}} = \frac{-8x^2 + 4r^2}{\sqrt{r^2 - x^2}} = \frac{4(r^2 - 2x^2)}{\sqrt{r^2 - x^2}}$$

Weiter gilt:

$$A'(x) = 0 \Leftrightarrow \frac{4(r^2 - 2x^2)}{\sqrt{r^2 - x^2}} = 0 \Leftrightarrow 4(r^2 - 2x^2) = 0 \Leftrightarrow r^2 - 2x^2 = 0$$

$$\Leftrightarrow x_+ = +\frac{r}{\sqrt{2}};\ x_- = -\frac{r}{\sqrt{2}}$$

Aufgrund des geometrischen Hintergrunds bleibt x_- unberücksichtigt. Da $A'(x)$ für $0 \le x < x_+$ positiv, für $x_+ < x \le r$ negativ ist, besitzt $A(x)$ an der Stelle x_+ ein relatives und absolutes Maximum. Die benachbarte Seite des Rechtecks hat die halbe Länge

$$y = \sqrt{r^2 - x_+^2} = \sqrt{r^2 - \left(\frac{r}{\sqrt{2}}\right)^2} = \frac{r}{\sqrt{2}} = x_+.$$

Das gesuchte Rechteck ist also ein Quadrat mit der Seitenlänge

$2 \cdot \frac{r}{\sqrt{2}} = r\sqrt{2} = 50 \cdot \sqrt{2}$ cm $\approx 70{,}7$ cm

und dem Flächeninhalt $A_{max} = 2r^2 = 5\,000$ cm^2.

Gelegentlich können Sie die Zielfunktion sofort als Funktion einer Variablen angeben und die Schritte 2 und 3 überspringen.

CAS *Hinweise für den CAS-Einsatz:*

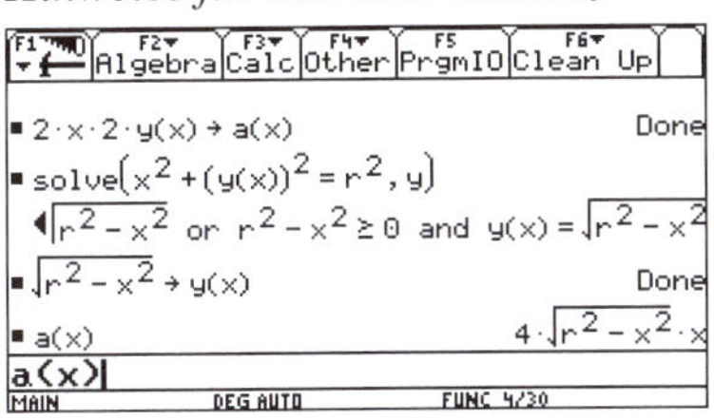

Da y selbst von x abhängt, wird bei der Hauptbedingung y als y(x) eingegeben. Durch die Nebenbedingung des Kreises wird anschließend y(x) definiert. Mit dieser Definition erhält man die Zielfunktion a(x).

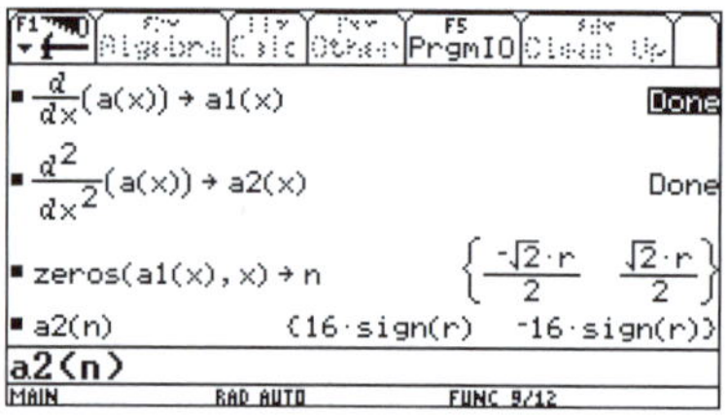

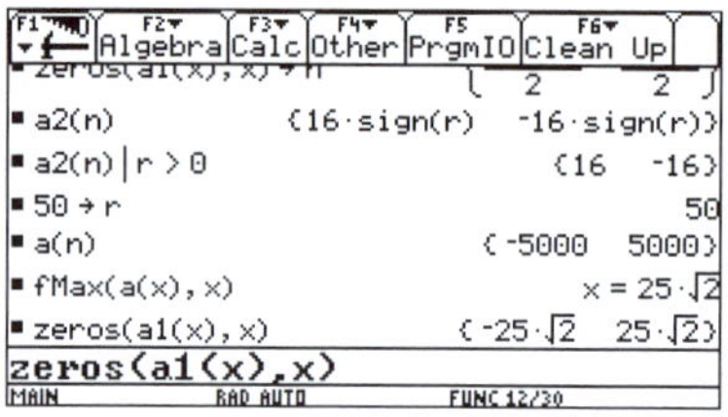

Die Nullstellen der ersten Ableitung ermittelt man mit der Funktion **zeros**. Dabei können die Lösungen unter dem Variablennamen n abgespeichert werden. Anschließend kann die Liste der Lösungen in die 2. Ableitung eingesetzt werden.
Das Ergebnis enthält die Funktion **sign(r)**. Die Wertemenge dieser Funktion besteht aus den Zahlen 1 und –1, je nachdem ob r positiv oder negativ ist.

Wird für r die zusätzliche Bedingung $r > 0$ angegeben, so entfällt die Funktion **sign(r)** in der Lösungsmenge. Die Funktion **fMax()** ermittelt diejenige Stelle, an der im Definitionsbereich der Funktion der größte y-Wert, also das globale Maximum, angenommen wird. In diesem Fall wird das lokale Maximum bei $x = 25\sqrt{2}$ durch **fMax** als globales Maximum bestätigt.

Beispiel

Die Skizze zeigt den Graphen der Funktion
$f(x) = \frac{x^2 - 4}{x^2 + 2}$, $x \in \mathbb{R}$
und ein Dreieck ABC, das zur y-Achse symmetrisch ist, dessen Spitze in $(0 | 1)$ liegt und dessen Basisendpunkte A und B auf dem Graphen von f liegen.
Berechnen Sie den größten Flächeninhalt aller Dreiecke mit diesen Eigenschaften.

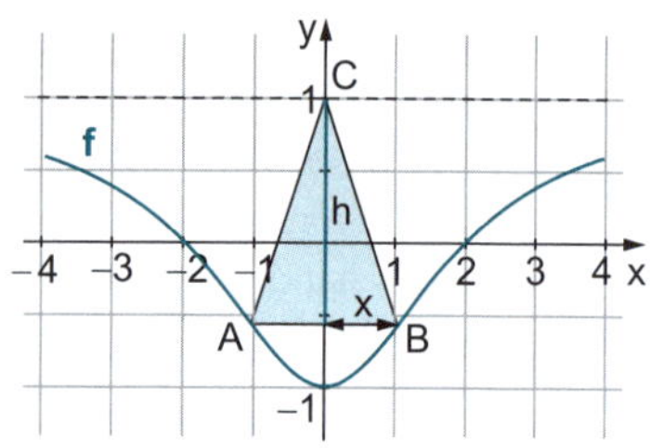

Lösung:

Schritt 1, 2 und 3: Zielfunktion ist die Fläche A des Dreiecks. Bezeichnet man die Rechtswertkoordinate des Punktes B mit x, so gilt nach der Flächenformel für Dreiecke:

$$A(x) = \frac{2x \cdot (1 - f(x))}{2}$$ $A = \frac{1}{2}gh$ mit $g = 2x$ und $h = 1 - f(x)$

$$= x\left(1 - \frac{x^2 - 4}{x^2 + 2}\right)$$ Einsetzen des Funktionsterms

$$= x \cdot \frac{x^2 + 2 - x^2 + 4}{x^2 + 2} = \frac{6x}{x^2 + 2} \text{ mit } x \in \mathbb{R}^+$$ Auf Hauptnenner bringen und zusammenfassen

Schritt 4: Mithilfe der Quotientenregel erhalten Sie:

$$A'(x) = \frac{(x^2+2) \cdot 6 - 6x \cdot 2x}{(x^2+2)^2} = \frac{12 - 6x^2}{(x^2+2)^2}$$

Weiter gilt:

$$A'(x) = 0 \iff 12 - 6x^2 = 0 \iff 6x^2 = 12 \iff x^2 = 2 \iff x = \pm\sqrt{2}$$

Wegen $x > 0$ bleibt $x = -\sqrt{2}$ unberücksichtigt. Da $A'(x)$ für $0 \leq x < \sqrt{2}$ positiv, für $\sqrt{2} < x \leq \infty$ negativ ist, besitzt $A(x)$ an der Stelle $x = \sqrt{2}$ ein relatives und absolutes Maximum. Für den größtmöglichen Inhalt der Dreiecksfläche gilt:

$$A_{max} = A(\sqrt{2}) = \frac{6\sqrt{2}}{\sqrt{2}^2 + 2} = \frac{3}{2}\sqrt{2}$$

CAS *Hinweise für den CAS-Einsatz:*

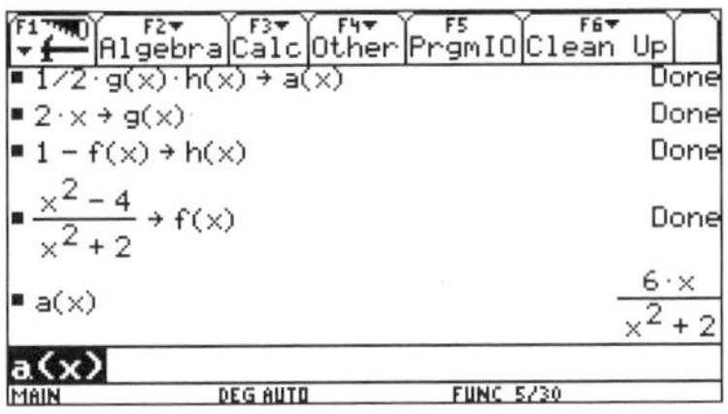

Hier wird schrittweise aus den Haupt- und den Nebenbedingungen die Zielfunktion a(x) aufgebaut. Beachten Sie, dass die Grundseite g und die Höhe h Funktionen in Abhängigkeit von x sind.

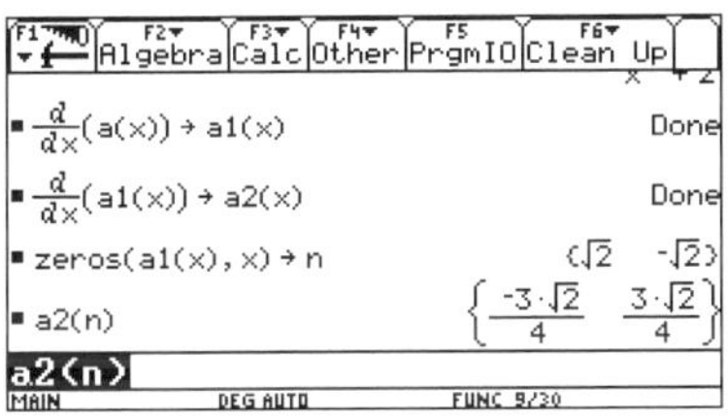

Das lokale Maximum wird wieder mithilfe der 1. und 2. Ableitung errechnet. Die Funktion **fMax()** bestätigt, dass das lokale Maximum $x = \sqrt{2}$ auch ein globales ist. Sollte das lokale Maximum nicht mit dem globalen Maximum zusammenfallen, sind weitere Überlegungen erforderlich, wie das folgende Beispiel zeigt.

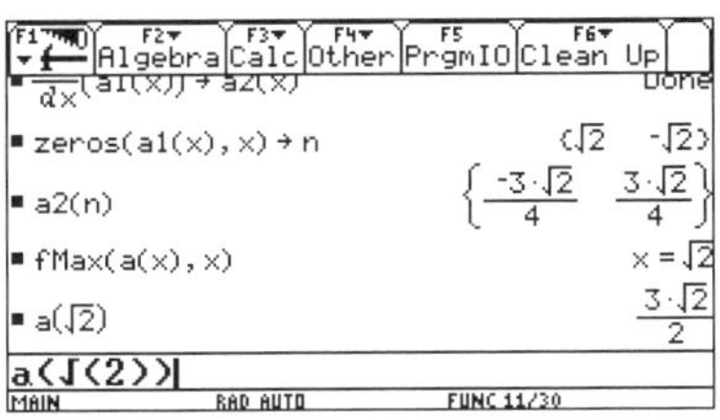

Beispiel Aus einem Karton mit den Maßen 25 cm × 40 cm sollen an den Ecken vier gleiche Quadrate so herausgeschnitten werden, dass eine oben offene Schachtel mit maximalem Volumen entsteht. Gesucht ist die Kantenlänge der herauszuschneidenden Quadrate.

CAS *Hinweise für den CAS-Einsatz:*

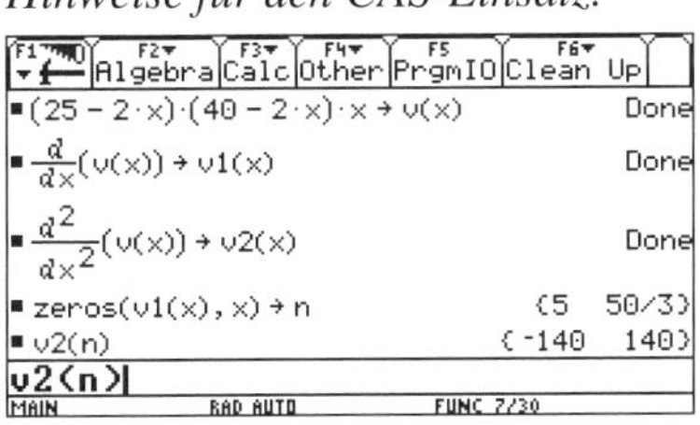

a und b bezeichnen Länge und Breite der Schachtel. x sei die Kantenlänge der Quadrate. x ist also auch die Höhe der Schachtel. Die Hauptbedingung lautet $V = a \cdot b \cdot x$. Sind $b = 25\text{ cm} - 2x$ und $a = 40\text{ cm} - 2x$, so erhält man die Zielfunktion $V = (25 - 2x)(40 - 2x)x$.

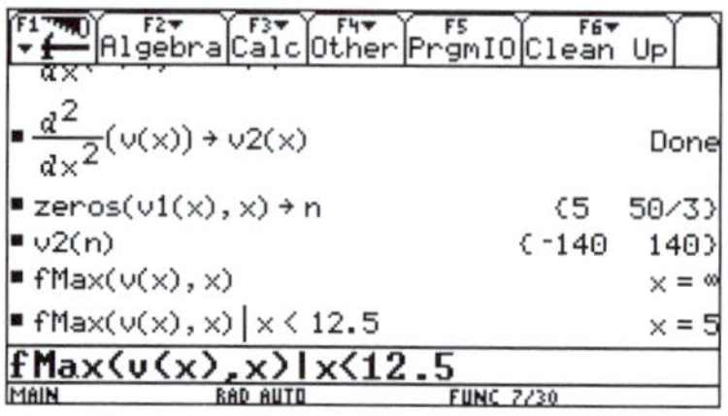

Der CAS-Rechner ermittelt die 1. und die 2. Ableitung sowie die Nullstellen der 1. Ableitung. Die 2. Ableitung weist $x = 5$ als lokales Maximum nach. Die Funktion **fMax** zeigt aber $x = \infty$ als globales Maximum an. Die zusätzliche Überlegung zum Definitionsbereich $D = \{x \in [0; 12{,}5]\}$, also $x < 12{,}5$, ergibt $x = 5$ als die gesuchte Lösung.

Aufgaben

176. Aus einem Baumstamm (gerader Kreiszylinder) mit einem Durchmesser von 2r soll ein Balken mit rechteckigem Querschnitt und möglichst großer Tragfähigkeit herausgeschnitten werden. Berechnen Sie die Maße des Balkenquerschnitts und sein Seitenverhältnis, wenn die Tragfähigkeit proportional zur Grundseite und zum Quadrat der Rechteckhöhe ist.

177. Die Skizze zeigt den Graphen der Funktion

$f(x) = \ln \frac{1}{x}, \; x \in \mathbb{R}^+.$

Welches Rechteck mit achsenparallelen Seiten zwischen dem Graphen von f und den Koordinatenachsen im I. Quadranten besitzt maximalen Flächeninhalt?

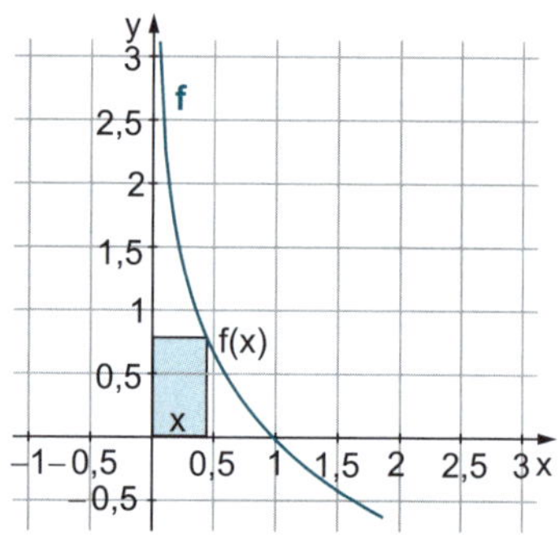

178. Zur Abfallvermeidung sollten Konservendosen bei vorgegebenem Füllgutvolumen so dimensioniert sein, dass ihre Oberfläche minimal ist.
Berechnen Sie unter diesem Gesichtspunkt die Innenabmessungen einer beidseitig geschlossenen, zylindrischen Konservendose, die 880 cm^3 fasst.
Wie groß sind in diesem Fall die Oberfläche und das Verhältnis von Höhe und Durchmesser der Dose?

179. Hans befindet sich in seinem Ruderboot im Punkt A, als sich plötzlich der kleine Hunger bei ihm meldet. Seinen Lieblingsschokoriegel gibt es in einem Laden im Punkt D. Durchschnittlich kann Hans in einer Stunde 7 km rudern und 9 km laufen.
Welchen Punkt C am Strand muss er ansteuern, dass er in möglichst kurzer Zeit zu seinem Schokoriegel kommt? Wie lange braucht er mindestens?

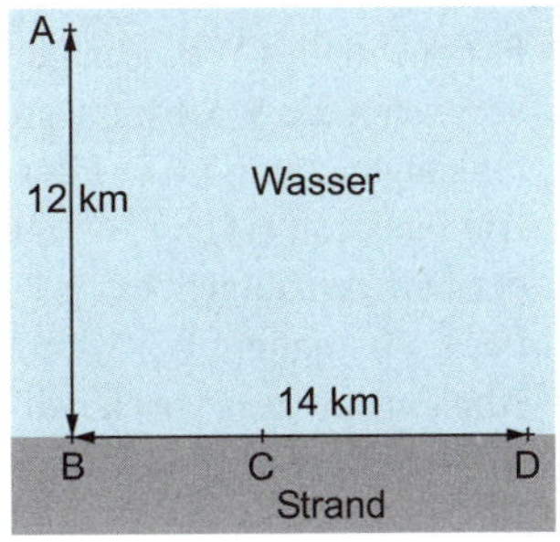

12 Wachstums- und Abnahmeprozesse

Die Zunahme von Bakterien in einer Nährlösung, der Zerfall einer radioaktiven Substanz, die Ablagerungen von Sedimenten auf dem Meeresgrund, die Anreicherung von CO_2 in der Atmosphäre, das Waldsterben, die verzinsungsbedingte Zunahme eines Kapitals – das sind nur einige wenige aus einer Vielzahl von Beispielen für Wachstums- und Zerfallsprozesse. Mithilfe der Analysis lassen sich solche Vorgänge beschreiben und ihre charakteristischen Kenngrößen bestimmen.

12.1 Exponentielles Wachsen oder Abnehmen

Beim exponentiellen Wachstum von Bakterien beispielsweise ist die Vermehrungsgeschwindigkeit $f'(t)$ der Bakterien umso größer, je größer der Bakterienbestand $f(t)$ ist. Beim radioaktiven Zerfall können mehr Kerne pro Zeiteinheit zerfallen, wenn noch viele vorhanden sind. Die Funktion $f(t)$ ist also proportional zur Ableitung der Funktion $f'(t)$. Das ergibt die Differenzialgleichung $f'(t) = kf(t)$.

Definition

Exponentielles Wachsen oder Abnehmen liegt vor, wenn die Wachstumsgröße f(t) die Differenzialgleichung $f'(t) = kf(t)$ erfüllt.
Die Funktion $f(t) = a \cdot e^{k \cdot t}$ ist einzige Lösung der Differenzialgleichung.
Für $k > 0$ liegt ein Wachstums-, für $k < 0$ ein Abnahmeprozess vor. **a** heißt **Anfangswert**, **k Wachstums-** bzw. **Abnahmekonstante**.

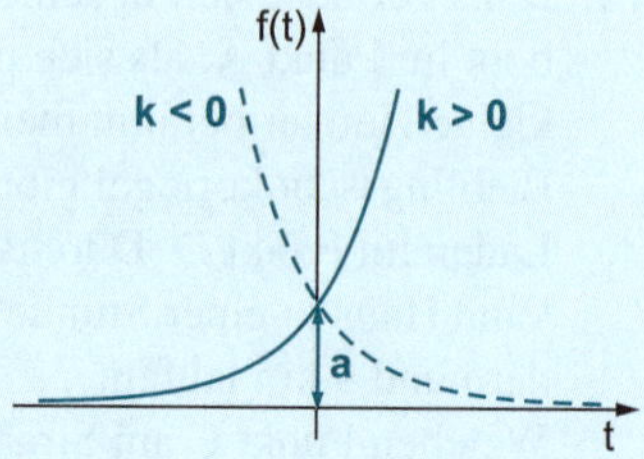

Die exponentielle Änderung ist durch folgende Eigenschaft charakterisiert:

Regel

Wachstumsfaktor
Nach Verstreichen einer Zeiteinheit hat sich die Wachstumsgröße immer um den **gleichen Faktor e^k** geändert.

Die Begründung liefert die Anwendung der Potenzgesetze:

$$f(t+1) = a \cdot e^{k(t+1)} = a \cdot e^{kt} \cdot e^k = f(t) \cdot e^k \Rightarrow \frac{f(t+1)}{f(t)} = e^k \qquad (*)$$

Hinweis: t bezeichnet die Zeit.

Aus (∗) lässt sich unmittelbar die prozentuale Änderung der Größe nach Ablauf einer Zeiteinheit ablesen:

Regel

Prozentuale Änderung
Zwischen der **prozentualen Änderung p** der Wachstumsgröße pro Zeiteinheit und der Wachstums- bzw. Abnahmekonstanten k besteht folgender Zusammenhang:

- Wachstum: $e^k = 1 + \frac{p}{100}$ bzw. $k = \ln\left(1 + \frac{p}{100}\right) > 0$
- Abnahme: $e^k = 1 - \frac{p}{100}$ bzw. $k = \ln\left(1 - \frac{p}{100}\right) < 0$

Zur anschaulichen Beschreibung der Wachstums- bzw. Abnahmegeschwindigkeit verwendet man die Verdoppelungs- bzw. Halbwertszeit.

Definition

Als **Verdoppelungs- bzw. Halbwertszeit** bezeichnet man die Zeitspanne T_2 bzw. $T_{1/2}$, innerhalb derer sich der Funktionswert f(t) verdoppelt bzw. halbiert.

Regel

Verdoppelungs- bzw. Halbwertszeit
Zwischen der Wachstums- bzw. Abnahmekonstanten k und der Verdoppelungs- bzw. Halbwertszeit besteht der Zusammenhang:

a) $T_2 = \frac{\ln 2}{k} \quad (k > 0)$

b) $T_{1/2} = \frac{\ln 0{,}5}{k} \quad (k < 0)$

Begründung: Einerseits gilt für die

Verdoppelungszeit	Halbwertszeit
nach Definition:	
$f(T_2) = 2 \cdot f(0) = 2a$	$f(T_{1/2}) = \frac{1}{2} \cdot f(0) = \frac{a}{2}$
Andererseits erhält man beim Einsetzen in den Term der Funktion f(t):	
$f(T_2) = a \cdot e^{k \cdot T_2}$	$f(T_{1/2}) = a \cdot e^{k \cdot T_{1/2}}$
Insgesamt gilt daher:	
$a \cdot e^{k \cdot T_2} = 2a$	$a \cdot e^{k \cdot T_{1/2}} = \frac{a}{2}$
Nach beidseitigem Dividieren mit a und beidseitigem Logarithmieren erhält man:	
$k \cdot T_2 = \ln 2$	$k \cdot T_{1/2} = \ln \frac{1}{2}$

Hieraus folgen die Aussagen der Regel zur Verdoppelungs- bzw. Halbwertszeit.

Beispiele

1. Cholerabakterien vermehren sich exponentiell. Gibt man 200 Cholerabakterien in eine Nährlösung, so zählt man 2 Stunden später 15 000.
   a) Berechnen Sie die Wachstumskonstante und die Verdoppelungszeit.
   b) Wie viele Bakterien zählt man 3 Stunden nach Kontamination der Nährlösung?

   Lösung:

a) $f(t) = 200 \cdot e^{k \cdot t}$	Exponentieller Ansatz für die Wachstumsfunktion, Anfangswert $f(0) = 200$
$200 \cdot e^{k \cdot 2\,h} = 15\,000$	$f(2\,h) = 15\,000$
$e^{k \cdot 2\,h} = 75$	Beidseitiges Dividieren mit 200
$k \cdot 2\,h = \ln 75$	Beidseitiges Logarithmieren
$k = \frac{\ln 75}{2}\,\frac{1}{h} \approx 2{,}16\,\frac{1}{h}$	Auflösen nach k
$T_2 = \frac{\ln 2}{k} = \frac{\ln 2}{2{,}16\,\frac{1}{h}} \approx 0{,}32\,h$	Einsetzen von k in die Beziehung für die Verdoppelungszeit

b) $f(3\,h) = 200 \cdot e^{2{,}16\frac{1}{h}\cdot 3\,h} \approx 1{,}30 \cdot 10^5$

3 Stunden nach Kontamination befinden sich rund 130 000 Bakterien in der Nährlösung.

CAS

Hinweise für den CAS-Einsatz:

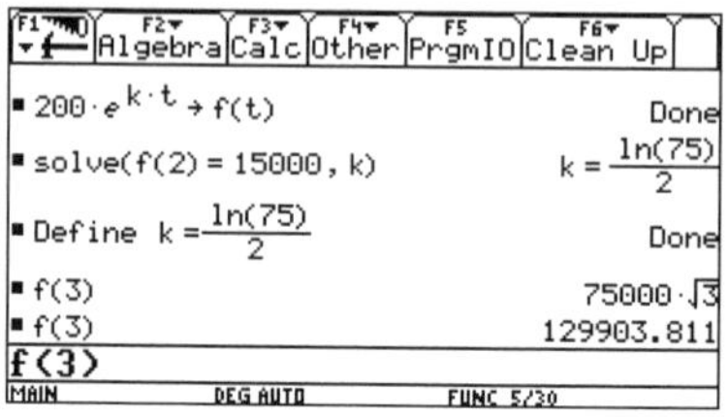

Die Lösung für k lässt sich mithilfe von [ENTER] in die Eingabezeile kopieren, wenn sie markiert ist. Mit dem Befehl **define** wird das Ergebnis unter k gespeichert.

2. Der Wirkstoff eines Medikaments wird vom Körper exponentiell abgebaut. 48 min nach der Medikamentengabe sind in einem Liter Blut 7,5 mg der Wirksubstanz nachweisbar, nach weiteren 3 Stunden nur noch 2,5 mg.
   a) Berechnen Sie die Abbaukonstante und die Halbwertszeit.
   b) Wie viele mg befanden sich unmittelbar nach der Medikamentengabe in einem Liter Blut? (Gehen Sie dabei von der vereinfachenden Annahme aus, dass sich der Wirkstoff ohne zeitliche Verzögerung im Körper ausbreitet.)
   c) Wie viele Prozent des Wirkstoffs werden in einer Stunde abgebaut?

   Lösung:

   a) $f(t) = a \cdot e^{k \cdot t}$ — Exponentieller Ansatz für die Abbaufunktion

   (1) $f(0{,}8\,h) = a \cdot e^{k \cdot 0{,}8\,h} = 7{,}5\text{ mg}$ — Einsetzen der gegebenen Bedingungen

   (2) $f(3{,}8\,h) = a \cdot e^{k \cdot 3{,}8\,h} = 2{,}5\text{ mg}$

   $\frac{e^{k \cdot 0{,}8\,h}}{e^{k \cdot 3{,}8\,h}} = \frac{7{,}5}{2{,}5}$ — Division von (1) durch (2)

   $e^{k \cdot (0{,}8\,h - 3{,}8\,h)} = 3$ — Anwenden des 2. Potenzgesetzes

   $-3\,h \cdot k = \ln 3$ — Beidseitiges Logarithmieren

   $k = -\frac{\ln 3}{3}\frac{1}{h} \approx -0{,}37\frac{1}{h}$ — Auflösen nach k

   $T_{1/2} = \frac{\ln 0{,}5}{-\frac{\ln 3}{3}}\,h = \frac{3\ln 2}{\ln 3}\,h \approx 1{,}9\,h$ — Halbwertszeit

   b) Aus $f(0{,}8\,h) = a \cdot e^{-0{,}37\frac{1}{h}\cdot 0{,}8\,h} \approx 7{,}5\text{ mg}$ folgt:

   $a = \frac{7{,}5\text{ mg}}{e^{-0{,}37 \cdot 0{,}8}} \approx 10\text{ mg}$

   Ca. 10 mg der Wirksubstanz befanden sich unmittelbar nach der Medikamentengabe in einem Liter Blut.

c) Aus $e^k = 1 - \frac{p}{100}$ folgt:

$p = (1 - e^k) \cdot 100 = (1 - e^{-0{,}37}) \cdot 100 \approx 31\ \%$

Pro Stunde werden rund 31 % der Wirksubstanz abgebaut.

CAS *Hinweise für den CAS-Einsatz:*

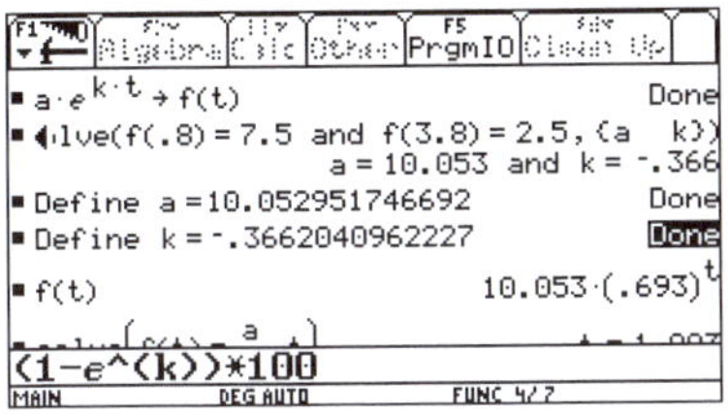

Mit dem Befehl **solve** wird das Gleichungssystem für die Unbekannten a und k gelöst.
Anstatt dass der CAS-Rechner die gewohnte Form $a \cdot e^{kt}$ beibehält, wird nach dem Potenzgesetz $a \cdot (e^k)^t$ aufgelöst. Da k bekannt ist, wird $e^k \approx 0{,}693$ berechnet und als Basis für die Exponentialfunktion gewählt.

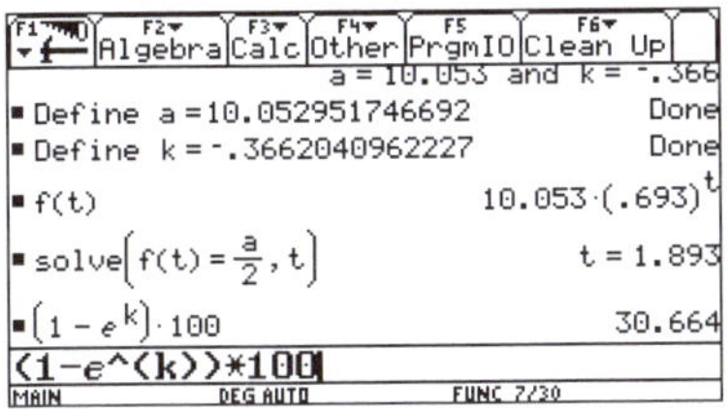

Die Halbwertszeit ermittelt der Rechner mit dem Befehl **solve**, wenn die Bedingung $f(t) = \frac{a}{2}$ eingegeben wird, wobei a der Anfangswert ist.
Mithilfe der Formel $p = (1 - e^k) \cdot 100$ wird berechnet, wie viel Prozent der vorhandenen Wirksubstanz pro Stunde abgebaut wird. Diese Formel wird in der letzten Zeile des Bildes verwendet.

Aufgaben

180. Die Bevölkerung Indiens wächst exponentiell. Zu Beginn des Jahres 1996 gab es 728,1 Millionen Inder. 10 Jahre später waren es 914 Millionen.

a) Berechnen Sie die Wachstumskonstante und die Verdoppelungszeit.

b) Wie viele Inder gibt es voraussichtlich am Ende des Jahres 2020?

181. Die Weltbevölkerung nahm im Mittelalter und nimmt zurzeit wieder exponentiell zu.

a) Zurzeit verdoppelt sie sich in 30 Jahren. Wie groß ist der prozentuale Anstieg pro Jahr?

b) Im Mittelalter betrug der jährliche prozentuale Anstieg nur 0,28 %. Wie groß war damals die Verdoppelungszeit T_2?

182. Das Isotop Ta 184 des Schwermetalls Tantal ist ein β^--Strahler, der exponentiell mit der Halbwertszeit $T_{1/2} = 8{,}7$ h zerfällt. 2,3 h nach Beginn der Zeitmessung sind noch $6 \cdot 10^{19}$ Ta-Kerne vorhanden.

a) Wie viele Ta-Kerne waren es zu Beginn der Zeitmessung?

b) Nach welcher Zeit sind nur noch $3 \cdot 10^{19}$ Ta-Kerne vorhanden?

c) Nach welcher Zeit sind $3 \cdot 10^{19}$ Ta-Kerne zerfallen?

d) Wie viele Ta-Kerne sind nach 10 h noch vorhanden?

e) Wie viele Ta-Kerne sind nach 10 h zerfallen?

183. Eine Vakuumluftpumpe senkt laut Herstellerangaben den Luftdruck in einer Druckkammer pro Sekunde um mindestens 3,5 %. 50 Sekunden nach Einschalten der Pumpe zeigt ein eingebauter Druckmesser an, dass der Druck in der Kammer exakt um die Hälfte abgenommen hat.
Hat der Hersteller zu viel versprochen?

12.2 Beschränktes Wachstum oder beschränkter Zerfall

Bei vielen Wachstumsprozessen in der Natur treten nach einer gewissen Zeit Beschränkungen durch Sättigung auf. Je größer die Differenz zwischen der Sättigungsgrenze p und dem aktuellen Bestand f(t) ist, desto größer ist die Änderungsgeschwindigkeit f'(t) des Bestandes. Diese Prozesse lassen sich deshalb durch eine Differenzialgleichung der Form $f'(t) = k(p - f(t))$ beschreiben.

Definition

Beschränktes Wachstum bzw. beschränkter Zerfall liegen vor, wenn f(t) die Differenzialgleichung $f'(t) = r(p - f(t))$ erfüllt. Die Funktion $f(t) = p - ae^{-rt}$ mit $r > 0$, $p \in \mathbb{R}$ und $a \in \mathbb{R} \setminus \{0\}$ löst diese Differenzialgleichung.
Für $a > 0$ liegt ein beschränktes Wachstum, für $a < 0$ ein beschränkter Zerfall vor.

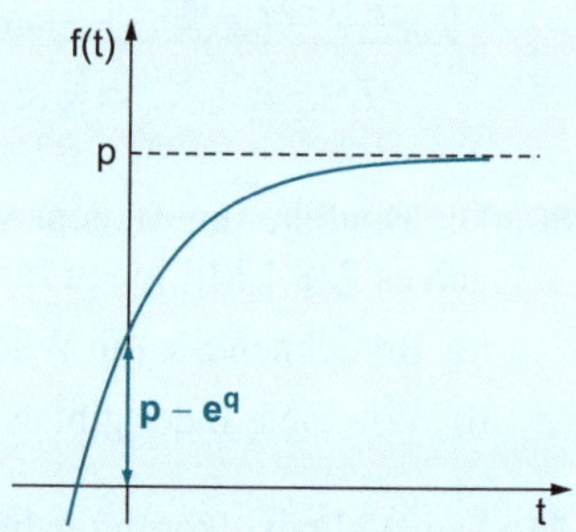

Regel

Beschränktes Wachsen oder beschränktes Zerfallen

Die Funktion $f(t) = p - ae^{-r \cdot t}$ mit $r > 0$, $a \in \mathbb{R} \setminus \{0\}$, $p \in \mathbb{R}$, $t \in \mathbb{R}$

- **steigt bzw. fällt** auf $\mathbb{R}$ **streng monoton**,
- besitzt den **Anfangswert** $f(0) = p - a$,
- besitzt den **Sättigungswert** $\lim\limits_{t \to +\infty} f(t) = \lim\limits_{t \to +\infty} (p - a \cdot e^{-r \cdot t}) = p$.

Beispiel

Die Temperaturzunahme eines Eiswürfels, der mit der Anfangstemperatur ϑ_K in einen Raum der konstanten Temperatur $\vartheta_R = 30\,°C$ gelegt wird, kann durch eine Funktion der Form $\vartheta(t) = p - ae^{-r \cdot t}$; p, q, $r > 0$ beschrieben werden.
10 Minuten nach Einbringen beträgt die Eistemperatur $-10\,°C$, nach weiteren 10 Minuten nur noch $-5\,°C$. Berechnen Sie ϑ_K.

Lösung:

Unter den idealisierenden Annahmen des Angabentextes (es liegt beschränktes Wachstum vor; physikalische Phasenumwandlungen werden außer Acht gelassen) strebt die Temperatur des Eiswürfels für $t \to \infty$ gegen 30 °C, d. h., es ist $p = 30\,°C$. Weiter gilt:

(1) $\vartheta(10\text{ min}) = -10\,°C \quad \Rightarrow \quad 30\,°C - ae^{-r\cdot 10\text{ min}} = -10\,°C$

(2) $\vartheta(20\text{ min}) = -5\,°C \quad \Rightarrow \quad 30\,°C - ae^{-r\cdot 20\text{ min}} = -5\,°C$

(3) $\vartheta(0\text{ min}) = \vartheta_K \quad \Rightarrow \quad 30\,°C - a = \vartheta_K \quad \Rightarrow \quad a = 30\,°C - \vartheta_K$

Nach Zusammenfassen der Temperaturen auf der linken Seite erhalten Sie die Gleichungen (4) und (5), die Sie ins Verhältnis setzen und dadurch r bestimmen können:

$$\left.\begin{aligned}(4)\quad 40\,°C &= a\cdot e^{-r\cdot 10\text{ min}}\\ (5)\quad 35\,°C &= a\cdot e^{-r\cdot 20\text{ min}}\end{aligned}\right\} \Rightarrow \frac{40\,°C}{35\,°C} = e^{-r\cdot(10\text{ min}-20\text{ min})} = e^{r\cdot 10\text{ min}}$$

$$\Rightarrow r\cdot 10\text{ min} = \ln\frac{40}{35} \Rightarrow r = \frac{\ln\frac{8}{7}}{10}\,\frac{1}{\text{min}}$$

Diesen Wert für r setzen Sie nun zusammen mit Gleichung (3) in (4) ein:

$$\begin{aligned}40\,°C &= (30\,°C - \vartheta_K)\cdot e^{-\frac{\ln\frac{8}{7}}{10}\frac{1}{\text{min}}\cdot 10\text{ min}}\\ &= (30\,°C - \vartheta_K)\cdot e^{-\ln\frac{8}{7}}\\ &= (30\,°C - \vartheta_K)\cdot\frac{7}{8}\end{aligned}$$

$$\Rightarrow \vartheta_K = 30\,°C - 40\,°C\cdot\frac{8}{7} = -15{,}7\,°C$$

CAS *Hinweise für den CAS-Einsatz:*

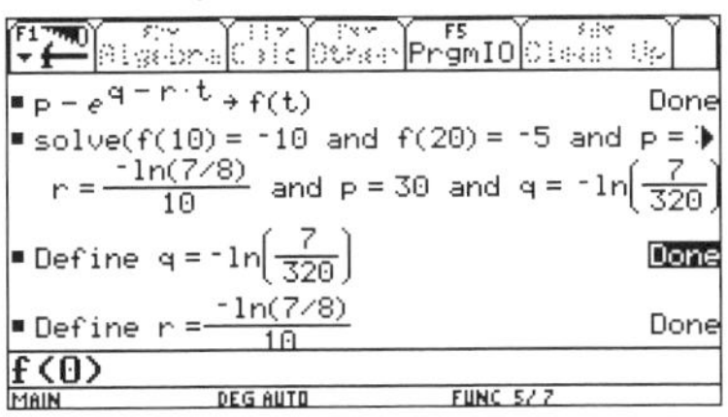

Die Schranke p = 30 ergibt sich aus der Aufgabenstellung. Die Lösungen des Gleichungssystems zeigen Werte für q und r an. Diese Lösungen müssen anschließend unter q und r gespeichert werden.

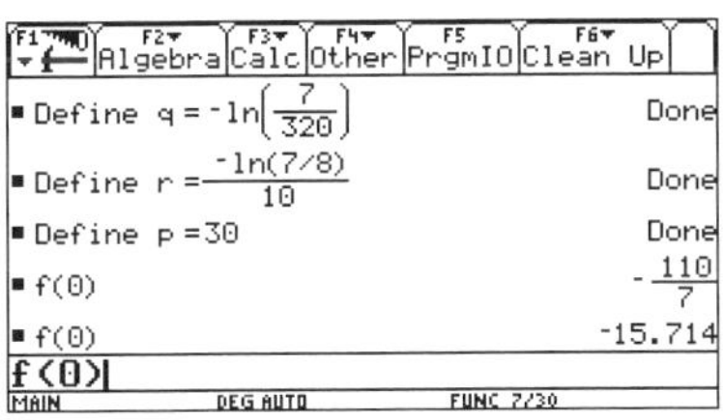

Den Wert ϑ_K erhält man, indem man f(0) berechnet.

Aufgaben **184.** Beim Aufladen eines Fotoblitzgeräts steigt die Spannung U während des Ladevorgangs nach einer Funktion der Form $U(t) = p - e^{q - r \cdot t}$; p, q, r > 0 von 0 V auf 500 V an.

a) Wie lautet der Funktionsterm, wenn die Spannung nach 5 s den Wert 350 V erreicht hat?

b) Nach welcher Zeit ist das Blitzgerät einsatzbereit, wenn die Mindestspannung 430 V beträgt?

185. Marie Curie entdeckte 1898 ein radioaktives Element, das sie ihrem Heimatland zu Ehren Polonium nannte. Das Poloniumisotop Po-210 hat eine Halbwertszeit von etwa 138 Tagen.

a) Berechnen Sie die Menge, die nach 30 Tagen von 2 g Polonium Po-210 noch vorhanden ist.

b) Nach wie vielen Tagen sind von den 2 g Polonium Po-210 noch 1,5 g vorhanden?

12.3 Logistisches Wachstum

Wächst eine Population von Bakterien zunächst exponentiell, so ist diesem Wachstum häufig eine natürliche Grenze gesetzt, z. B. durch einen begrenzten Futtervorrat. Es schließt sich also ein beschränktes Wachstum an. Die Änderungsgeschwindigkeit f'(t) ist somit proportional zum aktuellen Bestand f(t) sowie proportional zur Differenz aus der Wachstumsgrenze G und dem aktuellen Bestand (G – f(t)).

Definition

Logistisches Wachstum liegt vor, wenn f(t) die Differenzialgleichung $f'(t) = k\, f(t)\, (G - f(t))$ erfüllt. Die Funktion

$$f(t) = \frac{G}{1 + a \cdot e^{-Gkt}}$$ mit k > 0 und G > 0 löst

diese Differenzialgleichung.
Der Parameter a wird bestimmt durch

$$a = \frac{G - f(0)}{f(0)}.$$

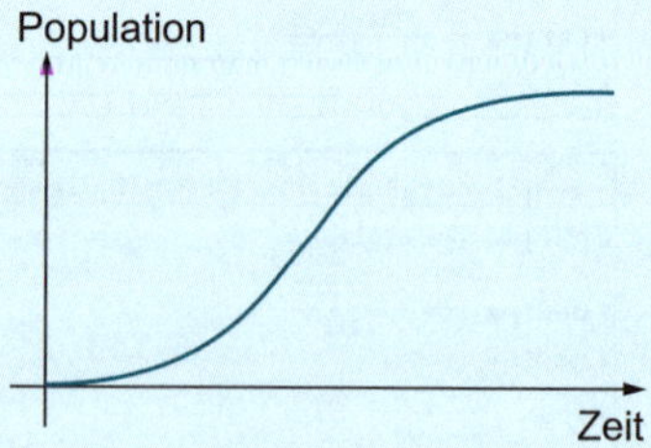

Regel

Logistisches Wachsen

Die Funktion $f(t) = \dfrac{G}{1 + a \cdot e^{-Gkt}}$ mit $a \in \mathbb{R} \setminus \{0\}, t \in \mathbb{R}$,

- besitzt die Wachstumsgrenze $\lim\limits_{t \to \infty} f(t) = G$;
- besitzt den Anfangswert $f(0) = \dfrac{G}{1+a}$.

Bemerkung: Der Funktionsterm f(t) kann je nach Taschenrechnertyp in einer anderen Form angegeben werden.

Beispiele

1. Zur Züchtung eines Bakterienstammes werden einige der Bakterien in einer 50 cm^2 großen Petrischale in eine Nährlösung gegeben. Nach einiger Zeit stellt man fest, dass die Bakterienkolonie eine Ausdehnung von 1 cm^2 hat. Nach einem Tag beträgt die Ausdehnung bereits 1,5 cm^2.

   a) Begründen Sie, warum die Annahme des logistischen Wachstums in diesem Fall sinnvoll ist.

   b) Stellen Sie die Wachstumsfunktion f(t) auf.

   c) Berechnen Sie die Fläche, die die Bakterienkolonie nach 10 Tagen überdecken wird.

   Lösung:

   a) Der Bestand der Bakterien vermehrt sich umso schneller, je mehr Bakterien vorhanden sind. Das spricht für exponentielles Wachstum. Allerdings ist das Wachstum durch eine begrenzte Fläche der Petrischale und durch das Nahrungsangebot beschränkt, sodass sich ein logistisches Wachstum ergibt.

   b) $f(0) = 1\ cm^2$. Die Wachstumsgrenze G ist die Fläche der Petrischale, also $G = 50\ cm^2$. Damit folgt $a = \dfrac{G - f(0)}{f(0)} = 49\ cm^2$. Die

   Wachstumsfunktion lautet bislang $f(t) = \dfrac{50\ cm^2}{1 + 49\ cm^2 \cdot e^{-50 \cdot k \cdot t}}$.

   Mit dem Ansatz $f(1) = 1{,}5\ cm^2$ kann k bestimmt werden:

   $$1{,}5\ cm^2 = \frac{50\ cm^2}{1 + 49\ cm^2 e^{-50\ cm^2 \cdot k \cdot 1}}$$

   Nach k aufgelöst ergibt $k = -\ln\left(\dfrac{485}{735}\right) \cdot \dfrac{1}{50} \approx 8{,}31 \cdot 10^{-3}$.

   Damit ist $f(t) = \dfrac{50\ cm^2}{1 + 49\ cm^2 e^{-50 \cdot 0{,}00831 \cdot t}}$.

c) $f(10) = \dfrac{50}{1 + 49 \cdot e^{-50 \cdot 0{,}00831 \cdot 10}} \approx 28{,}3$

CAS *Hinweise für den CAS-Einsatz:*

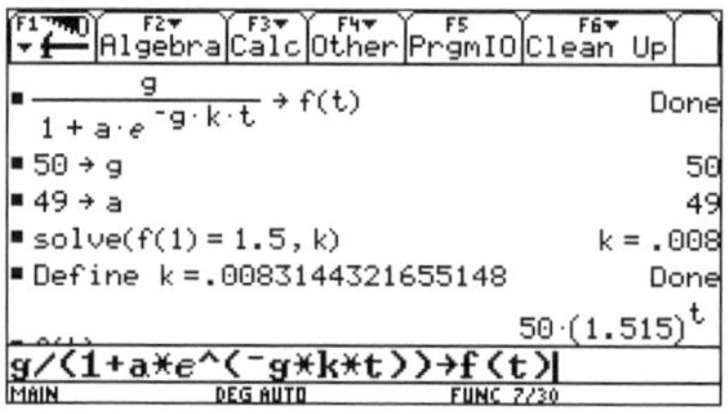

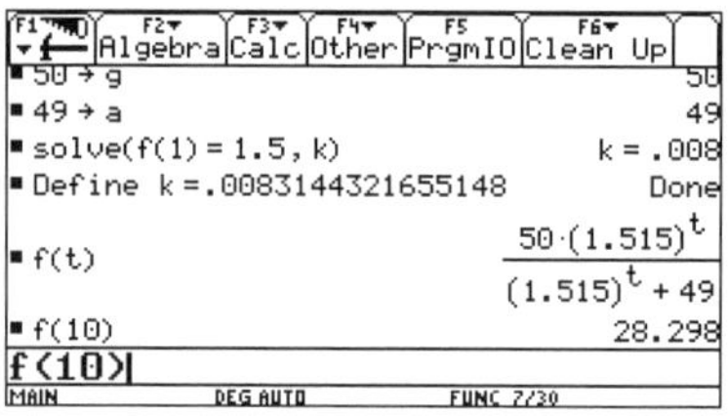

Zuerst wird die Funktion des logistischen Wachstums in allgemeiner Form eingegeben. Die Parameter werden dann schrittweise bestimmt. Mithilfe des Befehls **solve** wird k ermittelt.
Aufgrund von Rundungsfehlern erhält man ein etwas anderes Ergebnis für f(10).

2. In der folgenden Tabelle wird die tägliche Erdölfördermenge für Algerien dargestellt.

Jahr	1999	2000	2001	2002	2003	2004	2005
Fördermenge in Mio. Barrel pro Tag	0,72	0,83	0,87	0,95	1,17	1,30	1,40

a) Erstellen Sie mithilfe des CAS-Rechners eine logistische Funktion. Ermitteln Sie die Wachstumsgrenze.

b) Schätzen Sie mithilfe dieser Wachstumsfunktion die Fördermenge für das Jahr 2008 ab.

c) Beurteilen Sie, ob die Annahme des logistischen Wachstums realistisch ist.

CAS *Lösung:*

a)

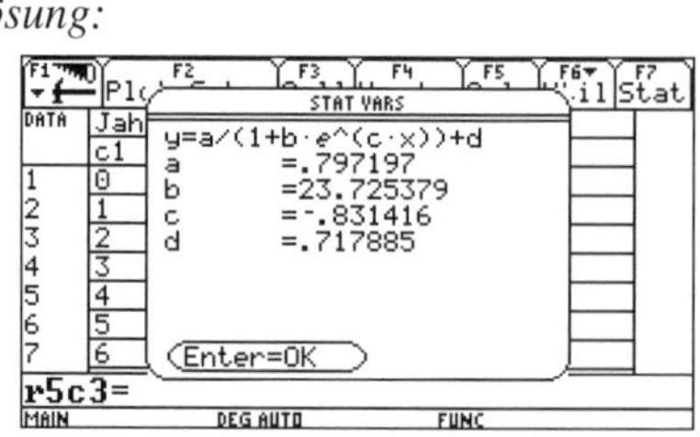

Der Rechner gibt die gezeigte Funktion aus. Der Funktionsterm wird unter y1(x) gespeichert.
Mithilfe der **limit**-Funktion ermittelt man G = 1,515 als Wachstumsgrenze.

b) 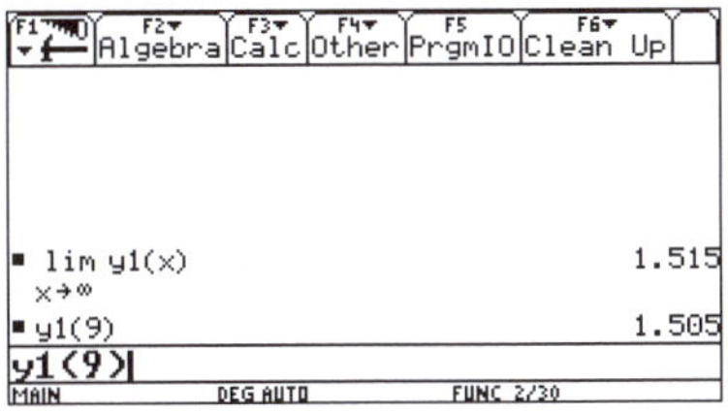

Für y(9) erhält man für das Jahr 2008 eine Fördermenge von 1,505 Mio. Barrel Öl pro Tag.
Zur Bedienung des CAS-Rechners vergleichen Sie die Hinweise zur Aufgaben 187a auf Seite 321.

c) 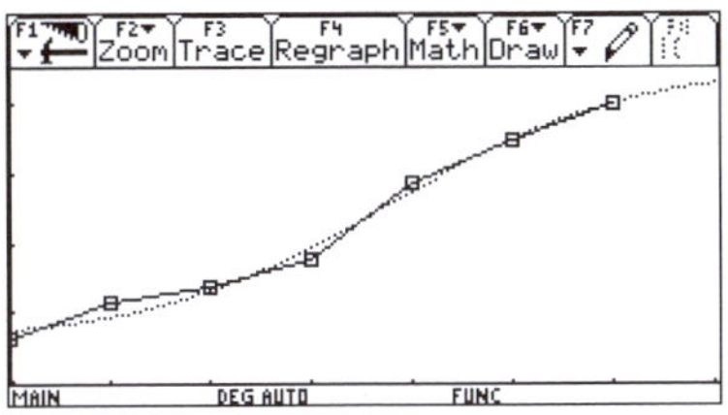

Folgende Indizien könnten auf ein logistisches Wachstum hinweisen: Die Industrieproduktion kann stärker wachsen, wenn mehr Öl vorhanden ist. Die Ölreserven sind andererseits beschränkt. Auch die Darstellung der Messwerte im Koordinatensystem könnte auf ein solches Wachstum hinweisen. (Die dünne Linie ist der Funktionsgraph von y1(x)).

Die Ölproduktion folgt oft nicht solchen Wachstumsgesetzen. Im Jahr 2008 lag die Tagesproduktion nicht bei den berechneten 1,505 Mio. Barrel, sondern nur bei etwa 1,4 Mio. Barrel Öl. Durch den Wirtschaftswachstumseinbruch Ende 2008 und im Jahr 2009 ist die Fördermenge weiter gesunken. Da Algerien zur OPEC gehört, spielen auch Kartellfragen eine Rolle. Weiter umfassen die gewählten Messpunkte einen relativ geringen Zeitraum.
Insgesamt führt die Anwendung des Modells des logistischen Wachstums hier zu keiner gesicherten Aussage.

Aufgaben

186. In einem kleinen Dorf leben 300 Einwohner, die alle gut miteinander bekannt sind. Um sich zu rächen, setzt einer der Einwohner über seinen Nachbarn ein böses Gerücht in die Welt. Am folgenden Tag kennen bereits 12 Einwohner das Gerücht.

a) Stellen Sie die Wachstumsfunktion auf, wenn man logistisches Wachstum annimmt.

b) Berechnen Sie, nach wie vielen Tagen etwa 95 % der Einwohner von dem Gerücht erfahren haben.

c) Finden Sie Argumente, die für und die gegen die Annahme sprechen, dass es sich um ein logistisches Wachstum handelt.

187. Eine Messreihe zum Wachstum von Hefekulturen wurde 1913 von dem schwedischen Biologen T. Carlson protokolliert. Er maß stündlich die Hefemasse.

Zeit in h	0	1	2	3	4	5	6	7	8	9
Masse in mg	9,6	18,3	29,0	47,2	71,1	119,1	174,6	257,3	350,7	441,0

Zeit in h	10	11	12	13	14	15	16	17	18
Masse in mg	513,3	559,7	594,8	629,4	640,8	651,1	655,9	659,6	661,8

a) Erstellen Sie mithilfe des CAS-Rechners eine Funktion, die die Zunahme der Hefemasse als logistisches Wachstum beschreibt.

b) Ermitteln Sie die Wachstumsgrenze der Hefe. Berechnen Sie die Zeit, nach der genau 100 mg Hefekultur vorhanden waren.

c) Begründen Sie, warum es sich bei diesem Wachstumsprozess um ein logistisches Wachstum handelt.

Lösungen

Auf den folgenden Seiten finden Sie vollständige Lösungen zu allen im Buch enthaltenen Übungsaufgaben.

1. a) Einsetzen der Punktkoordinaten in die Steigungsformel $m = \frac{y_B - y_A}{x_B - x_A}$ liefert den numerischen Wert der Steigung m:

$m = \frac{4-1}{2-(-4)} = \frac{3}{6} = \frac{1}{2}$

Wenn Sie $y = 4$, $x = 2$ und $m = \frac{1}{2}$ in die Gleichung $y = mx + t$ einsetzen, erhalten Sie als Bestimmungsgleichung für t: $4 = \frac{1}{2} \cdot 2 + t$. Durch Auflösen nach t finden Sie $t = 3$. Die Geradengleichung lautet also:
g: $y = \frac{1}{2}x + 3$.
Wegen $\frac{1}{2} \cdot 1 + 3 = 3{,}5 > 2$ liegt C unter der Geraden g.

b) Eine zu $y = \frac{1}{2}x + 3$ senkrechte Gerade n besitzt wegen $m_g \cdot m_n = -1$ die Steigung $m_n = -2$. Durch Einsetzen von $y = 2$, $x = 1$ und $m = -2$ in die Gleichung $y = mx + t$ folgt als Bestimmungsgleichung für t: $2 = -2 \cdot 1 + t$ und daraus $t = 4$, sodass die gesuchte Geradengleichung lautet:
n: $y = -2x + 4$

c) Wenn Sie die implizite Gleichung der Geraden h nach y auflösen, erhalten Sie die explizite Gleichung h: $y = \frac{1}{2}x + \frac{1}{3}$. h und g verlaufen parallel, weil sie beide die Steigung $\frac{1}{2}$ besitzen.

2. Die Geradengleichung lautet

a) $y = 2$, weil die Gerade parallel zur und im Abstand 2 oberhalb der x-Achse verläuft.

b) $x = 3$, weil die Gerade parallel zur und im Abstand 3 rechts von der y-Achse verläuft.

c) $y = -\frac{1}{2}x + 1$, weil die Gerade die Steigung $m = -\frac{1}{2}$ und den Achsenabschnitt $t = 1$ besitzt.

d) $y = 2x + 3$, weil die Gerade die Steigung $m = 2$ und den Achsenabschnitt $t = 3$ besitzt.

e) $y = 3x - 3$, weil die Gerade die Steigung $m = 3$ und den Achsenabschnitt $t = -3$ besitzt.

f) $y = -\frac{1}{4}x - 1$, weil die Gerade die Steigung $m = -\frac{1}{4}$ und den Achsenabschnitt $t = -1$ besitzt.

3. a) Sie rechnen den Funktionsterm mittels quadratischer Ergänzung in die Scheitelform um:

$-2x^2 - 8x - 10 = -2(x^2 + 4x + 5)$ Ausklammern des Koeffizienten bei x^2

$= -2(\mathbf{x^2 + 4x + 2^2} - 2^2 + 5)$	Quadratische Ergänzung
$= -2((\mathbf{x+2})^2 - 2^2 + 5)$	Binomische Formel
$= -2((x+2)^2 + 1)$	Zusammenfassen
$= -2(x+2)^2 - 2$	Ausmultiplizieren

Der Scheitel der Parabel liegt bei $(-2\,|\,-2)$. Sie ist wegen $a = -2 < 0$ nach unten geöffnet und wegen $|a| = |-2| > 1$ schmäler als die Normalparabel.

b) Die gesuchten Koordinaten lassen sich ohne quadratische Ergänzung rascher durch Überlegung finden: Die x-Koordinate des Scheitels S liegt nämlich in der Mitte zwischen den beiden Nullstellen $x_1 = -4$ und $x_2 = 2$, also bei $x_S = \frac{-4+2}{2} = -1$.

Für seine y-Koordinate gilt $y_S = g(x_S) = 0{,}5 \cdot (-1-2)(-1+4) = -4{,}5$, S besitzt daher die Koordinaten $S(-1\,|\,-4{,}5)$.

Die Parabel ist wegen $a = 0{,}5 > 0$ nach oben offen und wegen $|a| = 0{,}5 < 1$ breiter als die Normalparabel.

4. a) Einsetzen von $a = \frac{1}{3}$, $b = -\sqrt{3}$, $c = 2$ in die Lösungsformel ergibt:

$$x_{1;2} = \frac{\sqrt{3} \pm \sqrt{(-\sqrt{3})^2 - 4 \cdot \frac{1}{3} \cdot 2}}{2 \cdot \frac{1}{3}} = \frac{\sqrt{3} \pm \sqrt{\frac{1}{3}}}{\frac{2}{3}} = \frac{\sqrt{3} \pm \frac{1}{3}\sqrt{3}}{\frac{2}{3}} = \begin{cases} \dfrac{\frac{2}{3}\sqrt{3}}{\frac{2}{3}} = \sqrt{3} \\ \dfrac{\frac{4}{3}\sqrt{3}}{\frac{2}{3}} = 2\sqrt{3} \end{cases}$$

b) $4x^2 - 28x = 0$

$x(x-7) = 0$	Division durch 4 auf beiden Seiten der Gleichung und Ausklammern von x
$\Rightarrow\ x_1 = 0;\ x_2 = 7$	Ein Produkt ist genau dann null, wenn mindestens ein Faktor null ist.

5. a) Da die bzgl. der y-Achse symmetrischen Punkte $P(3\,|\,1)$, $Q(-3\,|\,1)$ auf der Parabel liegen, besitzt ihr Scheitel die x-Koordinate 0. Daher hat der Funktionsterm nach dem Satz von der Scheitelform die Gestalt:
$f(x) = ax^2 + c$

Durch Einsetzen der Koordinaten der Punkte P und R in den Funktionsterm erhalten Sie folgendes Gleichungssystem:

$$\left.\begin{array}{lll} (1)\ 1 = a \cdot 3^2 + c & \Leftrightarrow & (1^*)\ 9a + c = 1 \\ (2)\ 3 = a \cdot 1 + c & \Leftrightarrow & (2^*)\ \ a + c = 3 \end{array}\right\} \overset{(1^*)-(2^*)}{\Rightarrow} 8a = -2 \Rightarrow a = -0{,}25$$

Einsetzen in (2) und Auflösen nach c ergibt $c = 3{,}25$. Der Funktionsterm lautet also:
$f(x) = -0{,}25x^2 + 3{,}25$

Hinweise für den CAS-Einsatz:

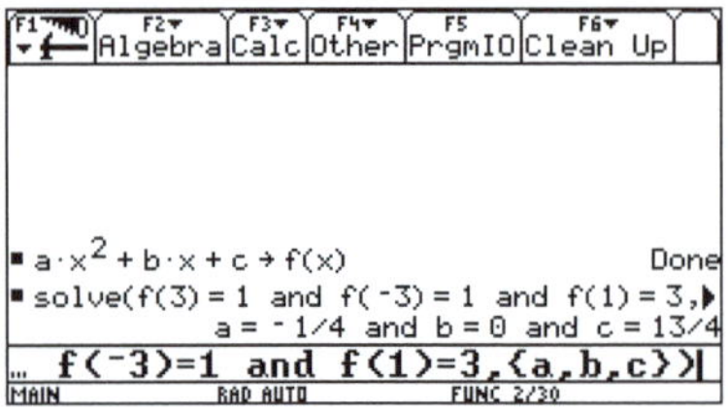

Die Normalform der quadratischen Funktion wird unter f(x) gespeichert. Die aus der Aufgabenstellung entnommenen Bedingungen f(3) = 1, f(–3) = 1 und f(1) = 3 ergeben ein Gleichungssystem, das mit dem Befehl **solve** gelöst wird.

b) $f(x) = a(x-3)^2 - 5$ — Scheitel S(3 | –5), Scheitelform der Parabel

$4 = a(0-3)^2 - 5 \Leftrightarrow 4 = 9a - 5 \Leftrightarrow a = 1$ — Punkt (0 | 4) liegt auf der Parabel

$f(x) = 1 \cdot (x-3)^2 - 5 = x^2 - 6x + 4$ — Einsetzen von a und Ausmultiplizieren

Hinweise für den CAS-Einsatz:

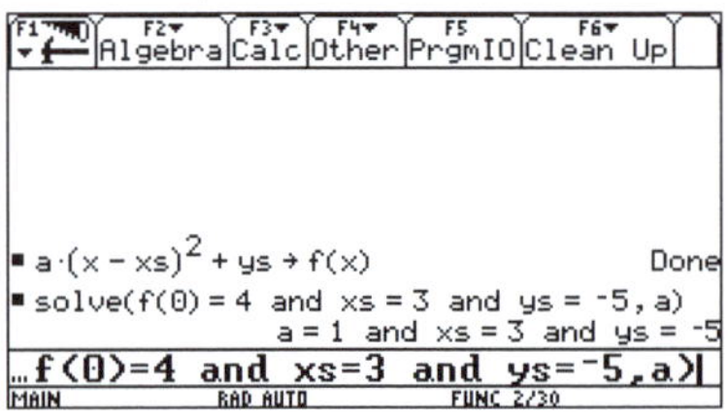

Der Funktionsterm der quadratischen Funktion wird in der Scheitelform definiert und unter f(x) gespeichert. Da die Koordinaten des Scheitelpunktes (xs und ys) in der Aufgabenstellung angegeben sind, wird nur noch eine Lösung für den Parameter a gesucht.

c) Da die Parabel nach oben geöffnet und zur Normalparabel kongruent ist, gilt $a = 1$. Da $x_1 = 0$ und $x_2 = 5$ ihre Nullstellen sind, gilt für den Funktionsterm nach dem Satz über die Linearfaktorzerlegung:

$f(x) = 1 \cdot (x-0) \cdot (x-5) = x^2 - 5x$

Hinweise für den CAS-Einsatz:

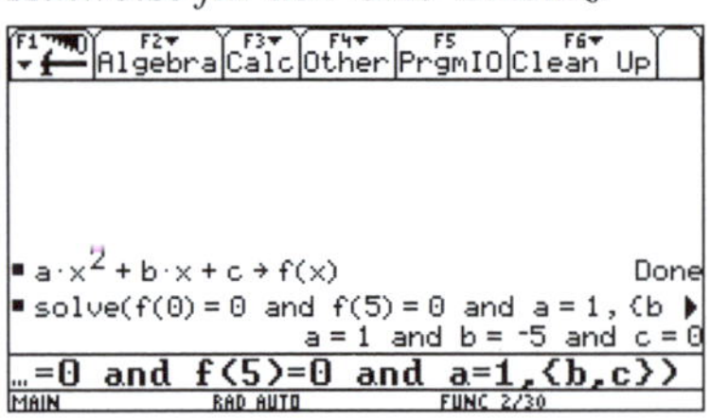

Anders als in der schriftlichen Lösung wird hier wieder ausgehend von der Normalform ein Gleichungssystem erstellt. Dabei werden die beiden Nullstellen und die Kongruenz zur Normalparabel (a = 1) verwendet. Mit den Lösungen a = 1, b = –5 und c = 0 ergibt sich der Funktionsterm $f(x) = x^2 - 5x$.

6. a) Gemäß der Lösungsformel bzw. nach dem Satz von Vieta sind $x_1 = 4$ und $x_2 = 5$ die Lösungen der zugehörigen quadratischen Gleichung. Die Lösungsmenge der Ungleichung $x^2 - 9x + 20 \geq 0$ lautet dann

$]-\infty; 4\,] \cup [5; \infty[$,

weil die nach oben offene Parabel $y = x^2 - 9x + 20$ nur auf dieser Menge nicht unterhalb der x-Achse verläuft.

b) Da die Diskriminante des quadratischen Terms $x^2 + 6x + 14$ wegen $D = 6^2 - 4 \cdot 1 \cdot 14 = -20$ negativ ist, besitzt die nach oben offene Parabel $y = x^2 + 6x + 14$ keine gemeinsamen Punkte mit der x-Achse und verläuft ausschließlich in der oberen Halbebene. Die Lösungsmenge der Ungleichung $x^2 + 6x + 14 < 0$ ist daher leer.

7. Der Skizze in der Angabe entnehmen Sie zunächst die Koordinaten des Scheitels und das Vorzeichen des Koeffizienten a ($|a| = 1$ wegen Kongruenz zur Normalparabel). Daraus berechnen Sie mithilfe des Satzes von der Scheitelform den Funktionsterm.

	Scheitelkoordinate	a	Funktionsterm
a)	$S(-3 \mid 1)$	+1	$f(x) = (x+3)^2 + 1 = x^2 + 6x + 10$
b)	$S(-1 \mid -2)$	+1	$f(x) = (x+1)^2 - 2 = x^2 + 2x - 1$
c)	$S(2 \mid 3)$	–1	$f(x) = -(x-2)^2 + 3 = -x^2 + 4x - 1$
d)	$S(4 \mid -2)$	–1	$f(x) = -(x-4)^2 - 2 = -x^2 + 8x - 18$

8. a) $x^4 - 9x^2 + 20 = 0 \Leftrightarrow z^2 - 9z + 20 = 0$ — Substitution $z := x^2$ (biquadratische Gleichung)

$\Rightarrow z_1 = 5;\ z_2 = 4$ — Anwendung der Lösungsformel für quadratische Gleichungen

$x^2 = 5;\ x^2 = 4$ — Resubstitution $x^2 = z$

$\Rightarrow x_1 = \sqrt{5};\ x_2 = -\sqrt{5};\ x_3 = -2;\ x_4 = 2$ — f besitzt 4 einfache Nullstellen.

Hinweise für den CAS-Einsatz:

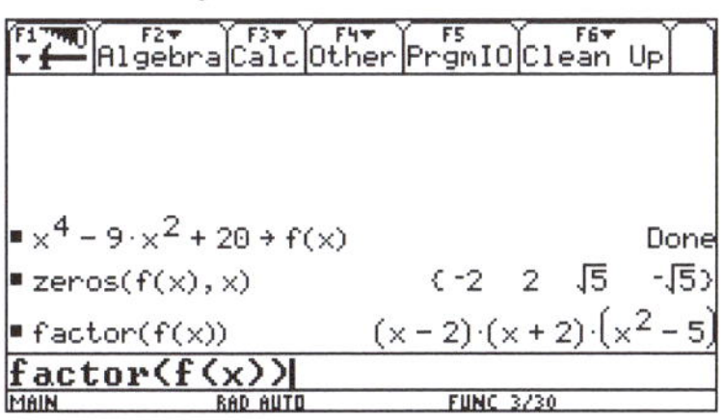

Mit dem Befehl **zeros** erhält man 4 Lösungen. Da es eine Gleichung vierten Grades ist, gibt es höchstens 4 Nullstellen. Daraus folgt, dass alle errechneten Nullstellen einfache Nullstellen sind. Ebenso liefert die Linearfaktorzerlegung der Funktion mithilfe des Befehls **factor** dasselbe Ergebnis: Die Nullstellen sind jeweils einfach anden Stellen: 2; –2; $\sqrt{5}$ und $-\sqrt{5}$.

b) $f(x) = -x^7 - x^5 - x^9 = -x^5(x^4 + x^2 + 1)$ — Ausklammern, Ordnen nach Potenzen

$f(x) = 0 \Leftrightarrow x = 0$ — Ein Produkt ist genau dann null, wenn mindestens ein Faktor null ist: $x^4 + x^2 + 1 > 0$ für alle $x \in \mathbb{R}$, daher ist $x = 0$ fünffache Nullstelle von f.

Hinweise für den CAS-Einsatz:

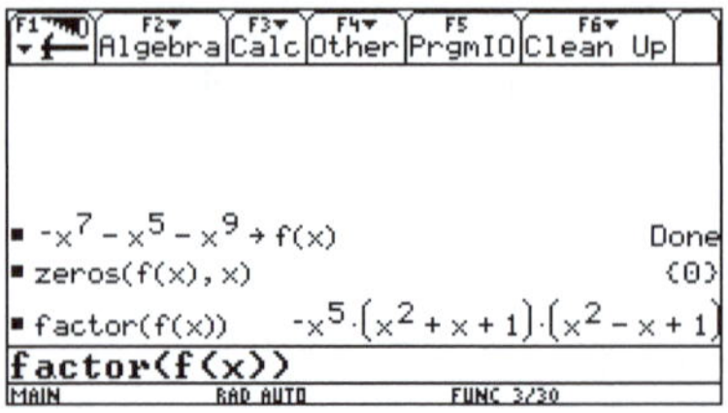

Der Befehl **zeros** liefert nur die Nullstelle $x = 0$. Die Linearfaktorzerlegung ergibt einen Faktor $-x^5$, von dem man die Vielfachheit fünf ablesen kann.

c) Als ganzzahlige Nullstellen kommen nur die Teiler von 1, also ± 1 in Frage. Durch Nachrechnen findet man, dass nur 1 Nullstelle ist. Dann folgt:

$$\frac{f(x)}{x-1} = (x^4 - 2x^3 + 2x^2 - 2x + 1) : (x-1)$$ Polynomdivision

$$= x^3 - x^2 + x - 1$$

$$= x^2(x-1) + (x-1)$$ Zweimaliges Ausklammern

$$= (x^2 + 1)(x-1)$$

$$f(x) = 0 \Leftrightarrow (x^2+1)(x-1)^2 = 0 \Leftrightarrow x = 1$$

Ein Produkt ist genau dann null, wenn mindestens ein Faktor null ist. Da $x^2 + 1$ stets positiv ist, ist $x = 1$ doppelte Nullstelle von f.

9.

Graph	Funktionsterm	Begründung
A	n(x)	–3 ist Nullstelle gerader Ordnung, –1 und +1 sind Nullstellen ungerader Ordnung.
B	g(x)	1 ist Nullstelle gerader Ordnung, –3 und –1 sind Nullstellen ungerader Ordnung.
C	k(x)	–1 ist Nullstelle gerader Ordnung, –3 und 1 sind Nullstellen ungerader Ordnung.
D	i(x)	–3, –1, 1 sind Nullstellen ungerader Ordnung.
E	f(x)	–3 und 1 sind Nullstellen gerader Ordnung, –1 ist keine Nullstelle.
F	o(x)	–3 ist Nullstelle ungerader Ordnung, –1 und 1 sind Nullstellen gerader Ordnung.

10. a) $f(x) = \frac{(x-1)^2}{(x+2)^2 \cdot (x-3)^2}$ besitzt

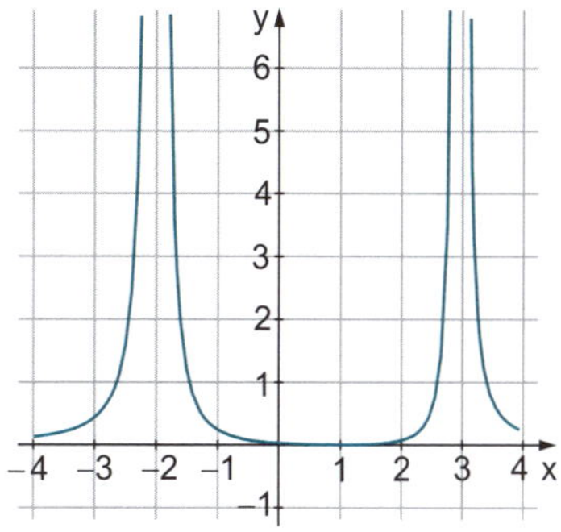

- bei **–2** eine **Polstelle 2. Ordnung**. Weil $\frac{(x-1)^2}{(x-3)^2}$ dort positiv ist, strebt f(x) bei Annäherung von links und rechts an die Polstelle gegen $+\infty$.
- bei **+3** eine **Polstelle 2. Ordnung**. Weil $\frac{(x-1)^2}{(x+2)^2}$ dort positiv ist, strebt f(x) bei Annäherung von links und rechts an die Polstelle gegen $+\infty$.
- bei **+1** eine **Nullstelle 2. Ordnung**. Weil $(x+2)^2(x-3)^2$ dort positiv ist, berührt der Graph die x-Achse von oben.

b) $f(x) = \frac{x-1}{(x+2)^2 \cdot (x-3)}$ besitzt

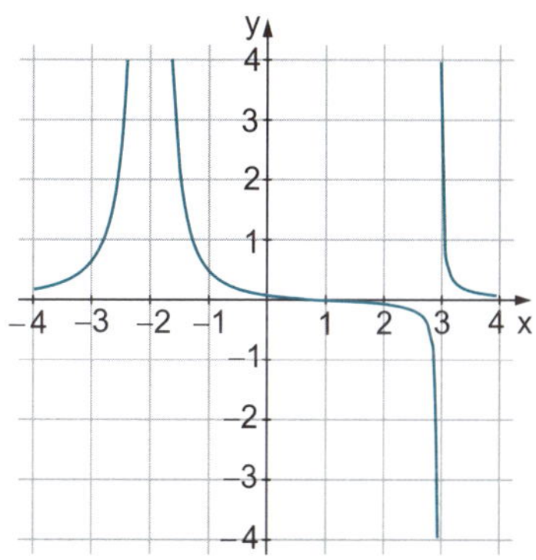

- bei **+1** eine **Nullstelle 1. Ordnung**. Da $(x+2)^2(x-3)$ dort negativ ist und $x-1$ beim Fortschreiten von links nach rechts über die Nullstelle hinweg das Vorzeichen von – nach + wechselt, wechselt f das Vorzeichen von + nach –.
- bei **+3** eine **Polstelle 1. Ordnung**. Da $\frac{x-1}{(x+2)^2}$ dort positiv ist und $x-3$ beim Fortschreiten von links nach rechts über die Polstelle hinweg das Vorzeichen von – nach + wechselt, strebt f(x) bei Annäherung von links (rechts) an die Polstelle gegen $-\infty$ $(+\infty)$.
- bei **–2** eine **Polstelle 2. Ordnung**. Da $\frac{(x-1)}{(x-3)}$ dort positiv ist, strebt f(x) bei Annäherung von links und rechts an die Polstelle gegen $+\infty$.

11. Der genannte Funktionsterm erfüllt jeweils als einziger unter den vorgeschlagenen Termen die nötigen Eigenschaften.

Graph	Funktionsterm	Begründung
A	m(x)	–3 und –1 sind Pole gerader Ordnung, –2 ist Nullstelle ungerader Ordnung.
B	l(x)	–3 und –1 sind Pole ungerader Ordnung, –2 ist Nullstelle gerader Ordnung.

C	h(x)	–2 und –3 sind Pole ungerader Ordnung, –1 ist Nullstelle ungerader Ordnung.
D	k(x)	–1 ist Nullstelle gerader Ordnung, –2 und –3 sind Pole ungerader Ordnung.
E	f(x)	–2 ist Nullstelle ungerader Ordnung, –1 ist ein Pol gerader Ordnung, –3 ein Pol ungerader Ordnung.

12. Die Begründungen der folgenden Antworten sind durch die im Haupttext genannten Eigenschaften von Parabeln und Hyperbeln gerader bzw. ungerader Ordnung gegeben und werden durch die dort dargestellten Funktionsgraphen veranschaulicht.

a) Der Graph ist entweder eine Parabel oder eine Hyperbel ungerader Ordnung, n also ungerade.

b) Die Aussage ist nur für die Hyperbel gerader Ordnung erfüllt, n ist daher negativ und gerade.

c) Aus $(-3)^n = -\frac{1}{27}$ folgt zunächst $(-3)^n = (-3)^{-3}$ und hieraus $n = -3$.

d) Die Aussage trifft für Parabeln mit $n \in \{8, 9, 10, 11, \ldots\}$ zu.

e) Die Aussage ist nur für Hyperbeln ungerader Ordnung erfüllt, n ist daher negativ und ungerade.

f) Die Aussage ist nur für Parabeln und Hyperbeln ungerader Ordnung erfüllt, n ist daher ungerade.

g) Die Aussage ist nur für Parabeln und Hyperbeln gerader Ordnung erfüllt, n ist daher gerade.

h) Die Aussage ist nur für Hyperbeln erfüllt, n ist daher negativ.

i) Die Aussage ist nur für Hyperbeln gerader Ordnung erfüllt, n ist daher negativ und gerade.

13. a) $\sqrt{x+3} + \sqrt{x-2} = 5$

$\sqrt{x+3} = 5 - \sqrt{x-2}$	Isolieren einer Wurzel auf der linken Gleichungsseite
$x+3 = 25 - 10\sqrt{x-2} + (x-2)$	Quadrieren der beiden Gleichungsseiten
$10\sqrt{x-2} = 25 + x - 2 - x - 3$	Isolieren der Wurzel auf der linken Gleichungsseite
$10\sqrt{x-2} = 20$	Zusammenfassen auf der rechten Gleichungsseite
$100(x-2) = 400$	Quadrieren der beiden Gleichungsseiten
$x = 6$	Auflösen nach x

Probe: $x=6$ ist Lösung, da man beim Einsetzen von $x=6$ in die ursprüngliche Gleichung auf beiden Seiten 5 erhält.

Hinweise für den CAS-Einsatz:

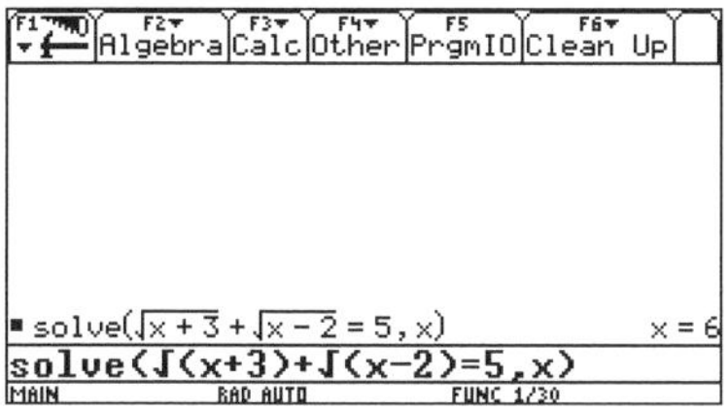

Mit dem Befehl **solve** erhält man die Lösung $x=6$.

b) $\sqrt{5+\sqrt{3x-3}-x}=2$

$5+\sqrt{3x-3}-x=4$	Quadrieren der beiden Gleichungsseiten
$\sqrt{3x-3}=x-1$	Isolieren der Wurzel auf der linken Gleichungsseite
$3x-3=x^2-2x+1$	Quadrieren der beiden Gleichungsseiten
$x^2-5x+4=0$	Zusammenfassen auf einer Seite und Ordnen nach Potenzen
$x_1=1;\quad x_2=4$	Anwenden der Lösungsformel für quadratische Gleichungen

Probe: x_1 und x_2 sind Lösungen, da man beim Einsetzen von $x_1=1$ und $x_2=4$ in die ursprüngliche Gleichung auf beiden Seiten jeweils 2 erhält.

Hinweise für den CAS-Einsatz:

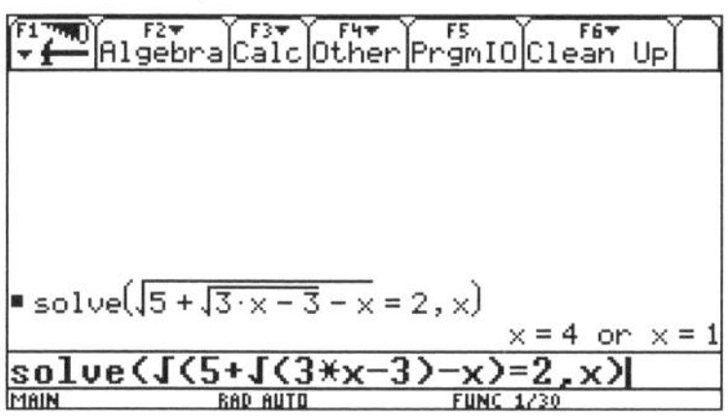

Bei der Eingabe der Wurzelterme muss insbesondere darauf geachtet werden, dass die schließenden Klammern richtig gesetzt werden.

14. a)

$\dfrac{e^x-1}{1-\sqrt{e^x}}=\dfrac{(\sqrt{e^x})^2-1}{1-\sqrt{e^x}}$	Umformen des Zählers
$=\dfrac{(\sqrt{e^x}-1)(\sqrt{e^x}+1)}{1-\sqrt{e^x}}$	3. binomische Formel
$=-(\sqrt{e^x}+1)$	Kürzen mit $1-\sqrt{e^x}$. Beachten Sie, dass $x=0$ nicht zugelassen ist (Polstelle).

b) $\frac{1}{2}\cdot\left(e^x\cdot(e^x-2)+e^x\cdot e^x\right)$

$=\frac{1}{2}\cdot\left(e^x\cdot e^x-2e^x+e^x\cdot e^x\right)$ Distributivgesetz

$=\frac{1}{2}\cdot\left(2e^{2x}-2e^x\right)$ Addition gleichartiger Terme, 1. Potenzgesetz

$=e^{2x}-e^x$ Distributivgesetz

c) $-2e^{-x}+(1-2x)\cdot e^{-x}\cdot(-1)$

$=-2e^{-x}-e^{-x}+2xe^{-x}$ Distributivgesetz

$=-3e^{-x}+2xe^{-x}$ Addition gleichartiger Terme

d) $\dfrac{\frac{e^x}{\sqrt{e^x-1}}\cdot e^x-e^x\cdot\sqrt{e^x-1}}{e^{2x}}=\dfrac{\frac{e^x}{\sqrt{e^x-1}}-\sqrt{e^x-1}}{e^x}$ Ausklammern von e^x und Kürzen mit e^x

$=\dfrac{e^x-(e^x-1)}{e^x\sqrt{e^x-1}}$ Erweitern mit $\sqrt{e^x-1}$

$=\dfrac{1}{e^x\sqrt{e^x-1}}$ Addition gleichartiger Terme im Zähler

Hinweise für den CAS-Einsatz:

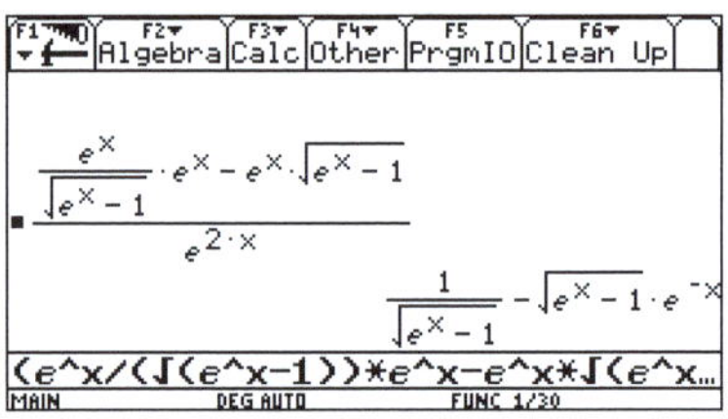

Bei der Eingabe des Zählers und des Nenners müssen jeweils Klammern gesetzt werden. Der CAS-Rechner vereinfacht den Term zunächst nicht so, wie es in der schriftlichen Lösung angegeben ist.

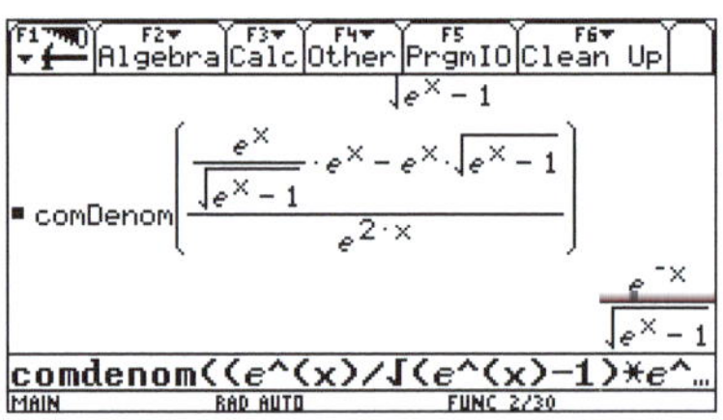

Mithilfe des Befehls **comDenom** werden die beiden Terme auf einem Hauptnenner zusammengefasst. Unter Berücksichtigung der Umformung $e^{-x}=\frac{1}{e^x}$ ergibt sich der Term der schriftlichen Losung.

15. Die über den Gleichheitszeichen stehenden Ziffern geben jeweils die Nummern der verwendeten Logarithmus-Rechenregeln an.

a) $\frac{1}{3}\ln 27-\ln 3+\frac{1}{2}\ln 64-2\ln 2^2=\frac{1}{3}\ln 3^3-\ln 3+\frac{1}{2}\ln 2^6-2\ln 2^2$

$\overset{(3)}{=}\frac{1}{3}\cdot 3\ln 3-\ln 3+\frac{1}{2}\cdot 6\ln 2-2\cdot 2\ln 2=\ln 3-\ln 3+3\ln 2-4\ln 2=-\ln 2$

b) $2\ln 1 - 4\ln 2 + \ln\frac{1}{3} + 4\ln 3 \overset{(2)}{=} 2\ln 1 - 4\ln 2 + \ln 1 - \ln 3 + 4\ln 3$

$\overset{(5)}{=} -4\ln 2 + 3\ln 3 \overset{(3)}{=} \ln 3^3 - \ln 2^4 \overset{(2)}{=} \ln\frac{3^3}{2^4} = \ln\frac{27}{16}$

c) $(\ln e^2)^2 - \ln\sqrt{e} + \sqrt{\ln e} \underset{\sqrt{e} = e^{\frac{1}{2}}}{\overset{(3)}{=}} (2\ln e)^2 - \frac{1}{2}\cdot\ln e + \sqrt{\ln e}$

$\overset{(4)}{=} (2\cdot 1)^2 - \frac{1}{2}\cdot 1 + \sqrt{1} = 4 - \frac{1}{2} + 1 = 4{,}5$

d) $\ln e^{-1} - \ln(2e) + \ln 2 \overset{(3)}{=} -\ln e - \ln(2e) + \ln 2$

$\overset{(1)}{=} -\ln e - \ln 2 - \ln e + \ln 2 \overset{(4)}{=} -2$

e) $-4e + 2e\cdot\ln e^2 + 4 - 2\cdot\ln e \overset{(3)}{=} -4e + 2e\cdot 2\cdot\ln e + 4 - 2\cdot\ln e$

$\overset{(4)}{=} -4e + 2e\cdot 2 + 4 - 2 = -4e + 4e + 2 = 2$

f) $\sqrt{e^{2\cdot\ln e}} : (e^{\ln\sqrt{e}})^2 \underset{\ln\sqrt{e} = \ln e^{\frac{1}{2}}}{\overset{(3)}{=}} \sqrt{e^{2\cdot\ln e}} : \left(e^{\frac{1}{2}\ln e}\right)^2 \overset{(4)}{=} \sqrt{e^2} : \left(e^{\frac{1}{2}}\right)^2 = e : e = 1$

g) Für die einzelnen Summanden gilt:

1. Summand: $\ln(2e^2) \overset{(1)}{=} \ln 2 + \ln e^2 \overset{(3)}{=} \ln 2 + 2\ln e \overset{(4)}{=} \ln 2 + 2$

2. Summand: $e^{\frac{1}{2}\ln 3} \overset{(3)}{=} e^{\ln 3^{\frac{1}{2}}} \overset{(8)}{=} 3^{\frac{1}{2}} = \sqrt{3}$

3. Summand: $-\frac{2e^{-\ln 0{,}1}}{10} = -\frac{1}{5}\cdot e^{-\ln 0{,}1} \overset{(3)}{=} -\frac{1}{5}\cdot e^{\ln(0{,}1)^{-1}}$

$\overset{(8)}{=} -\frac{1}{5}\cdot 0{,}1^{-1} = -\frac{1}{5}\cdot 10 = -2$

4. Summand: $10e^{-\ln 5} \overset{(3)}{=} 10e^{\ln 5^{-1}} \overset{(8)}{=} 10\cdot 5^{-1} = \frac{10}{5} = 2$

5. Summand: $-\ln\frac{e^2}{2} \overset{(2)}{=} -(\ln e^2 - \ln 2) \overset{(3)}{=} -2\ln e + \ln 2 \overset{(4)}{=} -2 + \ln 2$

Für die Summe dieser 5 Summanden gilt:
$\ln 2 + 2 + \sqrt{3} - 2 + 2 - 2 + \ln 2 = 2\ln 2 + \sqrt{3}$

16. Die über den Gleichheitszeichen stehenden Ziffern geben jeweils die Nummern der verwendeten Logarithmus-Rechenregeln an.

a) $\ln(x+1)+\ln(x-1)-2\ln x$

$$\overset{(3)}{=} \ln(x+1)+\ln(x-1)-\ln x^2$$

$$\overset{(1),(2)}{=} \ln\left(\frac{(x+1)(x-1)}{x^2}\right)=\ln\left(\frac{x^2-1}{x^2}\right)$$

b) $x-\ln(1+e^x) \overset{(9)}{=} \ln e^x - \ln(1+e^x) \overset{(2)}{=} \ln\frac{e^x}{1+e^x}$

17. $\ln(-x^2+3x+10)=\ln(x+2)(5-x)$

Satz von der Linearfaktorzerlegung: $-x^2+3x+10=-(x+2)(x-5)$ $=(x+2)(5-x)$ ($x_1=-2$ und $x_2=5$ sind Lösungen der Gleichung $-x^2+3x+10=0$ gemäß der Lösungsformel für quadratische Gleichungen.)

$=\ln(x+2)+\ln(5-x)$

Produktregel für Logarithmen

18. Bei allen Teilaufgaben führt die konsequente Anwendung der 4 Lösungsschritte (siehe Haupttext) zum Ziel.

a) $\ln x^2=2$ — Die Gleichung liegt bereits in der gewünschten Form vor.

$x^2=e^2$ — Delogarithmieren

$x_1=e$ und $x_2=-e$ — Lösung einer reinquadratischen Gleichung

Einsetzen bestätigt e und –e als Lösungen.

b) $2\ln x=1$

$\ln x=0{,}5$ — Auf beiden Seiten mit 2 dividieren

$x=e^{0,5}=\sqrt{e}$ — Delogarithmieren

Einsetzen bestätigt $\sqrt{e}$ als Lösung.

c) $(\ln x+1)^2=4$

$|\ln x+1|=2$ — Radizieren auf beiden Gleichungsseiten

$\ln x+1=\pm 2$ — Auflösen des Betrags

(1) $\ln x=1$ bzw. (2) $\ln x=-3$ — Auflösen nach ln x

(1) $x_1=e$ bzw. (2) $x_2=e^{-3}$ — Delogarithmieren

Einsetzen bestätigt e und e^{-3} als Lösungen.

d) $x \ln x = x$

$x(\ln x - 1) = 0$ — Terme auf der linken Gleichungsseite sammeln und x ausklammern

(1) $x_1 = 0$ bzw. — Ein Produkt ist null, wenn mindestens ein Faktor null ist.

(2) $\ln x - 1 = 0 \Rightarrow \ln x = 1 \Rightarrow x_2 = e$ — Delogarithmieren

Da $\ln x$ für $x = 0$ nicht definiert, ist nur $x_2 = e$ eine Lösung.

e) $2\ln x - (\ln x)^2 = 0 \Rightarrow \ln x(2 - \ln x) = 0$ — Ausklammern von ln x

(1) $\ln x = 0 \Rightarrow x_1 = 1$

(2) $2 - \ln x = 0 \Rightarrow \ln x = 2 \Rightarrow x_2 = e^2$ — Ein Produkt ist null, wenn mindestens ein Faktor null ist; Definition des ln

Einsetzen bestätigt 1 und e^2 als Lösungen.

f) $x^{\ln x} = e \Rightarrow \ln(x^{\ln x}) = \ln e$ — Beidseitiges Logarithmieren

$\ln x \cdot \ln x = 1$ — Regeln (3) und (4) für das Rechnen mit Logarithmen

$|\ln x| = 1$ — Radizieren auf beiden Seiten

(1) $\ln x = 1$ bzw. (2) $\ln x = -1$ — Auflösen des Betrags

(1) $x_1 = e$ bzw. (2) $x_2 = e^{-1} = \frac{1}{e}$ — Delogarithmieren

Einsetzen bestätigt e und e^{-1} als Lösungen.

g) $\ln(2x^2 + e) = 0$ — Die Gleichung liegt bereits in der gewünschten Form vor.

$2x^2 + e = e^0 = 1$ — Delogarithmieren

Diese Gleichung besitzt keine Lösung, weil $\underbrace{2x^2}_{\geq 0} + e > 0 + 2{,}7 > 1$.

h) $\ln|x^2 - 1| + 1 = 0 \Rightarrow \ln|x^2 - 1| = -1$ — Addieren von –1 auf beiden Seiten

$|x^2 - 1| = e^{-1}$ — Delogarithmieren

$x^2 - 1 = \pm e^{-1}$ — Auflösen des Betrags

(1) $x^2 = 1 + e^{-1}$ bzw. (2) $x^2 = 1 - e^{-1}$ — Addieren von 1 auf beiden Seiten

$x_1 = \sqrt{1 + e^{-1}}$; $x_2 = -\sqrt{1 + e^{-1}}$; — Lösen einer reinquadratischen Gleichung

$x_3 = \sqrt{1 - e^{-1}}$; $x_4 = -\sqrt{1 - e^{-1}}$

Einsetzen bestätigt, dass $x_1, \ldots, x_4$ Lösungen sind.

i) $k + 1 - k \ln x = 0 \Rightarrow \ln x = \frac{k+1}{k}$ — Auflösen nach ln x

$x = e^{\frac{k+1}{k}}$ — Delogarithmieren

Einsetzen bestätigt $e^{\frac{k+1}{k}}$ als Lösung.

19. Bei allen Teilaufgaben führt die konsequente Anwendung der 3 Lösungsschritte (siehe Haupttext) zum Ziel.

a) $e^{-x} - e^{-\frac{x}{2}} = 2 \Rightarrow z^2 - z - 2 = 0$	Substitution: $z = e^{-\frac{x}{2}}$
$z_1 = -1; \quad z_2 = 2$	Anwenden der Lösungsformel für quadratische Gleichungen
(1) $e^{-\frac{x}{2}} = -1$ und (2) $e^{-\frac{x}{2}} = 2$	Resubstitution
(1) keine Lösung	Wegen $e^{-\frac{x}{2}} > 0$
(2) $-\frac{x}{2} = \ln 2$	Logarithmieren
$x = -2\ln 2 = -\ln 2^2 = -\ln 4$	Auflösen nach x

Hinweise für den CAS-Einsatz:

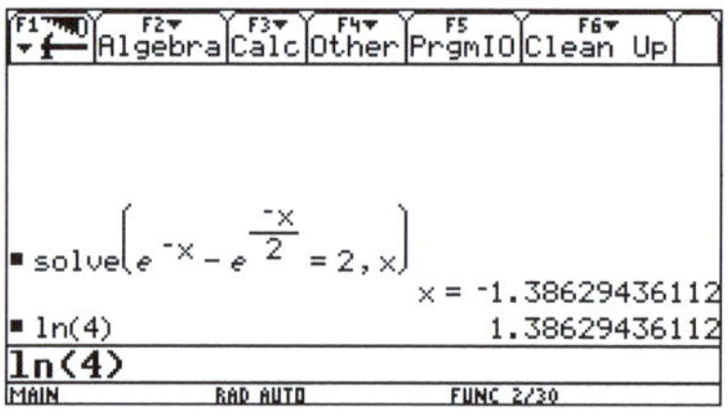

Der CAS-Rechner zeigt als Lösung nur ein numerisches Ergebnis an. Dass dies gleich –ln(4) ist, kann nur vermutet werden. Die Näherungslösung für ln(4) ergibt dann aber denselben Zahlenwert.

b) $e^{-2x} - 10 = 0 \Rightarrow e^{-2x} = 10$	Auflösen nach e^{-2x}
$-2x = \ln 10$	Logarithmieren
$x = -0{,}5 \ln 10$	Auflösen nach x

Hinweise für den CAS-Einsatz:

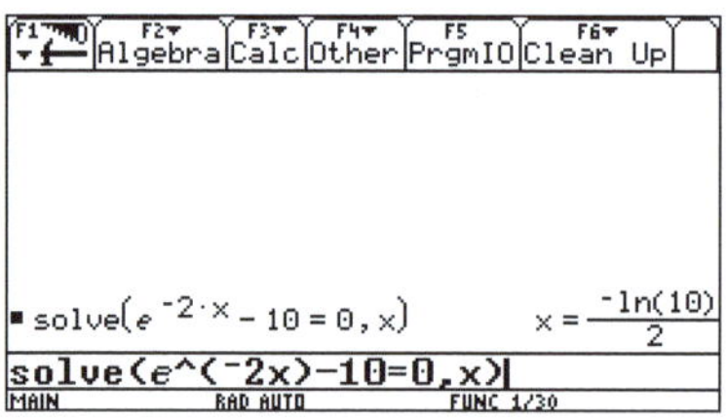

In diesem Fall ermittelt der CAS-Rechner eine algebraische Lösung.

c) $2e^{-x}(1 - 4e^{-x}) = 0 \Rightarrow 1 - 4e^{-x} = 0$	Da ein Produkt null ist, wenn mindestens ein Faktor null ist, und $2e^{-x} > 0$.
$e^{-x} = \frac{1}{4}$	Auflösen nach e^{-x}
$-x = \ln\frac{1}{4} \Rightarrow -x = -\ln 4 \Rightarrow x = \ln 4$	Logarithmieren

d) $\frac{1}{1+e^x} - 1 + \frac{2e^x}{(1+e^x)^2} = 0$	
$1 + e^x - (1+e^x)^2 + 2e^x = 0$	Beidseitiges Multiplizieren mit $(1+e^x)^2$ und anschließendes Kürzen
$1 + e^x - 1 - 2e^x - e^{2x} + 2e^x = 0$	Ausmultiplizieren
$e^x - e^{2x} = 0$	Zusammenfassen
$e^x(1 - e^x) = 0$	Ausklammern von e^x

$$1-e^x=0$$ Da ein Produkt null ist, wenn mindestens ein Faktor null ist, und $e^x>0$.

$$e^x=1$$ Auflösen nach e^x

$$x=\ln 1=0$$ Logarithmieren

Einsetzen bestätigt 0 als Lösung.

e) $\frac{1}{4e^x}=\frac{1}{e^x+k}-\frac{1}{4e^x} \Rightarrow \frac{2}{4e^x}=\frac{1}{e^x+k}$ Addition von $\frac{1}{4e^x}$ auf beiden Seiten

$$\frac{1}{2e^x}=\frac{1}{e^x+k}$$ Kürzen mit 2 auf der linken Seite

$$2e^x=e^x+k$$ Bilden der Kehrwerte

$$e^x=k$$ Auflösen nach e^x

$$x=\ln k$$ Logarithmieren

f) $e^{-x^2}=\frac{1}{4} \Rightarrow -x^2=\ln\frac{1}{4}$ Logarithmieren

$x^2=-\ln\frac{1}{4}=-(\ln 1-\ln 4)=\ln 4$ Auflösen nach x^2

$x_1=\sqrt{\ln 4}$ und $x_2=-\sqrt{\ln 4}$ Lösen einer reinquadratischen Gleichung

g) $(e^{-x})^2=\frac{1}{2} \Rightarrow e^{-2x}=\frac{1}{2}$ 5. Potenzgesetz

$$-2x=\ln\frac{1}{2}=-\ln 2$$ Logarithmieren

$$x=\frac{1}{2}\cdot\ln 2=\ln 2^{\frac{1}{2}}=\ln\sqrt{2}$$ Auflösen nach x

h) $k-\frac{k}{e^x}=3 \Rightarrow e^x=\frac{k}{k-3}$ Auflösen nach e^x

$$x=\ln\left(\frac{k}{k-3}\right)$$ Logarithmieren

i) $(k-e^x)^2=k^2 \Rightarrow k^2-2ke^x+e^{2x}=k^2$ Auf beiden Seiten zu radizieren ist wegen der entstehenden Beträge nicht sinnvoll. Ausmultiplizieren auf der linken Seite erweist sich als günstiger.

$$e^{2x}-2ke^x=0$$ Zusammenfassen aller Terme auf der linken Seite

$$e^x(e^x-2k)=0$$ Ausklammern von e^x

$$e^x-2k=0$$ Ein Produkt ist null, wenn mindestens ein Faktor null ist, und $e^x>0$.

$$e^x=2k$$ Fallunterscheidung für k

1. Fall, $k\leq 0$: keine Lösung — Wegen $e^x>0$ und $2k\leq 0$
2. Fall, $k>0$: $x=\ln(2k)$ — Delogarithmieren

Die Gleichung $(k-e^x)^2=k^2$ ist also nur für $k>0$ lösbar. Die einzige Lösung in diesem Fall lautet: $x=\ln(2k)$.

Hinweise für den CAS-Einsatz:

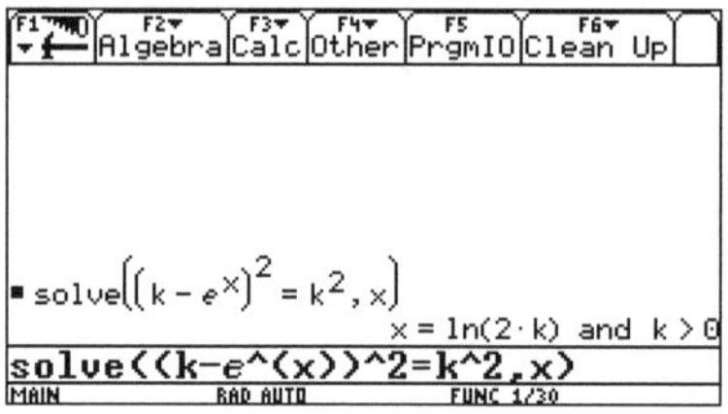

Die Lösung $x = \ln(2k)$ gilt für den Fall, dass $k > 0$ ist. Der CAS-Rechner gibt diese Bedingung bei der Lösung an.

20. a) $(e^x)^{2x-4} = (e^{2x+4})^{x-2}$

$e^{x(2x-4)} = e^{(2x+4)(x-2)}$ — 5. Potenzgesetz

$x(2x-4) = (2x+4)(x-2)$ — Exponentenvergleich

$4x - 8 = 0 \Rightarrow x = 2$ — Ausmultiplizieren und auf der linken Seite zusammenfassen

Hinweise für den CAS-Einsatz:

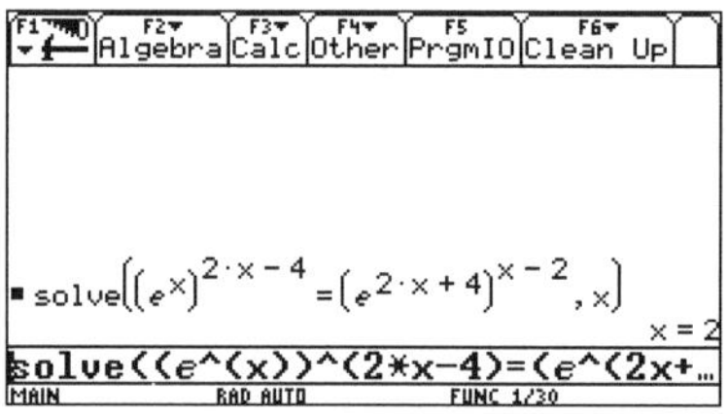

Der CAS-Rechner löst die Exponentialgleichung exakt.

b) $(\sqrt{13})^{x^2+2} - 69 = 100$

$(\sqrt{13})^{x^2+2} = 169$ — Auflösen nach $(\sqrt{13})^{x^2+2}$

$(\sqrt{13})^{x^2+2} = \sqrt{13}^4$ — Da $169 = 13^2 = \sqrt{13}^4$

$x^2 + 2 = 4 \Rightarrow x^2 = 2$ — Exponentenvergleich

$x_1 = \sqrt{2}$; $x_2 = -\sqrt{2}$ — Lösung der reinquadratischen Gleichung

c) $0{,}25 \cdot 2^{6x+8} + 0{,}5 \cdot 4^{3x+5} - 8^{2x+2} = 512$

$2^{-2} \cdot 2^{6x+8} + 2^{-1} \cdot (2^2)^{3x+5} - (2^3)^{2x+2} = 2^9$ — Umrechnen aller Potenzen auf die Basis 2: $0{,}25 = 2^{-2}$, $0{,}5 = 2^{-1}$, $8 = 2^3$, $512 = 2^9$

$2^{6x+8-2} + 2^{6x+10-1} - 2^{6x+6} = 2^9$ — 1. und 5. Potenzgesetz

$2^{6x+6} + 2^{6x+9} - 2^{6x+6} = 2^9$

$2^{6x+9} = 2^9$ — Zusammenfassen gleichartiger Terme

$6x + 9 = 9 \Rightarrow x = 0$ — Exponentenvergleich

d) $\frac{2}{e^{1-\sqrt{x}}} = \frac{2}{e^2} \cdot (e^{1-\sqrt{x}})^3$	
$(e^{1-\sqrt{x}})^4 = e^2$	Auflösen nach $e^{1-\sqrt{x}}$
$e^{4-4\sqrt{x}} = e^2$	5. Potenzgesetz
$4-4\sqrt{x} = 2$	Exponentenvergleich
$\sqrt{x} = \frac{1}{2} \Rightarrow x = \frac{1}{4}$	Auflösen nach $\sqrt{x}$ und Quadrieren auf beiden Seiten

Hinweise für den CAS-Einsatz:

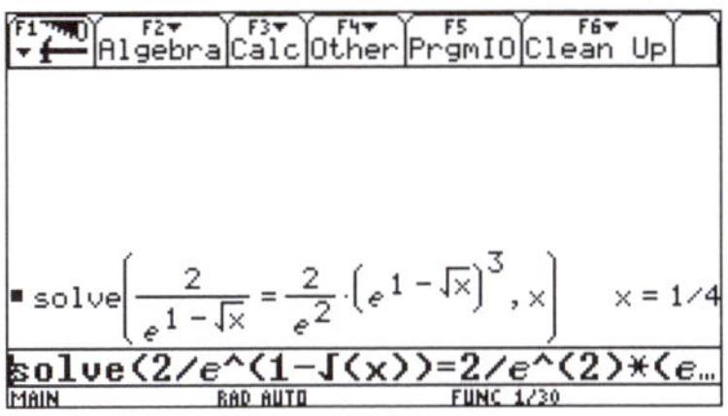

Bei der Eingabe der Gleichung darauf achten, dass genügend Klammern verwendet werden.

21. a) $\mathbb{D}_{f,\,max} = \mathbb{R} \setminus \{1\}$

Begründung: Von $\mathbb{R}$ sind die Zahlen auszuschließen, für die der Nenner $1-x$ null wird, also 1.

b) $\mathbb{D}_{f,\,max} = \mathbb{R} \setminus \{-1; 3\}$

Begründung: Von $\mathbb{R}$ sind die Zahlen auszuschließen, für die der Nenner x^2-2x-3 null wird. Das sind nach der Lösungsformel für quadratische Gleichungen –1 und 3.

c) $\mathbb{D}_{f,\,max} = \mathbb{R} \setminus \{-1-\sqrt{5}; -3; 1; -1+\sqrt{5}\}$

Begründung: Von $\mathbb{R}$ sind die Zahlen auszuschließen, für welche die Nenner (1) x^2+2x-3 und (2) $\frac{1}{x^2+2x-3}-1$ null werden.

(1) $x^2+2x-3=0 \Rightarrow x_1=-3;\ x_2=1$	Anwenden der Lösungsformel für quadratische Gleichungen
(2) $\frac{1}{x^2+2x-3}-1=0 \Rightarrow x^2+2x-3=1$	Addieren von 1 auf beiden Seiten und Bilden der Kehrwerte
$x^2+2x-4=0$	Subtrahieren von 1 auf beiden Seiten
$x_3=-1-\sqrt{5};\ x_4=-1+\sqrt{5}$	Anwenden der Lösungsformel für quadratische Gleichungen

d) $\mathbb{D}_{f,\,max} = \mathbb{R} \setminus \{1\}$

Begründung: Von $\mathbb{R}$ sind die Zahlen auszuschließen, für die der Nenner $1-x$ null wird, also 1.

22. a) $\mathbb{D}_{f,\,max} = \mathbb{R}^+$

Begründung: Für $\mathbb{D}_{f,\,max}$ sind nur die reellen Zahlen zugelassen, für die der Radikand x positiv ist (0 ist nicht zugelassen, da die Wurzel zusätzlich im Nenner steht).

b) $\mathbb{D}_{f,\,max} =]-\infty; -1] \cup [1; +\infty[$

Begründung: Für $\mathbb{D}_{f,\,max}$ sind nur die reellen Zahlen zugelassen, für die der Radikand $x^2 - 1$ nicht negativ wird. Da die Parabel $y = x^2 - 1$ nach oben offen ist und die x-Achse bei –1 und +1 schneidet, sind dies die Zahlen aus der Menge $]-\infty; -1] \cup [1; +\infty[$.

c) $\mathbb{D}_{f,\,max} = [2; 4[$

Begründung: Für $\mathbb{D}_{f,\,max}$ sind nur die reellen Zahlen zugelassen, für die

(1) der Radikand $\frac{x-2}{4-x}$ nicht negativ und

(2) der Nenner $4 - x$ nicht null wird.

Das Vorzeichen des Terms $\frac{x-2}{4-x}$ erhalten Sie aus den Vorzeichen der Linearfaktoren $x - 2$ und $4 - x$ (siehe Abbildung). Die Bedingungen (1) und (2) sind genau für die Zahlen $[2; 4[$ erfüllt.

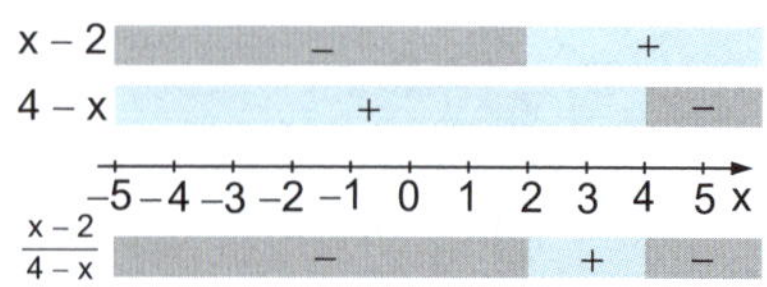

d) $\mathbb{D}_{f,\,max} =]-\infty; -3] \cup [1; +\infty[\setminus \{-4\}$

Begründung: Für $\mathbb{D}_{f,\,max}$ sind nur die reellen Zahlen zugelassen, für die

(1) der Radikand $x^2 + 2x - 3$ nicht negativ und

(2) der Nenner $x^2 + 4x$ nicht null wird.

(1) $x^2 + 2x - 3 \geq 0$ $\Rightarrow x \in]-\infty; -3] \cup [1; +\infty[$	Nullstellen $x_1 = -3$ und $x_2 = 1$ (Anwenden der Lösungsformel für quadratische Gleichungen); Parabel ist nach oben offen.
(2) $x^2 + 4x = 0 \Rightarrow x(x+4) = 0$	Ausklammern von x
$x_1 = 0;\quad x_2 = -4$	Ein Produkt ist genau dann null, wenn mindestens ein Faktor null ist.

23. a) $\mathbb{D}_{f,\,max} = \mathbb{R}$

Begründung: Wegen $\frac{1}{1 + \underbrace{x^2}_{\geq 0}} > 0$ ist das Argument des Logarithmus für alle Zahlen positiv.

b) $\mathbb{D}_{f,\,max} = \mathbb{R} \setminus \{1\}$

Begründung: Für $\mathbb{D}_{f,\,max}$ sind nur die reellen Zahlen zugelassen, für die das Argument des Logarithmus positiv ist. Da Beträge nie negativ sind und $|x-1|$ nur für $x = 1$ null wird, sind das alle Zahlen aus der Menge $\mathbb{R} \setminus \{1\}$.

c) $\mathbb{D}_{f,\,max} =]-3; -1[\cup]2; +\infty[$

Begründung: Für $\mathbb{D}_{f,\,max}$ sind nur die reellen Zahlen zugelassen, für die das Argument des Logarithmus positiv ist.
Das Vorzeichen des Terms $\frac{x+3}{(x-2)(x+1)}$ erhalten Sie aus den Vorzeichen der Linearfaktoren $x+1$, $x-2$, $x+3$, weil die Multiplikation und Division einer geraden (ungeraden) Anzahl negativer Zahlen „+" („–") ergibt. Nach der Vorzeichenübersicht ist das Vorzeichen des Bruchterms für den angegebenen Bereich positiv.

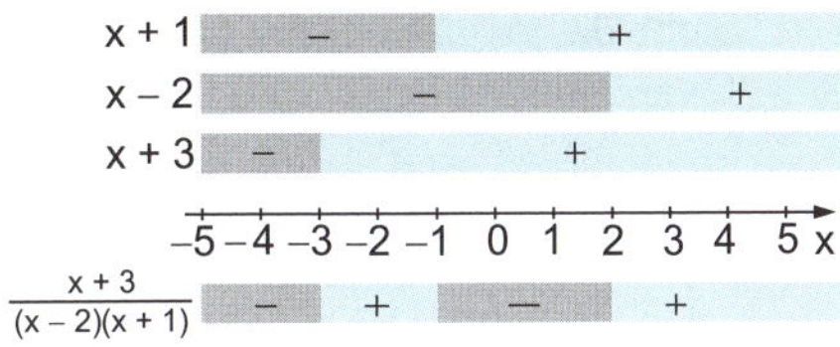

d) $\mathbb{D}_{f,\,max} =]0; +\infty[\setminus \{1\}$

Begründung: Für $\mathbb{D}_{f,\,max}$ sind nur die reellen Zahlen zugelassen, für die das Argument x des Logarithmus positiv ist und der Nenner $\ln x$ von 0 verschieden ist.

24. a) $\mathbb{D}_{f,\,max} = \mathbb{R} \setminus \left\{ \ln\left(\frac{-1+\sqrt{5}}{2} \right) \right\}$

Begründung: Für $\mathbb{D}_{f,\,max}$ sind nur die reellen Zahlen zugelassen, für welche die Argumente der Logarithmen positiv sind und der Nenner von null verschieden ist. Daraus resultieren drei Bedingungen:

(1) $1 + e^x > 0$ (2) $e^x + e^{2x} > 0$ (3) $\ln(e^x + e^{2x}) \neq 0$

(1) und (2) sind wegen $1 + \underbrace{e^x}_{>0} > 0$ und $\underbrace{e^x}_{>0} + \underbrace{e^{2x}}_{>0} > 0$ für alle reellen x erfüllt. Aus (3) folgt:

$\ln(e^x + e^{2x}) = 0 \Rightarrow e^x + e^{2x} = 1$	Definition des Logarithmus
$z^2 + z - 1 = 0$	Substitution $z := e^x$ und Ordnen nach Potenzen auf der linken Gleichungsseite
$z_1 = \frac{-1-\sqrt{5}}{2}$; $z_2 = \frac{-1+\sqrt{5}}{2}$	Lösungsformel für quadratische Gleichungen
$e^x = \frac{-1-\sqrt{5}}{2}$; $e^x = \frac{-1+\sqrt{5}}{2}$	Resubstitution $e^x = z$

Die erste Gleichung besitzt keine Lösung, da $\frac{-1-\sqrt{5}}{2} < 0$ und $e^x > 0$.
Die 2. Gleichung lösen Sie durch Delogarithmieren:
$x = \ln\left(\frac{-1+\sqrt{5}}{2}\right)$

b) $\mathbb{D}_{f,\,max} =]2; +\infty[$

Begründung: Für $\mathbb{D}_{f,\,max}$ sind nur die reellen Zahlen zugelassen, für welche das Argument des Logarithmus positiv ist und der Nenner von null verschieden ist.

(1) $\frac{e^x - e^2}{e^x + e^2} > 0$ ist wegen $\underbrace{e^x}_{>0} + \underbrace{e^2}_{>0} > 0$ erfüllt, wenn $e^x - e^2 > 0 \Leftrightarrow e^x > e^2$ $\Leftrightarrow x > 2$.

(2) $e^x + e^2 \neq 0$ ist wegen $\underbrace{e^x}_{>0} + \underbrace{e^2}_{>0} > 0$ für alle $x \in \mathbb{R}$ erfüllt.

c) $\mathbb{D}_{f,\,max} = \mathbb{R}$

Begründung: Im Funktionsterm kommen keine Quotienten, Wurzeln oder Logarithmen vor.

d) $\mathbb{D}_{f,\,max} = \mathbb{R} \setminus \{0; \ln 2\}$

Begründung: Von $\mathbb{R}$ sind die Zahlen auszuschließen, für welche der Nenner $e^{2x} - 3e^x + 2$ null wird.

$e^{2x} - 3e^x + 2 = 0 \Rightarrow z^2 - 3z + 2 = 0$ — Substitution $z := e^x$

$z_1 = 1;\quad z_2 = 2$ — Lösungsformel für quadratische Gleichungen

(1) $e^x = 1 \Rightarrow x_1 = 0$ — Resubstitution $e^x = z$; Logarithmieren

(2) $e^x = 2 \Rightarrow x_2 = \ln 2$

25. a) $\mathbb{D}_{f_k,\,max} = \mathbb{R}$, falls $k \leq 0$, und $\mathbb{D}_{f_k,\,max} = \mathbb{R} \setminus \{\ln k\}$, falls $k > 0$

Begründung: Von $\mathbb{R}$ sind die Zahlen auszuschließen, für die der Nenner $e^x - k$ null wird.

Die Gleichung $e^x = k$ besitzt

- für $k \leq 0$ keine Lösung, da e^x stets positiv ist.
- für $k > 0$ nach der Definition des Logarithmus nur die Lösung $x = \ln k$.

b) $\mathbb{D}_{f_k,\,max} = \mathbb{R}$, falls $k \leq 0$, und $\mathbb{D}_{f_k,\,max} = \mathbb{R} \setminus \{-\ln k\}$, falls $k > 0$

Begründung: Von $\mathbb{R}$ sind die Zahlen auszuschließen, für welche der Nenner $k \cdot e^x - 1$ null wird, d. h. $k \cdot e^x - 1 = 0 \Leftrightarrow e^x = \frac{1}{k}$ $(k \neq 0)$

1. Fall, $k > 0$: Logarithmieren führt auf $x = \ln\left(\frac{1}{k}\right) = \ln 1 - \ln k = -\ln k$.

2. Fall, $k < 0$: Da e^x für alle $x \in \mathbb{R}$ positiv ist, besitzt die Gleichung keine Lösung.

3. Fall, $k = 0$: Dann ist $f_0(x) = 0$ als konstante Funktion für alle x definiert.

26. a) Schnittpunkte mit der x-Achse:

$f(x)=0 \;\Leftrightarrow\; \frac{|x|-2}{x}=0 \;\Leftrightarrow\; |x|-2=0 \;\Leftrightarrow\; x_1=-2 \text{ oder } x_2=+2$

$\Rightarrow\; (-2\,|\,0) \text{ und } (2\,|\,0)$

Wegen $0 \notin \mathbb{D}_f$ gibt es keinen Schnittpunkt von G_f mit der y-Achse.

Hinweise für den CAS-Einsatz:

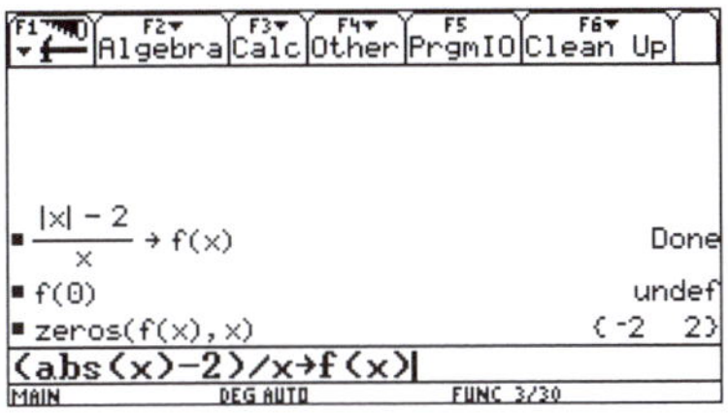

Die Betragsfunktion wird mit **abs(x)** eingegeben. Der CAS-Rechner meldet für f(0) „undef“. Da f(0) nicht definiert ist, gibt es mit der y-Achse keinen Schnittpunkt.

b) Schnittpunkte mit der x-Achse:

$f(x)=0 \;\Leftrightarrow\; \frac{x^2-7x+10}{3x^2}=0 \;\Leftrightarrow\; x^2-7x+10=0 \;\Leftrightarrow\; x_1=2,\, x_2=5$

$\Rightarrow\; (2\,|\,0) \text{ und } (5\,|\,0)$

Wegen $0 \notin \mathbb{D}_f$ gibt es keinen Schnittpunkt von G_f mit der y-Achse.

c) Schnittpunkte mit der x-Achse:

$f(x)=0 \;\Leftrightarrow\; \frac{x^3+x^2-6x}{x^2-4}=0 \;\Leftrightarrow\; x^3+x^2-6x=0 \;\Leftrightarrow\; x(x^2+x-6)=0$

Da ein Produkt genau dann null wird, wenn mindestens ein Faktor null ist, folgt $x=0$ oder $x^2+x-6=0$. Für den 2. Faktor liefert die Lösungsformel für quadratische Gleichungen die Lösungen $x_1=-3$ und $x_2=2$.
Da $x_2=2$ nicht zu $\mathbb{D}_f$ gehört, lauten die Schnittpunkte mit der x-Achse $(-3\,|\,0)$ und $(0\,|\,0)$. In $(0\,|\,0)$ schneidet G_f auch die y-Achse.

d) Schnittpunkte mit der x-Achse:
Die Gleichung $x^3-x^2-14x+24=0$ besitzt höchstens drei reelle Lösungen. Als ganzzahlige Lösungen kommen nur die Teiler von 24, also ±1, ±2, ±3, ±4, ±6, ±8, ±12, ±24, in Frage. Durch Nachrechnen mit dem Taschenrechner finden Sie:

x	–24	–12	–8	–6	–4	–3	–2	–1	1	2	3	4	6	8	12	24
f(x)	…	…	…	…	0	30	40	36	10	0	0	16	…	…	…	…

G_f schneidet die x-Achse folglich in $(-4\,|\,0)$, $(2\,|\,0)$ und $(3\,|\,0)$.

Schnittpunkt mit der y-Achse:
$f(0)=24 \;\Rightarrow\; (0\,|\,24)$

27. a) Schnittpunkt mit der x-Achse:

$f(x)=0 \iff \frac{e^x-2}{e^x+1}=0 \iff e^x-2=0 \iff e^x=2 \iff x=\ln 2 \Rightarrow (\ln 2\,|\,0)$

Schnittpunkt mit der y-Achse:

$f(0)=\frac{e^0-2}{e^0+1}=\frac{1-2}{1+1}=-\frac{1}{2} \Rightarrow \left(0\,\middle|\,-\frac{1}{2}\right)$

b) Schnittpunkt mit der x-Achse:

$f(x)=0 \iff 6e^x-2xe^x=0 \iff 2e^x(3-x)=0 \overset{e^x>0}{\iff} 3-x=0 \iff x=3$

$\Rightarrow (3\,|\,0)$

Schnittpunkt mit der y-Achse:

$f(0)=2e^0(3-0)=2\cdot 3=6 \Rightarrow (0\,|\,6)$

c) G_f besitzt keinen Schnittpunkt mit der x-Achse, weil:

$f(x)=0 \iff e^{-x}(x-e^x)=0 \overset{e^{-x}>0}{\iff} x-e^x=0$

Die letzte Gleichung besitzt keine Lösung, da e^x stets größer ist als x.

Schnittpunkt mit der y-Achse:

$f(0)=e^{-0}(0-e^0)=1(-1)=-1 \Rightarrow (0\,|\,-1)$

d) Schnittpunkt mit der x-Achse:

$f(x)=0 \iff 1-0{,}5(e^x-e^{-x})=0$	Isolieren der e-Terme auf der linken
$\iff 1=0{,}5(e^x-e^{-x})$	Gleichungsseite
$\iff e^x-e^{-x}=2$	
$z-\frac{1}{z}=2$	Substitution $z:=e^x$
$z^2-2z-1=0$	Multiplizieren auf beiden Seiten mit z und Ordnen nach Potenzen von z
$z_1=1+\sqrt{2}$; $z_2=1-\sqrt{2}$	Lösungsformel für quadratische Gleichungen
$e^{x_1}=1+\sqrt{2}$; $e^{x_2}=1-\sqrt{2}$	Resubstitution $e^x=z$. Die zweite Gleichung besitzt keine Lösung, da e^x stets positiv ist, aber $1-\sqrt{2}<0$.
$x_1=\ln(1+\sqrt{2})$	Logarithmieren

G_f schneidet die x-Achse in $(\ln(1+\sqrt{2})\,|\,0)$.

Schnittpunkt mit der y-Achse:

$f(0)=1-0{,}5(e^0-e^{-0})=1-0{,}5(1-1)=1 \Rightarrow (0\,|\,1)$

28. a) Schnittpunkte mit der x-Achse:

Wegen $\mathbb{D}_f=\mathbb{R}\setminus\{0\}$ wird das Produkt $x\cdot\ln(x^2)$ nur dann null, wenn $\ln(x^2)=0$, d. h., wenn $x^2=e^0=1$. Die Lösungen dieser Gleichung lauten: -1 und $1 \Rightarrow (-1\,|\,0)$ und $(1\,|\,0)$

Wegen $0\notin\mathbb{D}_f$ gibt es keinen Schnittpunkt von G_f mit der y-Achse.

b) Schnittpunkte mit der x-Achse:

$f(x)=0 \;\Leftrightarrow\; \ln(x^2-5x+6)=0 \;\Leftrightarrow\; x^2-5x+6=1 \;\Leftrightarrow\; x^2-5x+5=0$

Die Lösungsformel für quadratische Gleichungen liefert die Lösungen:

$x_1=\frac{5}{2}-\frac{\sqrt{5}}{2}\approx 1{,}38;\quad x_2=\frac{5}{2}+\frac{\sqrt{5}}{2}\approx 3{,}62$

Beide gehören zu $\mathbb{D}_f$, G_f schneidet die x-Achse also in $\left(\frac{5}{2}-\frac{\sqrt{5}}{2}\,\middle|\,0\right)$ und $\left(\frac{5}{2}+\frac{\sqrt{5}}{2}\,\middle|\,0\right)$.

Schnittpunkt mit der y-Achse:
$f(0)=\ln 6 \;\Rightarrow\; (0\,|\,\ln 6)$

Hinweise für den CAS-Einsatz:

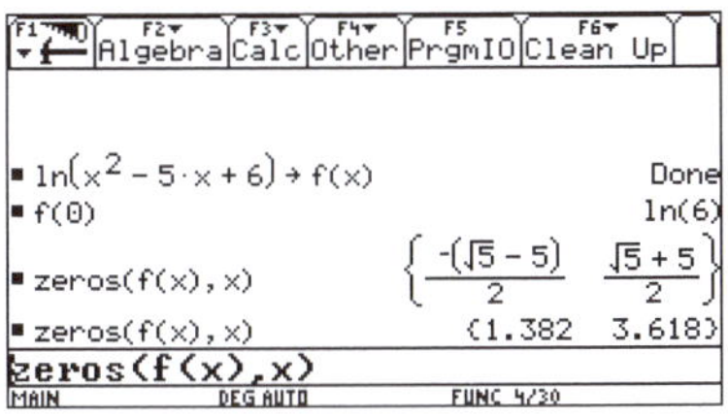

Neben den genauen Werten für die beiden Nullstellen kann man mit der Tastenkombination [◆] und [ENTER] einen Näherungswert anzeigen lassen.

c) Schnittpunkt mit der x-Achse:

$f(x)=0 \;\Leftrightarrow\; \frac{\ln x+1}{x}=0 \;\Leftrightarrow\; \ln x+1=0 \;\Leftrightarrow\; \ln x=-1 \;\Leftrightarrow\; x=e^{-1} \;\Rightarrow\; \left(\frac{1}{e}\,\middle|\,0\right)$

Wegen $0\notin \mathbb{D}_f$ gibt es keinen Schnittpunkt von G_f mit der y-Achse.

d) Schnittpunkt mit der x-Achse:

$f(x)=0 \;\Leftrightarrow\; -x+\ln(x-2)=0$

$\Leftrightarrow\; \ln(x-2)=x \;\Leftrightarrow\; x-2=e^x$

Wie die Skizze zeigt, schneiden sich die Graphen der Funktionen $g(x)=x-2$ und $h(x)=e^x$ nicht. Daher besitzt die Gleichung $x-2=e^x$ keine Lösungen und G_f schneidet die x-Achse nicht.
Wegen $0\notin \mathbb{D}_f$ gibt es auch keinen Schnittpunkt von G_f mit der y-Achse.

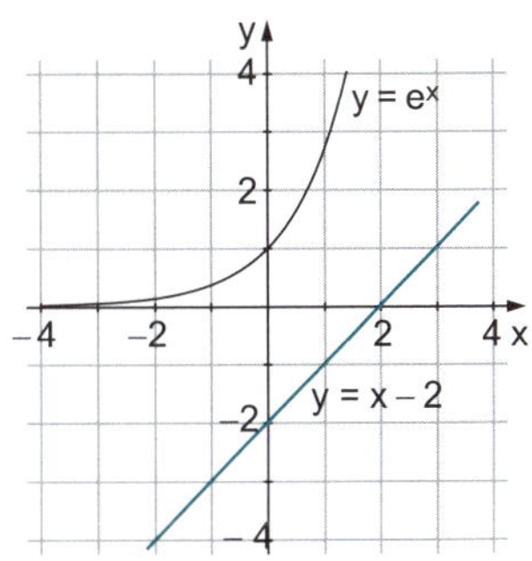

Hinweise für den CAS-Einsatz:

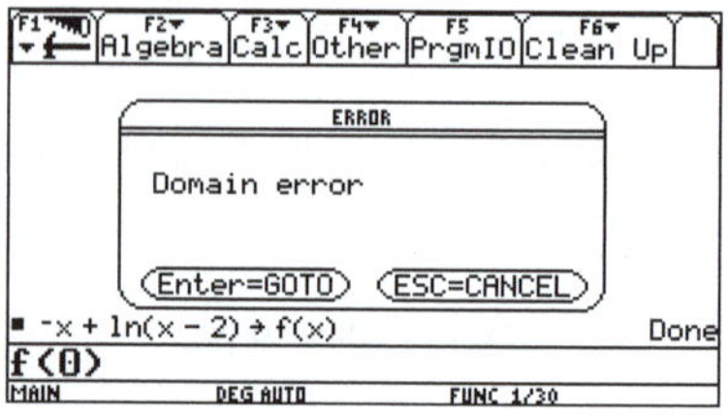

In diesem Fall ruft die Berechnung von f(0) die Fehlermeldung „Domain error" hervor, da 0 nicht Element der Definitionsmenge ist.

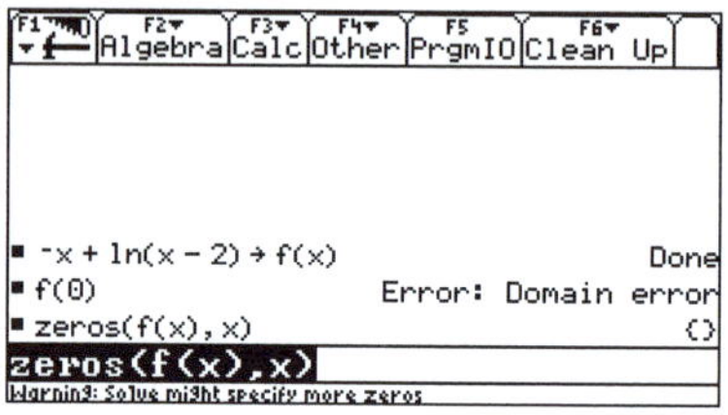

Die leere Lösungsmenge, die der Rechner beim Befehl **zeros** liefert, lässt vermuten, dass es keine Nullstellen gibt. Man beachte jedoch den Warnhinweis am unteren Bildrand. Mit dem Befehl **solve** könnte der Rechner mehr Nullstellen finden.

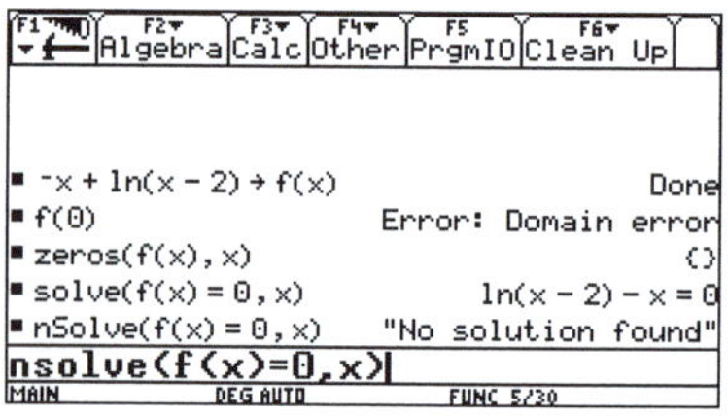

Erst der Befehl **nSolve**(f(x) = 0, x), der die Gleichung numerisch löst, gibt Gewissheit.

29. a) Schnittpunkte mit der x-Achse:

$$f_k(x)=0 \;\Leftrightarrow\; (x+k)e^x=0 \;\overset{e^x>0}{\Leftrightarrow}\; x+k=0 \;\Leftrightarrow\; x=-k \;\Rightarrow\; (-k\,|\,0)$$

Schnittpunkte mit der y-Achse:

$$f_k(0)=(0+k)e^0=k \;\Rightarrow\; (0\,|\,k)$$

b) Schnittpunkte mit der x-Achse:

$$f_k(x)=0 \;\Leftrightarrow\; \frac{e^x-k}{e^{kx}+1}=0 \;\Leftrightarrow\; e^x-k=0 \;\Leftrightarrow\; e^x=k$$

Nur für positive k besitzt diese Gleichung eine Lösung, nämlich $x=\ln k$.
G_f schneidet die x-Achse in $(\ln k\,|\,0)$.
Falls $k<0$, existiert kein Schnittpunkt.

Schnittpunkt mit der y-Achse:

$$f_k(0)=\frac{e^0-k}{e^{k\cdot 0}+1}=\frac{1-k}{2} \;\Rightarrow\; \left(0\,\middle|\,\frac{1-k}{2}\right)$$

Hinweise für den CAS-Einsatz:

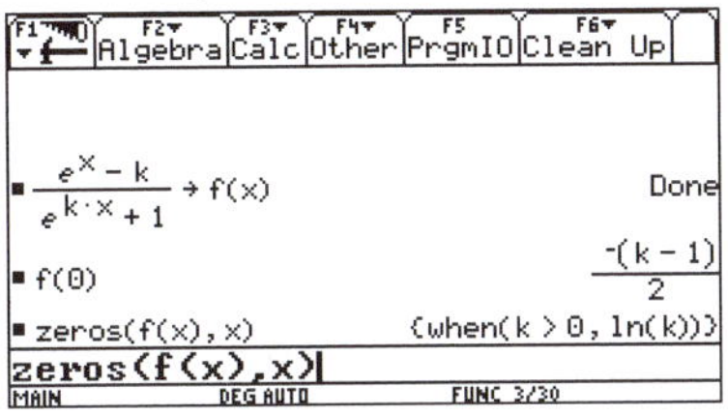

Bei der Berechnung der Nullstelle gibt der Rechner an, dass ln(k) nur für $k > 0$ definiert ist.

30. a) $\frac{2}{1+x} = -\frac{x}{6} + 1$ — Gleichsetzen der Funktionsterme

$12 = -x(1+x) + 6(1+x)$ — Auf beiden Seiten mit $6(1+x)$ multiplizieren und anschließend teilweise kürzen

$0 = x^2 - 5x + 6$ — Ausmultiplizieren, Terme auf einer Seite sammeln, gleichartige Terme zusammenfassen, nach Potenzen von x ordnen

$x_1 = 2; \quad x_2 = 3$ — Anwenden der Lösungsformel für quadratische Gleichungen

$g(2) = -\frac{2}{6} + 1 = \frac{2}{3}; \quad g(3) = -\frac{3}{6} + 1 = \frac{1}{2}$ — Einsetzen in einen Funktionsterm

$S_1\left(2 \,\middle|\, \frac{2}{3}\right); \quad S_2\left(3 \,\middle|\, \frac{1}{2}\right)$ — Schnittpunkte

b) $\frac{-2x^2 - 4x}{(x+1)^3} = \frac{2x+4}{x^2 + 2x + 1}$ — Gleichsetzen der Funktionsterme

$\frac{-2x(x+2)}{(x+1)^3} = \frac{2(x+2)}{(x+1)^2}$ — Umformen mittels $x^2 + 2x + 1 = (x+1)^2$, $2x + 4 = 2(x+2)$, $-2x^2 - 4x = -2x(x+2)$

$-x(x+2) = (x+2)(x+1)$ — Auf beiden Seiten mit $\frac{(x+1)^3}{2}$ multiplizieren und teilweise kürzen

$(x+2)(-2x-1) = 0$ — Terme auf einer Seite sammeln und $x + 2$ ausklammern

(1) $x + 2 = 0 \Rightarrow x_1 = -2$
(2) $-2x - 1 = 0 \Rightarrow x_2 = -\frac{1}{2}$ — Ein Produkt ist null, wenn mindestens ein Faktor null ist.

$f(-2) = \frac{-2(-2)^2 - 4(-2)}{(-2+1)^3} = \frac{-8+8}{-1} = 0$ — Einsetzen in einen Funktionsterm

$$f\left(-\frac{1}{2}\right) = \frac{-2\left(-\frac{1}{2}\right)^2 - 4\left(-\frac{1}{2}\right)}{\left(-\frac{1}{2}+1\right)^3} = \frac{-\frac{1}{2}+2}{\frac{1}{8}} = \frac{\frac{3}{2}}{\frac{1}{8}} = 12$$

$S_1(-2 \mid 0); \quad S_2\left(-\frac{1}{2} \,\middle|\, 12\right)$ — Schnittpunkte

c) $e^{-x} = 1 - e^{-x}$	Gleichsetzen der Funktionsterme
$e^{-x} = \frac{1}{2}$	Auf beiden Seiten e^{-x} addieren und mit 2 dividieren
$-x = \ln \frac{1}{2}$	Auf beiden Seiten logarithmieren
$x = \ln 2$	Wegen $\ln \frac{1}{2} = \ln 1 - \ln 2$
$f(\ln 2) = e^{-\ln 2} = (e^{\ln 2})^{-1} = 2^{-1} = \frac{1}{2}$	Einsetzen in einen Funktionsterm
$S\left(\ln 2 \,\middle|\, \frac{1}{2}\right)$	Schnittpunkt
d) $\ln \frac{1}{x(4+x^2)} = \ln \frac{4}{4+x^2}$	Gleichsetzen der Funktionsterme
$\frac{1}{x(4+x^2)} = \frac{4}{4+x^2}$	Wegen der strengen Monotonie des ln
$\frac{1}{x} = 4 \Rightarrow x = \frac{1}{4}$	Auf beiden Seiten mit $4 + x^2$ multiplizieren, anschließend Kehrwert bilden
$g\left(\frac{1}{4}\right) = \ln \frac{4}{4+\left(\frac{1}{4}\right)^2} = \ln \frac{4}{\frac{17}{16}} = \ln \frac{64}{65}$	Einsetzen in einen Funktionsterm
$S\left(\frac{1}{4} \,\middle|\, \ln \frac{64}{65}\right)$	Schnittpunkt

Hinweise für den CAS-Einsatz:

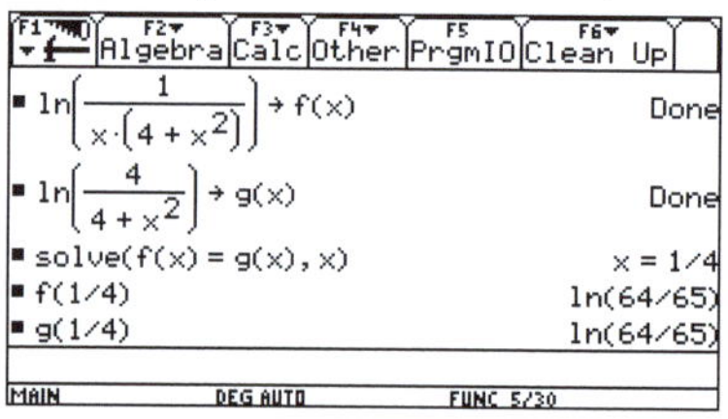

Die Gleichung g(x) = f(x) wird mit dem Befehl **solve** gelöst. Zur Probe werden f(1/4) und g(1/4) berechnet.

31. a) $\ln\left(\frac{k_1}{k_1 - x^2}\right) = \ln\left(\frac{k_2}{k_2 - x^2}\right)$	Gleichsetzen der Funktionsterme für zwei beliebige, aber verschiedene Parameter k_1 und k_2
$\frac{k_1}{k_1 - x^2} = \frac{k_2}{k_2 - x^2}$	Wegen der strengen Monotonie des ln
$k_1(k_2 - x^2) = k_2(k_1 - x^2)$	Kreuzweises Multiplizieren
$x^2(k_2 - k_1) = 0$	Ausmultiplizieren, Terme auf einer Seite sammeln, x^2 ausklammern
$x = 0$	Wegen $k_1 \neq k_2$
$f_k(0) = \ln\left(\frac{k}{k - 0^2}\right) = \ln 1 = 0$	Einsetzen in einen Funktionsterm
$S(0 \mid 0)$	Einziger Schnittpunkt der Scharkurven

b) $(k_1 + \ln x) \cdot \ln x = (k_2 + \ln x) \cdot \ln x$ — Gleichsetzen der Funktionsterme für zwei beliebige, aber verschiedene Parameter k_1 und k_2

$(k_1 + \ln x) \cdot \ln x - (k_2 + \ln x) \cdot \ln x = 0$ — Auf beiden Seiten $(k_2 + \ln x) \cdot \ln x$ subtrahieren

$(k_1 - k_2) \cdot \ln x = 0$ — $\ln x$ ausklammern und in der Klammer zusammenfassen

$\ln x = 0 \;\Rightarrow\; x = 1$ — Wegen $k_1 \neq k_2$

$f_k(1) = (k + \ln 1) \cdot \ln 1 = k \cdot 0 = 0$ — Einsetzen in einen Funktionsterm

$S(1\,|\,0)$ — Einziger Schnittpunkt der Scharkurven

Hinweise für den CAS-Einsatz:

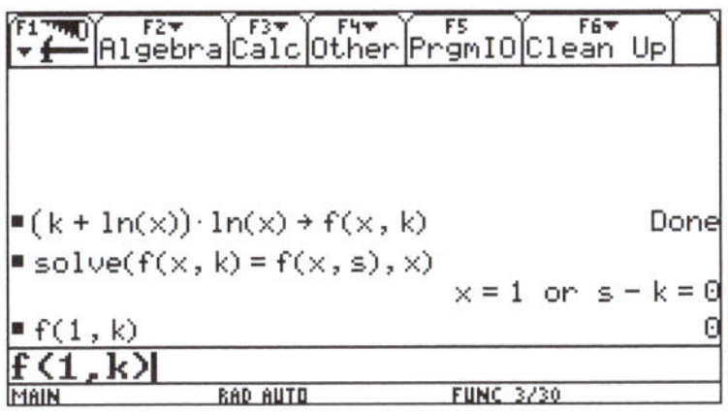

Bei der Definition der Funktion ist darauf zu achten, dass k als 2. Variable definiert wird. Um den gemeinsamen Punkt aller Scharkurven zu berechnen, wird die Gleichung f(x, k) = f(x, s) gelöst mit der Bedingung k ungleich s. Deshalb muss die 2. Lösung $s - k = 0$ ausgeschlossen werden. Die y-Koordinate des Schnittpunktes S wird durch f(1, k) für ein allgemeines k berechnet.

32. a) $6e^{-2x}(k_1 - e^{-x}) = 6e^{-2x}(k_2 - e^{-x})$ — Gleichsetzen der Funktionsterme für zwei beliebige, aber verschiedene Parameter k_1 und k_2

$k_1 - e^{-x} = k_2 - e^{-x}$ — Auf beiden Seiten mit $6e^{-2x}$ dividieren

$k_1 = k_2$ — Auf beiden Seiten e^{-x} addieren

Dies steht im Widerspruch zu $k_1 \neq k_2$. Daher besitzt die ursprüngliche Gleichung keine Lösungen und die Scharkurven keinen gemeinsamen Punkt.

b) $\frac{2x + k_1}{3x^2} = \frac{2x + k_2}{3x^2}$ — Gleichsetzen der Funktionsterme für zwei beliebige, aber verschiedene Parameter k_1 und k_2

$2x + k_1 = 2x + k_2$ — Zwei Quotienten mit gleichem Nenner sind gleich, wenn die Zähler gleich sind.

$k_1 = k_2$ — Von beiden Seiten 2x subtrahieren

Dies steht im Widerspruch zu $k_1 \neq k_2$. Daher besitzt die ursprüngliche Gleichung keine Lösungen und die Scharkurven keinen gemeinsamen Punkt.

33. $\frac{x^2 - k}{x - 1} = x + 1$ — Gleichsetzen der Funktionsterme

$x^2 - k = (x + 1)(x - 1)$ — Für $x \neq 1$ auf beiden Seiten mit $x - 1$ multiplizieren, anschließend kürzen

$x^2 - k = x^2 - 1 \Rightarrow k = 1$ — Ausmultiplizieren und Umstellen

$f_1(x) = \frac{x^2 - 1}{x - 1} = \frac{(x+1)(x-1)}{x-1} = x + 1$ — Einsetzen des Scharparameters

mit $x \in \mathbb{R} \setminus \{1\}$

Nur die zu $k = 1$ gehörende Scharfunktion schneidet die Gerade g. Da $f_1(x)$ die Einschränkung der Geraden g auf $\mathbb{R} \setminus \{1\}$ ist, stimmen g und f_1 sogar in allen Punkten bis auf $(1 \mid 2)$ überein.

Hinweise für den CAS-Einsatz:

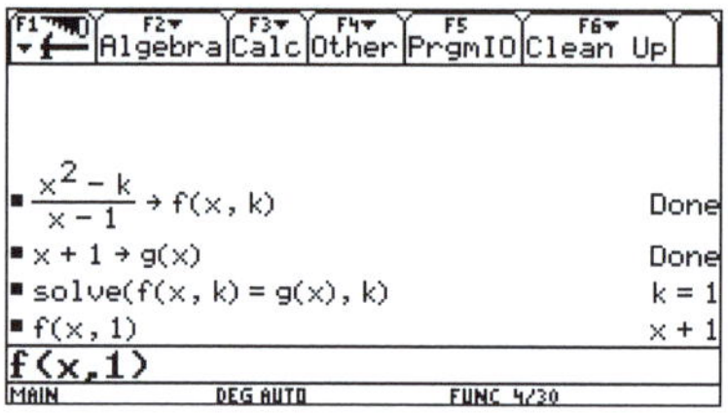

Die Variable, nach der die Gleichung zu lösen ist, heißt in diesem Fall k und nicht x. Setzt man die Lösung k = 1 in f(x,k) ein, so erhält man die Gerade g(x).

34. a) $f(-x) = \frac{|-x| - 1}{-x} = \frac{|x| - 1}{-x} = -\frac{|x| - 1}{x} \neq f(x)$

$-f(-x) = -\left(-\frac{|x| - 1}{x}\right) = \frac{|x| - 1}{x} = f(x)$

G_f ist punktsymmetrisch bzgl. des Koordinatenursprungs.

Hinweise für den CAS-Einsatz:

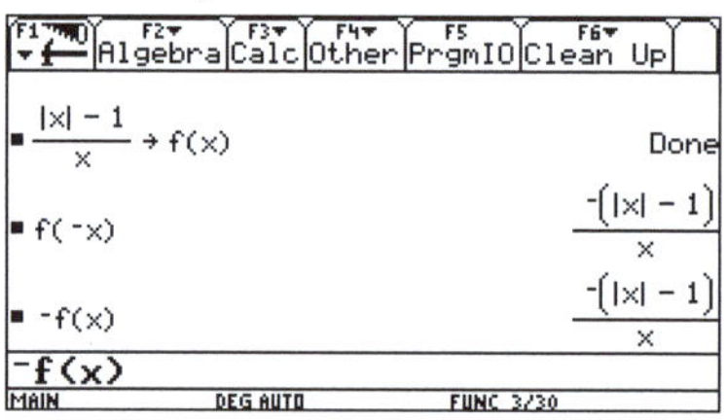

Die einfachste Möglichkeit der Symmetrieuntersuchung besteht darin, den CAS-Rechner f(–x) und –f(x) berechnen zu lassen. Die Gleichheit der ausgegebenen Terme zeigt die Puntksymmetrie zum Koordinatenurspurg.

b) $f(-x) = \frac{1 - (-x)^2}{1 + (-x)^2} = \frac{1 - x^2}{1 + x^2} = f(x)$

G_f ist achsensymmetrisch bzgl. der y-Achse.

Hinweise für den CAS-Einsatz:

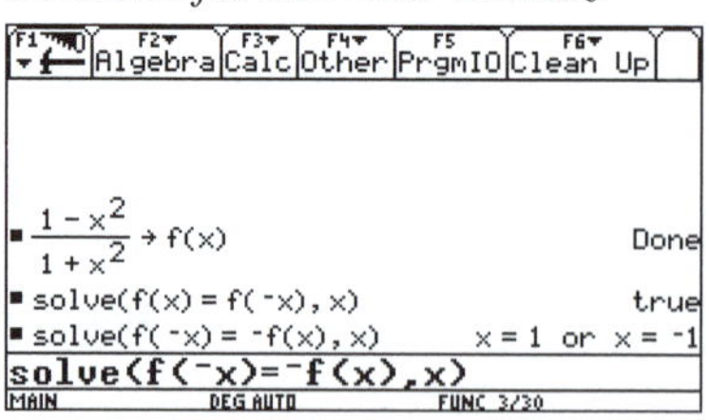

Mit dem Befehl **solve** wird bestätigt, dass f(x) = f(–x) für alle $x \in \mathbb{D}$ gilt. Daher ist der Graph achsensymmetrisch zur y-Achse. Die Gleichung f(–x) = –f(x) ist nur an den Stellen x = 1 und x = –1 erfüllt, nicht aber für alle $x \in \mathbb{D}$. Damit ist f(x) nicht punktsymmetrisch zum Ursprung.

c) $f(-x) = \frac{(-x)^2 - (-x)}{1 + (-x)^2} = \frac{x^2 + x}{1 + x^2} \neq f(x)$

$-f(-x) = -\frac{x^2 + x}{1 + x^2} \neq f(x)$

G_f weist keine Symmetrie bzgl. des Koordinatensystems auf.

35. a) $f(-x) = \frac{1}{(-x)^2} \cdot e^{\frac{1}{|-x|}} = \frac{1}{x^2} \cdot e^{\frac{1}{|x|}} = f(x)$

G_f ist achsensymmetrisch bzgl. der y-Achse.

b) $f(-x) = \frac{1 - e^{-x}}{1 + e^{-x}} \overset{\text{Erweitern mit } e^x}{=} \frac{e^x - e^{-x}e^x}{e^x + e^{-x}e^x} = \frac{e^x - e^0}{e^x + e^0}$

$= \frac{e^x - 1}{e^x + 1} = \frac{-(1 - e^x)}{1 + e^x} = -\frac{1 - e^x}{1 + e^x} \neq f(x)$

$-f(-x) = -\left(-\frac{1 - e^x}{1 + e^x}\right) = \frac{1 - e^x}{1 + e^x} = f(x)$

G_f ist punktsymmetrisch bzgl. des Koordinatenursprungs.

c) $f(-x) = (1 - (-x))(1 + (-x))\, e^{(1 - (-x))(1 + (-x))}$

$= (1 + x)(1 - x)\, e^{(1 + x)(1 - x)}$

$= (1 - x)(1 + x)\, e^{(1 - x)(1 + x)} = f(x)$

G_f ist achsensymmetrisch bzgl. der y-Achse.

36. a) $f(-x) = \frac{\ln(-x)^2}{-x} = \frac{\ln x^2}{-x} = -\frac{\ln x^2}{x} \neq f(x)$

$-f(-x) = -\left(-\frac{\ln x^2}{x}\right) = \frac{\ln x^2}{x} = f(x)$

G_f ist punktsymmetrisch bzgl. des Koordinatenursprungs.

b) $f(-x) = \ln\frac{4}{4 + (-x)^2} = \ln\frac{4}{4 + x^2} = f(x)$

G_f ist achsensymmetrisch bzgl. der y-Achse.

c) $f(-x) = \ln\frac{1 + (-x)}{1 - (-x)} = \ln\frac{1 - x}{1 + x} = \ln\left(\frac{1 + x}{1 - x}\right)^{-1} = -\ln\frac{1 + x}{1 - x} \neq f(x)$

$-f(-x) = -\left(-\ln\frac{1 + x}{1 - x}\right) = \ln\frac{1 + x}{1 - x} = f(x)$

G_f ist punktsymmetrisch bzgl. des Koordinatenursprungs.

37. a) $f_k(-x) = \frac{e^{-k(-x)} - e^{k(-x)}}{k} = \frac{e^{kx} - e^{-kx}}{k} = \frac{-(e^{-kx} - e^{kx})}{k} \neq f_k(x)$

$-f_k(-x) = \frac{e^{-kx} - e^{kx}}{k} = f_k(x)$

G_{f_k} ist punktsymmetrisch bzgl. des Koordinatenursprungs.

b) $f_k(-x) = e^{-(-x)^k} = \begin{cases} e^{-x^k} = f_k(x), & \text{falls k gerade} \\ e^{x^k} \neq f_k(x) \text{ und } \neq -f_k(x), & \text{falls k ungerade} \end{cases}$

- G_{f_k} ist achsensymmetrisch bzgl. der y-Achse, wenn k gerade ist.
- G_{f_k} weist keine Symmetrie bzgl. des Koordinatensystems auf, wenn k ungerade ist.

c) $f_k(-x) = \frac{\ln(-x)^2}{(-x)^k} = \begin{cases} \frac{\ln x^2}{x^k} = f_k(x), & \text{falls k gerade} \\ \frac{\ln x^2}{-x^k} = -f_k(x), & \text{falls k ungerade} \end{cases}$

- G_{f_k} ist achsensymmetrisch bzgl. der y-Achse, wenn k gerade ist.
- G_{f_k} ist punktsymmetrisch bzgl. des Koordinatenursprungs, wenn k ungerade ist.

38. Bei Verwendung des **Kriteriums A1** ist nachzuweisen, dass $f(1+t) = f(1-t)$:

a) Linke Seite: $f(1+t) = \frac{3}{(1+t)^2 - 2(1+t)} = \frac{3}{1+2t+t^2-2-2t} = \frac{3}{t^2-1}$

Rechte Seite: $f(1-t) = \frac{3}{(1-t)^2 - 2(1-t)} = \frac{3}{1-2t+t^2-2+2t} = \frac{3}{t^2-1}$

Beide Seiten stimmen überein, die Achsensymmetrie ist gezeigt.

b) Linke Seite: $f(1+t) = e^{-(1+t)^2 + 2(1+t)} = e^{-1-2t-t^2+2+2t} = e^{1-t^2}$

Rechte Seite: $f(1-t) = e^{-(1-t)^2 + 2(1-t)} = e^{-1+2t-t^2+2-2t} = e^{1-t^2}$

Beide Seiten stimmen überein, die Achsensymmetrie ist gezeigt.

Bei Verwendung des **Kriteriums A2** ist für alle x aus $\mathbb{D}_{f,\,max}$ nachzuweisen, dass $f(2-x) = f(x)$:

a) $f(2-x) = \frac{3}{(2-x)^2 - 2(2-x)} = \frac{3}{4-4x+x^2-4+2x} = \frac{3}{x^2-2x} = f(x)$

b) $f(2-x) = e^{-(2-x)^2 + 2(2-x)} = e^{-4+4x-x^2+4-2x} = e^{-x^2+2x} = f(x)$

Hinweise für den CAS-Einsatz:

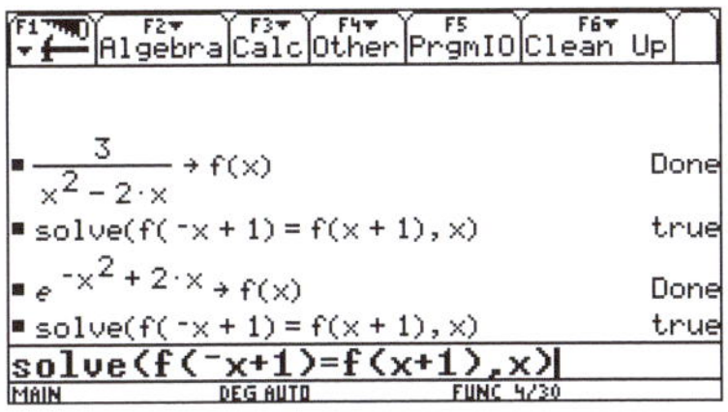

Hier wird für die Teilaufgaben a und b das Kriterium A1 verwendet.

39. Bei Verwendung des **Kriteriums P1** ist nachzuweisen, dass $f(1+t)-2=2-f(1-t)$:

a) Linke Seite:

$$f(1+t)-2=\frac{(1+t)^2+2(1+t)}{2(1+t)-2}-2=\frac{1+2t+t^2+2+2t}{2+2t-2}-2=\frac{t^2+4t+3}{2t}-2$$

$$=\frac{t^2+4t+3-4t}{2t}=\frac{t^2+3}{2t}$$

Rechte Seite:

$$2-f(1-t)=2-\frac{(1-t)^2+2(1-t)}{2(1-t)-2}=2-\frac{1-2t+t^2+2-2t}{2-2t-2}=2-\frac{t^2-4t+3}{-2t}$$

$$=\frac{-4t-t^2+4t-3}{-2t}=\frac{t^2+3}{2t}$$

Beide Seiten stimmen überein, die Punktsymmetrie ist gezeigt.

Hinweise für den CAS-Einsatz:

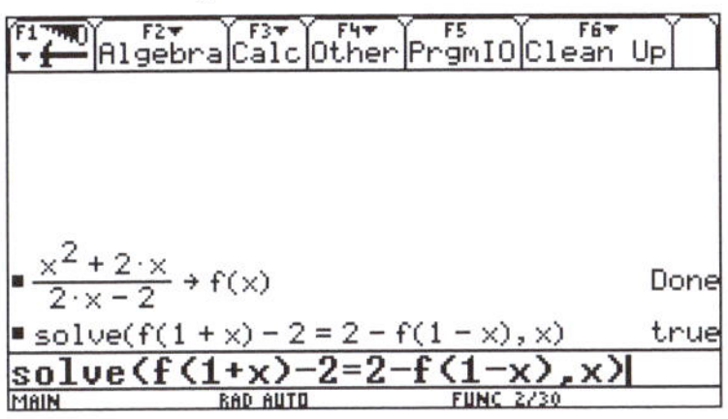

Bei Anwendung des Kriteriums P1 gibt der CAS-Rechner die Lösung „true" aus. Die Lösungsmenge der Gleichung $f(1+x)-2=2-f(1-x)$ ist also identisch mit der Definitionsmenge $\mathbb{D}$. Daraus folgt die Punktsymmetrie von f(x) zum Punkt P(1 | 2).

b) Linke Seite:

$$f(1+t)-2=\frac{3e^{1+t}-e}{e^{1+t}-e}-2=\frac{3e^{1+t}-e-2e^{1+t}+2e}{e^{1+t}-e}=\frac{e^{1+t}+e}{e^{1+t}-e}=\frac{e^t+1}{e^t-1}$$

Rechte Seite:

$$2-f(1-t)=2-\frac{3e^{1-t}-e}{e^{1-t}-e}=\frac{2e^{1-t}-2e-3e^{1-t}+e}{e^{1-t}-e}=\frac{-e^{1-t}-e}{e^{1-t}-e}$$

$$\overset{:(-e)}{=}\frac{e^{-t}+1}{-e^{-t}+1}\overset{\cdot e^t}{=}\frac{1+e^t}{-1+e^t}$$

Beide Seiten stimmen überein, die Punktsymmetrie ist gezeigt.

Bei Verwendung des **Kriteriums P2** ist für alle x aus $\mathbb{D}_{f,\max}$ nachzuweisen, dass $4-f(2-x)=f(x)$:

a) $$4-f(2-x)=4-\frac{(2-x)^2+2(2-x)}{2(2-x)-2}=4-\frac{8-6x+x^2}{2-2x}=\frac{4(2-2x)-(8-6x+x^2)}{2-2x}$$
$$=\frac{-2x-x^2}{2-2x}=\frac{x^2+2x}{2x-2}=f(x)$$

b) $$4-f(2-x)=4-\frac{3e^{2-x}-e}{e^{2-x}-e}=\frac{4(e^{2-x}-e)-(3e^{2-x}-e)}{e^{2-x}-e}=\frac{e^{2-x}-3e}{e^{2-x}-e}$$
$$\overset{\cdot(-e^{x-1})}{=}\frac{3e^x-e}{e^x-e}=f(x)$$

Hinweise für den CAS-Einsatz:

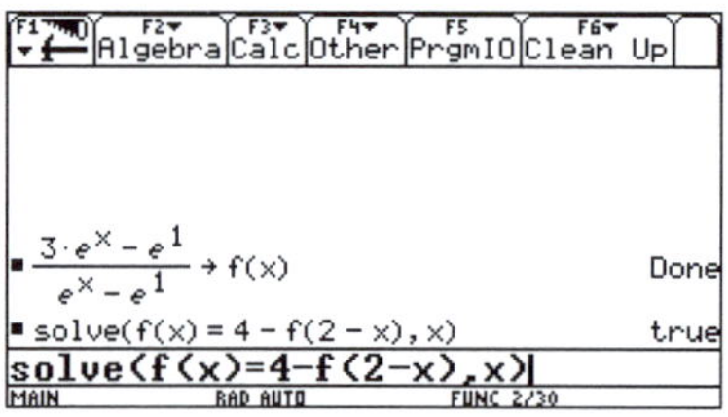

Zur Bestätigung der Punktsymmetrie wird das Kriterium P2 angewendet.

40.

Gleichung	Graph	Grund	Kriterium
a) $f(x)=6-f(-4-x)$	F	Punktsymmetrie zu $(-2\,|\,3)$	P2
b) $f(6-x)=f(x)$	D	Achsensymmetrie zu $x=3$	A2
c) $f(x)=f(-4-x)$	A	Achsensymmetrie zu $x=-2$	A2
d) $f(x)=6-f(4-x)$	B, E	Punktsymmetrie zu $(2\,|\,3)$	P2
e) $f(3-x)=-f(3+x)$	C	Punktsymmetrie zu $(3\,|\,0)$	P1
f) $f(3+x)=f(3-x)$	D	Achsensymmetrie zu $x=3$	A1
g) $f(x)=-f(6-x)$	C	Punktsymmetrie zu $(3\,|\,0)$	P2
h) $f(-2+x)-3=3-f(-2-x)$	F	Punktsymmetrie zu $(-2\,|\,3)$	P1
i) $f(2+x)-3=3-f(2-x)$	B, E	Punktsymmetrie zu $(2\,|\,3)$	P1
j) $f(-2+x)=f(-2-x)$	A	Achsensymmetrie zu $x=-2$	A1

41. a)
- Spiegelung an der y-Achse: $\ln x$ wird zu $\ln(-x)$.
- Verschiebung um 3 Längeneinheiten parallel zur x-Achse nach rechts: $\ln(-x)$ wird zu $\ln(-(x-3))$.

Daher gilt $g(x)=\ln(-x+3)$. Die Termänderungen sind nicht kommutativ.

b) • Dehnung parallel zur x-Achse um den Faktor 4: ln x wird zu $\ln\left(\frac{1}{4}\cdot x\right)$.

• Verschiebung um 3 Längeneinheiten parallel zur y-Achse nach unten: $\ln\left(\frac{1}{4}\cdot x\right)$ wird zu $\ln\left(\frac{1}{4}\cdot x\right)-3$.

Daher gilt $g(x)=\ln\left(\frac{1}{4}\cdot x\right)-3$. Die Termänderungen sind kommutativ.

c) • Verschiebung um 2 Längeneinheiten parallel zur x-Achse nach links: ln x wird zu $\ln(x+2)$.

• Hochklappen der unter der x-Achse liegenden Graphenteile: $\ln(x+2)$ wird zu $|\ln(x+2)|$.

Daher gilt $g(x)=|\ln(x+2)|$. Die Termänderungen sind kommutativ.

d) • Verschiebung um jeweils 1 Längeneinheit parallel zur y-Achse nach oben und parallel zur x-Achse nach links: ln x wird zu $\ln(x+1)+1$.

• Alle jetzt rechts von der y-Achse liegenden Graphenteile bleiben unverändert. Die jetzt links davon liegenden Teile werden durch die an der y-Achse gespiegelten Teile ersetzt, die rechts von der y-Achse liegen: $\ln(x+1)+1$ wird zu $\ln(|x|+1)+1$.

Daher gilt $g(x)=\ln(|x|+1)+1$. Die Termänderungen sind nicht kommutativ.

42. Wegen $\frac{1}{4}x^2+\frac{1}{2}x+\frac{1}{4}=\frac{1}{4}(x^2+2x+1)=\frac{1}{4}(x+1)^2$ gilt: $f^*(x)=e^{\frac{1}{4}(x+1)^2}$.

Daher entsteht der Graph von f^* aus dem Graphen von f(x) durch

- eine Streckung parallel zur x-Achse um den Faktor 2: e^{x^2} wird zu $e^{\left(\frac{1}{2}x\right)^2}=e^{\frac{1}{4}x^2}$,
- eine anschließende Verschiebung parallel zur x-Achse um 1 Längeneinheit nach links: $e^{\frac{1}{4}x^2}$ wird zu $e^{\frac{1}{4}(x+1)^2}$.

43. a) x wird durch x – 3 ersetzt: Verschiebung parallel zur x-Achse um 3 Längeneinheiten nach rechts

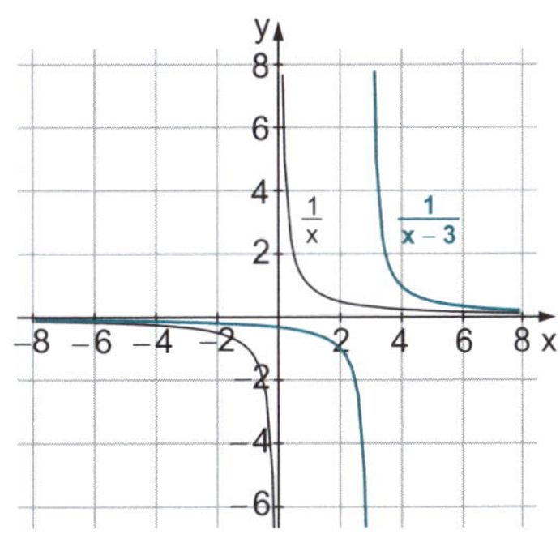

b) • x wird durch | x | ersetzt: Graphenteile rechts von der y-Achse bleiben unverändert, Graphenteile links von der y-Achse verschwinden, Graphenteile rechts von der y-Achse werden an der y-Achse gespiegelt.
- x wird durch x + 1 ersetzt: Verschiebung parallel zur x-Achse um eine Längeneinheit nach links
- Multiplikation mit 2: Dehnung parallel zur y-Achse um den Faktor 2

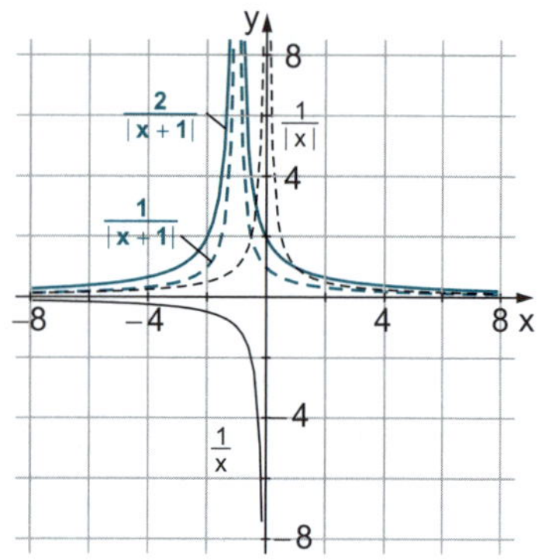

c) • x wird durch x – 2 ersetzt: Verschiebung parallel zur x-Achse um 2 Längeneinheiten nach rechts
- Addition von 1: Verschiebung parallel zur y-Achse um eine Längeneinheit nach oben

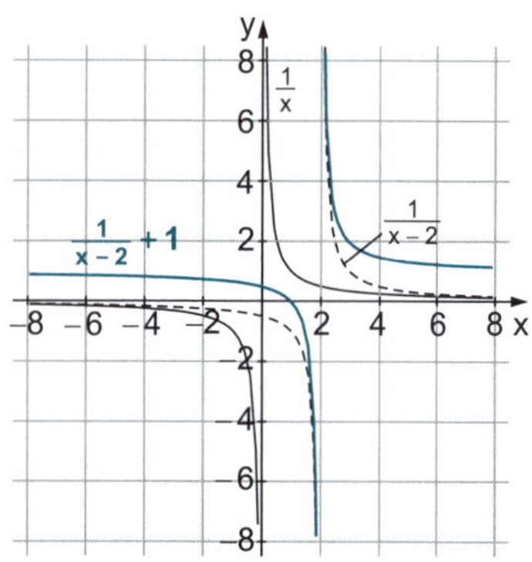

d) • x wird durch x + 1 ersetzt: Verschiebung parallel zur x-Achse um eine Längeneinheit nach links
- x wird durch | x | ersetzt: Graphenteile rechts von der y-Achse bleiben unverändert, Graphenteile links von der y-Achse verschwinden, Graphenteile rechts von der y-Achse werden an der y-Achse gespiegelt.

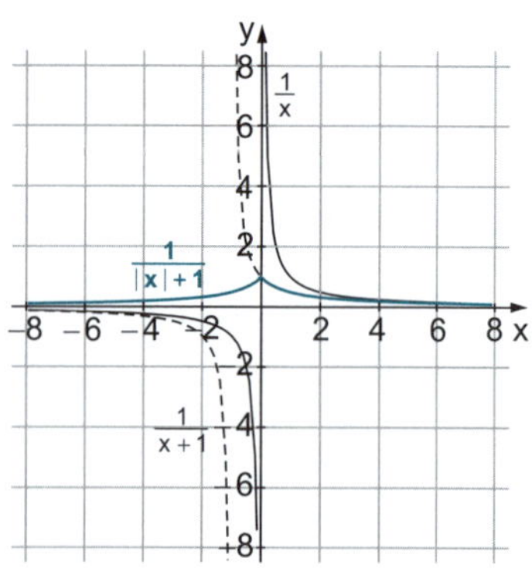

44. a) • x wird durch –x ersetzt:
Spiegelung an der y-Achse
• Multiplikation mit –1:
Spiegelung an der x-Achse
• Addition von 1:
Verschiebung parallel zur y-Achse um eine Längeneinheit nach oben

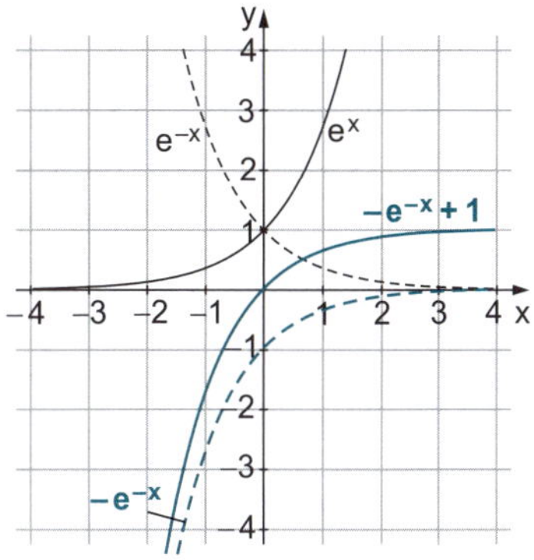

b) • Multiplikation von x mit 0,5:
Dehnung parallel zur x-Achse um Faktor 2
• Multiplikation des Funktionsterms mit 0,5:
Stauchung parallel zur y-Achse um Faktor 2

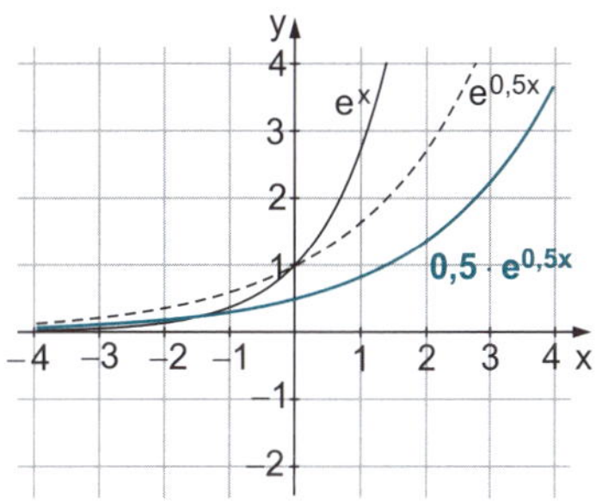

c) • Subtraktion von 1:
Verschiebung parallel zur y-Achse um eine Längeneinheit nach unten
• Setzen des Betrags:
Nur was unter der x-Achse liegt, wird an der x-Achse gespiegelt.

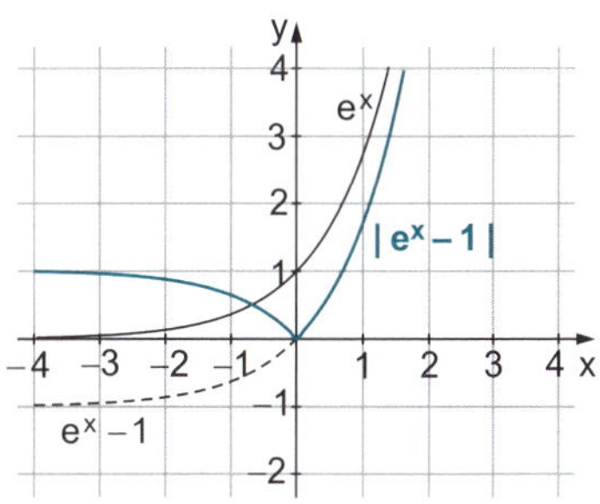

d) • x wird durch | x | ersetzt:
Graphenteile rechts von der y-Achse bleiben unverändert, Graphenteile links von der y-Achse verschwinden, Graphenteile rechts von der y-Achse werden an der y-Achse gespiegelt.
• Subtraktion von 1:
Verschiebung parallel zur y-Achse um eine Längeneinheit nach unten

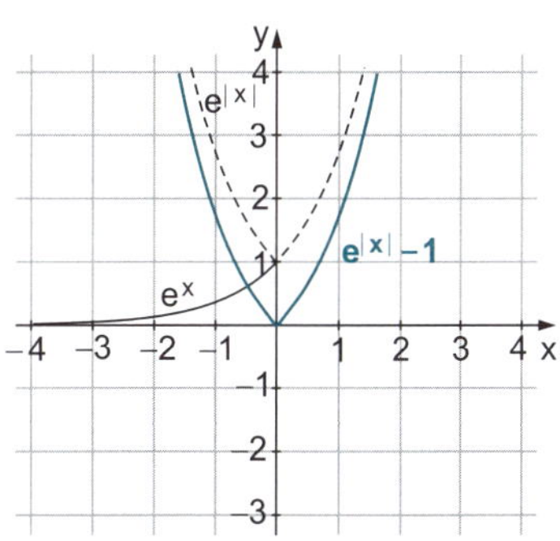

45. a) x wird durch |x| ersetzt:
Graphenteile rechts von der y-Achse bleiben unverändert, Graphenteile links von der y-Achse verschwinden, Graphenteile rechts von der y-Achse werden an der y-Achse gespiegelt.

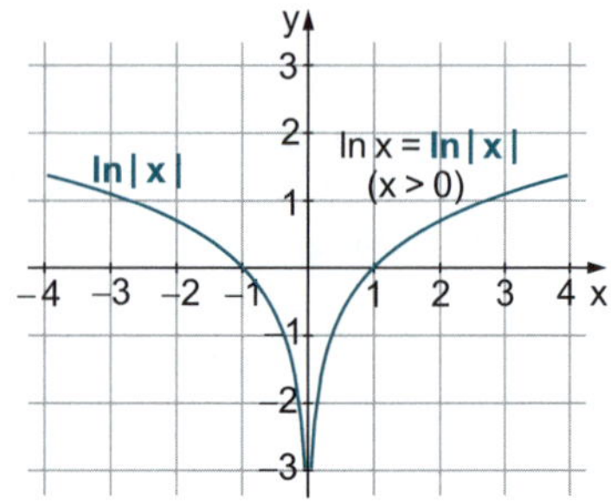

b) Setzen des Betrags:
Graphenteile über der x-Achse bleiben unverändert, Graphenteile unter der x-Achse werden an der x-Achse gespiegelt.

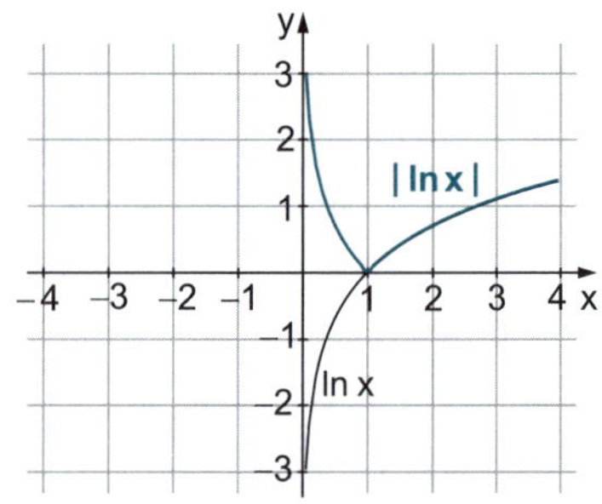

c) x wird durch x – 1 ersetzt:
Verschiebung parallel zur x-Achse um eine Längeneinheit nach rechts

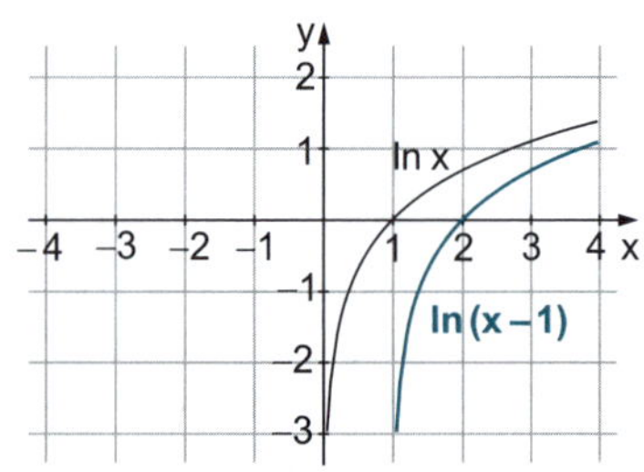

d) • x wird durch 2x ersetzt:
Stauchung parallel zur x-Achse um Faktor 2
• Multiplikation des Terms mit 2:
Streckung parallel zur y-Achse um Faktor 2

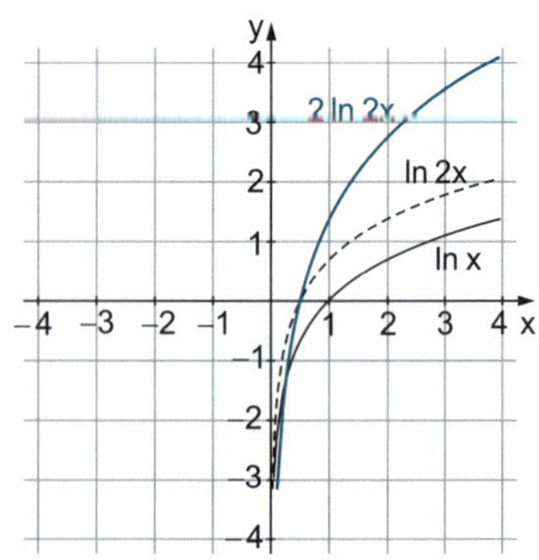

46. a) $\lim\limits_{x \to \pm\infty} \dfrac{2x^2 - 5x - 3}{3x - x^3} = \lim\limits_{x \to \pm\infty} \dfrac{\frac{2}{x} - \frac{5}{x^2} - \frac{3}{x^3}}{\frac{3}{x^2} - 1}$ — Mit x^3 kürzen

$= \dfrac{\lim\limits_{x \to \pm\infty} \frac{2}{x} - \lim\limits_{x \to \pm\infty} \frac{5}{x^2} - \lim\limits_{x \to \pm\infty} \frac{3}{x^3}}{\lim\limits_{x \to \pm\infty} \frac{3}{x^2} - \lim\limits_{x \to \pm\infty} 1}$ — Anwendung der Grenzwertsätze

$= \dfrac{0 - 0 - 0}{0 - 1} = 0$ — Liste der elementaren Grenzwerte

b) $\lim\limits_{x \to \pm\infty} \dfrac{-7x}{\sqrt{3x^2 + x}} = \lim\limits_{x \to \pm\infty} \mp 7\sqrt{\dfrac{x^2}{3x^2 + x}}$ — Unter die Wurzel ziehen

$= \lim\limits_{x \to \pm\infty} \mp 7\sqrt{\dfrac{1}{3 + \frac{1}{x}}}$ — Mit x^2 kürzen

$= \mp 7 \cdot \sqrt{\dfrac{\lim\limits_{x \to \pm\infty} 1}{\lim\limits_{x \to \pm\infty} 3 + \lim\limits_{x \to \pm\infty} \frac{1}{x}}}$ — Stetigkeit der Wurzelfunktion und Grenzwertsätze

$= \mp 7\sqrt{\dfrac{1}{3 + 0}} = \mp \dfrac{7}{\sqrt{3}}$ — Liste der elementaren Grenzwerte

Hinweise für den CAS-Einsatz:

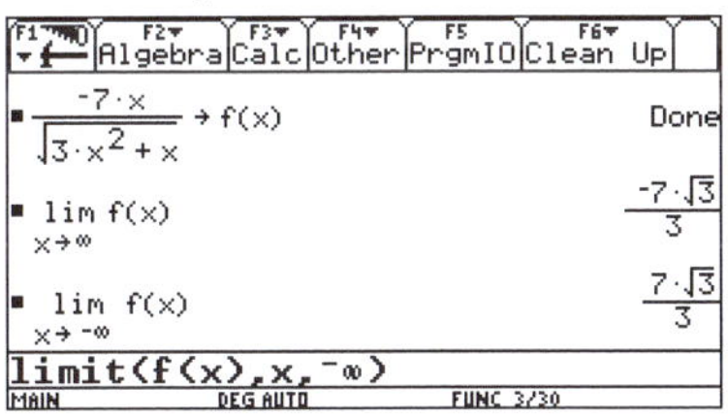

Der Befehl **limit** ermittelt die Grenzwerte.

47. a) $\lim\limits_{x \to +\infty} \dfrac{2}{1 + e^x} = \lim\limits_{x \to +\infty} \dfrac{\frac{2}{e^x}}{\frac{1}{e^x} + 1}$ — Mit e^x kürzen

$= \dfrac{\lim\limits_{x \to +\infty} 2 \cdot \lim\limits_{x \to +\infty} \frac{1}{e^x}}{\lim\limits_{x \to +\infty} \frac{1}{e^x} + \lim\limits_{x \to +\infty} 1}$ — Anwendung der Grenzwertsätze

$= \dfrac{2 \cdot 0}{0 + 1} = 0$ — Liste der elementaren Grenzwerte

$\lim\limits_{x \to -\infty} \dfrac{2}{1 + e^x} = \dfrac{\lim\limits_{x \to -\infty} 2}{\lim\limits_{x \to -\infty} 1 + \lim\limits_{x \to -\infty} e^x}$ — Anwendung der Grenzwertsätze

$= \dfrac{2}{1 + 0} = 2$ — Liste der elementaren Grenzwerte

b) $\lim\limits_{x \to +\infty} xe^{2-x} = \lim\limits_{x \to +\infty} e^2 \cdot \frac{x}{e^x}$ — Faktorisieren der e-Funktion

$= \lim\limits_{x \to +\infty} e^2 \cdot \lim\limits_{x \to +\infty} \frac{x}{e^x}$ — Anwendung der Grenzwertsätze

$= e^2 \cdot 0 = 0$ — Liste der elementaren Grenzwerte

$\lim\limits_{x \to -\infty} xe^{2-x} = \lim\limits_{x \to -\infty} e^2 \cdot \frac{x}{e^x}$ — Faktorisieren der e-Funktion

$= \lim\limits_{x \to -\infty} e^2 \cdot \lim\limits_{x \to -\infty} xe^{-x}$ — Anwendung der Grenzwertsätze

$= e^2 \cdot (-\infty) = -\infty$ — Liste der elementaren Grenzwerte

48. a) $\lim\limits_{x \to +\infty} \frac{x + x^2}{e^x} = \lim\limits_{x \to +\infty} \left(\frac{x}{e^x} + \frac{x^2}{e^x}\right)$ — Distributivgesetz der Division

$= \lim\limits_{x \to +\infty} \left(\frac{x}{e^x}\right) + \lim\limits_{x \to +\infty} \left(\frac{x^2}{e^x}\right)$ — Anwendung der Grenzwertsätze

$= 0 + 0 = 0$ — Liste der elementaren Grenzwerte

$\lim\limits_{x \to -\infty} \frac{x + x^2}{e^x} = \lim\limits_{x \to -\infty} \frac{x^2}{e^x} \cdot \left(\frac{1}{x} + 1\right)$ — Ausklammern von $\frac{x^2}{e^x}$

$= \lim\limits_{x \to -\infty} \frac{x^2}{e^x} \cdot \left(\lim\limits_{x \to -\infty} \frac{1}{x} + \lim\limits_{x \to -\infty} 1\right)$ — Anwendung der Grenzwertsätze

$= +\infty \cdot (0 + 1) = +\infty$ — Liste der elementaren Grenzwerte

b) $\lim\limits_{x \to \pm\infty} \frac{\sqrt{x^2+1}}{\sqrt{x^2+2}} = \lim\limits_{x \to \pm\infty} \sqrt{\frac{1 + \frac{1}{x^2}}{1 + \frac{2}{x^2}}}$ — Zuerst $\frac{\sqrt{a}}{\sqrt{b}} = \sqrt{\frac{a}{b}}$, dann unter der Wurzel mit x^2 kürzen

$= \sqrt{\frac{\lim\limits_{x \to \pm\infty} 1 + \lim\limits_{x \to \pm\infty} \frac{1}{x^2}}{\lim\limits_{x \to \pm\infty} 1 + \lim\limits_{x \to \pm\infty} \frac{2}{x^2}}}$ — Stetigkeit der Wurzelfunktion und Grenzwertsätze

$= \sqrt{\frac{1+0}{1+0}} = 1$ — Liste der elementaren Grenzwerte

49. a) $\lim\limits_{x \to +\infty} \frac{ke^x}{k - e^x} = \lim\limits_{x \to +\infty} \frac{k}{\frac{k}{e^x} - 1}$ — Mit e^x kürzen

$= \frac{\lim\limits_{x \to +\infty} k}{\lim\limits_{x \to +\infty} k \cdot \lim\limits_{x \to +\infty} \frac{1}{e^x} - \lim\limits_{x \to +\infty} 1}$ — Anwendung der Grenzwertsätze

$= \frac{k}{k \cdot 0 - 1} = -k$ — Liste der elementaren Grenzwerte

Für den Grenzübergang $x \to -\infty$ ist eine Fallunterscheidung für die Belegung des Parameters k notwendig:

Fall 1, k≠0:

$$\lim_{x \to -\infty} \frac{ke^x}{k - e^x} = \frac{\lim\limits_{x \to -\infty} k \cdot \lim\limits_{x \to -\infty} e^x}{\lim\limits_{x \to -\infty} k - \lim\limits_{x \to -\infty} e^x}$$ Anwendung der Grenzwertsätze

$$= \frac{k \cdot 0}{k - 0} = 0$$ Liste der elementaren Grenzwerte

Fall 2, k=0:

$$\lim_{x \to -\infty} \frac{ke^x}{k - e^x} = \lim_{x \to -\infty} \frac{0}{0 - e^x} = \lim_{x \to -\infty} 0 = 0$$ Die Scharfunktion ist gleich der Nullfunktion.

b) **Fall 1, k>0:** Dann ist $1 < e^k$ und wegen des Verlaufs der Exponentialfunktion gilt $\lim\limits_{x \to +\infty} (e^k)^x = +\infty$ und $\lim\limits_{x \to -\infty} (e^k)^x = 0$, sodass weiter folgt:

$$\lim_{x \to +\infty} \frac{5e^{kx}}{1 + e^{kx}} = \lim_{x \to +\infty} \frac{5}{\frac{1}{e^{kx}} + 1}$$ Mit e^{kx} kürzen

$$= \frac{\lim\limits_{x \to +\infty} 5}{\lim\limits_{x \to +\infty} \left(\frac{1}{e^k}\right)^x + \lim\limits_{x \to +\infty} 1}$$ Anwendung der Grenzwertsätze

$$= \frac{5}{0 + 1} = 5$$ Vorbemerkung

$$\lim_{x \to -\infty} \frac{5e^{kx}}{1 + e^{kx}} = \frac{\lim\limits_{x \to -\infty} 5 \cdot \lim\limits_{x \to -\infty} (e^k)^x}{\lim\limits_{x \to -\infty} 1 + \lim\limits_{x \to -\infty} (e^k)^x}$$ Anwendung der Grenzwertsätze

$$= \frac{5 \cdot 0}{1 + 0} = 0$$ Vorbemerkung

Fall 2, k<0: Dann ist $1 > e^k$ und wegen des Verlaufs der Exponentialfunktion gilt $\lim\limits_{x \to +\infty} (e^k)^x = 0$ und $\lim\limits_{x \to -\infty} (e^k)^x = +\infty$. Weiter folgt:

$$\lim_{x \to +\infty} \frac{5e^{kx}}{1 + e^{kx}} = \frac{\lim\limits_{x \to +\infty} 5 \cdot \lim\limits_{x \to +\infty} (e^k)^x}{\lim\limits_{x \to +\infty} 1 + \lim\limits_{x \to +\infty} (e^k)^x}$$ Anwendung der Grenzwertsätze

$$= \frac{5 \cdot 0}{1 + 0} = 0$$ Vorbemerkung

$$\lim_{x \to -\infty} \frac{5e^{kx}}{1 + e^{kx}} = \lim_{x \to -\infty} \frac{5}{\frac{1}{e^{kx}} + 1}$$ Mit e^{kx} kürzen

$$= \frac{\lim\limits_{x \to -\infty} 5}{\lim\limits_{x \to -\infty} \left(\frac{1}{e^k}\right)^x + \lim\limits_{x \to -\infty} 1}$$ Anwendung der Grenzwertsätze

$$= \frac{5}{0 + 1} = 5$$ Vorbemerkung

Fall 3, k = 0: $\lim\limits_{x \to \pm\infty} \frac{5e^{kx}}{1+e^{kx}} = \lim\limits_{x \to \pm\infty} \frac{5}{1+1} = \frac{5}{2}$

Hinweise für den CAS-Einsatz:

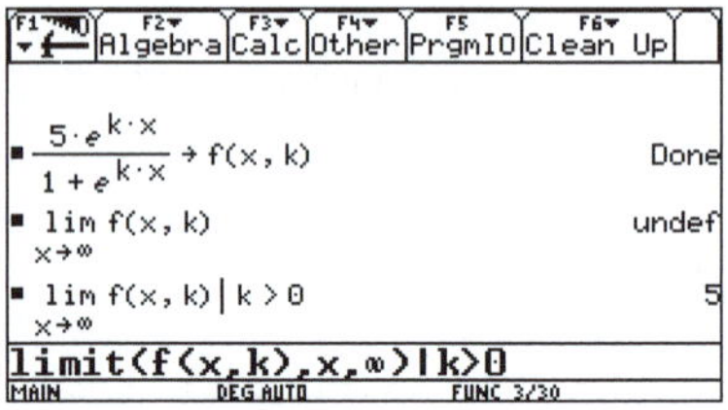

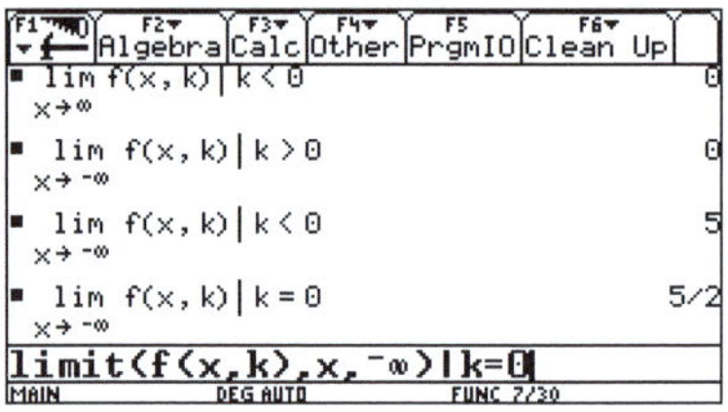

Obwohl der Grenzwert eindeutig bestimmt werden kann, erkennt der CAS-Rechner diesen Grenzwert nicht. Es müssen zusätzliche Einschränkungen für k angegeben werden, um die verschiedenen Fälle voneinander abgrenzen zu können.

c) $\lim\limits_{x \to \pm\infty} 4x^2 e^{-kx^2} = \lim\limits_{x \to \pm\infty} \frac{4x^2}{e^{kx^2}}$

$= \lim\limits_{z \to +\infty} \frac{4z}{e^{kz}}$ — Substitution $z = x^2$

$= \lim\limits_{z \to +\infty} 4 \cdot \lim\limits_{z \to +\infty} \frac{z}{e^{kz}}$ — Anwendung der Grenzwertsätze

$= \begin{cases} 0, & \text{wenn } k > 0 \\ +\infty, & \text{wenn } k < 0 \end{cases}$ — Liste der elementaren Grenzwerte

50. $\lim\limits_{x \to \pm\infty} \left(x - \sqrt{x^2 - x}\right)$

$= \lim\limits_{x \to \pm\infty} \left(x - \sqrt{\left(x - \frac{1}{2}\right)^2 - \frac{1}{4}}\right)$ — Quadratische Ergänzung des Radikanden

$= \lim\limits_{x \to \pm\infty} \left(x - \sqrt{\left(x - \frac{1}{2}\right)^2}\right)$ — Vernachlässigen des konstanten Summanden für $|x| \to +\infty$

$= \lim\limits_{x \to \pm\infty} \left(x - \left|x - \frac{1}{2}\right|\right)$ — Radizieren

$= \begin{cases} \lim\limits_{x \to +\infty} \left(x - x + \frac{1}{2}\right) = \lim\limits_{x \to +\infty} \frac{1}{2} = \frac{1}{2} \\ \lim\limits_{x \to -\infty} \left(x + x - \frac{1}{2}\right) = \lim\limits_{x \to -\infty} \left(2x - \frac{1}{2}\right) = -\infty \end{cases}$ — Auflösen des Betrags

Hinweise für den CAS-Einsatz:

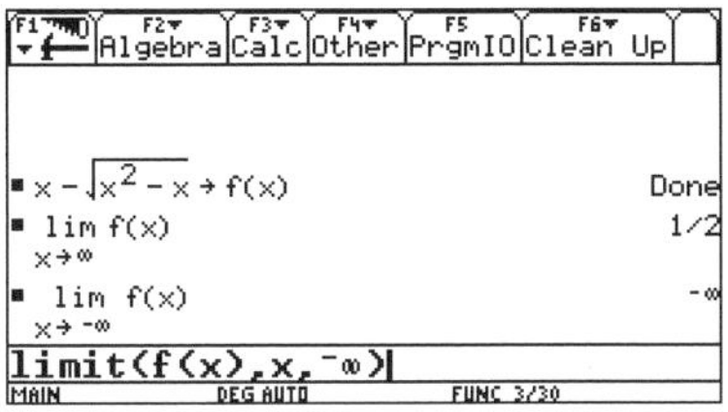

Mit dem Befehl **limit** wird der Grenzwert richtig berechnet.

51. a) $\lim\limits_{x \to 1 \pm 0} \frac{x+3}{x-1} = \lim\limits_{\substack{h \to 0 \\ h > 0}} \frac{(1 \pm h) + 3}{(1 \pm h) - 1}$ Übergang zur h-Methode

$= \lim\limits_{\substack{h \to 0 \\ h > 0}} \frac{4 \pm h}{\pm h} = \lim\limits_{\substack{h \to 0 \\ h > 0}} \left(\frac{1}{\pm h}\right) \cdot \lim\limits_{\substack{h \to 0 \\ h > 0}} (4 \pm h)$ Zusammenfassen; Anwendung der Grenzwertsätze

$= \pm\infty \cdot 4 = \pm\infty$ Liste der Grundtypen

Hinweise für den CAS-Einsatz:

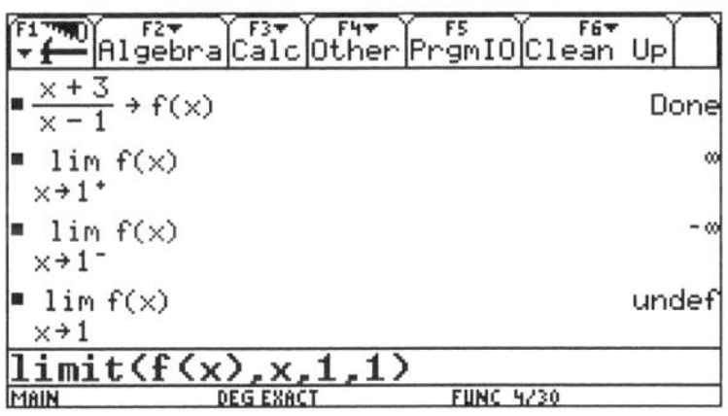

Der Befehl **limit** gibt als Lösung „undef" aus. Das bedeutet, dass der Grenzwert nicht existiert. Gibt man beim Befehl **limit** in der Klammer an 4. Stelle eine positive Zahl an, wie hier die 1, so wird der rechtsseitige Grenzwert berechnet. Wenn –1 oder eine andere negative Zahl angegeben wird, ermittelt der CAS-Rechner den linksseitigen Grenzwert.

b) $\lim\limits_{x \to 1{,}5 \pm 0} \frac{2 \cdot |1{,}5 - x|}{2x^2 - x - 3}$

$= \lim\limits_{\substack{h \to 0 \\ h > 0}} \frac{2 \cdot |1{,}5 - (1{,}5 \pm h)|}{2(1{,}5 \pm h)^2 - (1{,}5 \pm h) - 3}$ Übergang zur h-Methode

$= \lim\limits_{\substack{h \to 0 \\ h > 0}} \frac{2 \cdot h}{\pm 5h + 2h^2}$ Zusammenfassen; beachten Sie, dass $|\pm h| = h$

$= \lim\limits_{\substack{h \to 0 \\ h > 0}} \frac{2}{\pm 5 + 2h}$ Kürzen mit h

$= \frac{\lim\limits_{\substack{h \to 0 \\ h > 0}} 2}{\lim\limits_{\substack{h \to 0 \\ h > 0}} (\pm 5 + 2h)} = \pm\frac{2}{5}$ Anwendung der Grenzwertsätze; Liste der Grundtypen

52. a) $\lim\limits_{x \to 2+0} \frac{x}{\sqrt{x^2-4}} = \lim\limits_{x \to 2+0} \frac{x}{\sqrt{(x-2)(x+2)}}$

$= \lim\limits_{\substack{h \to 0\\ h>0}} \frac{2+h}{\sqrt{(2+h-2)(2+h+2)}}$ Übergang zur h-Methode

$= \lim\limits_{\substack{h \to 0\\ h>0}} \frac{2+h}{\sqrt{h \cdot (4+h)}} = \lim\limits_{\substack{h \to 0\\ h>0}} \sqrt{\frac{1}{h}} \cdot \frac{2+h}{\sqrt{(4+h)}}$ Zusammenfassen

$= \sqrt{\lim\limits_{\substack{h \to 0\\ h>0}} \frac{1}{h}} \cdot \frac{\lim\limits_{\substack{h \to 0\\ h>0}} (2+h)}{\sqrt{\lim\limits_{\substack{h \to 0\\ h>0}} (4+h)}}$ Stetigkeit der Wurzelfunktion, Anwenden der Grenzwertsätze

$= +\infty \cdot \frac{2}{4} = +\infty$ Liste der Grundtypen

b) $\lim\limits_{x \to 2-0} \frac{2x-4}{\sqrt{2x}-2}$

$= \lim\limits_{x \to 2-0} \frac{(2x-4)(\sqrt{2x}+2)}{(\sqrt{2x}-2)(\sqrt{2x}+2)}$ Erweitern mit $\sqrt{2x}+2$

$= \lim\limits_{x \to 2-0} \frac{(2x-4)(\sqrt{2x}+2)}{2x-4}$ Nenner ausmultiplizieren

$= \lim\limits_{x \to 2-0} (\sqrt{2x}+2)$ Kürzen mit $2x-4$

$= \sqrt{2 \cdot 2} + 2 = 4$ Stetigkeit der Wurzelfunktion

Hinweise für den CAS-Einsatz:

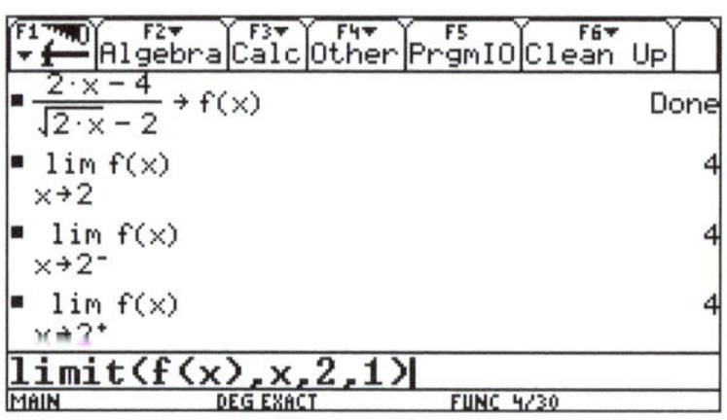

Da der beidseitige Limes bereits mit dem Wert 4 angezeigt wird, müssen rechts- und linksseitiger Limes ebenfalls 4 sein. Zur Vergewisserung werden die beiden einseitigen Limites zusätzlich berechnet.

53. a) $\lim\limits_{x \to 1} \frac{1-e^{2x-2}}{1-e^{x-1}} = \lim\limits_{x \to 1} \frac{1-(e^{x-1})^2}{1-e^{x-1}}$ 5. Potenzgesetz

$= \lim\limits_{x \to 1} \frac{(1-e^{x-1})(1+e^{x-1})}{1-e^{x-1}}$ $a^2-b^2=(a-b)(a+b)$

$= \lim\limits_{x \to 1} (1+e^{x-1})$ Kürzen

$= 1+e^0 = 1+1 = 2$ Stetigkeit der e-Funktion

b) $\lim\limits_{x \to 1 \pm 0} e^{\frac{x}{1-x}} = \lim\limits_{\substack{h \to 0 \\ h>0}} e^{\frac{1 \pm h}{1-(1 \pm h)}}$

Übergang zur h-Methode

$= \lim\limits_{\substack{h \to 0 \\ h>0}} e^{\frac{1 \pm h}{\mp h}} = \lim\limits_{\substack{h \to 0 \\ h>0}} e^{\mp \frac{1}{h} - 1} = \lim\limits_{\substack{h \to 0 \\ h>0}} e^{\mp \frac{1}{h}} \cdot e^{-1}$

Zusammenfassen, Umformen mit dem 1. und 2. Potenzgesetz

$= \lim\limits_{\substack{h \to 0 \\ h>0}} e^{-1} \cdot \lim\limits_{\substack{h \to 0 \\ h>0}} e^{\mp \frac{1}{h}}$

Anwendung der Grenzwertsätze

$= \begin{cases} e^{-1} \cdot 0 = 0, & \text{weil } e^{-\infty} = 0 \\ e \cdot \infty = \infty, & \text{weil } e^{+\infty} = +\infty \end{cases}$

Liste der Grundtypen

Hinweise für den CAS-Einsatz:

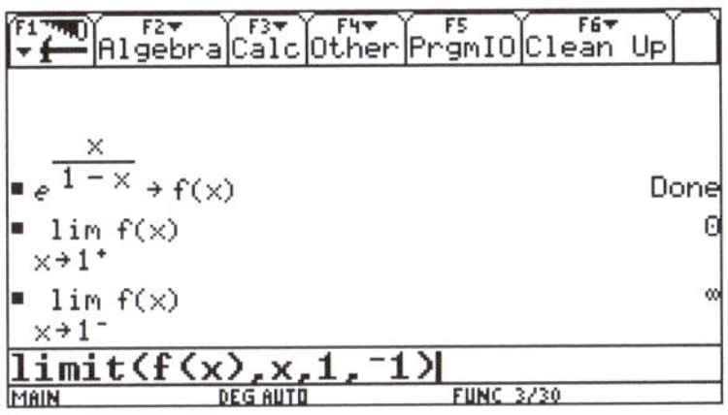

Mit dem Befehl **limit** erhält man den links- und rechtsseitigen Grenzwert.

54. a) $\lim\limits_{x \to 1+0} \ln\left(\frac{x+1}{x-1}\right) = \lim\limits_{\substack{h \to 0 \\ h>0}} \ln\left(\frac{(1+h)+1}{(1+h)-1}\right)$

Übergang zur h-Methode

$= \lim\limits_{\substack{h \to 0 \\ h>0}} \ln\left(\frac{1}{h} \cdot (2+h)\right)$

Zusammenfassen

Betrachten Sie zunächst das Argument des ln:

$\lim\limits_{\substack{h \to 0 \\ h>0}} \left(\frac{1}{h} \cdot (2+h)\right) = \lim\limits_{\substack{h \to 0 \\ h>0}} \left(\frac{1}{h}\right) \cdot \lim\limits_{\substack{h \to 0 \\ h>0}} (2+h) = +\infty \cdot 2 = +\infty$

Weil die ln-Funktion gegen ∞ strebt, wenn ihr Argument gegen ∞ strebt, folgt:

$\lim\limits_{x \to 1+0} \ln\left(\frac{x+1}{x-1}\right) = +\infty.$

Hinweise für den CAS-Einsatz:

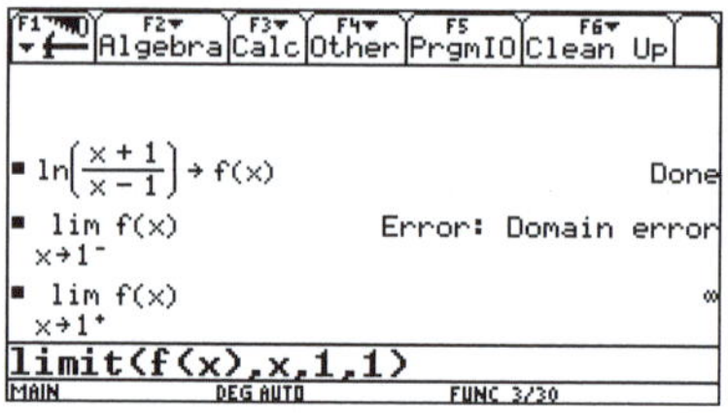

Die Fehlermeldung gibt an, dass der linksseitige Limes nicht berechnet werden kann, weil alle $x \in \mathbb{R}$ mit $x < 1$ nicht Elemente der Definitionsmenge sind.

b) $\lim\limits_{x \to 1-0} \ln\left(\frac{1}{1-x}\right) = \lim\limits_{\substack{h \to 0 \\ h > 0}} \ln\left(\frac{1}{1-(1-h)}\right)$ Übergang zur h-Methode

$= \lim\limits_{\substack{h \to 0 \\ h > 0}} \ln\left(\frac{1}{h}\right)$ Zusammenfassen

$= +\infty$ Die ln-Funktion strebt gegen $+\infty$, wenn ihr Argument gegen $+\infty$ strebt.

55. Zu zeigen ist, dass die Differenz aus dem Funktions- und Geradenterm für $x \to -\infty$ jeweils gegen 0 strebt.

a) $$\lim_{x \to -\infty}\left(\frac{e^x - x^2}{x} - (-x)\right) = \lim_{x \to -\infty}\left(\frac{e^x - x^2 + x^2}{x}\right) = \lim_{x \to -\infty}\left(\frac{e^x}{x}\right)$$

$$= \lim_{x \to -\infty}\frac{1}{x} \cdot \lim_{x \to -\infty} e^x = 0 \cdot 0 = 0$$

b) $$\lim_{x \to -\infty}\left(|x-2| + xe^x - (-x+2)\right) = \lim_{x \to -\infty}(-x + 2 + xe^x + x - 2)$$

$$= \lim_{x \to -\infty}(xe^x) = 0$$

56. Zu zeigen ist, dass die Differenz aus dem Funktions- und Geradenterm für $x \to +\infty$ jeweils gegen 0 strebt.

a) $$\lim_{x \to +\infty}\left(\frac{-0{,}5xe^x + 1}{0{,}5e^x} - (-x)\right) = \lim_{x \to +\infty}\left(-x + \frac{1}{0{,}5e^x} + x\right) = \lim_{x \to +\infty}\left(\frac{2}{e^x}\right) = 0$$

b) $$\lim_{x \to +\infty}\left(\frac{e^x x + 2e^x + 1}{e^x} - (x+2)\right) = \lim_{x \to +\infty}\left(\frac{e^x x + 2e^x + 1 - (x+2)e^x}{e^x}\right)$$

$$= \lim_{x \to +\infty}\left(\frac{e^x x + 2e^x + 1 - xe^x - 2e^x}{e^x}\right)$$

$$= \lim_{x \to +\infty}\left(\frac{1}{e^x}\right) = 0$$

57. Zu zeigen ist, dass die Differenz aus dem Funktions- und Geradenterm für $x \to +\infty$ und $x \to -\infty$ gegen 0 strebt.

$$\lim_{x \to \pm\infty} \left(\frac{x \ln(|x|^2) - 1}{\ln|x|} - 2x \right) = \lim_{x \to \pm\infty} \left(\frac{x \ln(|x|^2) - 1 - 2x \cdot \ln|x|}{\ln|x|} \right)$$

$$= \lim_{x \to \pm\infty} \left(\frac{x \cdot 2\ln|x| - 1 - 2x \cdot \ln|x|}{\ln|x|} \right) = \lim_{x \to \pm\infty} \left(\frac{-1}{\ln|x|} \right) = 0$$

Hinweise für den CAS-Einsatz:

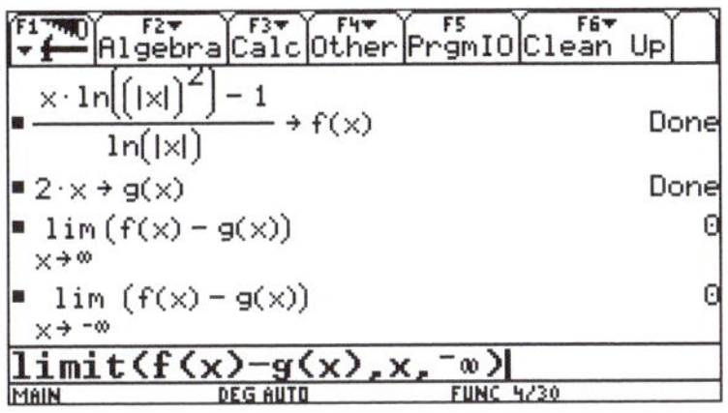

Mit dem Befehl **limit** kann der Grenzwert der Funktion f(x) – g(x) berechnet werden.

58. a) Es gilt:

$$\lim_{x \to +\infty} \frac{e^x + 1}{2e^x - 1} \overset{\text{mit } e^x}{\underset{\text{kürzen}}{=}} \lim_{x \to +\infty} \frac{1 + \overbrace{\frac{1}{e^x}}^{\to 0}}{2 - \underbrace{\frac{1}{e^x}}_{\to 0}} = \frac{1}{2}$$

$$\lim_{x \to -\infty} \frac{\overbrace{e^x}^{\to 0} + 1}{2\underbrace{e^x}_{\to 0} - 1} = \frac{0 + 1}{0 - 1} = -1$$

Daher besitzt f für $x \to +\infty$ die Gerade mit der Gleichung $y = 0{,}5$ und für $x \to -\infty$ die Gerade mit der Gleichung $y = -1$ als horizontale Asymptoten.

b) Wegen

$$\lim_{x \to \pm\infty} \frac{4 - 2x^2}{x^2 + 4} \overset{\text{mit } x^2}{\underset{\text{kürzen}}{=}} \lim_{x \to \pm\infty} \frac{\frac{4}{x^2} - 2}{1 + \frac{4}{x^2}} = \frac{-2}{1} = -2$$

besitzt f für $x \to +\infty$ und $x \to -\infty$ die Gerade mit der Gleichung $y = -2$ als horizontale Asymptote.

Hinweise für den CAS-Einsatz:

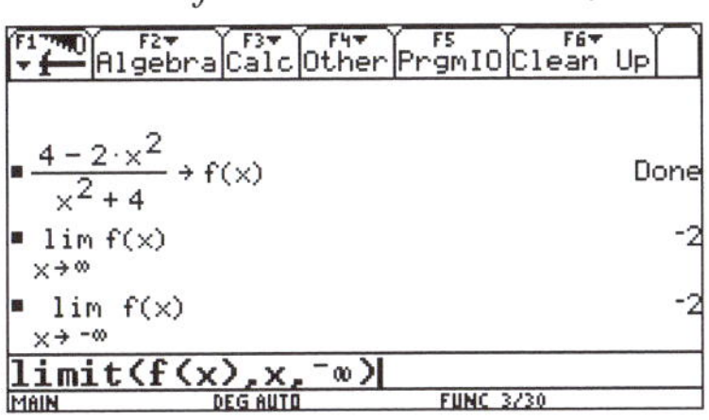

Ohne zusätzliche Umformungen liefert der Rechner mit dem Befehl **limit** $y = -2$ als Grenzwerte, also eine Parallele zur x-Achse, die die y-Achse bei –2 schneidet.

59. f ist bei $-\infty$, $+\infty$, -1 und 0 zu untersuchen.

Verhalten im Unendlichen:

Es gilt:

$$\lim_{x \to \pm\infty} \frac{1+x}{x} = \lim_{x \to \pm\infty} \left(\frac{1}{x}+1\right) = 1 \quad \Rightarrow \quad \lim_{x \to \pm\infty} \ln\left(\frac{1+x}{x}\right) = \ln 1 = 0$$

f besitzt für $x \to +\infty$ und $x \to -\infty$ die x-Achse mit der Gleichung $y = 0$ als horizontale Asymptote.

Verhalten an der Stelle –1:

$$\lim_{x \to -1-0} \ln\frac{1+x}{x} = \lim_{\substack{h \to 0 \\ h>0}} \ln\frac{1+(-1-h)}{-1-h} = \lim_{\substack{h \to 0 \\ h>0}} \ln\frac{-h}{-1-h} = \lim_{\substack{h \to 0 \\ h>0}} \ln\underbrace{\frac{h}{1+h}}_{\to 0} = -\infty$$

f besitzt eine vertikale Asymptote mit der Gleichung $x = -1$.

Verhalten an der Stelle 0:

$$\lim_{x \to 0+0} \ln\frac{1+x}{x} = \lim_{x \to 0+0} \ln(\underbrace{\tfrac{1}{x}}_{\to +\infty}+1) = +\infty$$

f besitzt die Gerade mit der Gleichung $x = 1$ als vertikale Asymptote.

60. Vertikale Asymptoten gibt es an den Definitionslücken oder an den endlichen Rändern der Definitionsmenge, wenn der Funktionswert bei Annäherung der Argumente an diese Stellen gegen $+\infty$ oder $-\infty$ strebt.

a) $$L = \lim_{x \to 1-0} e^{\frac{x}{1-x}} = \lim_{\substack{h \to 0 \\ h>0}} e^{\frac{1-h}{1-(1-h)}} = \lim_{\substack{h \to 0 \\ h>0}} e^{\overbrace{\frac{1-h}{h}}^{\to +\infty}} = +\infty$$

$$R = \lim_{x \to 1+0} e^{\frac{x}{1-x}} = \lim_{\substack{h \to 0 \\ h>0}} e^{\frac{1+h}{1-(1+h)}} = \lim_{\substack{h \to 0 \\ h>0}} e^{\overbrace{\frac{1+h}{-h}}^{\to -\infty}} = 0$$

f besitzt die Gerade $x = 1$ als vertikale Asymptote.

b) Wegen

$$\lim_{x \to -1-0} \frac{x+1}{x-1} = 0 \quad \text{und} \quad \lim_{x \to 1+0} \frac{x+1}{x-1} = \lim_{\substack{h \to 0 \\ h>0}} \frac{1+h+1}{1+h-1} = \lim_{\substack{h \to 0 \\ h>0}} \frac{2+h}{h} = +\infty$$

einerseits und

$$\lim_{x \to 0+0} \ln x = -\infty \quad \text{und} \quad \lim_{x \to \infty} \ln x = +\infty$$

andererseits gilt:

$$\lim_{x \to -1-0} f(x) = \lim_{x \to -1-0} \left(-2 + \ln\frac{x+1}{x-1}\right) = -2 - \infty = -\infty$$

$$\lim_{x \to 1+0} f(x) = \lim_{x \to 1+0} \left(-2 + \ln\frac{x+1}{x-1}\right) = -2 + \infty = +\infty$$

f besitzt daher die Geraden $x = -1$ und $x = +1$ als vertikale Asymptoten.

Hinweise für den CAS-Einsatz:

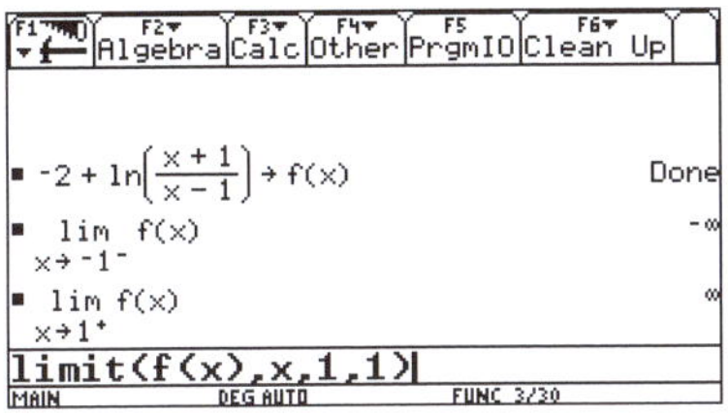

Zu untersuchen sind der rechtsseitige Grenzwert $\lim_{x \to 1^+} f(x)$ und der linksseitige Grenzwert $\lim_{x \to -1^-} f(x)$, da 1 bzw. –1 Ränder der Definitionsmenge sind.

61. Bei beiden Funktionen dieser Aufgabe ist der Grad des Zählerpolynoms genau um 1 größer als der Grad des Nennerpolynoms. Sie besitzen daher beide für $x \to \pm\infty$ eine schräge Asymptote, die man durch Polynomdivision findet:

a) $f(x) = \dfrac{-x^3 + 6x^2 - 9x}{(x-1)^2} =$

$$\begin{array}{l} (-x^3 + 6x^2 - 9x) : (x^2 - 2x + 1) = -x + 4 + \dfrac{-4}{x^2 - 2x + 1} \\ \underline{-(-x^3 + 2x^2 - x)} \\ \qquad\quad 4x^2 - 8x \\ \qquad \underline{-(4x^2 - 8x + 4)} \\ \qquad\qquad\quad -4 \end{array}$$

Die Gleichung der schrägen Asymptote lautet $y = -x + 4$, weil

$$\lim_{x \to \pm\infty} \left(f(x) - (-x + 4)\right)$$

$$= \lim_{x \to \pm\infty} \frac{-4}{x^2 - 2x + 1} = 0.$$

Wegen

$$f(x) - (-x + 4) = \frac{\overbrace{-4}^{<0}}{\underbrace{x^2 - 2x + 1}_{>0}} < 0$$

verläuft der Funktionsgraph stets unter der schrägen Asymptote.

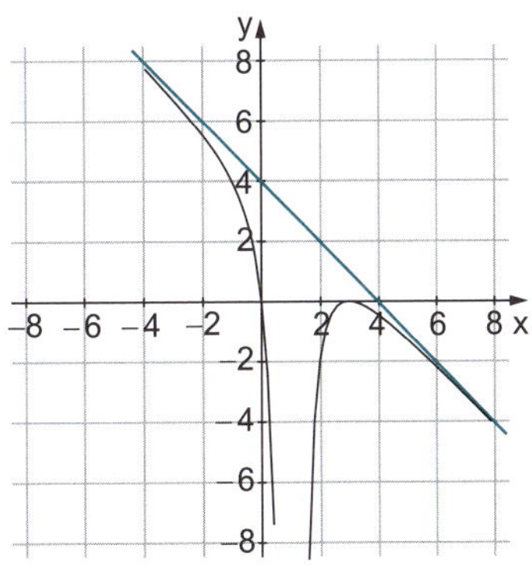

Hinweise für den CAS-Einsatz:

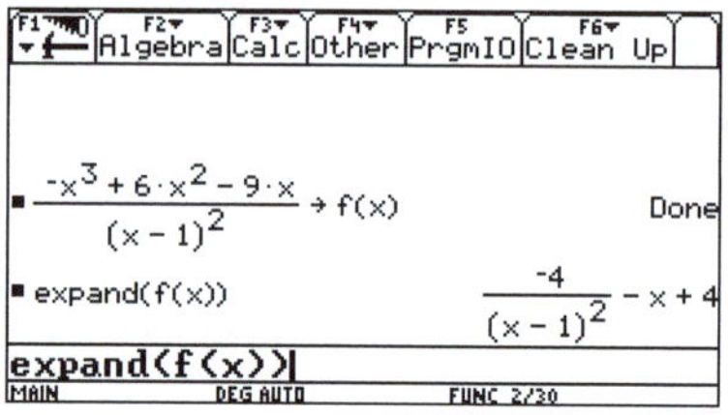

Mithilfe des Befehls **expand** erhält man einen Hinweis auf die schräge Asymptote $y = -x + 4$.

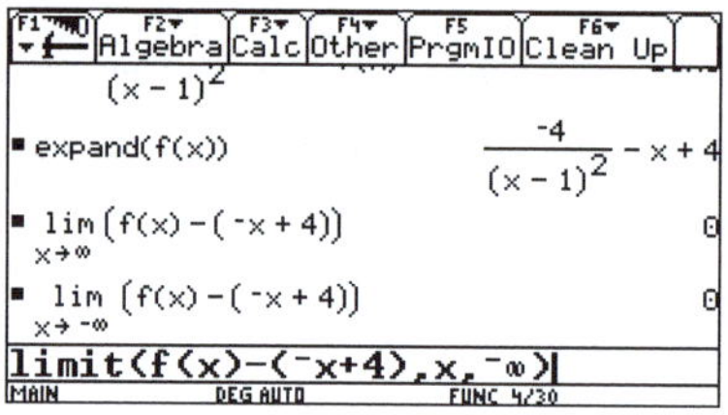

Dass $y = -x + 4$ die gesuchte Asymptote ist, bestätigt die Grenzwertberechnung von der Differenz aus dem Funktionsterm und der Gleichung der schrägen Asymptote.

b) $f(x) = \frac{1-x^2}{2(2-x)} =$

$$(-x^2+1):(-2x+4) = \tfrac{1}{2}x + 1 + \frac{-3}{-2x+4}$$
$$\underline{-(-x^2+2x)}$$
$$-2x+1$$
$$\underline{-(-2x+4)}$$
$$-3$$

Die Gleichung der schrägen Asymptote lautet $y = \frac{1}{2}x + 1$, weil

$$\lim_{x\to\pm\infty}\left(f(x) - \left(\tfrac{1}{2}x+1\right)\right) = \lim_{x\to\pm\infty}\frac{-3}{-2x+4} = 0.$$

Wegen

$$f(x) - \left(\tfrac{1}{2}x+1\right) = \frac{-3}{-2x+4}\begin{cases} >0 \text{ für } x>2 \\ <0 \text{ für } x<2 \end{cases}$$

verläuft der Funktionsgraph für $x > 2$ über und für $x < 2$ unter der Asymptote.

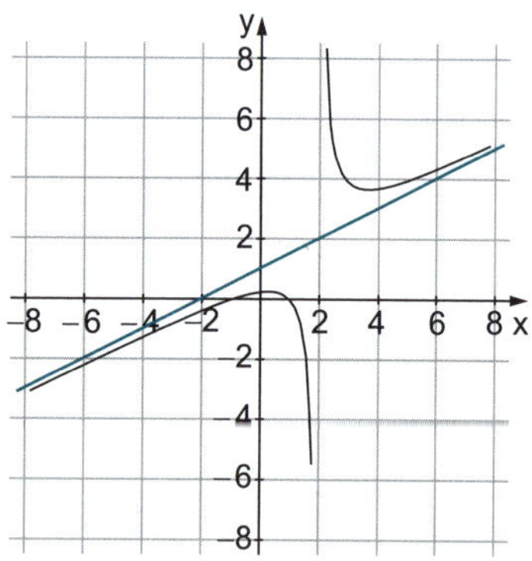

Hinweise für den CAS-Einsatz:

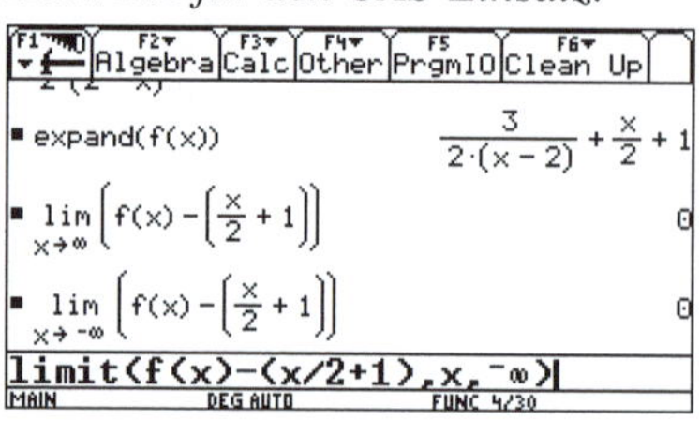

Nach der Definition der Funktion f(x) erhält man mit dem Befehl **expand** den Hinweis auf eine mögliche schräge Asymptote. Der Beweis, dass $y = \frac{1}{2}x + 1$ tatsächlich die Asymptote ist, erfolgt durch die Grenzwertuntersuchung.

62. Nach dem Verknüpfungssatz sind $\cos(\pi \cdot x)$ auf $\mathbb{R}$ und $x \mapsto \frac{x}{x-2}$ auf $\mathbb{R} \setminus \{2\}$ stetig. Daher kann die Grenzwert- durch die Punktwertberechnung ersetzt werden.

Berechnung des linksseitigen Grenzwerts:

$$L = \lim_{x \to 1-0} f(x) = \lim_{x \to 1-0} (\cos \pi \cdot x) = \cos(\pi \cdot 1) = -1$$

Berechnung des rechtsseitigen Grenzwerts:

$$R = \lim_{x \to 1+0} f(x) = \lim_{x \to 1+0} \frac{x}{x-2} = \frac{1}{1-2} = -1$$

Links- und rechtsseitiger Grenzwert existieren, sind gleich und stimmen mit dem Funktionswert –1 an der Stelle 1 überein. f ist daher auch an der Stelle $x_0 = 1$ stetig.

63. Da $x \mapsto 2x^2 - ax + ab$ und $x \mapsto 3x - x^2 + b - \frac{4}{3}$ als Polynome 2. Grades nach dem Verknüpfungssatz auf $\mathbb{R}$ stetig sind, sind a und b so zu bestimmen, dass links- und rechtsseitiger Grenzwert an der Stelle $x_0 = b$ übereinstimmen. Die Grenzwert- kann durch die Punktwertberechnung ersetzt werden.

Berechnung des linksseitigen Grenzwerts:

$$L = \lim_{x \to b-0} f_{a,b}(x) = \lim_{x \to b-0} \left(3x - x^2 + b - \frac{4}{3}\right)$$

$$= 3b - b^2 + b - \frac{4}{3} = -b^2 + 4b - \frac{4}{3}$$

Berechnung des rechtsseitigen Grenzwerts:

$$R = \lim_{x \to b+0} f_{a,b}(x) = \lim_{x \to b+0} (2x^2 - ax + ab) = 2b^2 - ab + ab = 2b^2$$

Setzt man die Grenzwerte gleich und ordnet auf einer Seite der Gleichung nach Potenzen von b, so erhält man die quadratische Gleichung

$$-3b^2 + 4b - \frac{4}{3} = 0.$$

Ihre einzige Lösung $b = \frac{2}{3}$ findet man mithilfe der Lösungsformel für quadratische Gleichungen. Bei freier Wahl für a muss also $b = \frac{2}{3}$ gesetzt werden, damit $f_{a,b}$ auf $\mathbb{R}$ stetig ist.

Hinweise für den CAS-Einsatz:

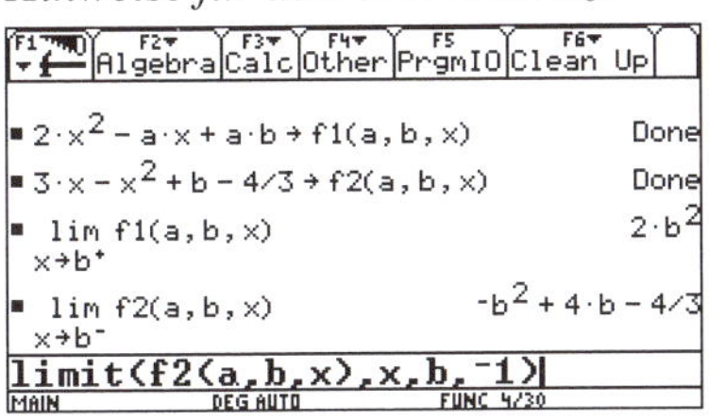

Die beiden Funktionsterme werden hier als f1(a, b, x) für $x \geq b$ und f2(a, b, x) für $x < b$ definiert. Bei der Untersuchung des rechts- bzw. linksseitigen Limes ist auf die Verwendung des richtigen Funktionsterms zu achten.

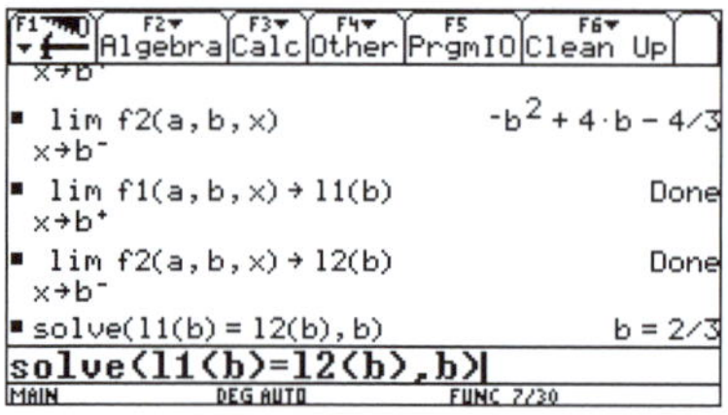

Die beiden Grenzwerte werden unter den Namen l1(b) und l2(b) gespeichert. Der Befehl **solve** ermittelt die Lösung für b.

64. Da $x \mapsto 3x^2 + b$ und $x \mapsto -5 - 7\sin\left(\frac{x}{3}\right)$ nach dem Verknüpfungssatz auf $\mathbb{R}$ stetig sind, kann die Grenzwert- durch die Punktwertberechnung ersetzt werden.

Berechnung des linksseitigen Grenzwerts:

$$L = \lim_{x \to 0-0} f_{a,\,b}(x) = \lim_{x \to 0-0} (3x^2 + b) = 3 \cdot 0^2 + b = b$$

Berechnung des rechtsseitigen Grenzwerts:

$$R = \lim_{x \to 0+0} f_{a,\,b}(x) = \lim_{x \to 0+0} \left(-5 - 7\sin\left(\frac{x}{3}\right)\right) = -5 - 7\sin\left(\frac{0}{3}\right) = -5$$

Für die Stetigkeit von $f_{a,\,b}$ an der Stelle 0 müssen die berechneten Grenzwerte

- übereinstimmen: $b = -5$
- mit $f_{a,\,b}(0) = -2a - a^2 - 6$ übereinstimmen: $-2a - a^2 - 6 = -5$

Die einzige Lösung $a = -1$ dieser quadratischen Gleichung erhält man mithilfe der Lösungsformel für quadratische Gleichungen. $f_{a,\,b}$ ist daher an der Stelle $x_0 = 0$ nur für $a = -1$ und $b = -5$ stetig.

65. $f(x) = \frac{e^{2x-6} - 1}{e^{x-3} - 1}$ ist als Verkettung, Differenz und Quotient stetiger Funktionen nach dem Verknüpfungssatz auf $\mathbb{D}_f = \mathbb{R} \setminus \{3\}$ stetig. f kann nur dann an der Stelle 3 stetig ergänzt werden, wenn die links- und rechtsseitigen Grenzwerte an dieser Stelle existieren und gleich sind. Dies trifft zu:

$$\left.\begin{matrix} L \\ R \end{matrix}\right\} = \lim_{x \to 3 \pm 0} \frac{e^{2x-6} - 1}{e^{x-3} - 1} = \lim_{\substack{h \to 0 \\ h > 0}} \frac{e^{2(3 \pm h) - 6} - 1}{e^{(3 \pm h) - 3} - 1} = \lim_{\substack{h \to 0 \\ h > 0}} \frac{e^{\pm 2h} - 1}{e^{\pm h} - 1} = \lim_{\substack{h \to 0 \\ h > 0}} \frac{(e^{\pm h})^2 - 1}{e^{\pm h} - 1}$$

$$= \lim_{\substack{h \to 0 \\ h > 0}} \frac{(e^{\pm h} - 1)(e^{\pm h} + 1)}{e^{\pm h} - 1} = \lim_{\substack{h \to 0 \\ h > 0}} (e^{\pm h} + 1) = e^0 + 1 = 1 + 1 = 2$$

Die Funktion

$$\overline{f}(x) := \begin{cases} \frac{e^{2x-6} - 1}{e^{x-3} - 1}, & \text{wenn } x \in \mathbb{R} \setminus \{3\}, \\ 2, & \text{wenn } x = 3, \end{cases}$$

setzt daher f über $x_0 = 3$ stetig auf $\mathbb{R}$ fort.

Da für $x \neq 3$ der Funktionsterm von f mithilfe der 3. binomischen Formel und anschließendem Kürzen algebraisch vereinfacht werden kann zu

$$\frac{e^{2x-6}-1}{e^{x-3}-1} = \frac{(e^{x-3}-1)\cdot(e^{x-3}+1)}{e^{x-3}-1} = e^{x-3}+1$$

und $e^{x-3}+1$ beim Einsetzen von 3 den Wert 2 annimmt, kann man $\overline{f}(x)$ einfacher schreiben als:

$\overline{f}(x) = e^{x-3}+1$ mit $\mathbb{D}_{\overline{f}} = \mathbb{R}$

Hinweise für den CAS-Einsatz:

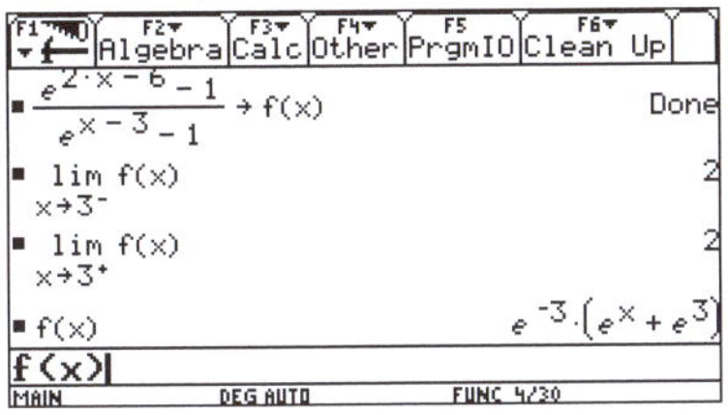

Die rechts- und linksseitigen Grenzwerte betragen jeweils 2, sodass die Funktion $g(x) = 2$ für $x = 3$ und $g(x) = f(x)$ für $x \neq 3$ definiert werden kann. Die Funktion f(x) wird durch einen erneuten Aufruf des Funktionsterms vereinfacht.

66. Die Funktion $f(x) = e^x - \ln(1+100x)$ ist als Differenz und Verkettung stetiger Funktionen nach dem Verknüpfungssatz auf [0; 0,02] stetig und erfüllt wegen

$f(0) = e^0 - \ln(1+100\cdot 0) = 1 - \ln 1 = 1 > 0$ und

$f(0{,}02) = e^{0{,}02} - \ln(1+100\cdot 0{,}02) = e^{0{,}02} - \ln 3 \approx 1{,}02 - 1{,}10 = -0{,}08 < 0$

die Voraussetzungen des Nullstellensatzes. Im Intervall]0; 0,02[besitzt f daher mindestens eine Nullstelle, d. h., es gibt mindestens eine Zahl x_0 mit $0 < x_0 < 0{,}02$, sodass $e^{x_0} - \ln(1+100x_0) = 0$.

Hinweise für den CAS-Einsatz:

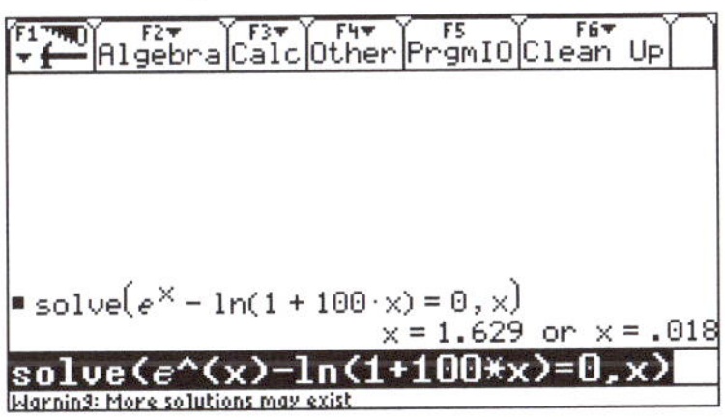

Der Rechner ermittelt zwei verschiedene Lösungen und teilt am unteren Bildrand mit, dass es mehr Lösungen als nur diese beiden geben könnte.

67. Berechnung von f'(0) mithilfe der Definition des Differenzialquotienten.

$$f'(0) = \lim_{x \to 0} \frac{f(x) - f(0)}{x - 0}$$

$$= \lim_{x \to 0} \frac{\sin(2x) - 3\sin x - (\sin(2 \cdot 0) - 3\sin 0)}{x}$$ Einsetzen in den Funktionsterm

$$= \lim_{x \to 0} \frac{\sin(2x) - 3\sin x}{x}$$ $\sin 0 = 0$

$$= \lim_{x \to 0} \left(\frac{\sin(2x)}{x} - \frac{3\sin x}{x} \right)$$ Distributivgesetz

$$= \lim_{x \to 0} \frac{\sin(2x)}{x} - \lim_{x \to 0} 3 \cdot \frac{\sin x}{x}$$ Grenzwertsatz

$$= 2 - 3 \cdot 1 = -1$$ Hinweis

68. Der Tabelle mit den Ableitungen der elementaren Funktionen entnehmen Sie für den linksseitigen Differenzialquotienten:

$$f_L'(x_0) = -\pi \sin(\pi x) \quad \Rightarrow \quad f_L'(1) = -\pi \sin \pi = 0$$

Über die Grenzwertdefinition des Differenzialquotienten berechnen Sie den rechtsseitigen Differenzialquotienten:

$$f_R'(1) = \lim_{x \to 1+0} \frac{f(x) - f(1)}{x - 1}$$

$$= \lim_{x \to 1+0} \frac{\frac{x}{x-2} - \frac{1}{1-2}}{x - 1}$$ Einsetzen in den Funktionsterm

$$= \lim_{x \to 1+0} \frac{2}{x - 2}$$ Zusammenfassen und kürzen

$$= \frac{2}{1-2} = -2$$ Da rationale Funktionen stetig sind, stimmen Grenz- und Funktionswert überein.

Also ist f an der Stelle 1 nicht differenzierbar.

69. Da Stetigkeit eine notwendige Voraussetzung für Differenzierbarkeit ist und $f_{a,b}$ nach Aufgabe 63 genau dann stetig ist, wenn bei freier Wahl für a der Parameter $b = \frac{2}{3}$ gesetzt wird, sind nur die Funktionen

$$f_{a,\frac{2}{3}}: x \mapsto \begin{cases} 2x^2 - ax + \frac{2}{3}a & \text{für } x \geq \frac{2}{3}, \\ -x^2 + 3x - \frac{2}{3} & \text{für } x < \frac{2}{3} \end{cases}$$

auf Differenzierbarkeit zu untersuchen. Die Teilfunktionen

$h_a(x) = 2x^2 - ax + \frac{2}{3}a,\ x \in \mathbb{R}$ und $g_a(x) = -x^2 + 3x - \frac{2}{3},\ x \in \mathbb{R}$

sind als Polynome 2. Grades unabhängig vom Wert des Parameters a auf $\mathbb{R}$ differenzierbar. Daher ist die zusammengesetzte Funktion $f_{a,\frac{2}{3}}$ auf $\mathbb{R}$ differenzierbar, wenn sie an der Stelle $x_0 = \frac{2}{3}$ differenzierbar ist. Da links- und rechtsseitiger Differenzialquotient

$$f_L'(x_0) = -2x_0 + 3 \quad \Rightarrow \quad f_L'\left(\frac{2}{3}\right) = -2 \cdot \frac{2}{3} + 3 = \frac{5}{3}$$

$$f_R'(x_0) = 4x_0 - a \quad \Rightarrow \quad f_R'\left(\frac{2}{3}\right) = 4 \cdot \frac{2}{3} - a = \frac{8}{3} - a$$

übereinstimmen müssen, folgt $\frac{8}{3} - a = \frac{5}{3}$ und hieraus $a = 1$. Das heißt:
Von allen Funktionen der Schar ist nur

$$f_{1,\frac{2}{3}}: x \mapsto \begin{cases} 2x^2 - x + \frac{2}{3} & \text{für } x \geq \frac{2}{3}, \\ -x^2 + 3x - \frac{2}{3} & \text{für } x < \frac{2}{3} \end{cases}$$

auf $\mathbb{R}$ differenzierbar.

Hinweise für den CAS-Einsatz:

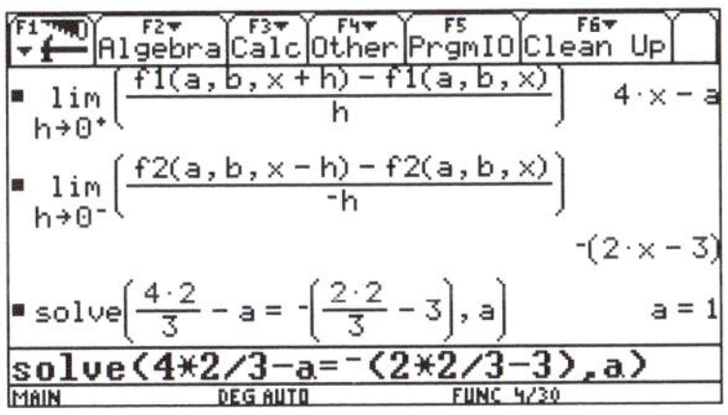

Die beiden Funktionsterme werden hier als f1(a, b, x) für $x \geq b$ und f2(a, b, x) für $x < b$ definiert. Mithilfe der h-Methode wird der Differenzialquotient gebildet und die rechts- und linksseitigen Grenzwerte berechnet. Die Ergebnisse sind unabhängig von b. Das könnte zu der Aussage verleiten, dass $f_{a,b}(x)$ für alle b (in $\mathbb{R}$) differenzierbar ist. Da die Stetigkeit aber eine notwendige Voraussetzung der Differenzierbarkeit ist, muss nach Aufgabe 63 $b = \frac{2}{3}$ sein.
Damit ist f an der Stelle $x = \frac{2}{3}$ auf Differenzierbarkeit zu untersuchen. Die Lösung $a = 1$ bestätigt, dass nur $f_{1,\frac{2}{3}}$ auf $\mathbb{R}$ differenzierbar ist

70. Da Stetigkeit eine notwendige Voraussetzung für Differenzierbarkeit ist und $f_{a,b}$ nach Aufgabe 64 genau dann an der Stelle $x_0 = 0$ stetig ist, wenn $a = -1$ und $b = -5$, bleibt nur

$$f_{-1,-5}: x \mapsto \begin{cases} -5 - 7\sin\left(\frac{x}{3}\right), & \text{falls } x > 0, \\ -5, & \text{falls } x = 0, \\ 3x^2 - 5, & \text{falls } x < 0, \end{cases}$$

auf Differenzierbarkeit zu untersuchen. Mithilfe der Tabelle der Differenzialquotienten der elementaren Funktionen finden Sie für den links- und rechtsseitigen Differenzialquotienten an der Stelle $x_0 = 0$:

$f_L'(x_0) = 3 \cdot 2 \cdot x_0 \qquad \Rightarrow \quad f_L'(0) = 3 \cdot 2 \cdot 0 = 0$

$f_R'(x_0) = -7 \cdot \frac{1}{3} \cdot \cos\left(\frac{x_0}{3}\right) \quad \Rightarrow \quad f_R'(0) = -7 \cdot \frac{1}{3} \cdot \cos\left(\frac{0}{3}\right) = -7 \cdot \frac{1}{3} \cdot 1 = -\frac{7}{3}$

Da diese nicht übereinstimmen, ist keine Funktion der Schar in $x_0 = 0$ differenzierbar.

71. Damit eine Funktion der Schar in $x_0 = 0$ differenzierbar ist, müssen links- und rechtsseitiger Differenzialquotient an dieser Stelle übereinstimmen. Wegen

$f_L'(x_0) = a^{x_0} \cdot \ln a \quad \Rightarrow \quad f_L'(0) = a^0 \cdot \ln a = 1 \cdot \ln a = \ln a$

$f_R'(x_0) = b\cos(bx_0) \quad \Rightarrow \quad f_R'(0) = b\cos(0) = b \cdot 1 = b$

lautet die gesuchte Beziehung: $\ln a = b$

Hinweise für den CAS-Einsatz:

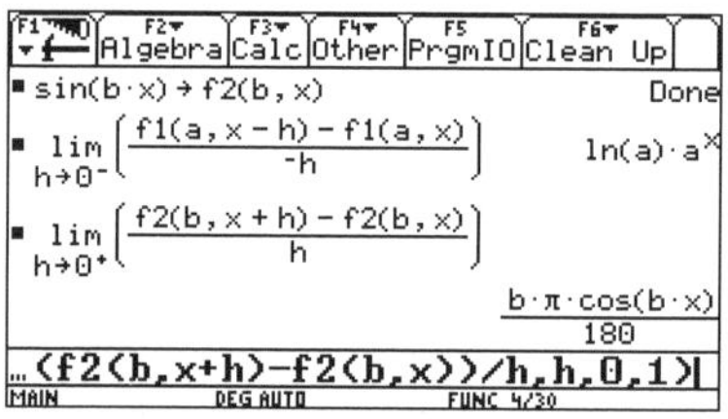

Die Grenzwerte der Differenzenquotienten werden berechnet.

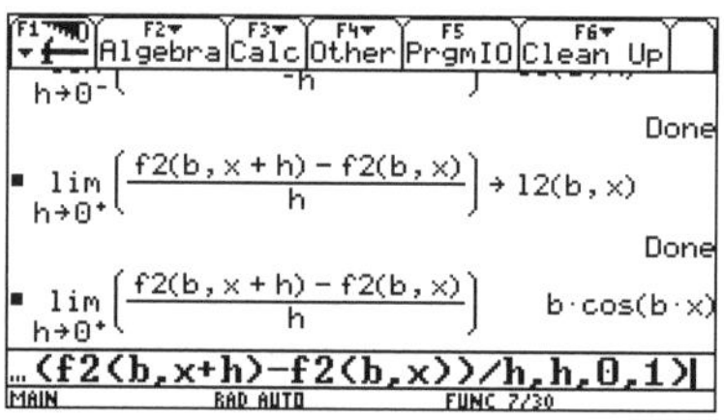

Wegen der Taschenrechnereinstellung, dass die Winkel in Grad angegeben werden, ensteht ein Faktor $\frac{\pi}{180}$. Stellt man den Taschenrechner auf Bogenmaß (Radian) um, so erhält man die Lösung $b \cdot \cos(b \cdot x)$.

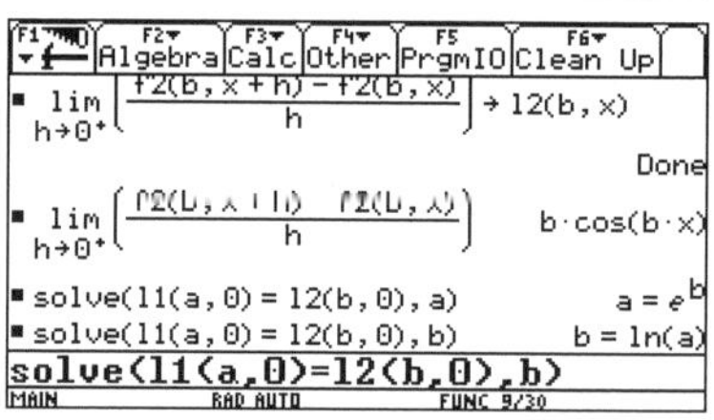

Durch Gleichsetzen der beiden Terme an der Stelle $x = 0$ ergibt sich ein Ausdruck für a oder für b.

72. a) f entsteht durch Addition der konstanten Funktion $i(x) = 2$ zur Verkettung $(g \circ h)(x)$ der Funktionen $g(x) = e^x$ und $h(x) = 3x$. Wegen $g'(x) = e^x$, $h'(x) = 3$ und $i'(x) = 0$ folgt aus der Ketten- und der Summenregel: $f'(x) = e^{3x} \cdot 3$

b) f ist eine Differenz aus der konstanten Funktion $i(x) = 1$ und der durch Verkettung der Funktionen $g(x) = e^x$ und $h(x) = -\sqrt{x}$ entstandenen

Funktion $(g \circ h)(x)$. Wegen $g'(x) = e^x$; $h'(x) = -\frac{1}{2\sqrt{x}}$ und $i'(x) = 0$ folgt aus der Differenz- und Kettenregel:

$$f'(x) = -e^{-\sqrt{x}} \cdot \left(-\frac{1}{2\sqrt{x}}\right) = \frac{e^{-\sqrt{x}}}{2\sqrt{x}}$$

c) f ist eine Differenz der durch Verkettung entstandenen Funktionen $g(x) = \sqrt{\ln x}$ und $h(x) = \ln\sqrt{x}$. Mithilfe der Kettenregel findet man die Ableitung des Minuenden und Subtrahenden:

$$\left.\begin{array}{l} g'(x) = \underbrace{\frac{1}{2\sqrt{\ln x}}}_{\text{äußere Ableitung}} \cdot \underbrace{\frac{1}{x}}_{\text{innere Ableitung}} \\ h'(x) = \underbrace{\frac{1}{\sqrt{x}}}_{\text{äußere Ableitung}} \cdot \underbrace{\frac{1}{2\sqrt{x}}}_{\text{innere Ableitung}} \end{array}\right\} \Rightarrow f'(x) = \frac{1}{2\sqrt{\ln x}} \cdot \frac{1}{x} - \frac{1}{\sqrt{x}} \cdot \frac{1}{2\sqrt{x}} = \frac{1}{2x \cdot \sqrt{\ln x}} - \frac{1}{2x}$$

$$= \left(\frac{1}{\sqrt{\ln x}} - 1\right) \cdot \frac{1}{2x}$$

d) $$f'(x) = \underbrace{2\ln x}_{\text{äußere Ableitung}} \cdot \underbrace{\frac{1}{x}}_{\text{innere Ableitung}} - (\underbrace{x}_{\text{1. Faktor}} \cdot \underbrace{\frac{1}{x}}_{\text{Ableitung 2. Faktor}} + \underbrace{\ln x}_{\text{2. Faktor}} \cdot \underbrace{1}_{\text{Ableitung 1. Faktor}})$$

$$= \frac{2}{x} \cdot \ln x - 1 - \ln x = \left(\frac{2}{x} - 1\right)\ln x - 1$$

73. a) $$f'(x) = -(\underbrace{2x^2}_{\text{1. Faktor}} \cdot \underbrace{\overbrace{e^{x^2}}^{\text{äußere Ableitung}} \cdot \overbrace{2x}^{\text{innere Ableitung}}}_{\text{Ableitung 2. Faktor}} + \underbrace{e^{x^2}}_{\text{2. Faktor}} \cdot \underbrace{4x}_{\text{Ableitung 1. Faktor}})$$ Ketten- und Produktregel

$$= -4xe^{x^2} \cdot (x^2 + 1)$$ Zusammenfassen, Ausklammern

b) $$f'(x) = \underbrace{(1-x)}_{\text{1. Faktor}} \cdot \underbrace{e^{\frac{x^2}{1-x}} \cdot \frac{\overbrace{(1-x)}^{\text{Nenner}} \cdot \overbrace{2x}^{\text{Ableitung Zähler}} - \overbrace{x^2}^{\text{Zähler}} \cdot \overbrace{(-1)}^{\text{Ableitung Nenner}}}{(1-x)^2}}_{\text{Ableitung 2. Faktor}} + \underbrace{e^{\frac{x^2}{1-x}}}_{\text{2. Faktor}} \cdot \underbrace{(-1)}_{\text{Ableitung 1. Faktor}}$$

$$= e^{\frac{x^2}{1-x}} \cdot \frac{-x^2 + 2x}{1-x} - e^{\frac{x^2}{1-x}}$$ Produkt-, Ketten- und Quotientenregel; Zusammenfassen im Zähler und Kürzen mit $(1-x)$

$$= e^{\frac{x^2}{1-x}} \cdot \left(\frac{-x^2 + 2x}{1-x} - 1\right)$$ Ausklammern von $e^{\frac{x^2}{1-x}}$

$$= e^{\frac{x^2}{1-x}} \cdot \left(\frac{-x^2 + 3x - 1}{1-x}\right)$$ Auf Hauptnenner bringen

c) $f(x) = (1+e^x)^2(1-e^x)^2$ — Algebraische Umformung verringert den Rechenaufwand beim Ableiten.

$= \big((1+e^x)(1-e^x)\big)^2$

$= (1-e^{2x})^2 = 1 - 2e^{2x} + e^{4x}$ — 3. und 2. binomische Formel

$f'(x) = 0 - 2e^{2x} \cdot 2 + e^{4x} \cdot 4$ — Ableiten mit Summen- und Kettenregel, Ausklammern, 3. binomische Formel

$= 4e^{2x} \cdot (-1 + e^{2x})$

$= 4e^{2x} \cdot (e^x + 1)(e^x - 1)$

d) Wandeln Sie das Produkt aus den drei Faktoren

$g(x) = x + 2, \quad h(x) = \sqrt{x}, \quad i(x) = e^x$

durch Klammern in ein Produkt mit zwei Faktoren um, z. B.:

$f(x) = g(x) \cdot h(x) \cdot i(x) = \big(g(x) \cdot h(x)\big) \cdot i(x)$

Dann folgt:

$f'(x_0) = \big(g(x) \cdot h(x)\big) \cdot i'(x) + i(x) \cdot (g \cdot h)'(x)$ — Zweimaliges Anwenden der Produktregel

$= \big(g(x) \cdot h(x)\big) \cdot i'(x)$
$\quad + i(x) \cdot \big(g(x) \cdot h'(x) + h(x) \cdot g'(x)\big)$

$= \left(\underbrace{(x+2)}_{g(x)} \cdot \underbrace{\sqrt{x}}_{h(x)}\right) \cdot \underbrace{e^x}_{i'(x)}$ — Einsetzen der Teilfunktionen

$+ \underbrace{e^x}_{i(x)} \cdot \left(\underbrace{(x+2)}_{g(x)} \cdot \underbrace{\frac{1}{2\sqrt{x}}}_{h'(x)} + \underbrace{\sqrt{x}}_{h(x)} \cdot \underbrace{1}_{g'(x)}\right)$

$= \left((x+2) \cdot \sqrt{x} + \frac{x+2}{2\sqrt{x}} + \sqrt{x}\right) \cdot e^x$ — Ausklammern von e^x, auf Hauptnenner bringen

$= \frac{e^x(2x^2 + 7x + 2)}{2\sqrt{x}}$

74. a) $f'(x) = \frac{\overbrace{(x^2+2)}^{\text{Nenner}} \cdot \overbrace{2x}^{\text{Ableitung Zähler}} - \overbrace{(x^2-2)}^{\text{Zähler}} \cdot \overbrace{2x}^{\text{Ableitung Nenner}}}{\underbrace{(x^2+2)^2}_{\text{Nenner im Quadrat}}}$ — Quotientenregel

$= \frac{8x}{(x^2+2)^2}$

b) $f'(x) = \frac{x \cdot e^x - e^x \cdot 1}{x^2} = \frac{e^x(x-1)}{x^2}$ — Quotientenregel

c) $f'(x)=\frac{\overbrace{(2-e^x)^2}^{\text{Nenner}}\cdot\overbrace{4e^x}^{\text{Ableitung Zähler}}-\overbrace{4e^x}^{\text{Zähler}}\cdot\overbrace{\overbrace{2\cdot(2-e^x)}^{\text{äußere Ableitung}}\cdot\overbrace{(-e^x)}^{\text{innere Ableitung}}}^{\text{Ableitung Nenner}}}{(2-e^x)^4}$	Quotienten- und Kettenregel
$=\frac{(2-e^x)\cdot 4e^x-4e^x\cdot 2\cdot(-e^x)}{(2-e^x)^3}$	Kürzen mit $(2-e^x)$
$=\frac{4e^x(2-e^x+2\cdot e^x)}{(2-e^x)^3}=\frac{4e^x(2+e^x)}{(2-e^x)^3}$	Ausklammern von $4e^x$, Zusammenfassen
d) $f'(x)=\frac{\overbrace{x}^{\text{Nenner}}\cdot\overbrace{\frac{1}{x}}^{\text{Ableitung Zähler}}-\overbrace{\ln x}^{\text{Zähler}}\cdot\overbrace{1}^{\text{Ableitung Nenner}}}{x^2}=\frac{1-\ln x}{x^2}$	Quotientenregel

75. a) $f'(x)=3\cdot\underbrace{e^{3x+2}}_{\text{äußere Ableitung}}\cdot\underbrace{3}_{\text{innere Ableitung}}$	Kettenregel
b) $f'(x)=\underbrace{2e^x}_{\text{äußere Ableitung}}\cdot\underbrace{e^x}_{\text{innere Ableitung}}$	Kettenregel
c) $f'(x)=\underbrace{e^{x^2}}_{\text{äußere Ableitung}}\cdot\underbrace{2x}_{\text{innere Ableitung}}$	Kettenregel
d) $f(x)=\ln\frac{1}{x}=\ln 1-\ln x=-\ln x$ $\Rightarrow\; f'(x)=-\frac{1}{x}$	Durch algebraische Umformung des Funktionsterms verringert sich der Rechenaufwand beim Ableiten.
e) $f(x)=2\ln\left(\frac{1}{x}\right)^2=2\ln\left\|\frac{1}{x}\right\|^2$ $=4(\ln 1-\ln\|x\|)=-4\ln\|x\|$	Algebraische Umformung
$=\begin{cases}-4\ln x, & \text{falls } x>0\\ -4\ln(-x), & \text{falls } x<0\end{cases}$	Auflösung des Betrags
$f'(x)=\begin{cases}-4\cdot\frac{1}{x}, & \text{falls } x>0\\ -4\cdot\frac{1}{-x}(-1), & \text{falls } x<0\end{cases}$ $f'(x)=-\frac{4}{x}\;(x\neq 0)$	Ableitung
f) $f'(x)=\underbrace{\frac{1}{2\sqrt{\ln(x^2+1)}}}_{\text{Ableitung von }\sqrt{x}\text{ an der Stelle }\ln(x^2+1)}\cdot\underbrace{\frac{1}{x^2+1}}_{\text{Ableitung von }\ln x\text{ an der Stelle }x^2+1}\cdot\underbrace{2x}_{\text{Ableitung von }x^2+1\text{ an der Stelle }x}$	Zweimaliges Anwenden der Kettenregel von außen nach innen

g) $f'(x) = \underbrace{\frac{1}{\ln\sqrt{x}}}_{\substack{\text{Ableitung von ln x}\\ \text{an der Stelle } \ln\sqrt{x}}} \cdot \underbrace{\frac{1}{\sqrt{x}}}_{\substack{\text{Ableitung von ln x}\\ \text{an der Stelle } \sqrt{x}}} \cdot \underbrace{\frac{1}{2\cdot\sqrt{x}}}_{\substack{\text{Ableitung von } \sqrt{x}\\ \text{an der Stelle x}}}$

Zweimaliges Anwenden der Kettenregel von außen nach innen

Hinweise für den CAS-Einsatz:

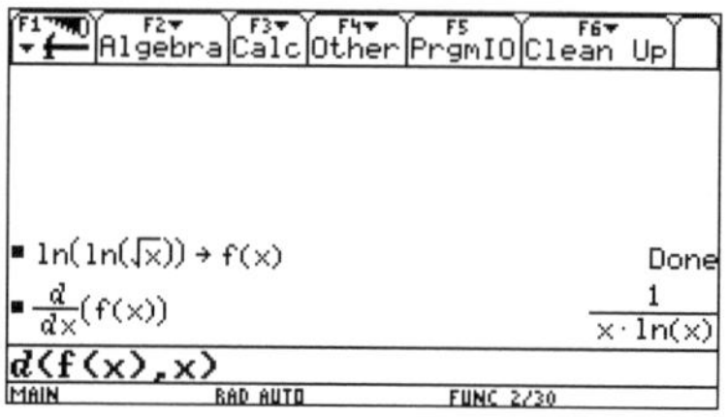

Der CAS-Rechner ermittelt als erste Ableitung den Funktionsterm $\frac{1}{x\cdot\ln(x)}$. Wegen

$$\frac{1}{\ln(\sqrt{x})\cdot\sqrt{x}\cdot 2\cdot\sqrt{x}} = \frac{1}{2x\ln(x^{\frac{1}{2}})} = \frac{1}{2x\cdot\frac{1}{2}} = \frac{1}{2x\cdot\frac{1}{2}\ln(x)} = \frac{1}{x\ln(x)}$$

stimmen die schriftlich gebildete Ableitung und die Lösung des CAS-Rechners überein.

h) $f'(x) = \underbrace{\frac{6}{7}(2x-1)^{-\frac{1}{7}}}_{\text{äußere Ableitung}} \cdot \underbrace{2}_{\text{innere Ableitung}}$

Kettenregel angewandt auf $f(x) = \sqrt[7]{(2x-1)^6} = (2x-1)^{\frac{6}{7}}$

76. a) $f'(x) = \frac{(2x-1)^2\cdot 5 - 5x\cdot 2\cdot(2x-1)\cdot 2}{(2x-1)^4}$

$= \frac{(2x-1)\cdot 5 - 20x}{(2x-1)^3} = \frac{-10x-5}{(2x-1)^3}$

Quotientenregel

$f''(x) = \frac{(2x-1)^3\cdot(-10) - (-10x-5)\cdot 3\cdot(2x-1)^2\cdot 2}{(2x-1)^6}$

$= \frac{(2x-1)\cdot(-10) - (-10x-5)\cdot 3\cdot 2}{(2x-1)^4} = \frac{40x+40}{(2x-1)^4}$

Nochmaliges Anwenden der Quotientenregel

b) $f'(x) = \frac{1}{\frac{1}{(1-e^x)^2}} \cdot \underbrace{\frac{(1-e^x)^2\cdot 0 - 1\cdot 2\cdot(1-e^x)\cdot(-e^x)}{(1-e^x)^4}}_{\text{Ableitung von } \frac{1}{(1-e^x)^2} \text{ mit Quotientenregel}}$

$= \frac{2e^x(1-e^x)}{(1-e^x)^2} = \frac{2e^x}{1-e^x}$

Ketten- und Quotientenregel

$f''(x) = \frac{(1-e^x)\cdot 2e^x - 2e^x(-e^x)}{(1-e^x)^2} = \frac{2e^x}{(1-e^x)^2}$

Quotientenregel

c) $f'(x) = \underbrace{2 \cdot (2\ln x - 1)}_{\text{äußere Ableitung}} \cdot \underbrace{2 \cdot \frac{1}{x}}_{\text{innere Ableitung}} = \frac{4}{x}(2\ln x - 1)$ Kettenregel

$f''(x) = \underbrace{\frac{4}{x}}_{\text{1. Faktor}} \cdot \underbrace{\frac{2}{x}}_{\substack{\text{Ableitung} \\ \text{2. Faktor}}} + \underbrace{(2\ln x - 1)}_{\text{2. Faktor}} \cdot \underbrace{\frac{-4}{x^2}}_{\substack{\text{Ableitung} \\ \text{1. Faktor}}}$ Produktregel

$= \frac{4}{x^2}(2 - 2\ln x + 1) = \frac{4}{x^2}(3 - 2\ln x)$

d) $f'(x) = \underbrace{\frac{1}{\frac{1+x^2}{1-x^2}}}_{\substack{\text{Ableitung von ln an} \\ \text{der Stelle } \frac{1+x^2}{1-x^2}}} \cdot \underbrace{\frac{(1-x^2) \cdot 2x - (1+x^2) \cdot (-2x)}{(1-x^2)^2}}_{\text{Ableitung von } \frac{1+x^2}{1-x^2} \text{ mit Quotientenregel}}$ Kettenregel

$= \frac{4x}{(1+x^2)(1-x^2)} = \frac{4x}{1-x^4}$

$f''(x) = \frac{(1-x^4) \cdot 4 - 4x \cdot (-4x^3)}{(1-x^4)^2} = \frac{4+12x^4}{(1-x^4)^2}$ Quotientenregel

Hinweise für den CAS-Einsatz:

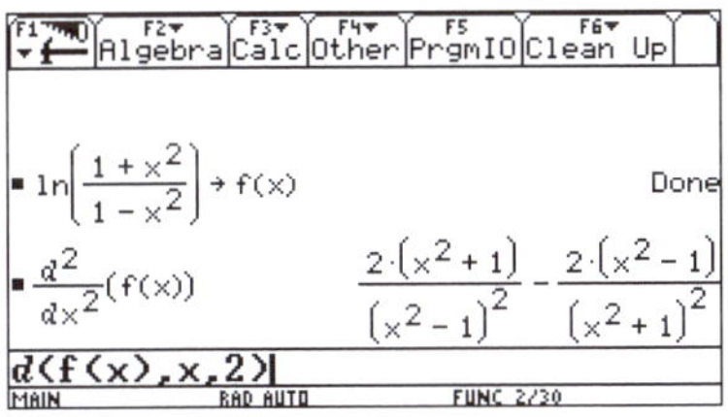

Anders als bei der schriftlichen Lösung kann der Taschenrechner die 2. Ableitung bilden, ohne vorher die 1. Ableitung ermittelt zu haben.

77. Bei allen Ableitungen wird der Scharparameter k wie eine Zahl behandelt.

a) $f_k'(x) = \frac{k}{x^2} - \frac{2}{x^3}$

b) $f_k(x) = \frac{x}{x+k} - \frac{x}{x-k} = \frac{x(x-k) - x(x+k)}{(x+k)(x-k)} = \frac{-2kx}{x^2-k^2}$ Zusammenfassen

$\Rightarrow f_k'(x) = \frac{\overbrace{(x^2-k^2)}^{\text{Nenner}} \cdot \overbrace{(-2k)}^{\substack{\text{Ableitung} \\ \text{Zähler}}} - \overbrace{(-2kx)}^{\text{Zähler}} \cdot \overbrace{2x}^{\substack{\text{Ableitung} \\ \text{Nenner}}}}{(x^2-k^2)^2}$ Ableiten mit Quotientenregel

78. a) $f(x)=\begin{cases}\dfrac{(x+2)-2}{x}=1, & \text{falls } x\geq -2;\ x\neq 0\\ \dfrac{-(x+2)-2}{x}=-1-\dfrac{4}{x}, & \text{falls } x<-2\end{cases}$ — f betragsfrei schreiben

$f_L(x)=-1-\frac{4}{x} \Rightarrow f_L'(x)=\frac{4}{x^2}$ — Links- und rechtsseitiger Differenzialquotient

$f_R(x)=1 \Rightarrow f_R'(x)=0$

$f_L'(-2)=\frac{4}{4}=1 \neq f_R'(-2)=0$ — Vergleich der Differenzialquotienten an der Stelle x_0

D. h.: f ist an der Stelle $x_0=-2$ nicht differenzierbar.

b) $f_L'(x)=4\cdot[\underbrace{(x-1)}_{\text{1. Faktor}}\cdot\underbrace{e^{x-1}}_{\text{Ableitung 2. Faktor}}+\underbrace{e^{x-1}}_{\text{2. Faktor}}\cdot\underbrace{1}_{\text{Ableitung 1. Faktor}}]$ — Linksseitiger Differenzialquotient, Produktregel

$=4\cdot e^{x-1}(x-1+1)=4x\cdot e^{x-1}$

$f_R'(x)=4\cdot\frac{x\cdot\frac{1}{x}-\ln x\cdot 1}{x^2}=\frac{4-4\ln x}{x^2}$ — Rechtsseitiger Differenzialquotient, Quotientenregel

$f_L(1)=4\cdot(1-1)\cdot e^{1-1}=0=\frac{4\ln 1}{1}=f_R(1)$ — f ist an der Stelle $x_0=1$ stetig.

$f_L'(1)=4\cdot 1\cdot e^{1-1}=4=\frac{4-4\ln 1}{1^2}=f_R'(1)$ — Vergleich der Differenzialquotienten an der Stelle x_0

D. h.: f ist an der Stelle $x_0=1$ differenzierbar.

Hinweise für den CAS-Einsatz:

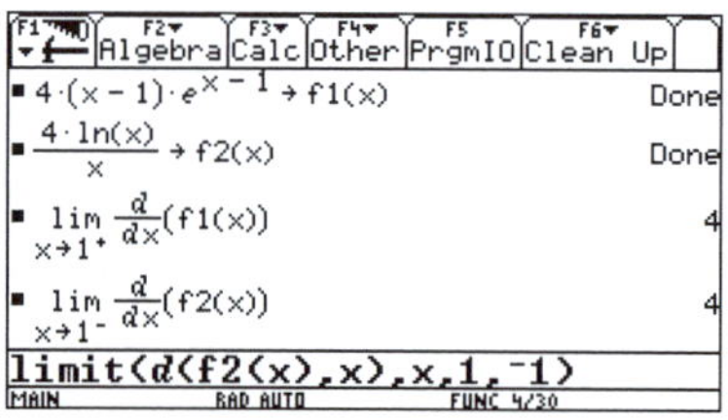

Da die beiden dargestellten Grenzwerte jeweils 4 betragen, ist f(x) an der Stelle $x_0=1$ differenzierbar. Jede Funktion, die an der Stelle x_0 differenzierbar ist, ist dort auch stetig. Damit folgt die Stetigkeit von f(x) an der Stelle $x_0=1$.

70. a) $g(x)=\ln(f(x))=\ln(x^{\ln x})=\ln x\cdot\ln x=(\ln x)^2$ — Logarithmieren von f

$g'(x)=2\ln x\cdot\frac{1}{x}$ — Ableiten mit Kettenregel

$f'(x)=g'(x)\cdot x^{\ln x}=2\ln x\cdot\frac{1}{x}x^{\ln x}=2\ln x\cdot x^{(\ln x)-1}$ — Einsetzen in $f'(x)=g'(x)\cdot f(x)$

Hinweise für den CAS-Einsatz:

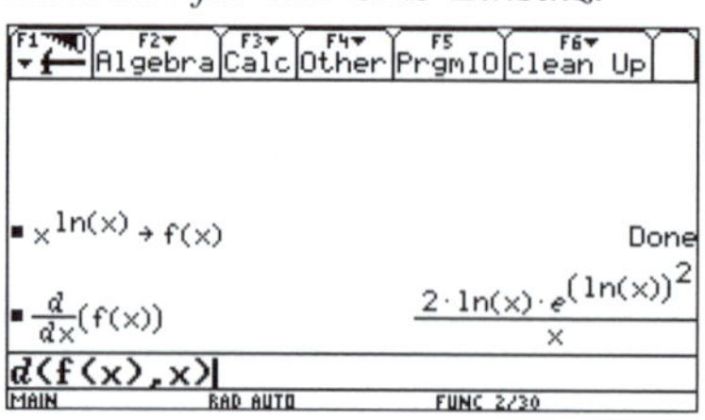

Die Ableitung kann ohne vorherige Umformunen berechnet werden.

b) $g(x) = \ln(f(x)) = \ln \sqrt[7]{(x-4)^3(x-3)^4}$ — Logarithmieren von f

$$= \ln\left((x-4)^{\frac{3}{7}} \cdot (x-3)^{\frac{4}{7}}\right)$$

$$= \tfrac{3}{7}\ln(x-4) + \tfrac{4}{7}\ln(x-3)$$

$g'(x) = \frac{3}{7} \cdot \frac{1}{x-4} + \frac{4}{7} \cdot \frac{1}{x-3}$ — Ableiten mit Kettenregel

$f'(x) = \left(\frac{3}{7} \cdot \frac{1}{x-4} + \frac{4}{7} \cdot \frac{1}{x-3}\right) \cdot \sqrt[7]{(x-4)^3(x-3)^3}$ — Einsetzen in $f'(x) = g'(x) \cdot f(x)$

80. $f'(x) = \frac{(x-1)\cdot(e^x-1)-(e^x-x)\cdot 1}{(x-1)^2}$ — 1. Ableitung mit der Quotientenregel

$$= \frac{xe^x - 2e^x + 1}{(x-1)^2}$$

$f(0) = \frac{e^0 - 0}{0-1} = -1$ — Einsetzen von $x_B = 0$ in f(x) und f'(x)

$f'(0) = \frac{0 \cdot e^0 - 2e^0 + 1}{(0-1)^2} = -1$

$t(x) = f'(x_B)\cdot(x - x_B) + f(x_B)$ — Einsetzen in die Tangentenformel

$$= (-1)(x-0) - 1 = -x - 1$$

$n(x) = -\frac{1}{f'(x_B)} \cdot (x - x_B) + f(x_B)$ — Einsetzen in die Normalenformel

$$= -\frac{1}{-1} \cdot (x-0) + (-1) = x - 1$$

Die beiden Geraden haben eine Steigung vom Betrag 1 und schneiden die x-Achse an den Stellen $x_1 = -1$ und $x_2 = 1$. Daher besitzt das von t, n und der x-Achse eingeschlossene Dreieck den Flächeninhalt 1.

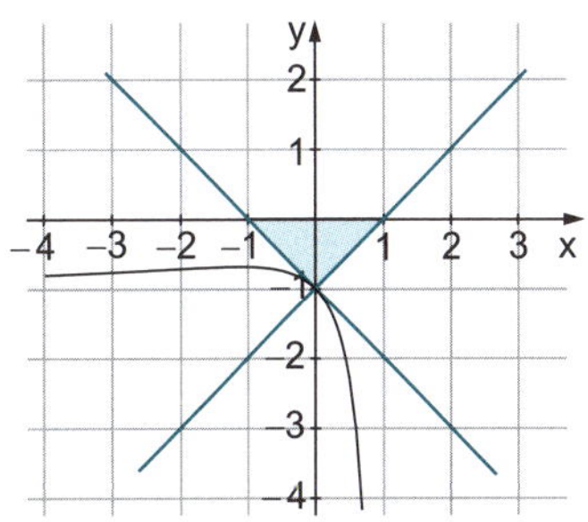

81. $f'(x) = \frac{(4x+2)\cdot 3 - 3x \cdot 4}{(4x+2)^2} = \frac{6}{(4x+2)^2}$ — 1. Ableitung mit der Quotientenregel

$\frac{6}{(4x_B+2)^2} = \frac{1}{6}$ — Gleichsetzen von Tangentensteigung $f'(x_B)$ im Punkt B und der Steigung einer zu $y + 6x - 4 = 0$ senkrechten Geraden $(m = \frac{1}{6})$

$(4x_B + 2)^2 = 36$ — Multiplizieren mit dem Hauptnenner $6 \cdot (4x_B + 2)^2$ auf beiden Gleichungsseiten

$|4x_B + 2| = 6 \Rightarrow 4x_B + 2 = \pm 6$

$x_{B_1} = -2;\ x_{B_2} = 1$

Radizieren und Auflösen nach x_B

Es gibt also genau zwei Tangenten mit den geforderten Eigenschaften. Sie berühren G_f in den Punkten $B_1(-2\,|\,f(-2)) = B_1(-2\,|\,1)$ und $B_2(1\,|\,f(1)) = B_2(1\,|\,0{,}5)$.

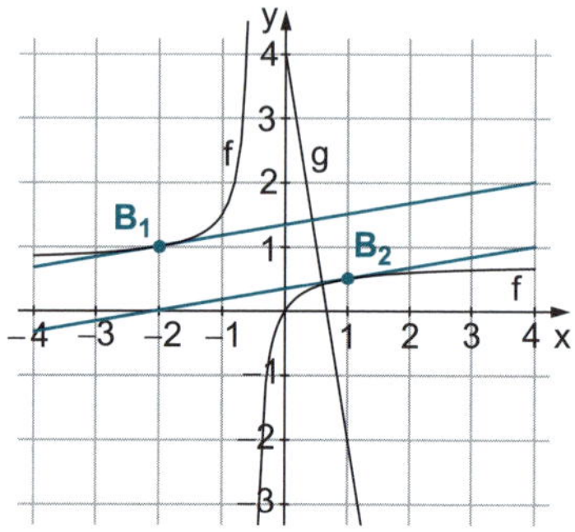

82. $f_k'(x) = \frac{1}{x+3}$

1. Ableitung mit der Kettenregel

$\frac{1}{x_B + 3} = \frac{1}{2} \Rightarrow x_B = -1$

Gleichsetzen von Tangentensteigung $f'(x_B)$ im Punkt B und der Steigung der Geraden mit $m_g = \frac{1}{2}$

$y_B = 0{,}5 \cdot (-1) + 4 = 3{,}5$

Die Ordinate des Berührpunktes B folgt aus der Geradengleichung.

$f_k(-1) = 3{,}5 \Leftrightarrow \ln(-1+3) + k = 3{,}5$

$\Rightarrow k = 3{,}5 - \ln 2 \approx 2{,}8$

Einsetzen der Koordinaten von B in die Funktionsgleichung liefert den gesuchten Scharparameter k.

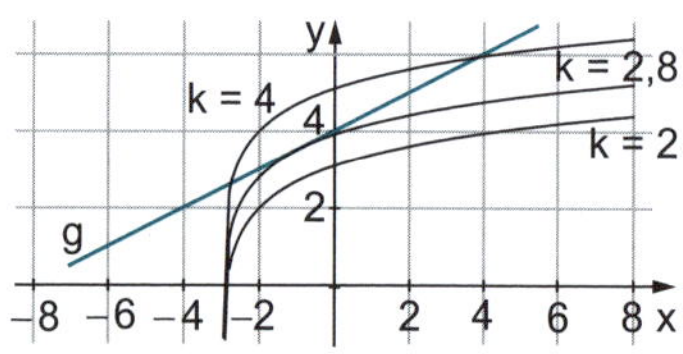

83. $f_k'(x) = \frac{1}{k} \cdot e^{kx+2} \cdot k = e^{kx+2}$

1. Ableitung mit der Kettenregel

$\frac{-1}{f_k'(1)} = -\frac{1}{3} \Leftrightarrow f_k'(1) = 3 \Leftrightarrow e^{k+2} = 3$

Gleichsetzen der Normalensteigung $m_n = \frac{-1}{f_k'(1)}$ im Punkt Q und der Steigung der Geraden $m_g = -\frac{1}{3}$

$k = \ln 3 - 2 \approx -0{,}90$

Logarithmieren auf beiden Gleichungsseiten und Auflösen nach k

84. $f_k'(x) = -ke^{-x}$

1. Ableitung mit der Kettenregel

$$t_k(x) = f_k'(x_B)\cdot(x - x_B) + f_k(x_B)$$
$$= f_k'(1)\cdot(x-1) + f_k(1)$$
$$= -ke^{-1}(x-1) + ke^{-1} = -\frac{k}{e}x + \frac{2k}{e}$$

Tangentenformel für die Gleichung der Tangente in $P(1 \mid f_k(1))$

$$t_{k_1}(x) = t_{k_2}(x)$$
$$\Leftrightarrow\; -\frac{k_1}{e}x + \frac{2k_1}{e} = -\frac{k_2}{e}x + \frac{2k_2}{e}$$

Berechnung des Schnittpunkts zweier Tangenten mit $k_1 \neq k_2$

$$-k_1x + 2k_1 = -k_2x + 2k_2$$
$$-k_1x + k_2x = -2k_1 + 2k_2$$
$$(-k_1 + k_2)\cdot x = (-k_1 + k_2)\cdot 2$$
$$x = \frac{(-k_1 + k_2)\cdot 2}{-k_1 + k_2} = 2$$

Multiplizieren mit e auf beiden Gleichungsseiten, Auflösen nach x

$$t_k(2) = -\frac{k}{e}\cdot 2 + \frac{2k}{e} = 0$$

Ordinate des Schnittpunkts

Alle Tangenten der Schar $t_k(x) = -\frac{k}{e}x + \frac{2k}{e}$ schneiden sich unabhängig vom Parameter k im Punkt $(2 \mid 0)$.

Hinweise für den CAS-Einsatz:

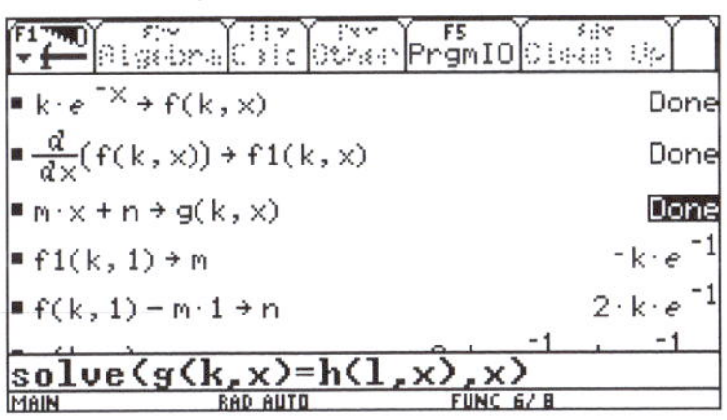

Über die normale Geradengleichung y = mx + n wird die Tangentengleichung g(k, x) definiert. Die Steigung m ist gleich der 1. Ableitung von f an der Stelle x = 1. Die Variable n wird durch Umstellen der allgemeinen Geradengleichung und Einsetzen der Punktkoordinaten x = 1 und y = f(k,1) berechnet.

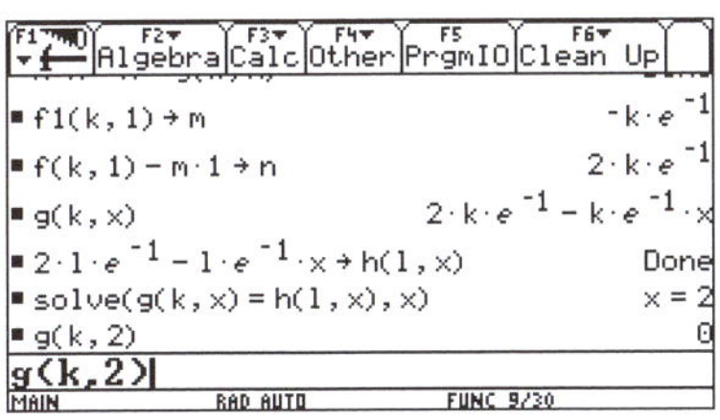

Um einen Schnittpunkt zu bestimmen, wird eine zweite Geradengleichung h(l, x) bestimmt, bei der anstelle vom Parameter k der Parameter l verwendet wird. Über den Befehl **solve** ermittelt man x = 2 als Schnittstelle der Geraden und y = 0 als Ordinate des Schnittpunktes.

85. $f_k'(x) = (x-k)\cdot e^{2-\frac{x}{k}}\cdot\left(\frac{-1}{k}\right) + e^{2-\frac{x}{k}}\cdot 1$

$$= \left(-\frac{x}{k} + 1 + 1\right)\cdot e^{2-\frac{x}{k}}$$
$$= \left(2 - \frac{x}{k}\right)\cdot e^{2-\frac{x}{k}}$$

1. Ableitung mit Produkt- und Kettenregel

$$f_k'(3k) = \left(2 - \frac{3k}{k}\right)\cdot e^{2-\frac{3k}{k}}$$
$$= (2-3)e^{2-3} = -e^{-1}$$

Steigung der Tangente im Punkt $P_k(3k \mid ?)$

Alle Tangenten in $P_k(3k\,|\,?)$ besitzen die gleiche, vom Parameter k unabhängige Steigung $-e^{-1}$, sind also parallel.

Hinweise für den CAS-Einsatz:

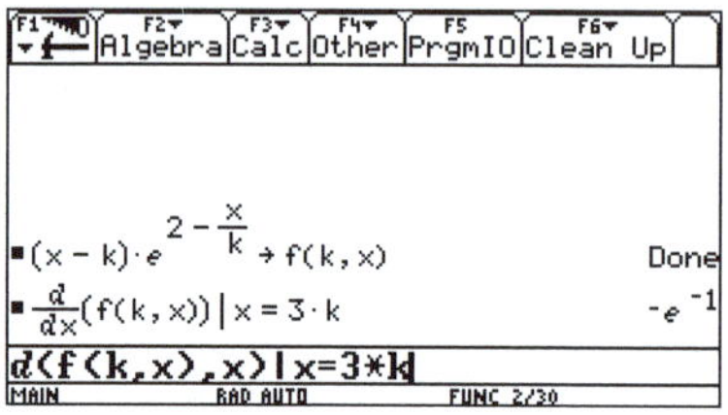

Durch den senkrechten Strich wird der Rechner angewiesen, die Ableitung an der Stelle x = 3k zu ermitteln.

86. a)

$$e^{-x_S} = 1 - e^{-x_S}$$ Berechnung der Schnittpunktabszisse

$$2e^{-x_S} = 1$$ Addition von e^{-x_S} auf beiden Seiten

$$e^{-x_S} = \frac{1}{2}$$ Division mit 2 auf beiden Seiten

$$-x_S = \ln\frac{1}{2}$$ Logarithmieren auf beiden Seiten

$$x_S = \ln 2$$ $\ln\frac{1}{2} = \ln 1 - \ln 2 = -\ln 2$

$$f'(x) = -e^{-x}$$

$$\Rightarrow\ f'(\ln 2) = -e^{-\ln 2} = -\frac{1}{e^{\ln 2}} = -0{,}5$$

Einsetzen der Schnittpunktabszisse in die ersten Ableitungen von f und g

$$g'(x) = e^{-x}$$

$$\Rightarrow\ g'(\ln 2) = e^{-\ln 2} = \frac{1}{e^{\ln 2}} = 0{,}5$$

$$\tan\delta = \left|\frac{f'(x_S) - g'(x_S)}{1 + f'(x_S)\cdot g'(x_S)}\right|$$ Schnittwinkelformel

$$= \left|\frac{-0{,}5 - 0{,}5}{1 + (-0{,}5)\cdot 0{,}5}\right|$$

$$= \frac{1}{0{,}75} \approx 1{,}33$$

$$\Rightarrow\ \delta \approx 53{,}1^\circ$$

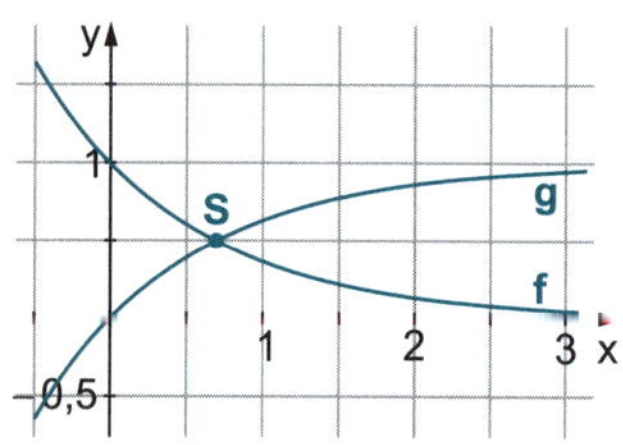

b)

$$(1 + \ln x_S)\ln x_S = 1 + \ln x_S$$ Berechnung der Schnittpunktabszissen

$$(1 + \ln x_S)\ln x_S - (1 + \ln x_S) = 0$$ Auf beiden Seiten $(1 + \ln x_S)$ subtrahieren

$$(1 + \ln x_S)(\ln x_S - 1) = 0$$ $(1 + \ln x_S)$ ausklammern

$$\ln x_S = -1 \text{ oder } \ln x_S = 1$$

$$\Rightarrow\ x_{S_1} = e^{-1};\ \ x_{S_2} = e$$

Ein Produkt ist genau dann gleich null, wenn mindestens ein Faktor null ist.

$$f'(x) = (1 + \ln x)\cdot\frac{1}{x} + \ln x\cdot\frac{1}{x} = \frac{1 + 2\ln x}{x}$$

Einsetzen der Schnittpunktabszissen in die ersten Ableitungen von f und g

$$\Rightarrow f'(e^{-1}) = \frac{1+2\ln e^{-1}}{e^{-1}} = (1-2)e = -e$$

$$f'(e) = \frac{1+2\ln e}{e} = \frac{1+2}{e} = 3e^{-1}$$

$$g'(x) = \frac{1}{x}$$

$$\Rightarrow g'(e^{-1}) = \frac{1}{e^{-1}} = e$$

$$g'(e) = \frac{1}{e} = e^{-1}$$

$$\tan\delta_1 = \left|\frac{f'(x_{S_1}) - g'(x_{S_1})}{1+f'(x_{S_1})\cdot g'(x_{S_1})}\right| = \left|\frac{-e-e}{1+(-e)\cdot e}\right|$$ Schnittwinkelformel

$$= \frac{2e}{e^2-1} \approx 0{,}85$$

$$\tan\delta_2 = \left|\frac{f'(x_{S_2}) - g'(x_{S_2})}{1+f'(x_{S_2})\cdot g'(x_{S_2})}\right| = \left|\frac{3e^{-1}-e^{-1}}{1+3e^{-1}\cdot e^{-1}}\right|$$

$$= \frac{2e^{-1}}{1+3e^{-2}} \approx 0{,}52$$

$\delta_1 \approx 40{,}40°$

$\delta_2 \approx 27{,}62°$

Schnittwinkel

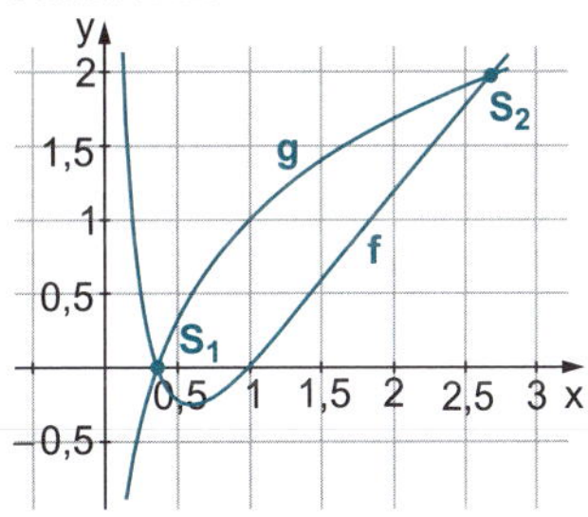

87. Durch die Schreibweise $\overset{(H1)}{=}$, $\overset{(H2)}{=}$ wird im Weiteren auf die Anwendung der L'Hospital'schen Regeln 1, 2 hingewiesen.

a) $\lim\limits_{x\to 0} \frac{\sin(ax)}{bx} \overset{(H1)}{=} \lim\limits_{x\to 0} \frac{a\cos(ax)}{b} = \frac{a\cos(a\cdot 0)}{b} = \frac{a}{b}$

b) $\lim\limits_{x\to 0} \frac{1-\cos x}{\sin x} \overset{(H1)}{=} \lim\limits_{x\to 0} \frac{\sin x}{\cos x} = \frac{\sin 0}{\cos 0} = \frac{0}{1} = 0$

c) $\lim\limits_{x\to 0} \frac{\ln(\cos x)}{x} \overset{(H1)}{=} \lim\limits_{x\to 0} \frac{\frac{1}{\cos x}\cdot(-\sin x)}{1} = \lim\limits_{x\to 0} \frac{-\sin x}{\cos x} = \frac{-\sin 0}{\cos 0} = \frac{0}{1} = 0$

d) $\lim\limits_{x \to 0} \dfrac{-e^x + x + 1}{x^2 + x - \sin x} \overset{(H1)}{=} \lim\limits_{x \to 0} \dfrac{-e^x + 1}{2x + 1 - \cos x} \overset{(H1)}{=} \lim\limits_{x \to 0} \dfrac{-e^x}{2 + \sin x}$

$= \dfrac{-e^0}{2 + \sin 0} = \dfrac{-1}{2+0} = -\frac{1}{2}$

Hinweise für den CAS-Einsatz:

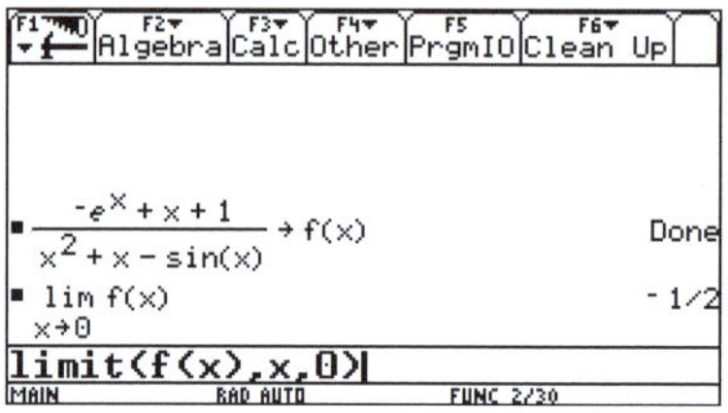

Der Rechner berechnet den Wert $-\frac{1}{2}$ als Grenzwert.

88. a) $\lim\limits_{x \to 0} \dfrac{e^{2x} - 1}{\ln(x+1)} \overset{(H1)}{=} \lim\limits_{x \to 0} \dfrac{2e^{2x}}{\frac{1}{x+1}} = \dfrac{2e^{2 \cdot 0}}{\frac{1}{0+1}} = \dfrac{2}{1} = 2$

b) $\lim\limits_{x \to 1} \dfrac{\ln x}{x - 1} \overset{(H1)}{=} \lim\limits_{x \to 1} \dfrac{\frac{1}{x}}{1} = \dfrac{\frac{1}{1}}{1} = \dfrac{1}{1} = 1$

c) $\lim\limits_{x \to 2+0} \dfrac{\ln\frac{x}{2}}{\sqrt{x-2}} \overset{(H1)}{=} \lim\limits_{x \to 2+0} \dfrac{\frac{1}{\frac{x}{2}} \cdot \frac{1}{2}}{\frac{1}{2\sqrt{x-2}}} = \lim\limits_{x \to 2+0} \dfrac{\frac{1}{x}}{\frac{1}{2\sqrt{x-2}}}$

$= \lim\limits_{x \to 2+0} \dfrac{2\sqrt{x-2}}{x} = \dfrac{2\sqrt{2-2}}{2} = 0$

d) $\lim\limits_{x \to 1} x \cdot \dfrac{x^n - 1}{x^{n+1} - 1} = \lim\limits_{x \to 1} \dfrac{x^{n+1} - x}{x^{n+1} - 1} \overset{(H1)}{=} \lim\limits_{x \to 1} \dfrac{(n+1)x^n - 1}{(n+1)x^n} = \dfrac{(n+1) \cdot 1^n - 1}{(n+1) \cdot 1^n} = \dfrac{n}{n+1}$

89. a) $\lim\limits_{x \to +\infty} \dfrac{\ln\frac{x-1}{x}}{\ln\frac{x+1}{x}} \overset{(H1)}{=} \lim\limits_{x \to +\infty} \dfrac{\frac{x}{x-1} \cdot \frac{x \cdot 1 - (x-1) \cdot 1}{x^2}}{\frac{x}{x+1} \cdot \frac{x \cdot 1 - (x+1) \cdot 1}{x^2}} = \lim\limits_{x \to +\infty} \dfrac{x+1}{x-1} \cdot \dfrac{1}{(-1)}$

$= \lim\limits_{x \to +\infty} \dfrac{x+1}{x-1} \cdot (-1) = -1$

b) $\lim\limits_{x \to +\infty} \dfrac{\sin\frac{1}{x}}{e^{\frac{1}{x}} - 1} \overset{(H1)}{=} \lim\limits_{x \to +\infty} \dfrac{\cos\frac{1}{x} \cdot \left(-\frac{1}{x^2}\right)}{e^{\frac{1}{x}} \cdot \left(-\frac{1}{x^2}\right)} = \lim\limits_{x \to +\infty} \dfrac{\cos\frac{1}{x}}{e^{\frac{1}{x}}} = \dfrac{\cos 0}{e^0} = \dfrac{1}{1} = 1$

Hinweise für den CAS-Einsatz:

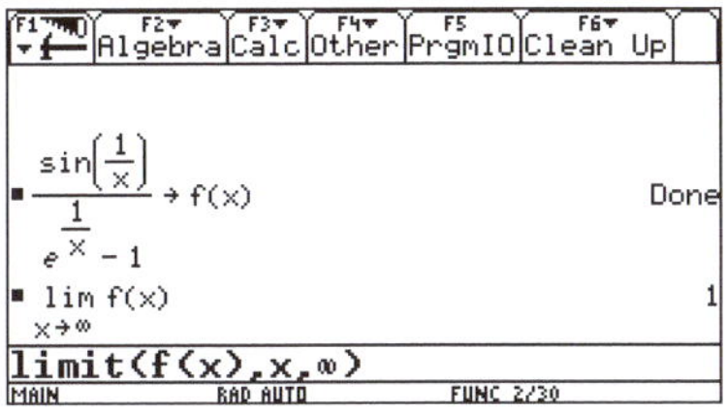

Der CAS-Rechner ermittelt den Grenzwert y = 1. Die Anwendung der Reglen von l'Hopital erübrigt sich.

90. a) $\lim\limits_{x\to 0+0}\frac{\ln x}{\ln 2x} \overset{(H2)}{=} \lim\limits_{x\to 0+0}\frac{\frac{1}{x}}{\frac{1}{2x}\cdot 2} = \lim\limits_{x\to 0+0} 1 = 1$

b) $\lim\limits_{x\to 0+0}\frac{(\ln x)^2}{\frac{1}{x^2}} \overset{(H2)}{=} \lim\limits_{x\to 0+0}\frac{2\ln x\cdot\frac{1}{x}}{-\frac{2}{x^3}} = \lim\limits_{x\to 0+0}\frac{\ln x}{-\frac{1}{x^2}}$

$\overset{(H2)}{=} \lim\limits_{x\to 0+0}\frac{\frac{1}{x}}{\frac{2}{x^3}} = \lim\limits_{x\to 0+0}\frac{x^2}{2} = 0$

c) $\lim\limits_{x\to 0+0}\frac{\frac{1}{x}}{e^{\frac{1}{x}}} \overset{(H2)}{=} \lim\limits_{x\to 0+0}\frac{-\frac{1}{x^2}}{e^{\frac{1}{x}}\cdot\left(-\frac{1}{x^2}\right)} = \lim\limits_{x\to 0+0}\frac{1}{e^{\frac{1}{x}}} = 0$

d) Ersetzt man x im Term $xe^{\frac{1}{x}}$ durch 0, so erhält man den unbestimmten Ausdruck $0\cdot\infty$, der sich algebraisch in den unbestimmten Ausdruck $\frac{\infty}{\infty}$ umformen lässt:

$\lim\limits_{x\to 0+0} xe^{\frac{1}{x}} = \lim\limits_{x\to 0+0}\frac{e^{\frac{1}{x}}}{\frac{1}{x}} \overset{(H2)}{=} \lim\limits_{x\to 0+0}\frac{e^{\frac{1}{x}}\cdot\frac{-1}{x^2}}{\frac{-1}{x^2}} = \lim\limits_{x\to 0+0} e^{\frac{1}{x}} = +\infty$

Hinweise für den CAS-Einsatz:

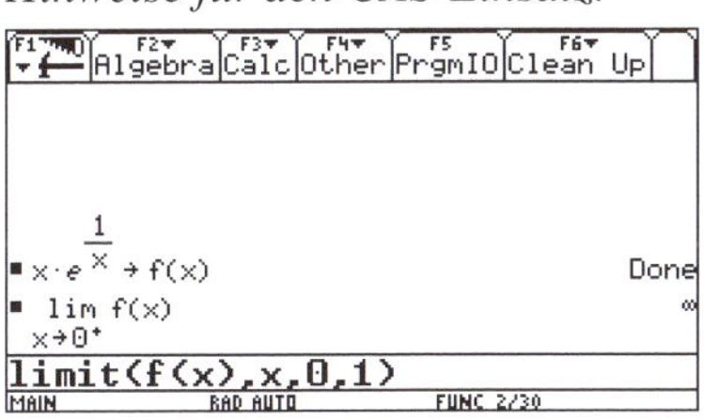

Durch den zusätzlichen Parameter mit dem Wert 1 beim Befehl **limit** berechnet der CAS-Rechner den rechtsseitigen Grenzwert. Wegen y = ∞ existiert dieser Grenzwert nicht.

91. a) $$\lim_{x \to +\infty} \frac{x + x^2}{e^x} \overset{(H2)}{=} \lim_{x \to +\infty} \frac{1 + 2x}{e^x} \overset{(H4)}{=} \lim_{x \to +\infty} \frac{2}{e^x} = 0$$

b) $$\lim_{x \to +\infty} \frac{\ln x}{x^2 - 2x} \overset{(H2)}{=} \lim_{x \to +\infty} \frac{\frac{1}{x}}{2x - 2} = \lim_{x \to +\infty} \frac{1}{2x^2 - 2x} = 0$$

c) $$\lim_{x \to +\infty} \frac{3e^x + x}{e^x - 3x} \overset{(H2)}{=} \lim_{x \to +\infty} \frac{3e^x + 1}{e^x - 3} \overset{(H4)}{=} \lim_{x \to +\infty} \frac{3e^x}{e^x} = 3$$

d) $$\lim_{x \to -\infty} \frac{x \cdot \ln(-x)}{(1+x)^2} \overset{(H2)}{=} \lim_{x \to -\infty} \frac{x \cdot \frac{1}{-x} \cdot (-1) + \ln(-x) \cdot 1}{2(1+x)} = \lim_{x \to -\infty} \frac{1 + \ln(-x)}{2(1+x)}$$

$$\overset{(H2)}{=} \lim_{x \to -\infty} \frac{\frac{1}{-x} \cdot (-1)}{2} = \lim_{x \to -\infty} \frac{1}{2x} = 0$$

Hinweise für den CAS-Einsatz:

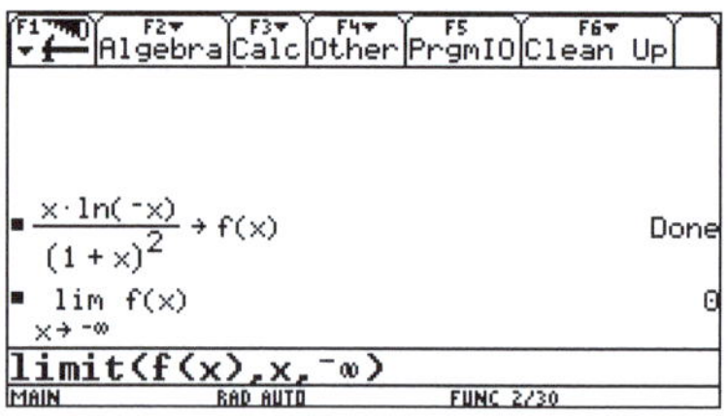

Der Befehl **limit** errechnet den Grenzwert $y = 0$.

92. Ersetzt man x in den Termen der Teilaufgaben a und b durch 0, so entsteht jeweils der unbestimmte Ausdruck $\infty - \infty$, der sich algebraisch in den unbestimmten Ausdruck $\frac{0}{0}$ umformen lässt. Durch zweimaliges Anwenden der 1. L'Hospital'schen Regel auf diesen Ausdruck erhält man den Grenzwert.

a) $$\lim_{x \to 0} \left(\frac{1}{x} - \frac{1}{e^x - 1}\right) = \lim_{x \to 0} \frac{e^x - 1 - x}{x(e^x - 1)} \overset{(H1)}{=} \lim_{x \to 0} \left(\frac{e^x - 1}{xe^x + (e^x - 1)}\right)$$

$$\overset{(H1)}{=} \lim_{x \to 0} \left(\frac{e^x}{xe^x + e^x + e^x}\right) = \lim_{x \to 0} \left(\frac{e^x}{e^x(x+2)}\right) = \frac{e^0}{e^0(0+2)} = \frac{1}{2}$$

b) $\lim\limits_{x \to 0}\left(\frac{1}{x\sin x} - \frac{1}{x^2}\right) = \lim\limits_{x \to 0}\left(\frac{x - \sin x}{x^2 \sin x}\right) \overset{(H1)}{=} \lim\limits_{x \to 0}\left(\frac{1 - \cos x}{x^2 \cos x + \sin x \cdot 2x}\right)$

$\overset{(H1)}{=} \lim\limits_{x \to 0}\left(\frac{\sin x}{x^2(-\sin x) + \cos x \cdot 2x + \sin x \cdot 2 + 2x \cdot \cos x}\right) = \lim\limits_{x \to 0}\left(\frac{\sin x}{(2 - x^2)\sin x + 4x\cos x}\right)$

$\overset{(H1)}{=} \lim\limits_{x \to 0}\left(\frac{\cos x}{(2 - x^2)\cdot\cos x + (-2x)\cdot\sin x + 4x\cdot(-\sin x) + \cos x \cdot 4}\right)$

$= \lim\limits_{x \to 0}\left(\frac{\cos x}{(6 - x^2)\cos x + (-6x)\cdot\sin x}\right) = \frac{\cos 0}{(6 - 0^2)\cdot\cos 0 + (-6\cdot 0)\cdot\sin 0} = \frac{1}{6}$

Hinweise für den CAS-Einsatz:

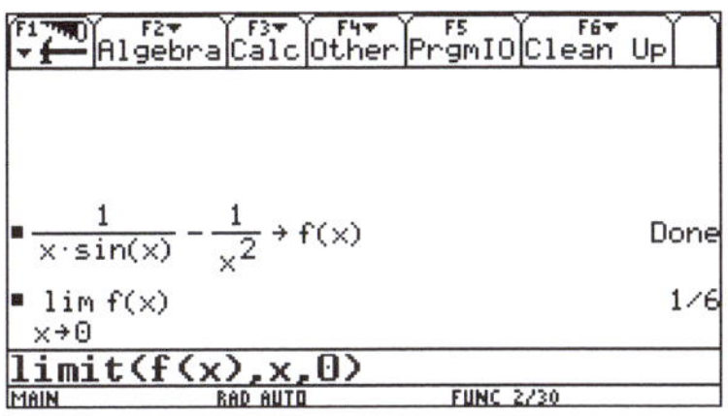

Zahlreiche Umformungsschritte erübrigen sich durch die Verwendung des CAS-Rechners, der den Grenzwert $y = \frac{1}{6}$ ermittelt.

93. a)

$\frac{x_1^2}{x_1^2 + 4} < \frac{x_2^2}{x_2^2 + 4}$ — Einsetzen des Funktionsterms in die Ungleichung $f(x_1) < f(x_2)$

$x_1^2(x_2^2 + 4) < x_2^2(x_1^2 + 4)$ — Mit Hauptnenner multiplizieren und kürzen (HN $(x_1^2 + 4)(x_2^2 + 4) > 0$ für $x_1; x_2 \in \mathbb{R}$)

$x_1^2 x_2^2 + 4x_1^2 < x_1^2 x_2^2 + 4x_2^2$ — Ausmultiplizieren

$4x_1^2 < 4x_2^2$ — Auf beiden Seiten $x_1^2 \cdot x_2^2$ subtrahieren

$|x_1| < |x_2|$ — Auf beiden Seiten mit 4 dividieren und radizieren

Wegen

$$|x_1| < |x_2| \quad \Leftrightarrow \quad \begin{cases} x_1 < x_2, & \text{falls } x_1, x_2 \in \mathbb{R}^+ \\ x_2 < x_1, & \text{falls } x_1, x_2 \in \mathbb{R}^- \end{cases}$$

gilt insgesamt:

$$f(x_1) < f(x_2) \quad \Leftrightarrow \quad \begin{cases} x_1 < x_2 & \text{für } x_1, x_2 \in \mathbb{R}^+ \\ x_1 > x_2 & \text{für } x_1, x_2 \in \mathbb{R}^- \end{cases}$$

f steigt daher auf $\mathbb{R}^+$ streng monoton und fällt auf $\mathbb{R}^-$ streng monoton.

b) $\frac{6x_1}{3-x_1} < \frac{6x_2}{3-x_2}$ — Einsetzen des Funktionsterms in die Ungleichung $f(x_1) < f(x_2)$

$6x_1 \cdot (3-x_2) < 6x_2 \cdot (3-x_1)$ — Mit Hauptnenner multiplizieren und kürzen (Hauptnenner $(3-x_1)(3-x_2) > 0$ sowohl für $x_1; x_2 \in\ ]3; +\infty[$ als auch für $x_1; x_2 \in\ ]-\infty; 3[$)

$18x_1 - 6x_1x_2 < 18x_2 - 6x_1x_2$ — Ausmultiplizieren

$x_1 < x_2$ — Auf beiden Seiten $6x_1x_2$ addieren, dann durch 18 dividieren

Insgesamt gilt $f(x_1) < f(x_2) \Leftrightarrow x_1 < x_2$; f steigt auf $\mathbb{R} \setminus \{3\}$ streng monoton.

Hinweise für den CAS-Einsatz:

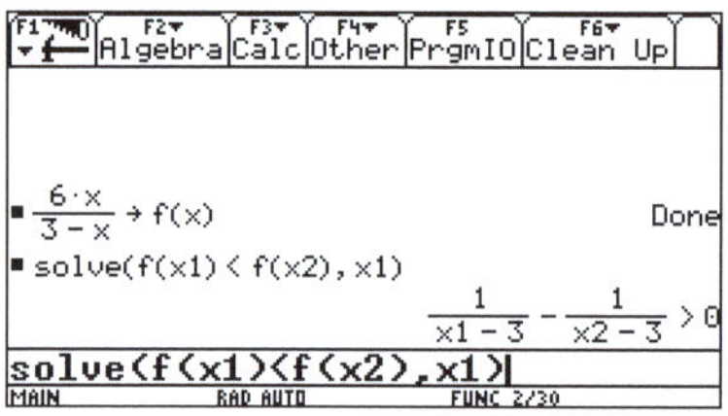

Zwar kann der Rechner prinzipiell auch Ungleichungen lösen, dabei zeigt er sich aber häufig mit einer Umformung zufrieden. Explizite Lösungen werden nur in wenigen Fällen geliefert.

94. a) $f'(x) = (x-1) \cdot e^{2-x} \cdot (-1) + e^{2-x}$
$= e^{2-x}(2-x)$ — Ableiten mit der Produkt- und Kettenregel

$e^{2-x}(2-x) > 0 \Leftrightarrow 2-x > 0 \Leftrightarrow 2 > x$ — Einsetzen in $f'(x) > 0$, Auflösen nach x ($e^{2-x} > 0$ für alle x)

f ist auf — 1. Monotoniesatz

- $]-\infty; 2[$ streng monoton steigend;
- $]2; +\infty[$ streng monoton fallend.

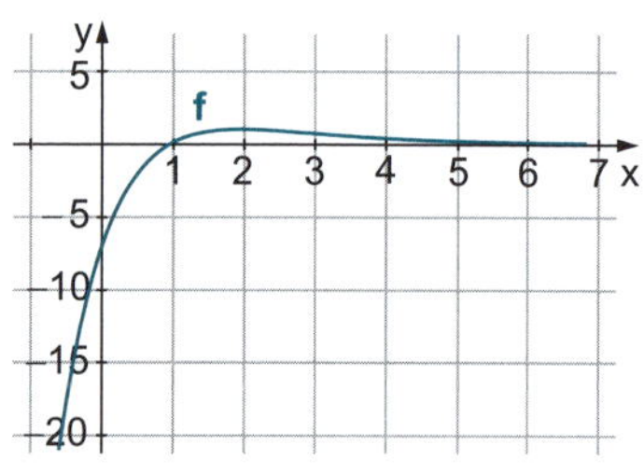

b) $f'(x) = 4x \cdot e^{-0,5x^2} \cdot (-x) + e^{-0,5x^2} \cdot 4$
$= 4e^{-0,5x^2}(1-x^2)$ — Ableiten mit der Produkt- und Kettenregel

$4e^{-0,5x^2}(1-x^2) > 0 \Leftrightarrow 1-x^2 > 0$
$\Leftrightarrow 1 > |x|$
$\Leftrightarrow x \in\ ]-1; +1[$

Einsetzen in $f'(x) > 0$, Auflösen nach x ($4e^{-0,5x^2} > 0$ für alle x)

f ist auf
- $]-1; +1[$ streng monoton steigend;
- $]-\infty; -1[\cup]1; +\infty[$ streng monoton fallend.

1. Monotoniesatz

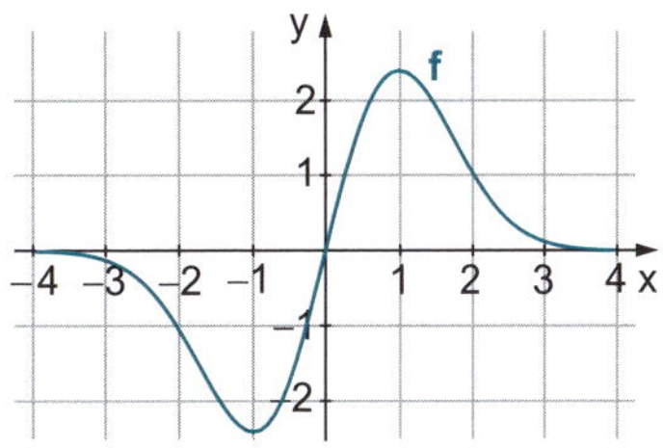

95. a) $f'(x) = x \cdot \left(-\frac{1}{x}\right) + (2 - \ln x) \cdot 1 = 1 - \ln x$ — Ableiten mit der Produktregel

$1 - \ln x > 0 \Leftrightarrow \ln x < 1 \Leftrightarrow 0 < x < e$ — Einsetzen in $f'(x) > 0$, Auflösen nach x (mit $x \in \mathbb{D}_{f,\,max} = \mathbb{R}^+$)

f ist auf
- $]0; e[$ streng monoton steigend;
- $]e; \infty[$ streng monoton fallend.

1. Monotoniesatz

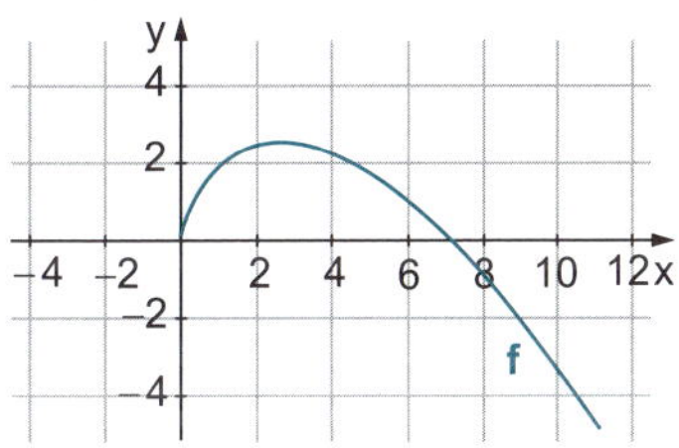

b) $f(x) = (\ln x)^2 - \ln x^2 = (\ln x)^2 - 2\ln x$ — Algebraische Umformung von f

$f'(x) = 2\ln x \cdot \frac{1}{x} - 2 \cdot \frac{1}{x} = \frac{2}{x}(\ln x - 1)$ — Ableiten mit der Kettenregel

$\frac{2}{x}(\ln x - 1) > 0 \Leftrightarrow \ln x - 1 > 0 \Leftrightarrow x > e$ — Einsetzen in $f'(x) > 0$, Auflösen nach x ($\frac{2}{x} > 0$ für $x \in \mathbb{D}_{f,\,max} = \mathbb{R}^+$)

f ist auf
- $]e; \infty[$ streng monoton steigend;
- $]0; e[$ streng monoton fallend.

1. Monotoniesatz

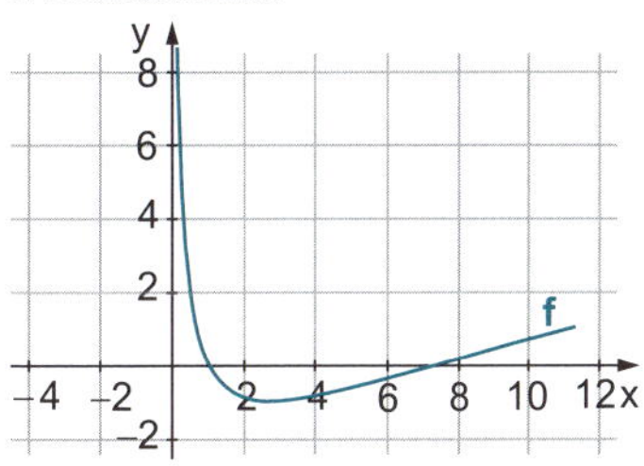

96. a) Mithilfe von Ketten- und Quotientenregel finden Sie:

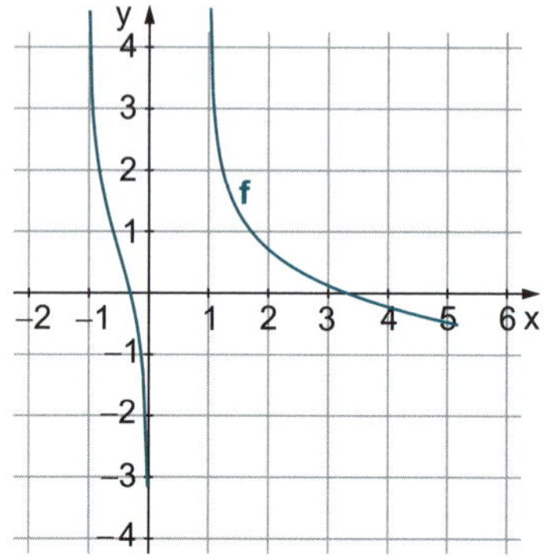

$$f'(x) = \frac{1}{\frac{3x}{x^2-1}} \cdot \frac{(x^2-1)\cdot 3 - 3x \cdot 2x}{(x^2-1)^2}$$

$$= \frac{x^2-1}{3x} \cdot \frac{-3x^2-3}{(x^2-1)^2} = \frac{1}{3x} \cdot \frac{-3x^2-3}{x^2-1}$$

$$= \frac{-1}{x} \cdot \frac{x^2+1}{x^2-1} = \frac{1}{x} \cdot \frac{x^2+1}{1-x^2}$$

$$= \frac{x^2+1}{x(1-x)(1+x)}$$

Da der Zähler x^2+1 positiv ist, wird das Vorzeichen des Quotienten vom Vorzeichen des Nenners bestimmt. Dessen Linearfaktoren $(1-x)$ und $(1+x)$ sind auf dem ersten Intervall $]-1; 0[$ der Definitionsmenge positiv. Der Faktor x ist dort negativ. Insgesamt ist der Quotient dort negativ. Auf dem zweiten Intervall $]1; \infty[$ der Definitionsmenge sind die Linearfaktoren $(1+x)$ und x positiv und der Faktor $(1-x)$ negativ. Insgesamt ist der Quotient auch dort negativ. Da f'(x) auf der gesamten Definitionsmenge negativ ist, fällt f nach dem 1. Monotoniesatz auf $\mathbb{D}_{f,\,max}$ streng monoton.

b) Mithilfe der Quotienten- und Kettenregel finden Sie:

$$f'(x) = \frac{(x-2)^2(6x-8) - (3x^2-8x)\cdot 2(x-2)}{(x-2)^4} = \frac{(x-2)(6x-8) - (3x^2-8x)\cdot 2}{(x-2)^3}$$

$$= \frac{4(4-x)}{(x-2)^3}$$

Aus der Vorzeichenverteilung des Zählers $4(4-x)$ und des Nenners $(x-2)^3$ erhalten Sie die Vorzeichenverteilung des gesamten Bruchterms (siehe Schema).
Daraus folgt: f ist nach dem 1. Monotoniesatz auf $]2; 4[$ streng monoton steigend und auf $]-\infty; 2[\cup]4; \infty[$ streng monoton fallend.

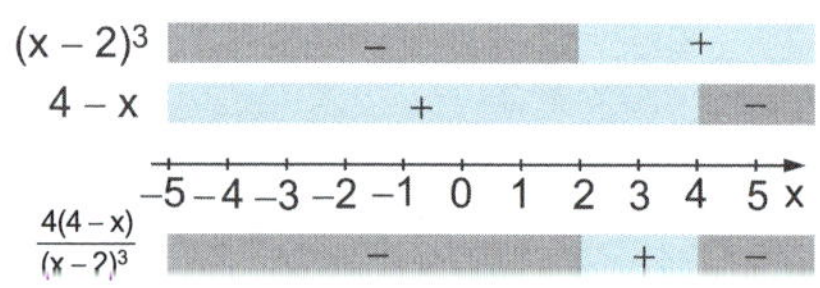

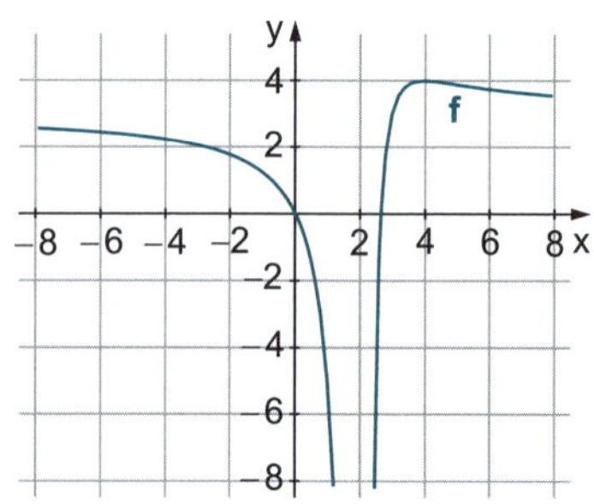

Hinweise für den CAS-Einsatz:

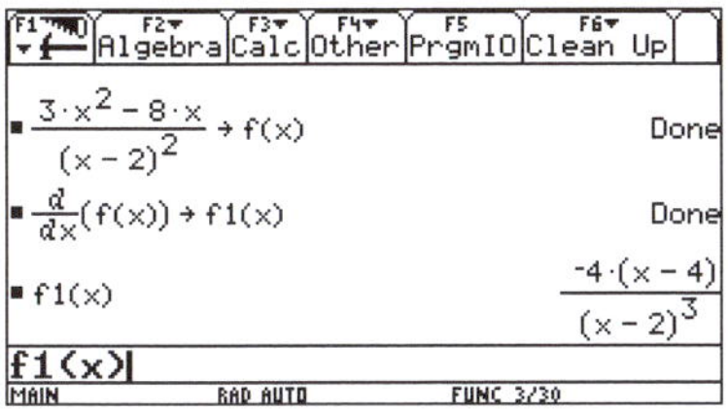

Da sich Ungleichungen mit dem CAS-Rechner häufig nicht zufriedenstellend lösen lassen, muss man sich behelfen. Zuerst werden die Nullstellen der ersten Ableitung ermittelt. x = 4 ist eine Nullstelle und damit eine Stelle, an der sich das Monotonieverhalten der Funktion ändern könnte.

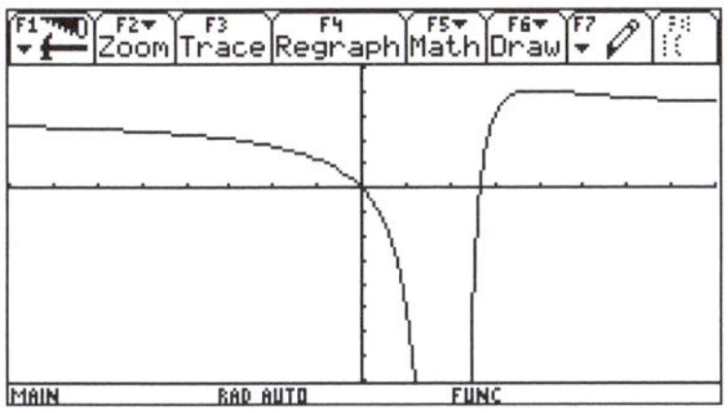

Am Graphen erkennt man, dass die einzige Stelle mit waagrechter Tangente bei x = 4 rechts von der Polstelle x = 2 liegt. Der linke Ast ist im Intervall]–∞; 2[stetig. Durch eine Probe kann festgestellt werden, dass der linke Ast monoton fällt. Dazu wird eine Stelle aus dem Intervall]–∞; 2[in die 1. Ableitung eingesetzt, z. B. x = 1: Der CAS-Rechner berechnet f1(1) = –12.

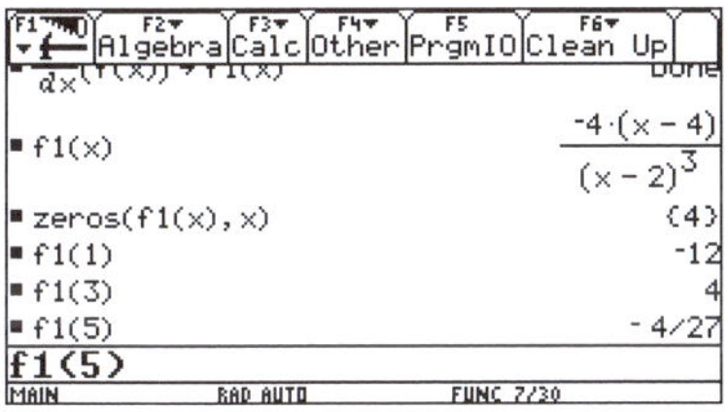

In ähnlicher Weise können Stellen im Intervall]2; 4[und]4; ∞[gewählt werden, um über eine Probe das Monotonieverhalten in diesen Intervallen zu untersuchen. Z. B. ergibt f1(3) = 4, sodass die Funktion im Intervall]2; 4[streng monoton steigt. Für x = 5 ergibt sich $f1(5) = -\frac{4}{27}$. Dies bestätigt, dass die Funktion im Intervall]4; ∞[streng monoton fällt.

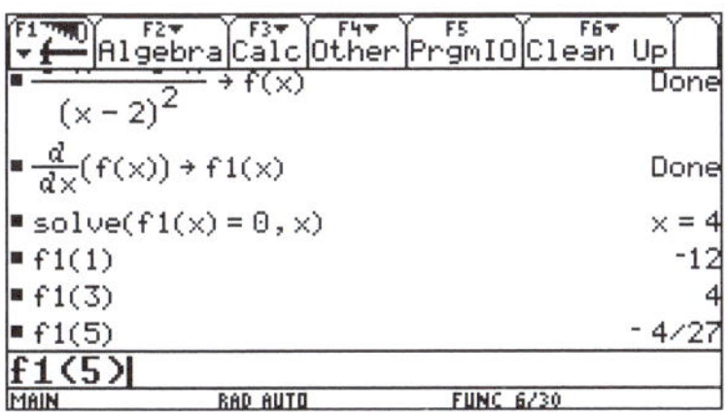

Man erkennt, dass f(x) im Intervall]–∞; 2[streng monoton fällt, im Intervall]2; 4[streng monoton steigt und im Intervall]4; ∞[wieder streng monoton fällt. Andere Stellen als die Defintionslücke x = 2 oder die Stelle x = 4 mit f'(4) = 0, an denen sich das Montonieverhalten ändert, kann es nicht geben.

97. a) Mithilfe der Quotientenregel finden Sie:

$$f_k'(x) = \frac{(x-k)(2x-2k)-(x^2-2kx+2k^2)\cdot 1}{(x-k)^2}$$

$$= \frac{2x^2-2kx-2kx+2k^2-x^2+2kx-2k^2}{(x-k)^2} = \frac{x^2-2kx}{(x-k)^2} = \frac{x(x-2k)}{(x-k)^2}$$

Weil der Nenner als Quadrat für alle x aus $\mathbb{D}_{f_k,\,max}$ positiv ist, hängt das Vorzeichen des Quotienten nur vom Vorzeichen des Zählers x(x – 2k) ab.

Diese findet man aus dem Verlauf des zur Funktion $x \mapsto x(x-2k)$ gehörenden Graphen. Es handelt sich um eine nach oben offene Parabel, welche die x-Achse bei $x_1 = 0$ und bei $x_2 = 2k$ schneidet, also nur im Intervall $]0; 2k[$ unter der x-Achse verläuft. Daher ist f nach dem 1. Monotoniesatz auf $]0; 2k[\setminus\{k\}$ streng monoton fallend und auf $]-\infty; 0[\cup]2k; \infty[$ streng monoton steigend.

b) Mithilfe der Quotientenregel finden Sie:

$$f_k'(x) = \frac{(x^2-k^2)\cdot 2kx - (kx^2-1)\cdot 2x}{(x^2-k^2)^2}$$

$$= \frac{2kx^3 - 2k^3x - 2kx^3 + 2x}{(x^2-k^2)^2} = \frac{2x(1-k^3)}{(x^2-k^2)^2}$$

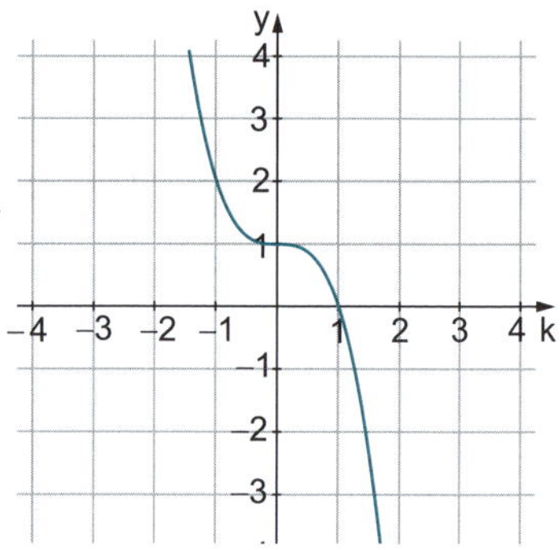

Da der Nenner als Quadrat für alle x aus $\mathbb{D}_{f_k,\,max}$ positiv ist, hängt das Vorzeichen des Quotienten nur vom Vorzeichen des Zählers $2x(1-k^3)$ ab. Anhand des skizzierten Graphen der Funktion $k \mapsto 1-k^3$ können folgende zwei Fälle leicht untersucht werden:

Fall 1: $k > 1$

Dann ist $1-k^3$ negativ und folglich $2x(1-k^3)$ positiv, wenn x negativ ist, und umgekehrt. f ist also nach dem 1. Monotoniesatz auf

- $\mathbb{R}^+\setminus\{k\}$ streng monoton fallend;
- $\mathbb{R}^-\setminus\{-k\}$ streng monoton steigend.

Fall 2: $k < 1$

Dann ist $1-k^3$ positiv und $2x(1-k^3)$ positiv, wenn x positiv ist. f ist daher nach dem 1. Monotoniesatz auf

- $\mathbb{R}^+\setminus\{|k|\}$ streng monoton steigend;
- $\mathbb{R}^-\setminus\{-|k|\}$ streng monoton fallend.

98. a) Da nach der Kettenregel $g'(x) = 2\cdot f(x)\cdot f'(x)$ gilt, ist das Vorzeichen von $g'(x)$

- **gleich** dem Vorzeichen von $f'(x)$, wenn $f(x) > 0$. Nach dem 1. Monotoniesatz weist g das gleiche Steigungsverhalten wie f überall dort auf, wo der Graph von f **oberhalb** der x-Achse verläuft.
- **entgegen** dem Vorzeichen von $f'(x)$, wenn $f(x) < 0$. Nach dem 1. Monotoniesatz weist g das entgegengesetzte Steigungsverhalten wie f überall dort auf, wo der Graph von f **unterhalb** der x-Achse verläuft.

b) Da nach der Quotientenregel

$$h'(x) = \frac{f(x) \cdot 0 - 1 \cdot f'(x)}{(f(x))^2} = \frac{-f'(x)}{(f(x))^2}$$

gilt und der Nenner nicht negativ wird, ist das Vorzeichen von h'(x) immer **entgegengesetzt** zum Vorzeichen von f'(x). h steigt also dort, wo f fällt, und fällt dort, wo f steigt.

99. a) **Schritt 1:** Berechnen der 1. Ableitung von f(x)

$$f'(x) = 4x \cdot e^{-0,5x^2} \cdot (-x) + 4 \cdot e^{-0,5x^2} = 4e^{-0,5x^2}(-x^2+1)$$

Schritt 2: Berechnung der Nullstellen der 1. Ableitung
Weil $4e^{-0,5x^2}$ stets positiv ist, folgt:

$$4e^{-0,5x^2}(-x^2+1) = 0 \;\Leftrightarrow\; -x^2+1=0 \;\Leftrightarrow\; |x|=1 \;\Rightarrow\; x_1=1;\; x_2=-1$$

Schritt 3: Weil $4e^{-0,5x^2}$ stets positiv ist, stimmt das Vorzeichen von f'(x) mit dem von $g(x) = -x^2 + 1$ überein. Da g(x) eine nach unten offene Parabel ist, welche die x-Achse in den Punkten –1 und +1 schneidet, wechselt g(x) und damit f'(x) an der Stelle $x_2 = -1$ das Vorzeichen von – nach + und an der Stelle $x_1 = 1$ von + nach –.

Schritt 4: Auswertung
Nach Satz 2 a über die Extremstellen besitzt f an der Stelle $x_1 = 1$ ein relatives Maximum und an der Stelle $x_2 = -1$ ein relatives Minimum.

b) **Schritt 1:** $f'(x) = -2\ln(1-x) \cdot \frac{1}{1-x} \cdot (-1) = \frac{2\ln(1-x)}{1-x}$

Schritt 2: $f'(x) = 0 \;\Leftrightarrow\; \frac{2\ln(1-x)}{1-x} = 0 \;\Leftrightarrow\; \ln(1-x) = 0 \;\Leftrightarrow\; x_1 = 0$

Schritt 3: Für ein hinreichend kleines positives h gilt:

$$f'(0+h) = \frac{\overbrace{2\ln(1-h)}^{<0}}{\underbrace{1-h}_{>0}} < 0 \quad \text{und} \quad f'(0-h) = \frac{\overbrace{2\ln(1+h)}^{>0}}{\underbrace{1+h}_{>0}} > 0$$

Schritt 4: f'(x) wechselt an der Stelle $x_1 = 0$ das Vorzeichen von + nach –, f besitzt daher bei $x_1 = 0$ ein relatives Maximum.

100. a) **Schritt 1:** Berechnen der 1. Ableitung von f(x)

$$f'(x) = \frac{(x^2+1) \cdot 2x - x^2 \cdot 2x}{(x^2+1)^2} = \frac{2x}{(x^2+1)^2}$$

Schritt 2: Berechnung der Nullstellen der 1. Ableitung

$$\frac{2x}{(x^2+1)^2} = 0 \;\Leftrightarrow\; x_0 = 0$$

Schritt 5: Berechnen der 2. Ableitung von f(x)

$$f''(x) = \frac{(x^2+1)^2 \cdot 2 - 2x \cdot 2(x^2+1) \cdot 2x}{(x^2+1)^4} = \frac{(x^2+1) \cdot 2 - 2x \cdot 2 \cdot 2x}{(x^2+1)^3}$$

$$= \frac{2x^2+2-8x^2}{(x^2+1)^3} = \frac{2-6x^2}{(x^2+1)^3}$$

Schritt 6: Wert und Vorzeichen der 2. Ableitung bei $x_0 = 0$

$$f''(0) = \frac{2-6 \cdot 0^2}{(0^2+1)^3} = 2 > 0$$

An der Stelle $x_0 = 0$ liegt ein relatives Minimum vor.

b) **Schritt 1:** $f'(x) = x \cdot 2(\ln x) \cdot \frac{1}{x} + (\ln x)^2 \cdot 1 = (\ln x)^2 + 2\ln x$
$= \ln x \cdot (\ln x + 2)$

Schritt 2: $f'(x) = 0 \Leftrightarrow \ln x \cdot (\ln x + 2) = 0 \Leftrightarrow \begin{cases} \ln x = 0 \Leftrightarrow x_1 = 1 \\ \ln x + 2 \Leftrightarrow x_2 = e^{-2} \end{cases}$

Schritt 5: $f''(x) = 2(\ln x) \cdot \frac{1}{x} + 2 \cdot \frac{1}{x} = \frac{2}{x}(1 + \ln x)$

Schritt 6: $f''(x_1) = \frac{2}{1} \cdot (1 + \ln 1) = 2 > 0$

$f''(x_2) = \frac{2}{e^{-2}} \cdot (1 + \ln e^{-2}) = 2e^2(1-2) = -2e^2 < 0$

An der Stelle $x_1 = 1$ liegt ein relatives Minimum vor, an der Stelle $x_2 = e^{-2}$ ein relatives Maximum.

Hinweise für den CAS-Einsatz:

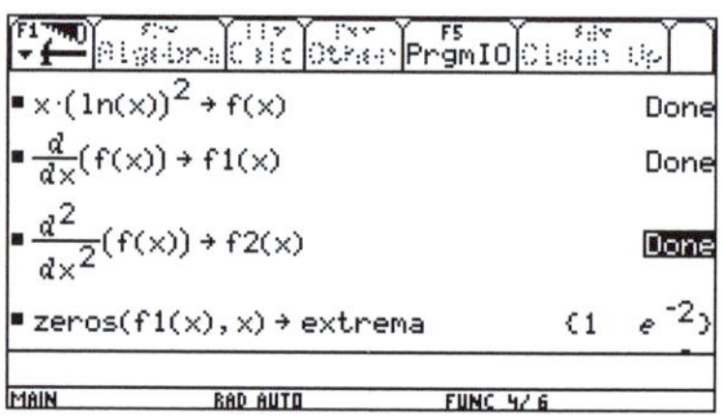

Die Terme der beiden Ableitungen werden hier unter f1(x) und f2(x) abgespeichert. Die Nullstellenberechnung der 1. Ableitung ergibt eine Liste mit zwei Werten. Dieser Liste wird der Name „extrema“ gegeben.

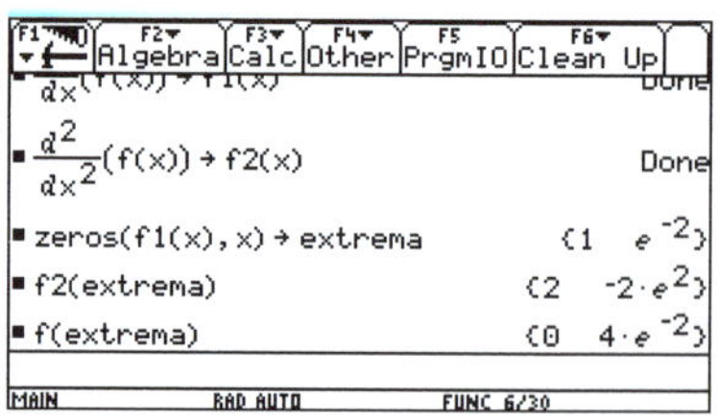

Die Liste der Extremstellen kann als Ganzes sowohl in die 2. Ableitung zur Überprüfung eines hinreichenden Kriteriums für Extrempunkte als auch in die Funktion f(x) zur Ermittlung der y-Koordinaten der Extrempunkte eingesetzt werden.

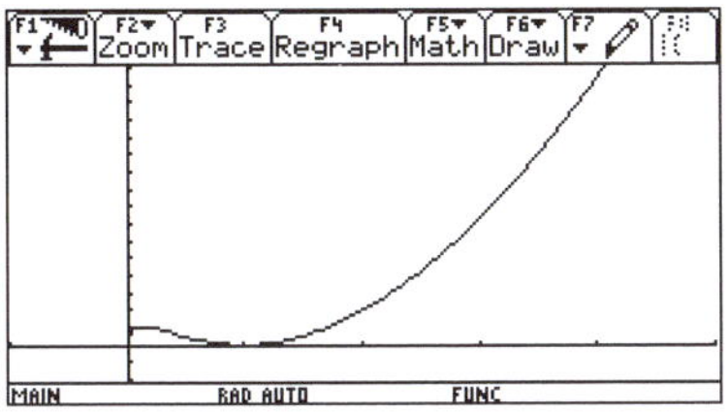

Mit der Tastenkombination [◆] und [WINDOW] können die Intervalle für die x- und die y-Achse verändert werden. Der erste Graph benutzt die Einstellungen: $x_{min} = -1$, $x_{max} = 5$, $y_{min} = -1$ und $y_{max} = 8$ Hierbei ist nicht zu erkennen, dass es bei $x = e^{-2}$ ein lokales Maximum geben soll.

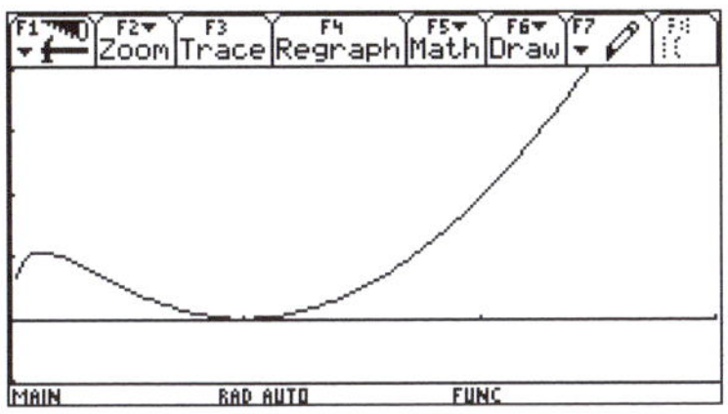

Erst eine feinere Auflösung des Graphen $x_{min} = 0$, $x_{max} = 5$, $y_{min} = -1$ und $y_{max} = 8$ lässt dieses Maximum deutlich werden.

101. a) **Schritt 1:** Berechnen der 1. Ableitung von f(x)

$$f'(x) = \frac{(e^x + 1) \cdot e^x - (e^x - 1) \cdot e^x}{(e^x + 1)^2} = \frac{2e^x}{(e^x + 1)^2}$$

f'(x) nimmt für kein reelles x den Wert null an, weil Zähler und Nenner für alle reellen x positiv sind. Daher besitzt f nach Satz 1 über die Extremstellen keine relativen Extrema.

b) **Schritt 1:** $f'(x) = \frac{1}{\frac{x}{x^2 - 1}} \cdot \frac{(x^2 - 1) \cdot 1 - x \cdot 2x}{(x^2 - 1)^2} = \frac{1}{x} \cdot \frac{-x^2 - 1}{x^2 - 1} = -\frac{x^2 + 1}{x(x^2 - 1)}$

$f'(x) \neq 0$ für $x \in \mathbb{D}_f$, weil der Zähler $x^2 + 1$ für alle reellen x positiv ist. Daher besitzt f nach Satz 1 keine relativen Extrema.

Hinweise für den CAS-Einsatz:

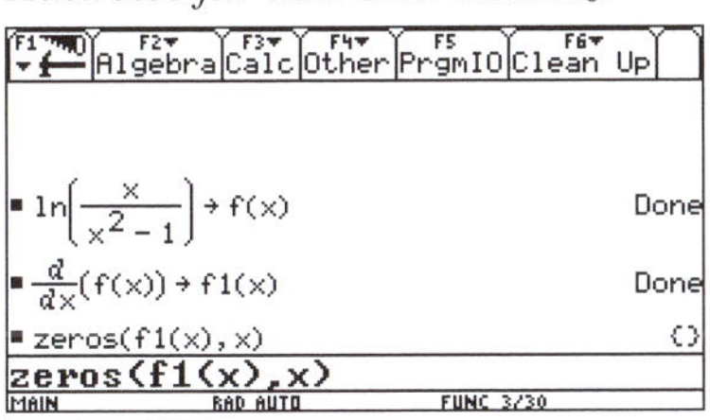

Der Rechner zeigt bei der Nullstellenberechnung der 1. Ableitung eine leere Menge als Ergebnis an.

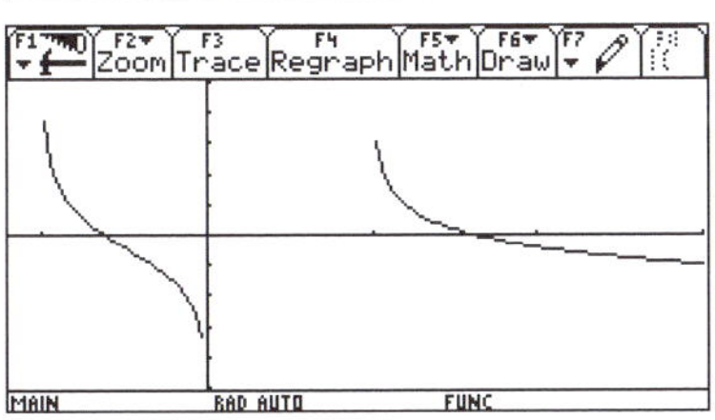

Auch der Graph der Funktion veranschaulicht, dass es keine lokalen Extrempunkte gibt. Allerdings ist zu beachten, dass das Auflösungsvermögen des Bildschirms recht gering ist, sodass die Graphen mit einem Anfangs- bzw. mit einem Endpunkt dargestellt werden; Punkte, die es nicht gibt.

c) **Schritt 1:** $f'(x) = \frac{1}{2\sqrt{xe^x}} \cdot (xe^x + e^x) = \frac{e^x(x+1)}{2\sqrt{xe^x}}$

$f'(x) \neq 0$ für $x \in \mathbb{D}_f$, weil der Zähler $e^x(x+1)$ für positive x stets positiv ist. Daher besitzt f nach Satz 1 keine relativen Extrema.

d) **Schritt 1:** $f'(x) = \frac{(x^2-4)\cdot 1 - x \cdot 2x}{(x^2-4)^2} = \frac{-x^2-4}{(x^2-4)^2} = -\frac{x^2+4}{(x^2-4)^2}$

$f'(x) \neq 0$ für $x \in \mathbb{D}_f$, weil der Zähler x^2+4 stets positiv ist. Daher besitzt f nach Satz 1 keine relativen Extrema.

102.
- Eine Funktion F mit $F'(x) = f(x)$ besitzt an der Stelle $x_0 = 1$ eine horizontale Tangente, weil $f(1) = 0$. Der einzige von den abgebildeten Graphen mit dieser Eigenschaft ist h(x). Also gilt $h'(x) = f(x)$.
- Eine Funktion G mit $G'(x) = g(x)$ besitzt an der Stelle $x_0 = 1$ ein relatives Minimum, weil g an der Stelle $x_0 = 1$ eine Nullstelle besitzt und das Vorzeichen von – nach + wechselt. Der einzige von den abgebildeten Graphen mit dieser Eigenschaft ist f(x). Also gilt $f'(x) = g(x)$.
- Eine Funktion J mit $J'(x) = j(x)$ besitzt an der Stelle $x_1 = 0$ ein relatives Minimum, weil j an der Stelle $x_1 = 0$ eine Nullstelle besitzt und das Vorzeichen von – nach + wechselt, und an der Stelle $x_2 = -2$ ein relatives Maximum, weil j an der Stelle $x_2 = -2$ eine Nullstelle besitzt und das Vorzeichen von + nach – wechselt. Der einzige von den abgebildeten Graphen mit dieser Eigenschaft ist i(x). Also gilt $i'(x) = j(x)$.

103. Eine zweimal differenzierbare Funktion f, die bei $x_0 = c$ eine doppelte Nullstelle besitzt, kann man in der Form $f(x) = (x-c)^2 \cdot g(x)$ darstellen. g ist dabei eine zweimal differenzierbare Funktion mit $g(c) \neq 0$. Für die erste und zweite Ableitung von f gilt dann nach der Produkt- und Kettenregel:

$$f'(x) = (x-c)^2 \cdot g'(x) + g(x) \cdot 2(x-c) = (x-c) \cdot \big((x-c) \cdot g'(x) + 2g(x)\big)$$

$$\begin{aligned} f''(x) &= (x-c)^2 \cdot g''(x) + g'(x) \cdot 2(x-c) + g(x) \cdot 2 + 2(x-c) \cdot g'(x) \\ &= (x-c)^2 \cdot g''(x) + 4g'(x) \cdot (x-c) + 2g(x) \end{aligned}$$

Wegen

$$f'(c) = \underbrace{(c-c)}_{=0} \cdot \big((c-c) \cdot g'(c) + 2g(c)\big) = 0 \text{ und}$$

$$f''(c) = \underbrace{(c-c)^2}_{=0} \cdot g''(c) + 4g'(c) \cdot \underbrace{(c-c)}_{=0} + 2g(c) = 2g(c) \neq 0$$

besitzt f bei c nach Satz 2 b über die Extremstellen ein relatives Extremum.

104. a) **Schritt 1:** Berechnen der 2. Ableitung von f(x)

$$f'(x) = \frac{e^{2x} \cdot 1 - (x+1) \cdot e^{2x} \cdot 2}{e^{4x}} = -\frac{2x+1}{e^{2x}}$$

$$f''(x) = -\frac{e^{2x} \cdot 2 - (2x+1) \cdot e^{2x} \cdot 2}{e^{4x}} = -\frac{2-(2x+1) \cdot 2}{e^{2x}} = \frac{4x}{e^{2x}}$$

Schritt 2: Berechnung der Nullstellen der 2. Ableitung

$$f''(x) = 0 \iff \frac{4x}{e^{2x}} = 0 \iff x = 0$$

f besitzt nach Satz 1 über die Wendestellen höchstens bei $x = 0$ eine Wendestelle.

Schritt 3: Da e^{2x} stets positiv ist, gilt:

$$f''(x) \gtrless 0 \iff \frac{4x}{e^{2x}} \gtrless 0 \iff 4x \gtrless 0 \iff x \gtrless 0$$

Schritt 4: f"(x) wechselt an der Stelle $x_0 = 0$ das Vorzeichen, x_0 ist daher nach Satz 2 a Wendestelle von f.
Wegen $f(0) = 1$ lauten die Koordinaten des Wendepunkts $W(0\,|\,1)$.

b) **Schritt 1:** Nach Beseitigung der Klammer mittels Distributivgesetz,

$$f_k(x) = 4e^{-x} \cdot (k - e^{-x}) = 4ke^{-x} - 4e^{-2x},$$

berechnen Sie die 2. Ableitung von f(x) mithilfe der Kettenregel:

$$f_k'(x) = 4ke^{-x} \cdot (-1) - 4e^{-2x} \cdot (-2) = -4ke^{-x} + 8e^{-2x}$$

$$f_k''(x) = -4ke^{-x} \cdot (-1) + 8e^{-2x} \cdot (-2) = 4ke^{-x} - 16e^{-2x} = 4e^{-x}(k - 4e^{-x})$$

Schritt 2: $f_k''(x) = 0 \iff 4e^{-x}(k - 4e^{-x}) = 0 \iff k - 4e^{-x} = 0$

$$\iff e^{-x} = \frac{k}{4} \iff x = -\ln\frac{k}{4} = \ln\frac{4}{k}$$

f besitzt nach Satz 1 über die Wendestellen höchstens bei $x = \ln\frac{4}{k}$ eine Wendestelle.

Schritt 3: Wegen $4e^{-x} > 0$ gilt:

$$f_k''(x) \gtrless 0 \iff k - 4e^{-x} \gtrless 0 \iff \frac{k}{4} \gtrless e^{-x} \iff \ln\frac{k}{4} \gtrless -x \iff x \gtrless \ln\frac{4}{k}$$

Schritt 4: f"(x) wechselt an der Stelle $x_0 = \ln\frac{4}{k}$ das Vorzeichen, x_0 ist daher nach Satz 2 a Wendestelle von f.

$$f_k(-\ln\tfrac{k}{4}) = 4ke^{\ln\frac{k}{4}} - 4e^{2\ln\frac{k}{4}} = \frac{4k \cdot k}{4} - 4\left(\frac{k}{4}\right)^2 = \frac{3k^2}{4} \Rightarrow W_k\left(\ln\frac{4}{k}\,\middle|\,\frac{3k^2}{4}\right)$$

Hinweise für den CAS-Einsatz:

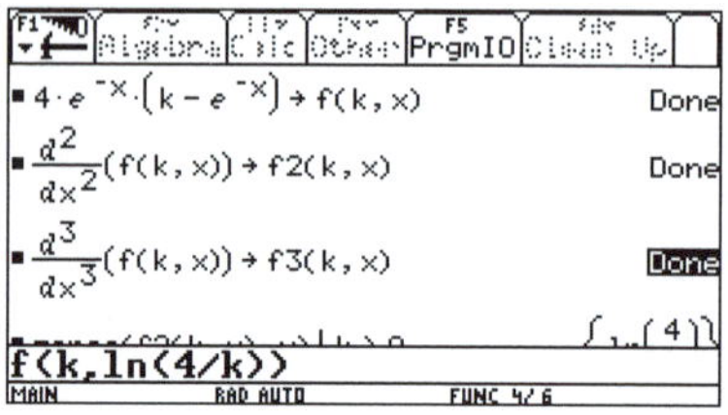

Zur Bestätigung einer hinreichenden Bedingung für Wendestellenwird die 3. Ableitung gebildet.

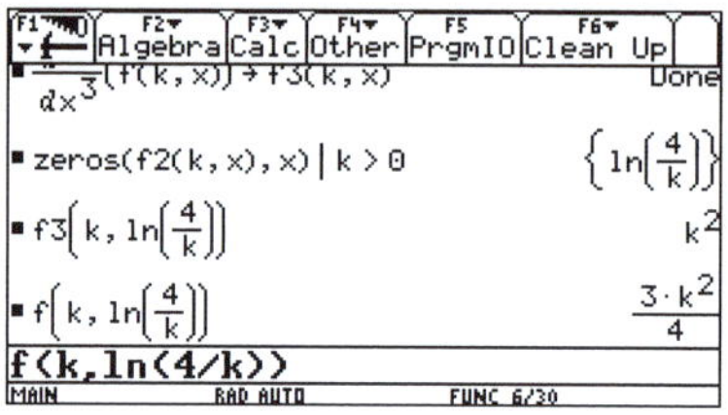

Laut Voraussetzung ist $k > 0$. Dies sollte bei der Ermittlung der Nullstellen der 2. Ableitung als zusätzliche Bedingung angegeben werden.

105. Sie müssen zunächst (in vier Schritten) die Koordinaten des Wendepunkts ermitteln, daraus die Gleichung der Tangente berechnen und schließlich deren Schnittpunkt mit der x-Achse bestimmen.

Schritt 1: $f'(x) = x \cdot e^{1-x} \cdot (-1) + e^{1-x} \cdot 1 = e^{1-x}(1-x)$

$f''(x) = e^{1-x} \cdot (-1) + (1-x) \cdot e^{1-x} \cdot (-1) = e^{1-x}(x-2)$

Schritt 2: $f''(x) = 0 \;\Leftrightarrow\; e^{1-x}(x-2) = 0 \;\Leftrightarrow\; x - 2 = 0 \;\Leftrightarrow\; x = 2$

f besitzt höchstens bei $x = 2$ eine Wendestelle.

Schritt 3: Wegen $e^{1-x} > 0$ gilt:

$f''(x) \gtrless 0 \;\Leftrightarrow\; x - 2 \gtrless 0 \;\Leftrightarrow\; x \gtrless 2$

Schritt 4: f''(x) wechselt an der Stelle $x_0 = 2$ das Vorzeichen, x_0 ist daher nach Satz 2 a Wendestelle von f.

Durch Einsetzen von $f(2) = 2e^{1-2} = 2e^{-1}$ und $f'(2) = e^{1-2}(1-2) = -e^{-1}$ in die Tangentenformel erhalten Sie die Gleichung der Wendetangente:

$t(x) = f'(x_0) \cdot (x - x_0) + f(x_0) = f'(2) \cdot (x-2) + f(2)$

$\quad = -e^{-1} \cdot (x-2) + 2e^{-1} = -e^{-1}(x-4)$

Wegen

$t(x) = 0 \;\Leftrightarrow\; -e^{-1}(x-4) = 0 \;\Leftrightarrow\; x - 4 = 0 \;\Leftrightarrow\; x = 4$

schneidet die Wendetangente die x-Achse im Punkt $(4\,|\,0)$.

Hinweise für den CAS-Einsatz:

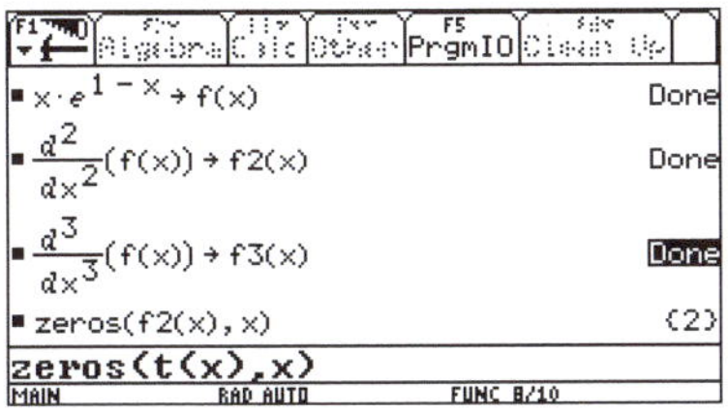

An der Stelle x = 2 ist die 2. Ableitung gleich null. Die 3. Ableitung ist ungleich null, sodass eine hinreichende Bedingung für eine Wendestelle bei x = 2 erfüllt ist.

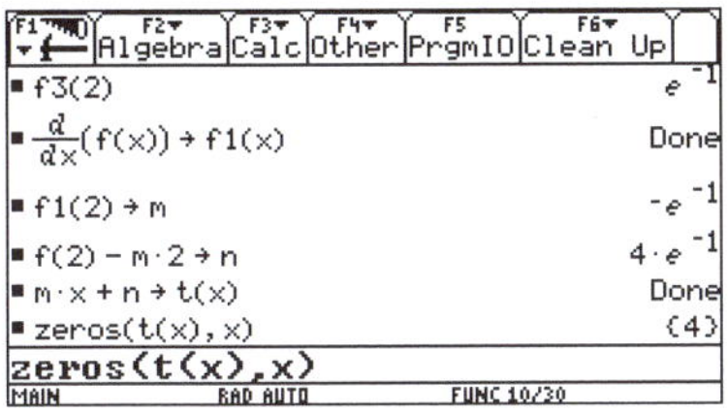

Die Tangentengleichung wird mithilfe der normalen Geradengleichung $t(x) = m \cdot x + n$ definiert, indem zunächst m und dann n berechnet werden. Die Nullstelle der Tangente ergibt die gesuchte Lösung.

106. Hier müssen Sie zeigen, dass die Steigungen der Scharkurven an den Wendestellen unabhängig vom Scharparameter k sind.

Schritt 1: $f_k'(x)=(x-k)\cdot e^{2-\frac{x}{k}}\cdot\left(-\frac{1}{k}\right)+e^{2-\frac{x}{k}}\cdot 1=e^{2-\frac{x}{k}}\left(-\frac{x}{k}+2\right)$

$$f_k''(x)=e^{2-\frac{x}{k}}\cdot\left(-\frac{1}{k}\right)+\left(-\frac{x}{k}+2\right)\cdot e^{2-\frac{x}{k}}\cdot\left(-\frac{1}{k}\right)=e^{2-\frac{x}{k}}\left(-\frac{3}{k}+\frac{x}{k^2}\right)$$

Schritt 2: $f_k''(x)=0 \;\Leftrightarrow\; e^{2-\frac{x}{k}}\left(-\frac{3}{k}+\frac{x}{k^2}\right)=0 \;\Leftrightarrow\; -\frac{3}{k}+\frac{x}{k^2}=0 \;\Leftrightarrow\; x=3k$

Schritt 3: Wegen $e^{2-\frac{x}{k}}>0$ und $k\in\mathbb{R}^+$ gilt:

$$f_k''(x) \gtrless 0 \;\Leftrightarrow\; -\frac{3}{k}+\frac{x}{k^2}\gtrless 0 \;\Leftrightarrow\; \frac{x}{k^2}\gtrless\frac{3}{k} \;\Leftrightarrow\; x\gtrless 3k$$

Schritt 4: f''(x) wechselt an der Stelle $x_0=3k$ das Vorzeichen, x_0 ist daher nach Satz 2 a Wendestelle von f_k.

Wegen $f_k'(3k)=e^{2-\frac{3k}{k}}\left(-\frac{3k}{k}+2\right)=-e^{-1}$ haben alle Wendetangenten die gleiche Steigung und verlaufen daher parallel.

Hinweise für den CAS-Einsatz:

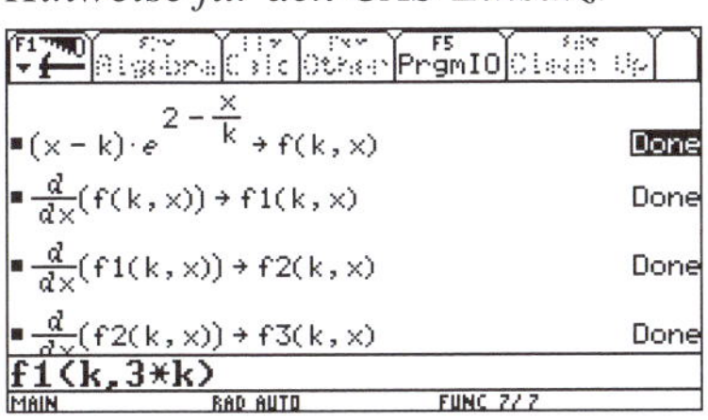

Durch das Berechnen der 3. Ableitung bei x = 3k wird bestätigt, dass sich dort eine Wendestelle befindet.

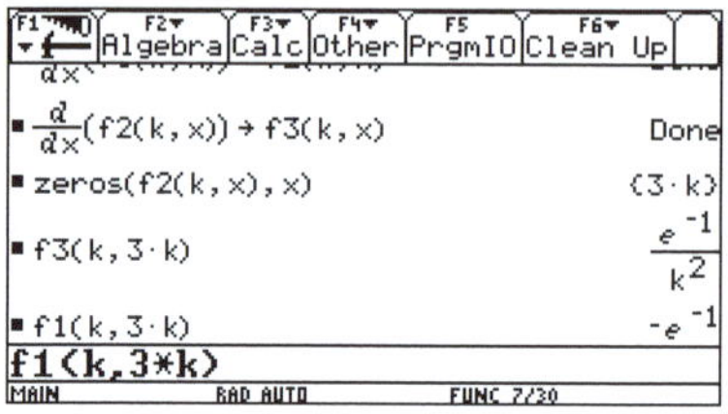

Da f1(k, 3k) unabhängig von k ist, haben die Wendetangenten alle die Steigung $-e^{-1}$.

107. Der Graph der Funktion f besitzt dort Wendepunkte, wo sich sein Krümmungsverhalten ändert. Da dieses wegen $f''(x) = (f')'(x)$ mit dem Steigungsverhalten von f' übereinstimmt, besitzt der Graph von f' also bei den Wendestellen von f relative Extrema. Der Skizze entnimmt man, dass f' bei

- $x_1 \approx -4{,}7$ vom Fallen ins Steigen,
- $x_2 \approx -1{,}3$ vom Steigen ins Fallen,
- $x_3 = 0$ vom Fallen ins Steigen

wechselt. Daher sind x_1, x_2, x_3 die Wendestellen von f.

108. Zunächst versuchen Sie im Ausschlussverfahren herauszufinden, welcher Graph f(x) ist.

- Annahme $c(x) = f(x)$: Dann wäre entweder $a(x) = f'(x)$ oder $b(x) = f'(x)$. Beides ist nicht möglich, weil weder a(x) noch b(x) bei $x_0 = -0{,}4$ eine Nullstelle aufweisen, obwohl c dort ein relatives Minimum besitzt.
  Die Annahme $c(x) = f(x)$ ist daher falsch.
- Annahme $b(x) = f(x)$: Dann wäre entweder $a(x) = f'(x)$ oder $c(x) = f'(x)$.
  - $a(x) = f'(x)$ ist nicht möglich, da a(x) an der Stelle $x_0 = -1{,}3$ keine Nullstelle besitzt, obwohl b(x) dort ein relatives Maximum aufweist.
  - $c(x) = f'(x)$ ist nicht möglich, weil dann $a(x) = f''(x)$ wäre und b(x) an der Stelle $x_0 = -0{,}4$ eine Wendestelle aufweist, obwohl a(x) dort keine Nullstelle besitzt.

  Die Annahme $b(x) = f(x)$ ist daher falsch.

Es bleibt nur noch $f(x) = a(x)$. Da $a'(x) \neq c(x)$, weil a(x) bei $x_0 = -1{,}3$ keine horizontale Tangente besitzt, obwohl c(x) dort eine Nullstelle aufweist, gilt $a'(x) = b(x)$ und somit: $f(x) = a(x)$, $f'(x) = b(x)$, $f''(x) = c(x)$.

109. Folgende Überlegungen führen zum rechts gezeigten Graphen von f':

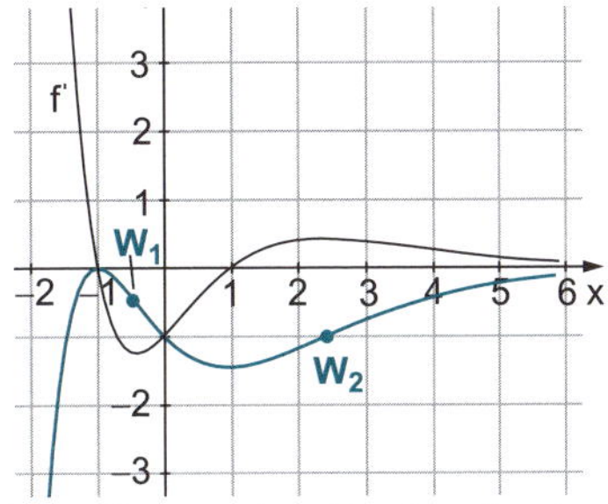

- Die Nullstellen von f'(x) liegen dort, wo G_f horizontale Tangenten besitzt, also bei $x_1 = -1$ und $x_2 = 1$.
- $G_{f'}$ verläuft dort unterhalb der x-Achse, wo G_f streng monoton fällt, und dort oberhalb der x-Achse, wo G_f streng monoton steigt.
- $G_{f'}$ weist dort ein relatives Minimum auf, wo G_f von einer Rechts- in eine Linkskrümmung übergeht.
- $G_{f'}$ weist dort ein relatives Maximum auf, wo G_f von einer Links- in eine Rechtskrümmung übergeht.
- Gemäß Aufgabenstellung liegen alle Schnittpunkte von G_f und $G_{f'}$ auf den Koordinatenachsen, also bei $(-1\,|\,0)$ und $(0\,|\,-1)$.

110. Alle Aussagen sind falsch.

a) Die Funktion
$f(x) = x^3;\ x \in \mathbb{R}$
ist zweimal differenzierbar, weist bei $x_0 = 0$ eine Wendestelle auf, besitzt aber kein relatives Extremum.

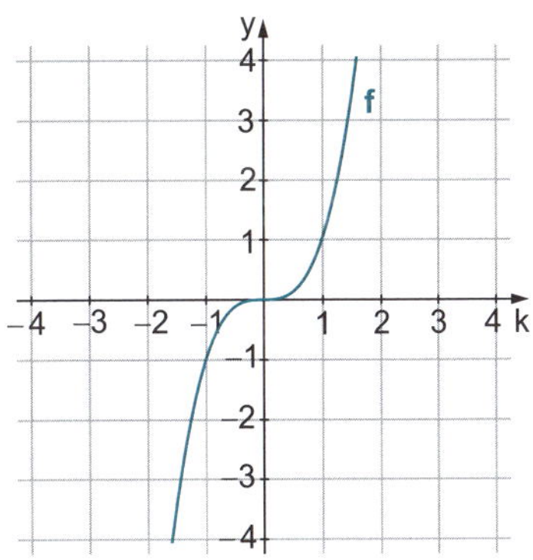

b) Die Funktion
$f(x) = \frac{1}{x};\ x \in \mathbb{R} \setminus \{0\}$
ist zweimal differenzierbar, auf $\mathbb{R}^+$ links- und auf $\mathbb{R}^-$ rechtsgekrümmt, besitzt aber in ihrer Definitionsmenge $\mathbb{R} \setminus \{0\}$ keine Wendestelle.

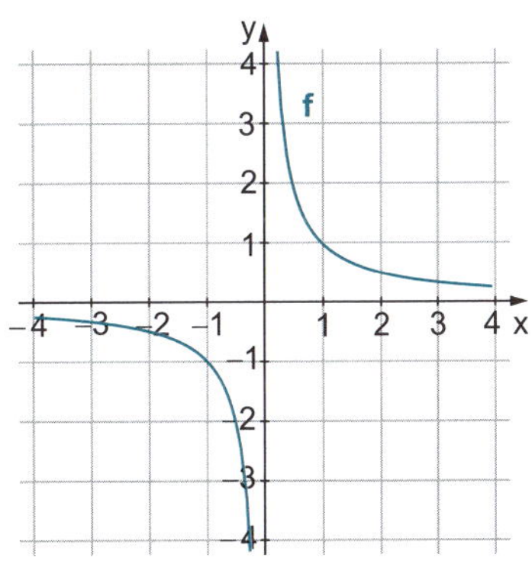

c) Die Funktion
$f(x)=e^x;\ x \in \mathbb{R}$
ist auf $\mathbb{R}$ linksgekrümmt, ohne ein relatives Minimum zu besitzen.

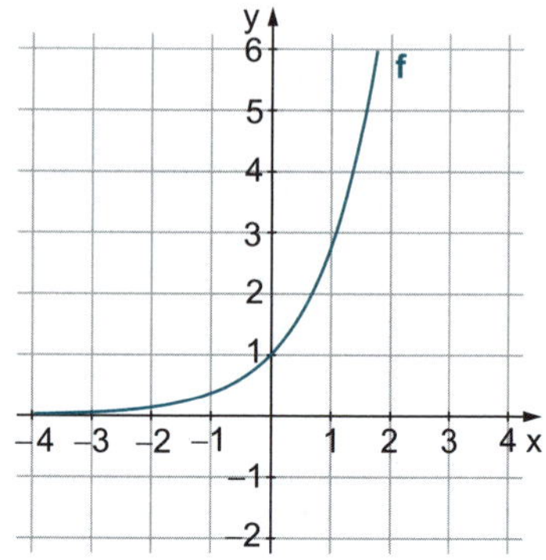

111. Da f auf $\mathbb{D}_{f,\,max}$ stetig ist, gilt:
- $W_f =]-1; +1[$
- Die Funktion ist beschränkt.
- -1 ist Infimum, aber nicht Minimum; $+1$ ist Supremum, aber nicht Maximum.

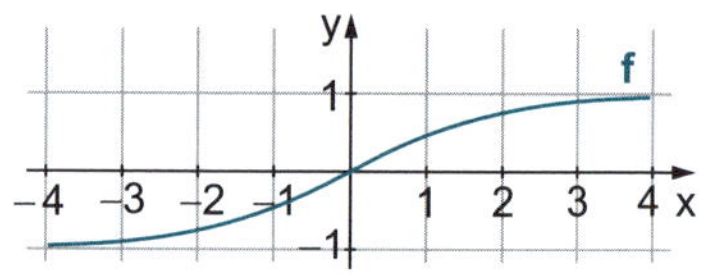

112. Da f auf $\mathbb{D}_{f,\,max}$ stetig ist, gilt:
- $W_f = \mathbb{R}$
- Die Funktion ist weder nach unten noch nach oben beschränkt.

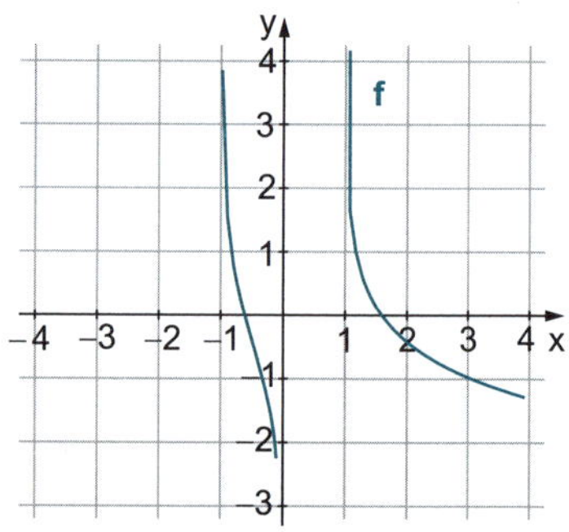

113. Da f auf $\mathbb{D}_{f,\,max}$ stetig ist, gilt:
- $W_f = \mathbb{R}$
- Die Funktion ist weder nach unten noch nach oben beschränkt.

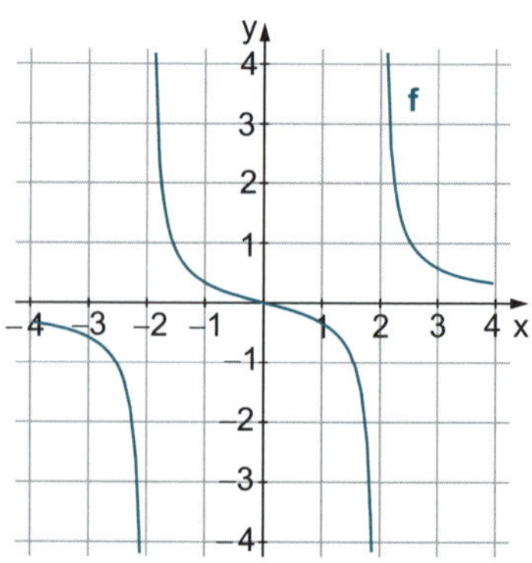

114. Da f auf $\mathbb{D}_{f,\,max}$ stetig ist, gilt:

- $W_f =]-\infty; e^{-1}]$
- Die Funktion ist nur nach oben beschränkt.
- e^{-1} ist Supremum und absolutes Maximum.

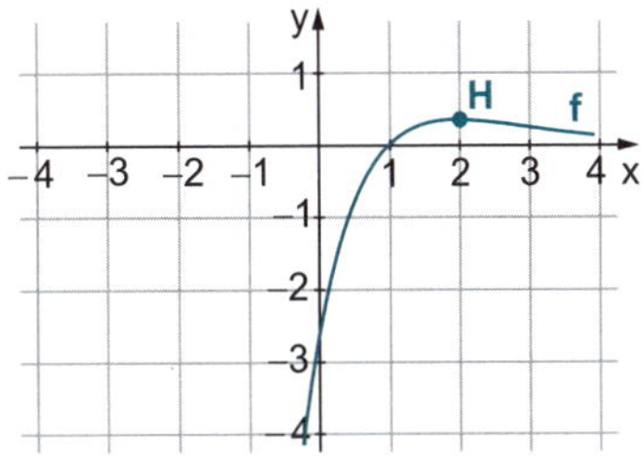

115. Da f auf $\mathbb{D}_{f,\,max}$ stetig ist, gilt:

- $W_f = [0; 1[$
- Die Funktion ist beschränkt.
- 0 ist Infimum und Minimum;
  1 ist Supremum, aber nicht Maximum.

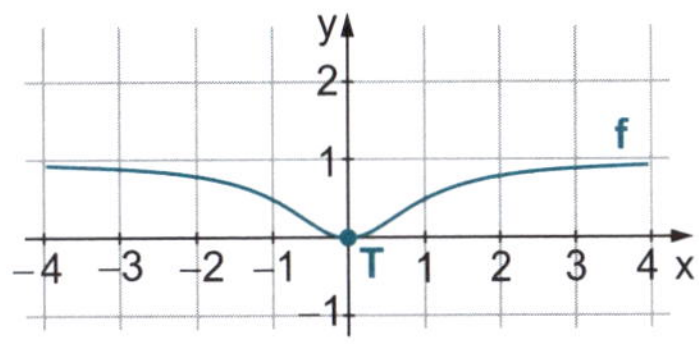

116. Koordinatengleichungen der Minima:

(1) $x = -\frac{3}{2}k$

(2) $y = \frac{3}{4}k^2$

Auflösen von (1) nach k ergibt:

$k = -\frac{2}{3}x$

Einsetzen in (2) führt auf die Gleichung der Ortskurve:

$y = \frac{3}{4}\left(-\frac{2}{3}x\right)^2 = \frac{1}{3}x^2$

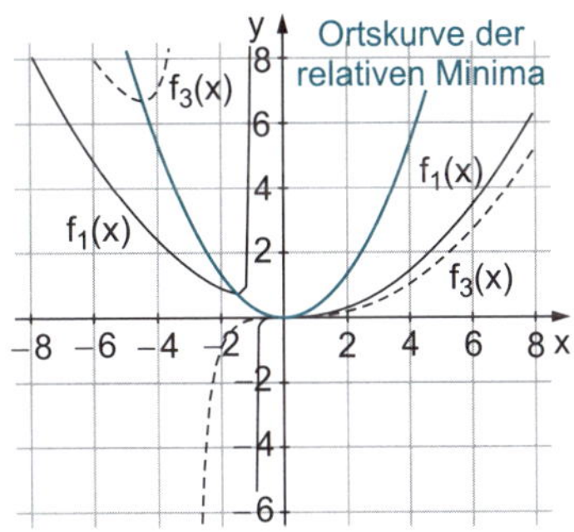

117. Koordinatengleichungen der Maxima:

(1) $x = \ln k$

(2) $y = \frac{1}{4k}$

Aus Gleichung (1) folgt durch Delogarithmieren $k = e^x$ und nach Einsetzen in (2) die Gleichung der Ortskurve:

$y = \frac{1}{4e^x}$

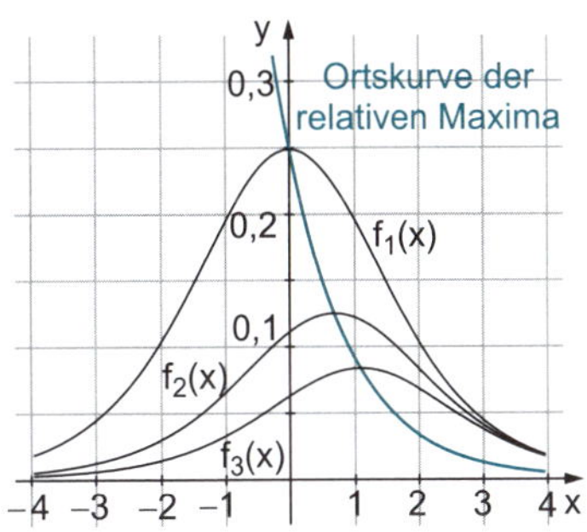

118. Koordinatengleichungen der Extrema:

(1) $x = -\sqrt{k+4} - 2$ bzw.

$x = \sqrt{k+4} - 2$

(2) $y = -2\sqrt{k+4} - 4$ bzw.

$y = 2\sqrt{k+4} - 4$

Sie können die Gleichungen (1) sofort in die zugehörigen Gleichungen (2) einsetzen und erhalten die Gleichung der Ortskurve der relativen Maxima und Minima: $y = 2x$

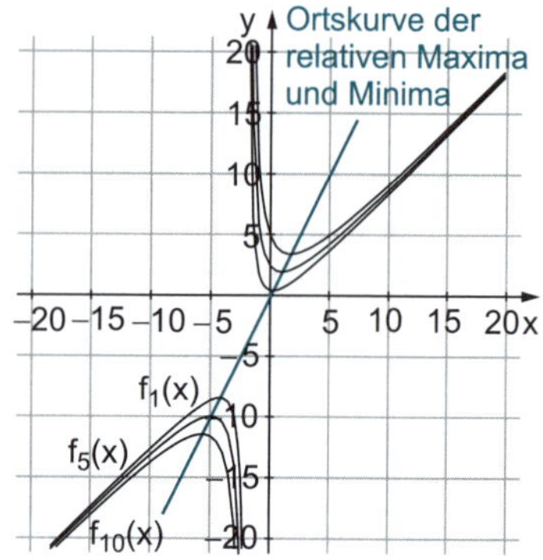

119. Koordinatengleichungen der Wendepunkte:

(1) $x = \ln\sqrt{k}$

(2) $y = \frac{1}{\sqrt{k}}$

Aus Gleichung (1) folgt durch Delogarithmieren:

$\sqrt{k} = e^x$

Einsetzen in Gleichung (2) führt auf die Gleichung der Ortskurve:

$y = \frac{1}{e^x} = e^{-x}$

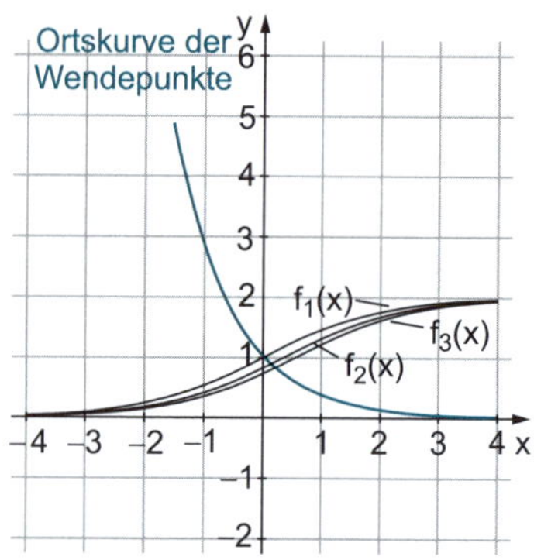

Hinweise für den CAS-Einsatz:

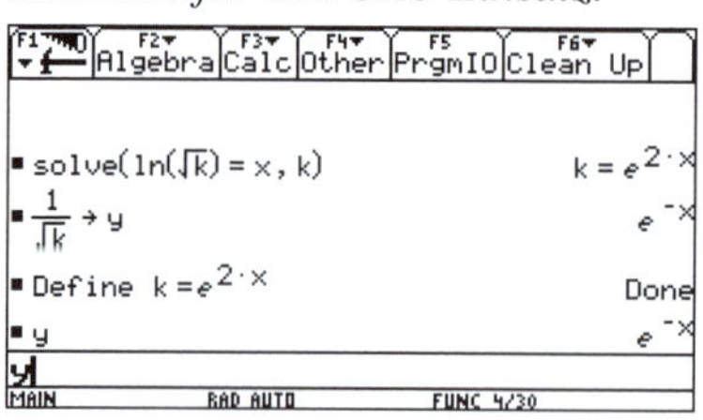

Durch den Befehl **solve** wird die Gleichung $\ln(\sqrt{k}) = x$ nach k aufgelöst. Da das Ergebnis selbst wieder eine Gleichung ist, hilft der Befehl **define**, um den Parameter k zu definieren. Solange das Ergebnis markiert ist, kann man es mit ENTER in die Eingabezeile kopieren. Der anschließende Aufruf von y zeigt den Term der Ortskurve an.

120. Koordinatengleichungen der Wendepunkte:

(1) $x = e^{\frac{k+1}{k}}$

(2) $y = k^2$

Wenn Sie beide Seiten von Gleichung (1) logarithmieren und dann nach k auflösen, erhalten Sie:

$$\ln x = \frac{k+1}{k} \iff k \ln x = k+1$$

$$\iff k \ln x - k = 1 \iff k(\ln x - 1) = 1$$

$$\iff k = \frac{1}{\ln x - 1}$$

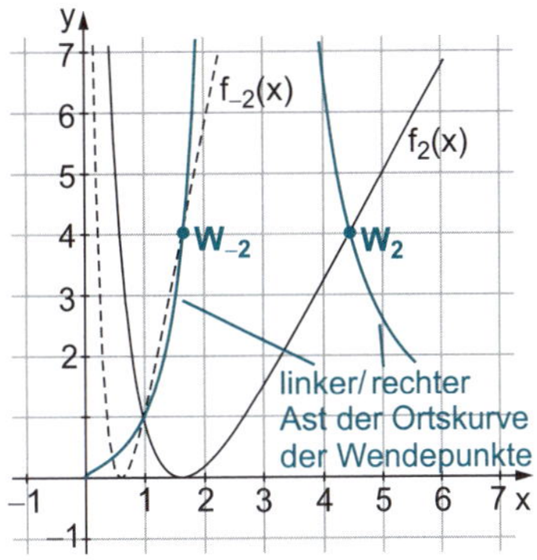

Einsetzen in Gleichung (2) führt auf die Gleichung der Ortskurve:

$$y = \left(\frac{1}{\ln x - 1}\right)^2$$

Die Ortskurve besteht aufgrund der Polstelle bei $x = e$ aus zwei Ästen. Für positives k liegt der Wendepunkt auf dem rechten Ast, weil dann

$$x = e^{\frac{k+1}{k}} = e^{1+\frac{1}{k}} > e,$$

für negatives k entsprechend auf dem linken Ast.

121. a) **Umkehrbarkeit:**

$f'(x) = \frac{(e^x + e)e^x - (e^x - e)e^x}{(e^x + e)^2}$ $= \frac{2e \cdot e^x}{(e^x + e)^2} = \frac{2e^{x+1}}{(e^x + e)^2}$	1. Ableitung von f mit Quotientenregel
$\Rightarrow f'(x) > 0$ für $x \in \mathbb{D}_f$	Der Nenner als Quadrat und der Zähler $2e^{x+1}$ sind für alle x aus $\mathbb{R}$ positiv.
$\Rightarrow$ f umkehrbar	Regel b

Gleichung der Umkehrfunktion:

$y = \frac{e^x - e}{e^x + e}$	Auflösen nach x
$ye^x + ye = e^x - e$	Multiplikation mit dem Nenner
$ye^x - e^x = -ye - e$	Terme mit x auf eine Seite
$e^x(y-1) = -e(y+1)$	Ausklammern
$e^x = \frac{-e(y+1)}{y-1}$	Division durch y – 1
$e^x = \frac{1+y}{1-y} \cdot e$	

$$x = \ln\left(\frac{1+y}{1-y}\cdot e\right) = \ln\frac{1+y}{1-y} + \ln e = \ln\frac{1+y}{1-y} + 1$$ Definition des ln

$$f^{-1}(x) = \ln\frac{1+x}{1-x} + 1$$

Tausch der Variablen

Hinweis: $\mathbb{D}_{f^{-1}} = W_f =]-1;1[$

b) **Umkehrbarkeit:**

$$f(x) = \ln\sqrt{\frac{1-x}{1+x}} = \ln\frac{\sqrt{1-x}}{\sqrt{1+x}}$$
$$= \ln\sqrt{1-x} - \ln\sqrt{1+x}$$
$$= \ln(1-x)^{\frac{1}{2}} - \ln(1+x)^{\frac{1}{2}}$$
$$= \frac{1}{2}(\ln(1-x) - \ln(1+x))$$

Um den Rechenaufwand zu reduzieren, wird der Funktionsterm zunächst umgeformt und dann mithilfe der Kettenregel abgeleitet.

$$f'(x) = \frac{1}{2}\left(\frac{-1}{1-x} - \frac{1}{1+x}\right)$$
$$= \frac{1}{2}\cdot\frac{-(1+x)-(1-x)}{(1-x)(1+x)}$$
$$= \frac{1}{2}\cdot\frac{-2}{(1-x)(1+x)}$$
$$= \frac{1}{(x-1)(x+1)}$$

$$\Rightarrow f'(x) < 0 \text{ für } x \in \mathbb{D}_f$$

Für x aus $]-1;1[$ sind $(x-1)$ negativ, $(x+1)$ positiv und daher $(x-1)(x+1)$ negativ.

$\Rightarrow$ f umkehrbar

Regel b

Hinweise für den CAS-Einsatz:

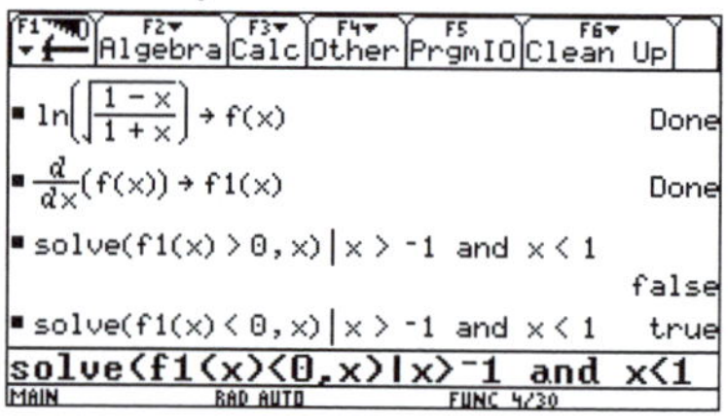

Der Befehl **solve** mit der zusätzlichen Einschränkung für x auf den Definitionsbereich bestätigt durch „true“, dass $f'(x) < 0$ für $x \in \mathbb{D}_f$ gilt.

Gleichung der Umkehrfunktion:

$$y = \ln\sqrt{\frac{1-x}{1+x}}$$ Auflösen nach x:

$$e^y = \sqrt{\frac{1-x}{1+x}}$$ Delogarithmieren

$$e^{2y} = \frac{1-x}{1+x}$$ Quadrieren

$$e^{2y}(1+x) = 1-x$$ Multiplikation mit $1+x$

$$e^{2y} + e^{2y} \cdot x = 1 - x$$

Ausmultiplizieren

$$e^{2y} \cdot x + x = 1 - e^{2y}$$

Terme mit x auf eine Seite

$$x(e^{2y} + 1) = 1 - e^{2y}$$

x ausklammern

$$x = \frac{1 - e^{2y}}{1 + e^{2y}}$$

Division durch den Klammerausdruck

$$f^{-1}(x) = \frac{1 - e^{2x}}{1 + e^{2x}}$$

Tausch der Variablen

Hinweise für den CAS-Einsatz:

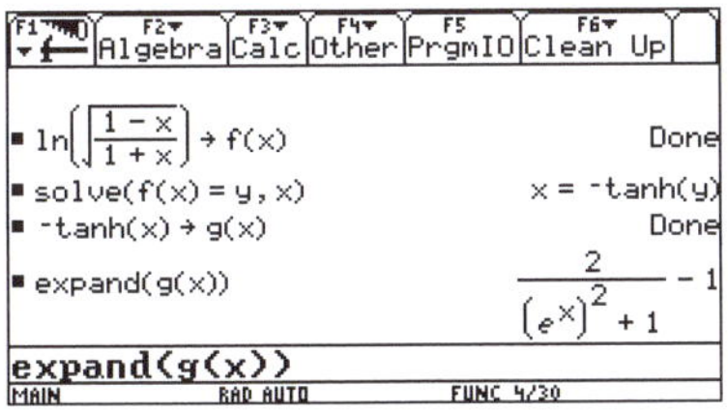

Der CAS-Rechner ermittelt als Term der Umkehrfunktion –tanh(x). Dieser Funktionsterm wird unter g(x) gespeichert.

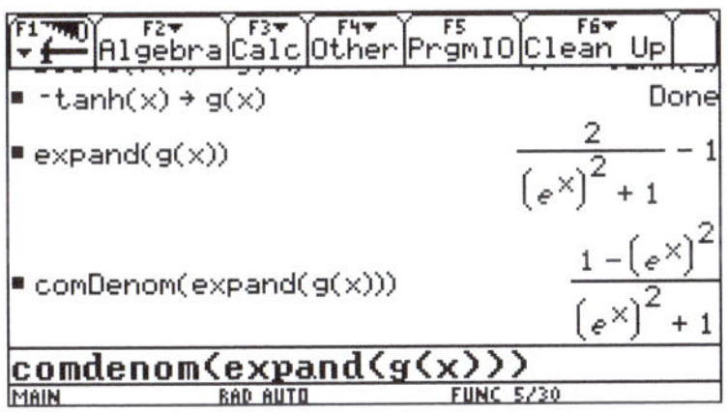

Der Befehl **expand**, besser noch die zusätzliche Anwendung des Befehls **comDenom**, lässt erkennen, dass die schriftliche Lösung zum Term des CAS-Rechners äquivalent ist.

c) **Umkehrbarkeit:**

$$f_k'(x) = \frac{1}{\frac{x}{4 - kx}} \cdot \frac{(4 - kx) \cdot 1 - x \cdot (-k)}{(4 - kx)^2}$$
$$= \frac{4 - kx}{x} \cdot \frac{4 - kx + xk}{(4 - kx)^2}$$
$$= \frac{1}{x} \cdot \frac{4}{4 - kx} = \frac{4}{x(4 - kx)}$$

1. Ableitung von f_k mit Quotientenregel

$$\Rightarrow f_k^{-1}(x) > 0 \text{ für } x \in \mathbb{D}_f$$

Für x aus $]0; \frac{4}{k}[$ mit $k \in \mathbb{R}^+$ sind die Nennerfaktoren x und $4 - kx$ positiv.

$$\Rightarrow f_k \text{ umkehrbar}$$

Regel b

Gleichung der Umkehrfunktion:

$y = \ln \frac{x}{4-kx}$	Auflösen nach x:
$e^y = \frac{x}{4-kx}$	Delogarithmieren
$e^y(4-kx) = x$	Multiplikation mit $4-kx$
$4e^y - kxe^y = x$	Ausmultiplizieren
$-x - kxe^y = -4e^y$	Terme mit x auf eine Seite
$-x(1+ke^y) = -4e^y$	$-x$ ausklammern
$x = \frac{4e^y}{1+ke^y}$	Division durch den Klammerausdruck und durch (–1)
$f_k^{-1}(x) = \frac{4e^x}{ke^x+1}$	Tausch der Variablen

d) **Umkehrbarkeit:**

$f_k'(x) = \frac{-1}{k-e^{-x}} \cdot (-e^{-x}) \cdot (-1)$	1. Ableitung von f_k mit Kettenregel
$= \frac{e^{-x}}{e^{-x}-k} = \frac{1}{1-ke^x}$	Erweitern mit e^x
$\Rightarrow f_k'(x) < 0$ für $x \in \mathbb{D}_f$	Für x aus $]-\ln k; +\infty[$ mit $k \in \mathbb{R}^+$ ist der Nenner $1-ke^x$ negativ.
$\Rightarrow f_k$ umkehrbar	Regel b

Gleichung der Umkehrfunktion:

$y = -\ln(k - e^{-x})$	Auflösen nach x:
$-y = \ln(k - e^{-x})$	Multiplikation mit –1
$e^{-y} = k - e^{-x}$	Delogarithmieren
$e^{-x} = k - e^{-y}$	Term mit x isolieren
$-x = \ln(k - e^{-y})$	Logarithmieren
$x = -\ln(k - e^{-y})$	Multiplikation mit –1
$f_k^{-1}(x) = -\ln(k - e^{-x})$	Tausch der Variablen

$f_k(x)$ und $f_k^{-1}(x)$ stimmen also überein, die zugehörigen Graphen sind symmetrisch zur Winkelhalbierenden $y = x$.

122. a) **Definitionsmenge, auf der f umkehrbar:**

$$f'(x) = \frac{1}{\frac{2}{2-x^2}} \cdot \frac{(2-x^2)\cdot 0 - 2\cdot(-2x)}{(2-x^2)^2}$$

$$= \frac{4x}{2\cdot(2-x^2)} = \frac{2x}{2-x^2}$$

1. Ableitung von f mit Kettenregel

$$\Rightarrow \; f'(x) < 0 \text{ für } x \in \left]-\sqrt{2}; 0\right[=: \mathbb{D}_{f_1}$$

$$f'(x) > 0 \text{ für } x \in \left]0; \sqrt{2}\right[=: \mathbb{D}_{f_2}$$

Da für $x \in \left]-\sqrt{2}; \sqrt{2}\right[$ der Nenner $2 - x^2$ positiv ist, hängt das Vorzeichen der 1. Ableitung nur vom Zähler 2x ab. Dieser ist negativ für $x \in \left]-\sqrt{2}; 0\right[$ und positiv für $x \in \left]0; \sqrt{2}\right[$.

Gleichung der Umkehrfunktion:

$$f_1(x) := \ln\frac{2}{2-x^2};\; x \in \mathbb{D}_{f_1}$$

$$f_2(x) := \ln\frac{2}{2-x^2};\; x \in \mathbb{D}_{f_2}$$

Umkehrbare Einschränkungen von f nach Regel b

$$y = \ln\frac{2}{2-x^2}$$

Auflösen nach x

$$e^y = \frac{2}{2-x^2}$$

$$2e^y - x^2e^y = 2$$

$$x^2e^y = 2e^y - 2$$

$$x^2 = 2 - 2e^{-y} \Rightarrow x_{\pm} = \pm\sqrt{2-2e^{-y}}$$

$$f_+^{-1}(x) = +\sqrt{2-2e^{-x}};\; f_-^{-1}(x) = -\sqrt{2-2e^{-x}}$$

Tausch der Variablen

Die Wertemenge der zu f_1 gehörenden Umkehrfunktion ist $\left]-\sqrt{2}; 0\right[$. Der zugehörige Funktionsterm muss also $f_-^{-1}(x)$ sein, da dieser nur negative Werte annimmt. Entsprechend gehört zu f_2 die Umkehrfunktion $f_+^{-1}(x)$, weil diese nur positive Werte annimmt.

Hinweise für den CAS-Einsatz:

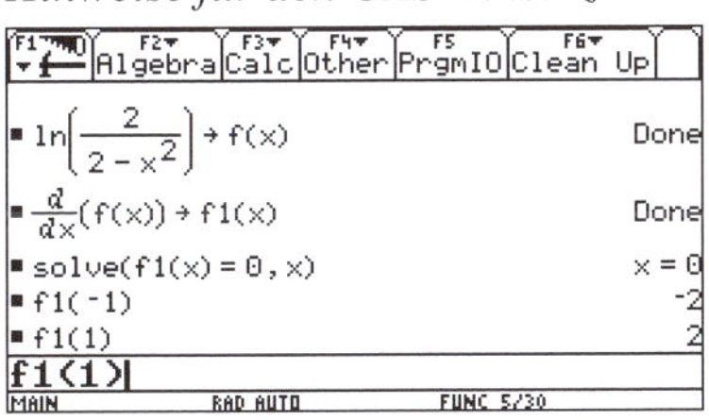

Da bei x = 0 die einzige Nullstelle der 1. Ableitung vorliegt, wird an beiden Stellen $x_1 = -1$ und $x = 1$ stichprobenartig das Steigungsverhalten der Funktion überprüft. Aufgrund der Stetigkeit der Funktion in den Intervallen $\left]-\sqrt{2}; 0\right[$ und $\left]0; \sqrt{2}\right[$ reichen diese beiden Stichproben aus, um die Aussage treffen zu können, dass die Funktion wegen $f'(-1) = -2$ im Intervall $\left]-\sqrt{2}; 0\right[$ streng monoton fällt und wegen $f'(1) = 2$ im Intervall $\left]0; \sqrt{2}\right[$ streng monoton steigt.

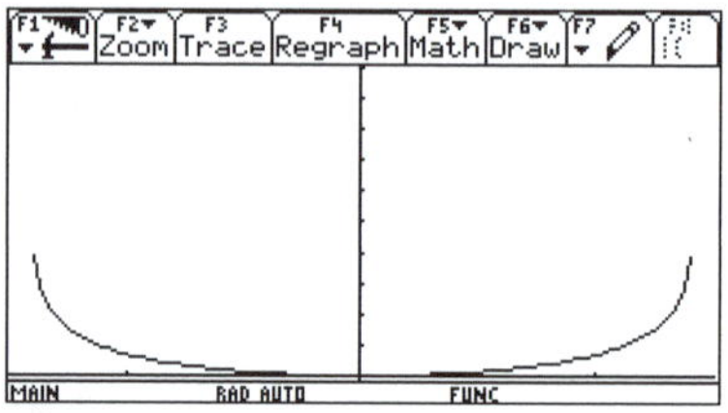

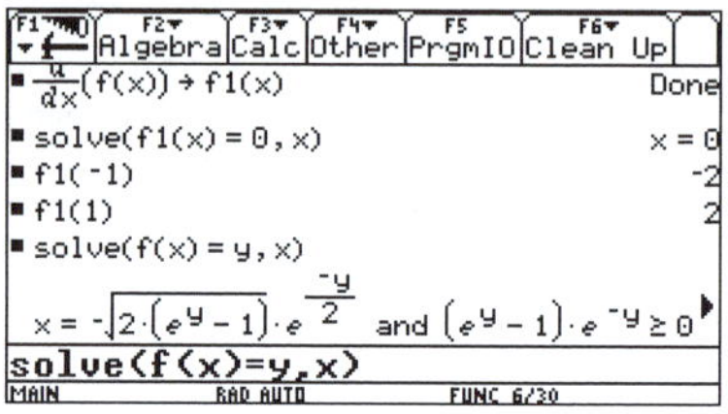

Der Graph der Funktion kann durch den Befehl **graph(f(x))** angezeigt werden. Alternativ kann mit der Tastenkombination [◆] und [Y=] der Editor zur Definition der Funktionsgraphen aufgerufen werden. Wird $y1 = f(x)$ festgelegt, so wird durch [◆] und [GRAPH] der Graph der Funktion gezeichnet.

In dem Bild ist beim Ergebnis ein kleiner Pfeil nach rechts zu sehen. Verfolgt man diesen Pfeil, so findet man auch die zweite Lösung $x = \sqrt{2(e^y - 1)} \cdot e^{\frac{-y}{2}}$. Nach dem Variablentausch ergeben die beiden Lösungen die Funktionsterme der beiden Funktionen $f_+^{-1}(x)$ und $f_-^{-1}(x)$.

b) **Definitionsmenge, auf der f umkehrbar:**

$$f'(x) = \frac{(1+x^2)\cdot 8x - (4x^2+2)\cdot 2x}{(1+x^2)^2}$$

$$= \frac{8x + 8x^3 - 8x^3 - 4x}{(1+x^2)^2} = \frac{4x}{(1+x^2)^2}$$

1. Ableitung von f mit Quotientenregel

$$\Rightarrow f'(x) < 0 \text{ für } x < 0$$
$$f'(x) > 0 \text{ für } x > 0$$

Da der Nenner als Quadrat für alle x positiv ist, stimmt das Vorzeichen der 1. Ableitung mit dem des Zählers 4x überein. Dieser ist für $x \in \mathbb{R}^-$ negativ und für $x \in \mathbb{R}^+$ positiv.

Gleichung der Umkehrfunktion:

$$f_1(x) := \frac{4x^2+2}{1+x^2};\ x \in \mathbb{R}^-$$

$$f_2(x) := \frac{4x^2+2}{1+x^2};\ x \in \mathbb{R}^+$$

Umkehrbare Einschränkungen von f nach Regel b

$$y = \frac{4x^2+2}{1+x^2}$$

Auflösen nach x

$$y + yx^2 = 4x^2 + 2$$

$$yx^2 - 4x^2 = 2 - y$$

$$x^2 = \frac{2-y}{y-4} \Rightarrow x_\pm = \pm\sqrt{\frac{2-y}{y-4}}$$

$$f_+^{-1}(x) = +\sqrt{\frac{2-x}{x-4}};\quad f_-^{-1}(x) = -\sqrt{\frac{2-x}{x-4}}$$

Tausch der Variablen

Die Wertemenge der zu f_1 gehörenden Umkehrfunktion ist $\mathbb{R}^-$. Der zugehörige Funktionsterm muss also $f_-^{-1}(x)$ sein, da dieser nur negative Werte annimmt. Entsprechend gehört zu f_2 die Umkehrfunktion $f_+^{-1}(x)$, weil diese nur positive Werte annimmt.

c) **Definitionsmenge, auf der f umkehrbar:**

$f'(x) = \frac{e^{x^2}}{4} \cdot 2x = \frac{1}{2} x e^{x^2}$ — 1. Ableitung von f mit Kettenregel

$\Rightarrow f'(x) < 0$ für $x < 0$
$f'(x) > 0$ für $x > 0$

Da $\frac{1}{2} e^{x^2}$ für alle x positiv ist, stimmt das Vorzeichen der 1. Ableitung mit dem des Faktors x überein. Dieser ist für $x \in \mathbb{R}^-$ negativ und für $x \in \mathbb{R}^+$ positiv.

Gleichung der Umkehrfunktion:

$f_1(x) := \frac{1}{4} e^{x^2};\ x \in \mathbb{R}^+$ — Umkehrbare Einschränkungen von f nach Regel b

$f_2(x) := \frac{1}{4} e^{x^2};\ x \in \mathbb{R}^-$

$y = \frac{1}{4} e^{x^2} \Leftrightarrow e^{x^2} = 4y$ — Auflösen nach x

$\Leftrightarrow x^2 = \ln(4y) \Leftrightarrow x_\pm = \pm\sqrt{\ln(4y)}$

$f_+^{-1}(x) = +\sqrt{\ln(4x)}$ — Tausch der Variablen

$f_-^{-1}(x) = -\sqrt{\ln(4x)}$

Die Wertemenge der zu f_1 gehörenden Umkehrfunktion ist $\mathbb{R}^+$. Der zugehörige Funktionsterm muss also $f_+^{-1}(x)$ sein, da dieser nur positive Werte annimmt. Entsprechend gehört zu f_2 die Umkehrfunktion $f_-^{-1}(x)$, weil diese nur negative Werte annimmt.

123. Der Lösungsansatz für alle drei Teilaufgaben ist durch den Satz über die Ableitung der Umkehrfunktion gegeben. Wegen $x_0 = f(a)$ benötigen Sie jeweils den Wert a, bei Teilaufgabe a ist er im Hinweis genannt, bei b und c müssen Sie ihn sich selbst erschließen.

a) $\left(f^{-1}\right)'\left(\frac{13}{3}\right) = \frac{1}{f'\left(f^{-1}\left(\frac{13}{3}\right)\right)} \quad (*)$ — Satz über die Ableitung der Umkehrfunktion

$f(1) = 2\sqrt{1} + \frac{13}{3} + 2 = \frac{13}{3}$ — Argument von f' in (*): Auswerten des Hinweises

$\Rightarrow f^{-1}\left(\frac{13}{3}\right) = 1$

$f'(x) = \frac{1}{\sqrt{x}} + x^2 \Rightarrow f'(1) = \frac{1}{\sqrt{1}} + 1^2 = 2$ — Berechnung des Nenners in (*)

$\Rightarrow \left(f^{-1}\right)'\left(\frac{13}{3}\right) = \frac{1}{f'(1)} = \frac{1}{2}$ — Einsetzen in (*)

b) $\left(f^{-1}\right)'(2\pi) = \frac{1}{f'\left(f^{-1}(2\pi)\right)} \quad (**)$ — Satz über die Ableitung der Umkehrfunktion

$f(\pi) = 2\pi + \sin(2\pi) = 2\pi$ — Argument von f' in (**) durch Probieren

$\Rightarrow f^{-1}(2\pi) = \pi$

$$f'(x) = 2 + 2\cos(2x)$$ Berechnung des Nenners in (**)

$$\Rightarrow f'(\pi) = 2 + 2\cos(2\pi) = 4$$

$$\Rightarrow \left(f^{-1}\right)'(2\pi) = \frac{1}{f'(\pi)} = \frac{1}{4}$$ Einsetzen in (**)

Hinweise für den CAS-Einsatz:

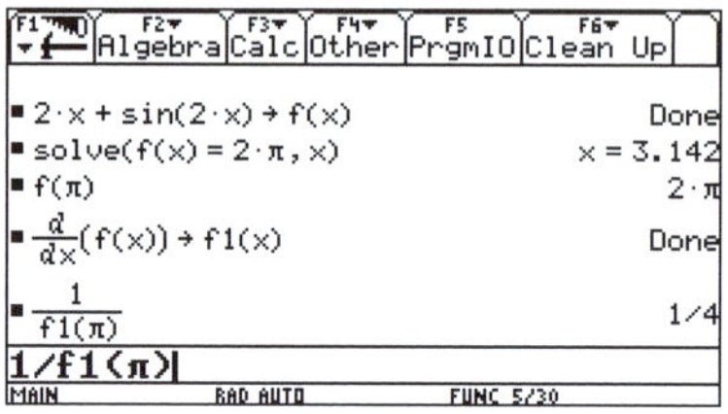

Dass die Taschenrechnerlösung $x = 3{,}142$ dasselbe sein soll wie $x = \pi$, kann man erahnen. Durch die Probe wird aber bestätigt, dass $x = \pi$ die Lösung der Gleichung $f(x) = 2\pi$ ist.

c) $\left(f^{-1}\right)'(-1) = \dfrac{1}{f'\left(f^{-1}(-1)\right)}$ (***) Satz über die Ableitung der Umkehrfunktion

$f(0) = 0 - e^{-0} = -1 \Rightarrow f^{-1}(-1) = 0$ Argument von f' in (***) durch Probieren

$f'(x) = 1 + e^{-x}$ Berechnung des Nenners in (***)

$\Rightarrow f'(0) = 1 + e^{-0} = 1 + 1 = 2$

$\Rightarrow \left(f^{-1}\right)'(-1) = \dfrac{1}{f'(0)} = \dfrac{1}{2}$ Einsetzen in (***)

124. Da der Term der Umkehrfunktion nicht explizit angegeben werden kann, berechnen Sie zunächst die Koordinaten des Wendepunkts von f. Die hierfür benötigten Ableitungen lauten:

$$f'(x) = \frac{1}{\sqrt{x}} + x^2 = x^{-\frac{1}{2}} + x^2;\quad f''(x) = -\frac{1}{2}x^{-\frac{3}{2}} + 2x;\quad f'''(x) = \frac{3}{4}x^{-\frac{5}{2}} + 2$$

Die Abszisse des Wendepunkts ist Nullstelle der 2. Ableitung. Für $x > 0$ gilt:

$$f''(x) = 0 \Leftrightarrow -\frac{1}{2}x^{-\frac{3}{2}} + 2x = 0 \Leftrightarrow -\frac{1}{2}x^{-\frac{5}{2}} = -2 \Leftrightarrow x = 4^{-\frac{2}{5}} = 2^{-\frac{4}{5}}$$

Wegen $f'''(2^{-\frac{4}{5}}) = 5 \neq 0$ handelt es sich tatsächlich um eine Wendestelle, der einzige Wendepunkt von f besitzt also die Koordinaten

$$W_f\left(2^{-\frac{4}{5}} \,\middle|\, f(2^{-\frac{4}{5}})\right) = W_f\left(2^{-\frac{4}{5}} \,\middle|\, \frac{25}{24}\cdot 2^{\frac{3}{5}}\right).$$

Der Wendepunkt von f^{-1} ist das Spiegelbild von W_f bzgl. der Geraden $y = x$:

$$W_{f^{-1}}\left(\frac{25}{24}\cdot 2^{\frac{3}{5}} \,\middle|\, 2^{-\frac{4}{5}}\right)$$

Hinweise für den CAS-Einsatz:

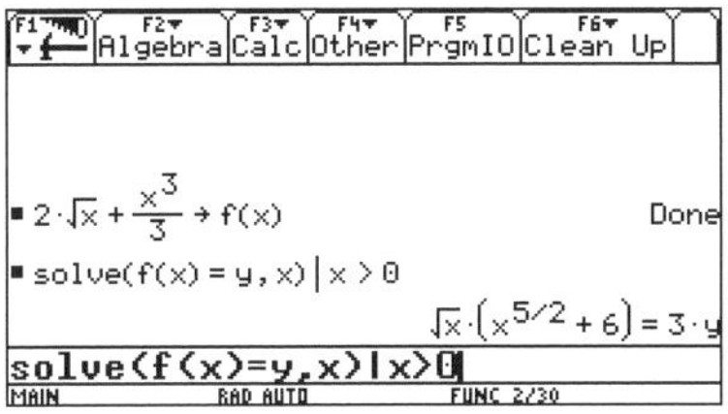

Der CAS-Rechner stößt bei der Auflösung der Gleichung f(x) = y nach x an seine Grenzen. Ein Ausdruck für x kann nicht explizit angegeben werden.

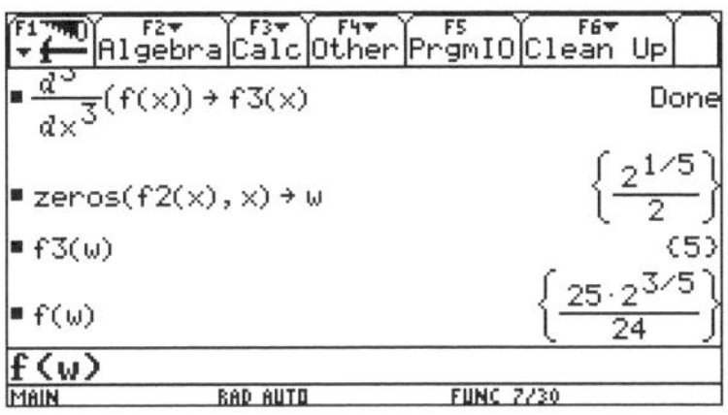

Stattdessen wird wie in der schriftlichen Lösung das Spiegelbild des Wendepunkts von f gesucht. Dazu wird mithilfe der 2. Ableitung eine mögliche Wendestelle ermittelt. Die 3. Ableitung dient zur Bestätigung der Wendestelle.

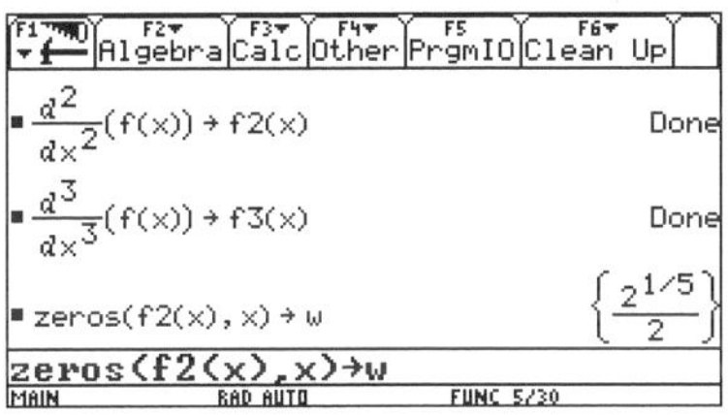

Durch f(w) wird die Koordinate des Wendepunktes bestimmt. Der Graph der Umkehrfunktion entspricht dem an der ersten Winkelhalbierenden gespiegelten Graphen von f. Um die Koordinaten des Wendepunktes der Umkehrfunktion f^{-1} zu erhalten, müssen nur die x- und y-Koordinaten des Wendepunktes von f vertauscht werden:

$x = \frac{25}{24} \cdot 2^{\frac{3}{5}}$ und $y = 2^{-\frac{4}{5}}$

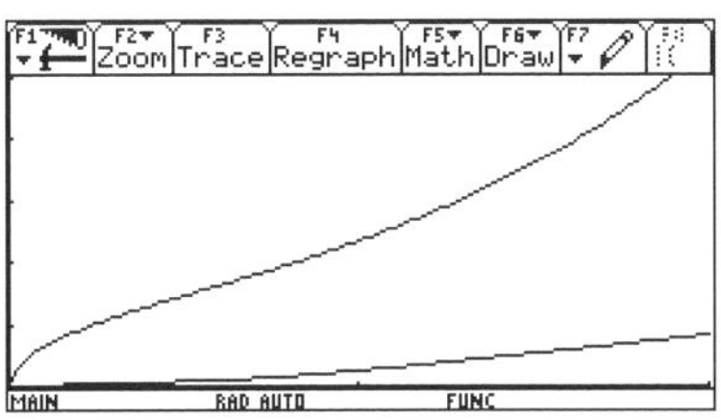

Der CAS-Rechner kann den Graphen der Umkehrfunktion zeichnen, ohne den Term von $f^{-1}(x)$ zu kennen. Im Modus [GRAPH] wird dafür unter [F6]; 3: DrawInv gewählt. Der Rechner springt in den Home-Bildschirm zurück. Dort muss nun in der Eingabezeile hinter DrawInv die Funktion f(x) eingetragen werden.

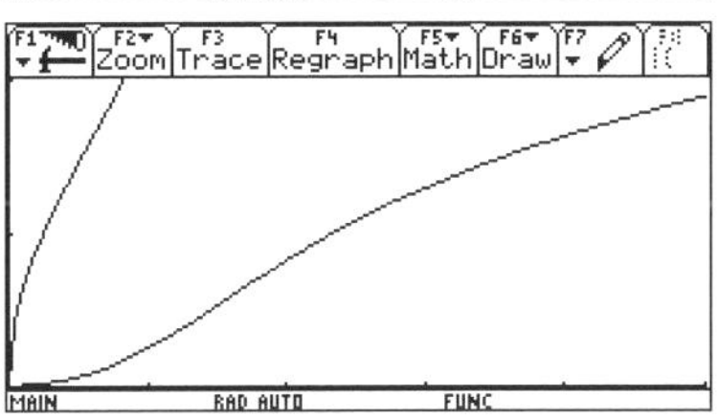

Durch die Bestätigung mit [ENTER] werden die Graphen von f(x) und der Umkehrfunktion $f^{-1}(x)$ dargestellt. Wegen des mangelnden Auflösungsvermögens des Bildschirms, kann der Graph der Umkehrfunktion bei der Einstellung $x_{min}=0$, $x_{max}=2$, $y_{min}=0$ und $y_{max}=5$ nicht vollständig angezeigt werden. Werden x_{max} und y_{max} vertauscht, so wird der Wendepunkt der Umkehrfunktion deutlich.

125. a) Die Aussage ist falsch, wie die Funktion

$$f(x) = \begin{cases} x, & \text{falls } x \le 0 \\ \frac{1}{x}, & \text{falls } x > 0 \end{cases}$$

zeigt: f steigt auf $\mathbb{R}_0^-$ streng monoton, fällt auf $\mathbb{R}^+$ streng monoton und ist trotzdem umkehrbar. Die Umkehrfunktion $f^{-1}(x)$ ist mit f(x) identisch.

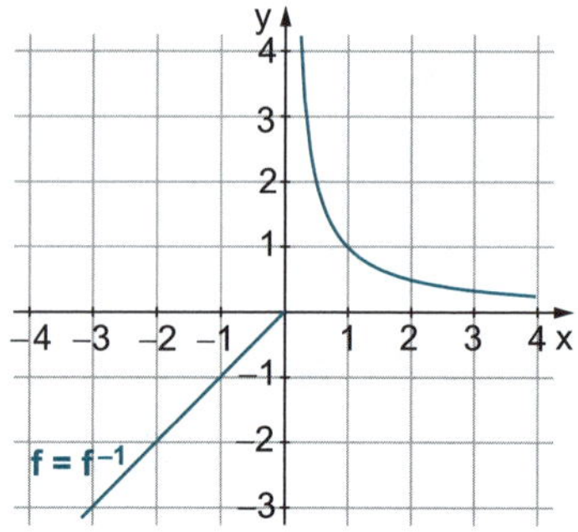

b) Die Aussage ist falsch, wie das Beispiel der Funktion aus Teilaufgabe a zeigt. Da diese identisch mit ihrer Umkehrfunktion ist, besitzen G_f und $G_{f^{-1}}$ unendlich viele gemeinsame Punkte.

c) Die Aussage ist falsch. So gelten z. B. für $f(x) = -x$ mit $\mathbb{D}_f = W_f = \mathbb{R}$ und $g(x) = 2x$ mit $\mathbb{D}_g = W_g = \mathbb{R}$ die geforderten Bedingungen $W_g = \mathbb{D}_f$ und $\mathbb{D}_g = W_f$, f ist aber nicht Umkehrfunktion von g oder umgekehrt.

d) Die Aussage ist falsch, wie die Funktion

$$f(x) = \begin{cases} \frac{1}{x} + 2, & \text{falls } x < 0 \\ 2 - x, & \text{falls } x \ge 0 \end{cases}$$

zeigt: f'(x) ist für alle x aus $\mathbb{D}_f$ negativ, aber f ist nicht umkehrbar, weil z. B. $f(1) = 1 = f(-1)$.

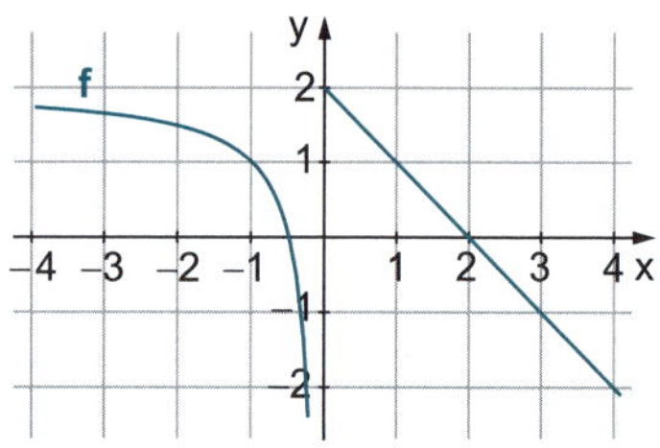

126. Der Graph der Integrandenfunktion

$f(x) = -\frac{x^2}{10} - \frac{x}{2} + 5$

ist eine nach unten offene Parabel, die nach der Lösungsformel die Nullstellen $x_1 = -10$ und $x_2 = 5$ besitzt. Da die Funktion im Integrationsintervall sowohl ober- als auch unterhalb der x-Achse verläuft, zerlegt man das Integrationsintervall in zwei Teilintervalle, auf denen die Funktion nur über bzw. nur unter der x-Achse verläuft, und teilt die beiden Intervalle in je n gleich lange Teilintervalle.

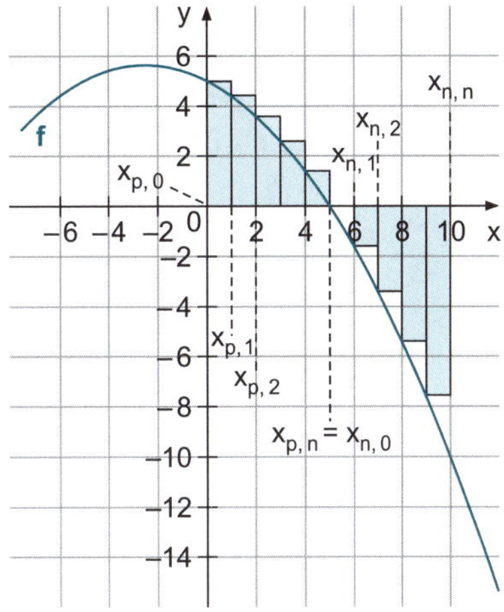

1. Teilintervall: [0; 5]

Teilpunkte (Index **p** für **p**ositive Funktion):

$x_{p,0} = 0;\ x_{p,1};\ x_{p,2};\ \ldots,\ x_{p,n} = 5$ mit $x_{p,i} = \frac{5}{n} \cdot i \qquad (i = 0, 1, 2, \ldots, n)$

2. Teilintervall: [5; 10]

Teilpunkte (Index **n** für **n**egative Funktion):

$x_{n,0} = 5;\ x_{n,1};\ x_{n,2};\ \ldots;\ x_{n,n} = 10$ mit $x_{n,i} = 5 + \frac{5}{n} \cdot i \qquad (i = 0, 1, 2, \ldots, n)$

Berechnung der Obersumme $S_{p,n}$ im 1. Teilintervall:

$$S_{p,n} = \sum_{i=0}^{n-1} f(x_{p,i}) \cdot (x_{p,i+1} - x_{p,i})$$

$$= \sum_{i=0}^{n-1} \left(-\frac{\left(\frac{5}{n} \cdot i\right)^2}{10} - \frac{\frac{5}{n} \cdot i}{2} + 5 \right) \cdot \left(\frac{5}{n} \cdot (i+1) - \frac{5}{n} \cdot i \right)$$

$$= \sum_{i=0}^{n-1} \left(-\frac{2{,}5}{n^2} \cdot i^2 - \frac{2{,}5}{n} \cdot i + 5 \right) \cdot \frac{5}{n}$$

$$= \sum_{i=0}^{n-1} \left(-\frac{12{,}5}{n^3} \cdot i^2 - \frac{12{,}5}{n^2} \cdot i + \frac{25}{n} \right)$$

$$= -\frac{12{,}5}{n^3} \cdot \sum_{i=0}^{n-1} i^2 - \frac{12{,}5}{n^2} \sum_{i=0}^{n-1} i + \frac{25}{n} \cdot \underbrace{\sum_{i=0}^{n-1} 1}_{=n}$$

$$\overset{(**)}{\underset{(*)}{=}} -\frac{12{,}5}{n^3} \cdot \frac{(n-1) \cdot n \cdot (2n-1)}{6} - \frac{12{,}5}{n^2} \cdot \frac{(n-1) \cdot n}{2} + \frac{25}{n} \cdot n$$

$$= -\frac{25}{12} \cdot \frac{(n-1) \cdot (2n-1)}{n^2} - \frac{25}{4} \cdot \frac{n-1}{n} + 25$$

Berechnung der Obersumme $S_{n,n}$ im 2. Teilintervall: Hier ist zu beachten, dass die unter der x-Achse liegenden Flächen negativ gezählt werden. Daher muss der Betrag der Summe der Rechtecksflächen bei der Obersumme kleiner als der Betrag der Fläche unter dem Funktionsgraphen sein:

$$S_{n,n} = \sum_{i=1}^{n-1} f(x_{n,i}) \cdot (x_{n,i+1} - x_{n,i})$$

$$= \sum_{i=1}^{n-1} \left(-\frac{\left(5+\frac{5}{n}\cdot i\right)^2}{10} - \frac{5+\frac{5}{n}\cdot i}{2} + 5 \right) \cdot \left(\left(5+\frac{5}{n}\cdot(i+1)\right) - \left(5+\frac{5}{n}\cdot i\right) \right)$$

$$= \sum_{i=1}^{n-1} \left(-2{,}5 - \frac{5}{n}\cdot i - \frac{2{,}5}{n^2}\cdot i^2 - 2{,}5 - \frac{2{,}5}{n}\cdot i + 5 \right) \cdot \frac{5}{n}$$

$$= \sum_{i=1}^{n-1} \left(-\frac{7{,}5}{n}\cdot i - \frac{2{,}5}{n^2}\cdot i^2 \right) \cdot \frac{5}{n}$$

$$= \sum_{i=1}^{n-1} \left(-\frac{37{,}5}{n^2}\cdot i - \frac{12{,}5}{n^3}\cdot i^2 \right)$$

$$= -\frac{37{,}5}{n^2} \cdot \sum_{i=1}^{n-1} i - \frac{12{,}5}{n^3} \cdot \sum_{i=1}^{n-1} i^2$$

$$\underset{(*)}{\overset{(**)}{=}} -\frac{37{,}5}{n^2} \cdot \frac{(n-1)\cdot n}{2} - \frac{12{,}5}{n^3} \cdot \frac{(n-1)\cdot n \cdot (2n-1)}{6}$$

$$= -\frac{75}{4} \cdot \frac{n-1}{n} - \frac{25}{12} \cdot \frac{(n-1)(2n-1)}{n^2}$$

Für den Grenzwert $n \to \infty$ der gesamten Obersumme S_{2n} gilt dann:

$$\lim_{n\to\infty} S_{2n} = \lim_{n\to\infty} (S_{p,n} + S_{n,n})$$

$$= \lim_{n\to\infty} \left[-\frac{25}{12} \cdot \frac{(n-1)\cdot(2n-1)}{n^2} - \frac{25}{4} \cdot \frac{n-1}{n} + 25 - \frac{75}{4} \cdot \frac{n-1}{n} - \frac{25}{12} \cdot \frac{(n-1)\cdot(2n-1)}{n^2} \right]$$

$$= \lim_{n\to\infty} \left[-\frac{50}{12} \cdot \frac{(n-1)\cdot(2n-1)}{n^2} - \frac{100}{4} \cdot \frac{n-1}{n} + 25 \right]$$

$$= -\frac{50}{12} \cdot \lim_{n\to\infty} \frac{(n-1)\cdot(2n-1)}{n^2} - \frac{100}{4} \cdot \lim_{n\to\infty} \frac{n-1}{n} + \lim_{n\to\infty} 25$$

$$= -\frac{50}{12} \cdot 2 - \frac{100}{4} \cdot 1 + 25$$

$$= -\frac{25}{3}$$

127. Wegen $f(x) = -x^2 + 6x - 3 = -(x-3)^2 + 6$ ist G_f eine nach unten offene, zur Normalparabel kongruente Parabel mit dem Scheitel $S(3\,|\,6)$. Daher steigt G_f auf $]-\infty; 3[$ streng monoton und fällt auf $]3; \infty[$ streng monoton.

Berechnung der Untersumme:

Streifenbreite: $\Delta x = \frac{1}{n}$

Teilpunkte im Intervall [1; 3]: $x_i = 1 + \frac{1}{n} \cdot i; \quad i = 0, 1, 2, \ldots, 2n$

Teilpunkte im Intervall [3; 4]: $x_j = 3 + \frac{1}{n} \cdot j; \quad j = 0, 1, 2, \ldots, n$

Untersumme im Intervall [1; 3]: $\sum\limits_{i=0}^{2n-1} f(x_i) \cdot \Delta x$

Untersumme im Intervall [3; 4]: $\sum\limits_{j=1}^{n} f(x_j) \cdot \Delta x$

Gesamtuntersumme:

$$s_n = \sum_{i=0}^{2n-1} f(x_i) \cdot \Delta x + \sum_{j=1}^{n} f(x_j) \cdot \Delta x$$

$$= \sum_{i=0}^{2n-1} \left[-\left(1 + \frac{1}{n} \cdot i\right)^2 + 6 \cdot \left(1 + \frac{1}{n} \cdot i\right) - 3 \right] \cdot \frac{1}{n}$$

$$+ \sum_{j=1}^{n} \left[-\left(3 + \frac{1}{n} \cdot j\right)^2 + 6 \cdot \left(3 + \frac{1}{n} \cdot j\right) - 3 \right] \cdot \frac{1}{n}$$

$$= \sum_{i=0}^{2n-1} \left[-1 - \frac{2}{n} \cdot i - \frac{1}{n^2} \cdot i^2 + 6 + \frac{6}{n} \cdot i - 3 \right] \cdot \frac{1}{n}$$

$$+ \sum_{j=1}^{n} \left[-9 - \frac{6}{n} \cdot j - \frac{1}{n^2} \cdot j^2 + 18 + \frac{6}{n} \cdot j - 3 \right] \cdot \frac{1}{n}$$

$$= \sum_{i=0}^{2n-1} \left[2 \cdot \frac{1}{n} + \frac{4}{n^2} \cdot i - \frac{1}{n^3} \cdot i^2 \right] + \sum_{j=1}^{n} \left[6 \cdot \frac{1}{n} - \frac{1}{n^3} \cdot j^2 \right]$$

$$= \sum_{i=0}^{2n-1} 2 \cdot \frac{1}{n} + \sum_{i=0}^{2n-1} \frac{4}{n^2} \cdot i - \sum_{i=0}^{2n-1} \frac{1}{n^3} \cdot i^2 + \sum_{j=1}^{n} 6 \cdot \frac{1}{n} - \sum_{j=1}^{n} \frac{1}{n^3} \cdot j^2$$

$$= 2 \cdot \frac{1}{n} \cdot 2n + \frac{4}{n^2} \cdot \sum_{i=0}^{2n-1} i - \frac{1}{n^3} \cdot \sum_{i=0}^{2n-1} i^2 + 6 \cdot \frac{1}{n} \cdot n - \frac{1}{n^3} \sum_{j=1}^{n} j^2$$

$$\overset{(**)}{\underset{(*)}{=}} 4 + \frac{4}{n^2} \cdot \frac{(2n-1) \cdot (2n)}{2} - \frac{1}{n^3} \cdot \frac{(2n-1) \cdot 2n \cdot (4n-1)}{6} + 6 - \frac{1}{n^3} \cdot \frac{n \cdot (n+1) \cdot (2n+1)}{6}$$

$$= 4 + \frac{4 \cdot (2n-1)}{n} - \frac{(2n-1) \cdot (4n-1)}{3 \cdot n^2} + 6 - \frac{(n+1) \cdot (2n+1)}{6 \cdot n^2}$$

Dann gilt:

$$\lim_{n\to\infty} s_n = \lim_{n\to\infty}\left[4+\frac{4\cdot(2n-1)}{n}-\frac{(2n-1)\cdot(4n-1)}{3n^2}+6-\frac{(n+1)\cdot(2n+1)}{6n^2}\right]$$

$$=4+4\cdot 2-\frac{2\cdot 4}{3}+6-\frac{2}{6}=15$$

128. **Berechnung der vereinfachten Riemann'schen Summe:**

$$\int_{-2}^{5}(2x-3)\,dx=\lim_{n\to\infty}\frac{5-(-2)}{n}\cdot\sum_{i=1}^{n}\left(2\left(-2+\frac{5-(-2)}{n}\cdot i\right)-3\right)$$

$$=\lim_{n\to\infty}\frac{7}{n}\cdot\sum_{i=1}^{n}\left(-4+\frac{14}{n}\cdot i-3\right)=\lim_{n\to\infty}\frac{7}{n}\cdot\sum_{i=1}^{n}\left(-7+\frac{14}{n}\cdot i\right)$$

$$=\lim_{n\to\infty}\frac{7}{n}\cdot\left(-7n+\frac{14}{n}\sum_{i=1}^{n}i\right)=\lim_{n\to\infty}\left(-49+\frac{98}{n^2}\sum_{i=1}^{n}i\right)$$

$$\overset{(*)}{=}\lim_{n\to\infty}\left(-49+\frac{98}{n^2}\cdot\frac{n(n+1)}{2}\right)=-49+\frac{98}{2}=0$$

Geometrische Überprüfung:

Die Gerade $y=2x-3$ schließt im Bereich $[-2;\,5]$ mit der x-Achse unter und über der x-Achse kongruente Dreiecke mit den Grundlinien 3,5 und den Höhen 7 ein. Die Flächenbilanz ergibt daher 0.

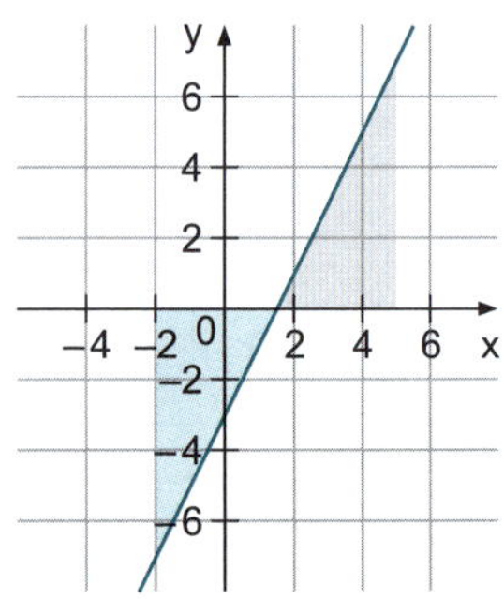

Hinweise für den CAS-Einsatz:

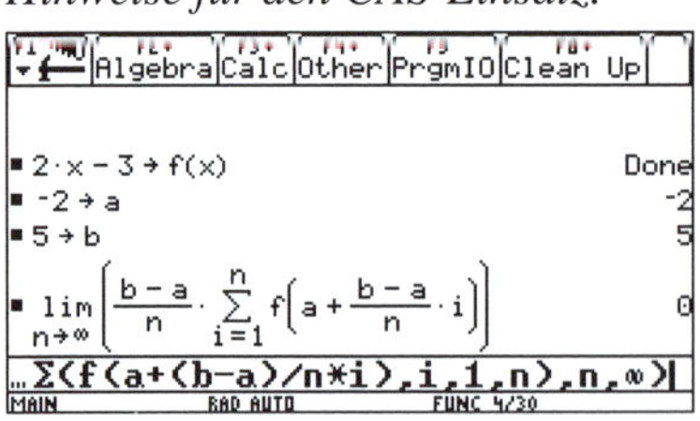

Zuerst werden die Funktionen f(x) und die Grenzen a und b festgelegt.
Das Summenzeichen für die Eingabe der Riemann'schen Summe kann mit [2nd] und [4] oder mithilfe des Menüs [F3]; 4:Σ(sum eingegeben werden.

129. a) Die für die Untersumme relevanten Rechtecke erhalten Sie, indem Sie die Rechtecke der Obersumme um eine Streifenbreite nach rechts verschieben und das Rechteck mit dem größten Flächeninhalt weglassen.

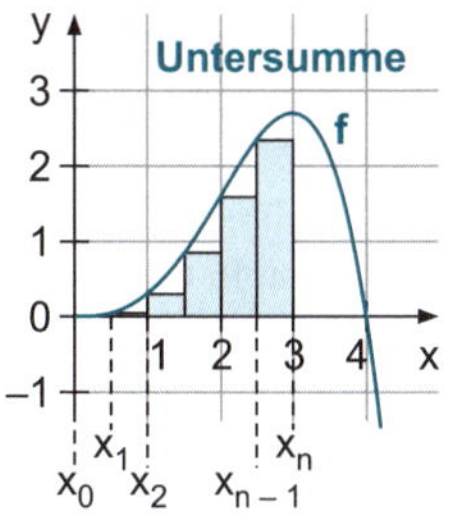

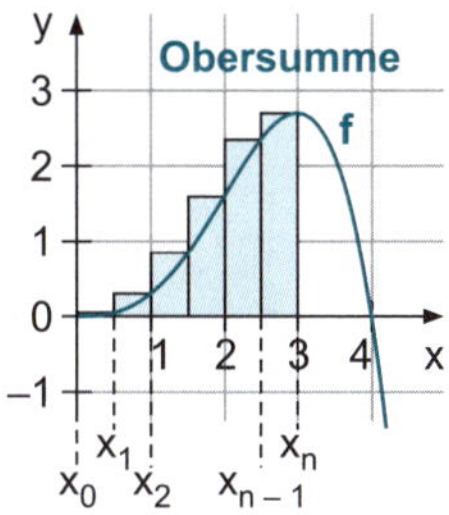

Ober- und Untersumme unterscheiden sich also um den Flächeninhalt des „letzten" Rechtecks:

$$S_n - s_n = f(3)\cdot\frac{3}{n} = \left(\frac{2}{5}\cdot 3^3 - \frac{1}{10}\cdot 3^4\right)\cdot\frac{3}{n} = \frac{81}{10}\cdot\frac{1}{n}$$

b) Abschätzung der Rechteckszahl:

$$S_n - s_n < 10^{-6} \;\Leftrightarrow\; \frac{81}{10}\cdot\frac{1}{n} < 10^{-6} \;\Leftrightarrow\; \frac{81}{10}\cdot\frac{1}{10^{-6}} < n \;\Leftrightarrow\; 8\,100\,000 < n$$

Erst wenn die Rechteckszahl größer als 8,1 Millionen ist, unterscheiden sich Ober- und Untersumme um weniger als ein Millionstel!

130. a) $\int_0^3 (x^3 - x)\,dx$

$= \left[\frac{1}{4}x^4 - \frac{1}{2}x^2\right]_0^3$ — Integrationsformel, Stammfunktionstabelle

$= \frac{1}{4}\cdot 3^4 - \frac{1}{2}\cdot 3^2 = 15,75$ — Einsetzen der Integrationsgrenzen

b) $\int_0^3 \sqrt{x}\,dx = \int_0^3 x^{\frac{1}{2}}\,dx$ — Algebraisch umschreiben

$= \left[\frac{2}{3}x^{\frac{3}{2}}\right]_0^3$ — Integrationsformel, Stammfunktionstabelle

$= \frac{2}{3}\cdot 3^{\frac{3}{2}} = 2\sqrt{3}$ — Einsetzen der Integrationsgrenzen

c) $\int_1^e (x - \ln x)\,dx = \int_1^e x\,dx - \int_1^e \ln x\,dx$ — 2. Linearitätseigenschaft

$= \left[\frac{1}{2}x^2\right]_1^e - [x\ln x - x]_1^e$ — Integrationsformel, Stammfunktionstabelle

$= \frac{1}{2}e^2 - \frac{1}{2}\cdot 1^2 - (e\ln e - e) + (1\cdot\ln 1 - 1)$ — Einsetzen der Integrationsgrenzen

$= \frac{1}{2}e^2 - \frac{3}{2}$

d) $\int_{-1}^{1} \frac{e^x + e^{-x}}{2}\,dx = \frac{1}{2}\int_{-1}^{1} e^x\,dx + \frac{1}{2}\int_{-1}^{1} e^{-x}\,dx$ Linearitätseigenschaften

$= \frac{1}{2}\left[e^x\right]_{-1}^{1} + \frac{1}{2}\left[-e^{-x}\right]_{-1}^{1}$ Integrationsformel, Stammfunktionstabelle

$= \frac{1}{2}e^1 - \frac{1}{2}e^{-1} + \left(-\frac{1}{2}e^{-1}\right) - \left(-\frac{1}{2}e^1\right)$ Einsetzen der Integrationsgrenzen

$= e - e^{-1}$

131. a) $(\cos x - \sin x)^2$ Umformen der Integrandenfunktion:

$= (\cos x)^2 - 2\sin x \cos x + (\sin x)^2$ 2. binomische Formel

$= \underbrace{(\cos x)^2 + (\sin x)^2}_{=1} - \underbrace{2\sin x \cos x}_{=\sin 2x}$ Termumstellung (1. Klammer: trigonometrischer Pythagoras, 2. Klammer: Hinweis)

$= 1 - \sin 2x$

$\int_{-\frac{\pi}{2}}^{\pi} (\cos x - \sin x)^2\,dx = \int_{-\frac{\pi}{2}}^{\pi} (1 - \sin 2x)\,dx$ Berechnung des Integrals

$= \left[x + \frac{1}{2}\cos 2x\right]_{-\frac{\pi}{2}}^{\pi}$ Integrationsformel, Stammfunktionstabelle

$= \left(\pi + \frac{1}{2}\cos(2\pi)\right) - \left(-\frac{\pi}{2} + \frac{1}{2}\cos(-\pi)\right)$ Einsetzen der Integrationsgrenzen

$= \left(\pi + \frac{1}{2}\right) - \left(-\frac{\pi}{2} - \frac{1}{2}\right) = \frac{3}{2}\pi + 1$

Hinweise für den CAS-Einsatz:

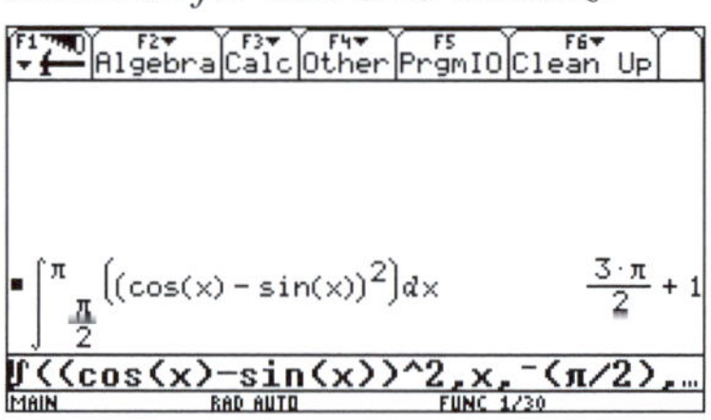

Im Menü [F3] oder mit [∫] kann das Integralzeichen aufgerufen werden. Ohne vorherige Umformungen liefert der Taschenrechner den Integralwert, wenn in der Klammer nacheinander die Funktion, die Integrationsvariable, die untere und die obere Grenze eingegeben werden.

b) Umformen der Integrandenfunktion: Polynomdivision

$$
\begin{array}{l}
(2x^3 + 5x^2 + 6x + 15) : (x^2 + 3) = 2x + 5 \\
\underline{-(2x^3 \quad\quad + 6x)} \\
\quad\quad 5x^2 \quad\quad + 15 \\
\quad\quad \underline{-(5x^2 \quad\quad + 15)} \\
\quad\quad\quad\quad\quad\quad 0
\end{array}
$$

$\int_{-1}^{2} \frac{2x^3 + 5x^2 + 6x + 15}{x^2 + 3}\,dx = \int_{-1}^{2} (2x + 5)\,dx$ Berechnung des Integrals

$= \left[x^2 + 5x\right]_{-1}^{2}$

Integrationsformel, Stammfunktionstabelle

$= (2^2 + 5 \cdot 2) - ((-1)^2 + 5 \cdot (-1))$

Einsetzen der Integrationsgrenzen

$= 14 + 4 = 18$

Hinweise für den CAS-Einsatz:

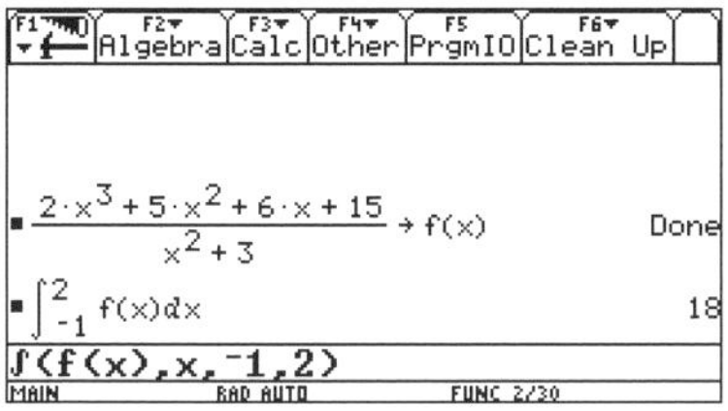

Bei langen Funktionstermen ist es geschickt, den Funktionsterm zuvor als f(x) zu definieren. Das bestimmte Integral kann anschließend übersichtlicher eingegeben werden.

c) $\frac{e^{2x} - 1}{e^x + 1} = \frac{(e^x - 1)(e^x + 1)}{e^x + 1} = e^x - 1$

Umformen der Integrandenfunktion: 3. binomische Formel, mit $e^x + 1$ kürzen

$\int_0^{\ln 2} \frac{e^{2x} - 1}{e^x + 1}\, dx = \int_0^{\ln 2} (e^x - 1)\, dx$

Berechnung des Integrals

$= \left[e^x - x\right]_0^{\ln 2}$

Integrationsformel, Stammfunktionstabelle

$= (e^{\ln 2} - \ln 2) - (e^0 - 0)$

Einsetzen der Integrationsgrenzen

$= 2 - \ln 2 - 1 = 1 - \ln 2$

d) Da $x_1 = -3$ und $x_2 = 2$ die Lösungen der quadratischen Gleichung
$x^2 + x - 6 = 0$
sind, verläuft die nach oben offene Parabel $f(x) = x^2 + x - 6$ auf $]-\infty; -3[\cup]2; +\infty[$ oberhalb und auf $]-3; 2[$ unterhalb der x-Achse. Daher lautet die betragsfreie Darstellung der Integrandenfunktion:

$$|x^2 + x - 6| = \begin{cases} x^2 + x - 6 & \text{für } x \in]-\infty; -3] \cup [2; +\infty[\\ -(x^2 + x - 6) = -x^2 - x + 6 & \text{für } x \in]-3; 2[\end{cases}$$

Wegen der Additivität des bestimmten Integrals können Sie die Integrationsintervalle anpassen und erhalten:

$$\int_{-4}^{3} |x^2 + x - 6|\, dx = \int_{-4}^{-3} (x^2 + x - 6)\, dx + \int_{-3}^{2} (-x^2 - x + 6)\, dx$$

$$+ \int_{2}^{3} (x^2 + x - 6)\, dx$$

Nach der Integrationsformel gilt für diese drei Teilintegrale:

$$\int_{-4}^{-3} (x^2+x-6)\,dx = \left[\frac{x^3}{3}+\frac{x^2}{2}-6x\right]_{-4}^{-3}$$

$$= \left(\frac{(-3)^3}{3}+\frac{(-3)^2}{2}-6\cdot(-3)\right)-\left(\frac{(-4)^3}{3}+\frac{(-4)^2}{2}-6\cdot(-4)\right)$$

$$= \frac{17}{6}$$

$$\int_{-3}^{2} (-x^2-x+6)\,dx = \left[-\frac{x^3}{3}-\frac{x^2}{2}+6x\right]_{-3}^{2}$$

$$= \left(-\frac{2^3}{3}-\frac{2^2}{2}+6\cdot 2\right)-\left(-\frac{(-3)^3}{3}-\frac{(-3)^2}{2}+6\cdot(-3)\right)=\frac{125}{6}$$

$$\int_{2}^{3} (x^2+x-6)\,dx = \left[\frac{x^3}{3}+\frac{x^2}{2}-6x\right]_{2}^{3}$$

$$= \left(\frac{3^3}{3}+\frac{3^2}{2}-6\cdot 3\right)-\left(\frac{2^3}{3}+\frac{2^2}{2}-6\cdot 2\right)=\frac{17}{6}$$

Insgesamt folgt:

$$\int_{-4}^{3} |\,x^2+x-6\,|\,dx = \frac{17}{6}+\frac{125}{6}+\frac{17}{6}=\frac{53}{2}$$

Hinweise für den CAS-Einsatz:

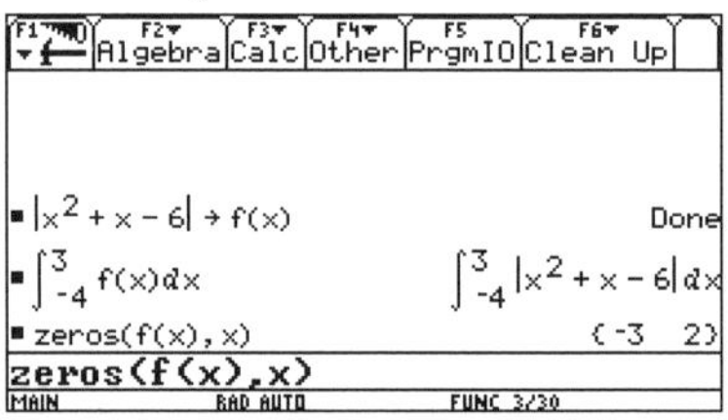

Der CAS-Rechner kann das bestimmte Integral zunächst nicht berechnen. Er gibt als Lösung nur das Integral selbst wieder aus.

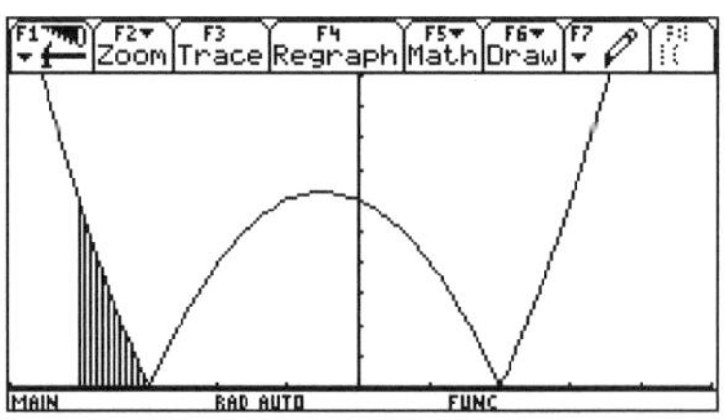

Durch die beiden Nullstellen $x_1 = -3$ und $x_2 = 2$ wird die zu berechnende Fläche in drei Teilflächen unterteilt. Jede Teilfläche wird durch ein Integral berechnet. Die drei Teilflächen werden anschließend zur Gesamtfläche addiert. Im Bild ist die erste Teilfläche schraffiert dargestellt.

Die Grenzen der Teilintegrale müssen den Nullstellen entsprechend gesetzt werden. Die Summe der drei Teilflächen ergibt die Gesamtfläche mit einem Flächeninhalt von 26,5 FE.

e) $\int_0^{2\pi} |\sin 2x|\,dx = 4 \cdot \int_0^{\frac{\pi}{2}} \sin 2x\,dx \quad (*)$

Umformen des Integrals anhand einer Skizze des Funktionsgraphen:

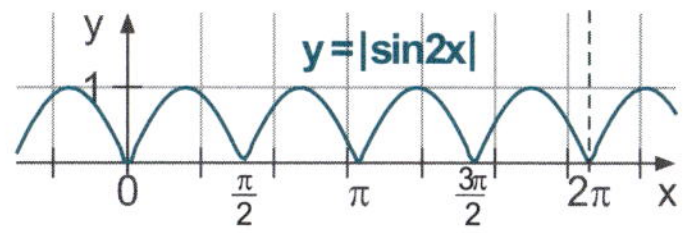

$\int_0^{\frac{\pi}{2}} \sin 2x\,dx = \left[-\frac{1}{2}\cos 2x\right]_0^{\frac{\pi}{2}}$

Berechnung des Integrals mithilfe der Integrationsformel und Stammfunktionstabelle

$= \left(-\frac{1}{2}\cos\left(2 \cdot \frac{\pi}{2}\right)\right) - \left(-\frac{1}{2}\cos(0)\right)$

Einsetzen der Integrationsgrenzen

$= \frac{1}{2} + \frac{1}{2} = 1$

$\int_0^{2\pi} |\sin 2x|\,dx = 4 \cdot 1 = 4$

Einsetzen in (∗)

Hinweise für den CAS-Einsatz:

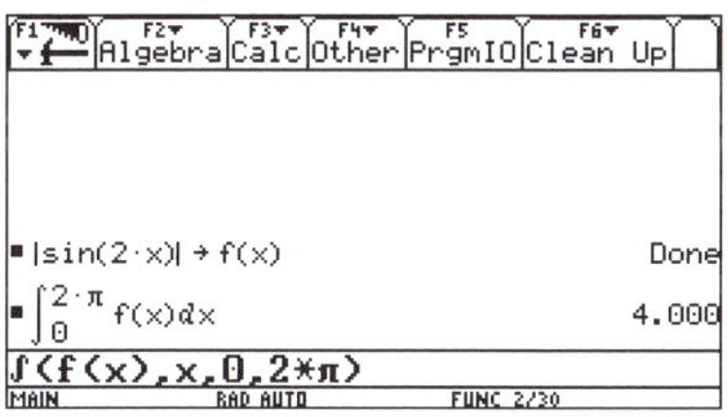

Hier liefert der Taschenrechner direkt den richtigen Wert, obwohl die Betragsfunktion im Integranden enthalten ist.

132. a) $\int_0^{\frac{2}{k}} \left(x(2-kx)\right)dx$

Berechnen des Integrals

$= \left[-\frac{k}{3}x^3 + x^2\right]_0^{\frac{2}{k}}$

Integrationsformel, Stammfunktionstabelle

$= -\frac{k}{3}\left(\frac{2}{k}\right)^3 + \left(\frac{2}{k}\right)^2$

Einsetzen der Integrationsgrenzen

$= -\frac{8}{3} \cdot \frac{1}{k^2} + \frac{4}{k^2} = \frac{4}{3} \cdot \frac{1}{k^2}$

$\frac{4}{3} \cdot \frac{1}{k^2} = \frac{16}{3}$

Bestimmungsgleichung für k

$\Leftrightarrow k^2 = \frac{1}{4} \Leftrightarrow k_1 = +\frac{1}{2};\ k_2 = -\frac{1}{2}$

Auflösen nach k

b) $$\int_{-k}^{k} 2e^{x}\,dx$$

Berechnen des Integrals

$$=\left[2e^{x}\right]_{-k}^{k}$$
$$=2e^{k}-2e^{-k}$$

Integrationsformel, Stammfunktionstabelle, Einsetzen der Integrationsgrenzen

$$2e^{k}-2e^{-k}=1$$

Bestimmungsgleichung für k

$$e^{2k}-\frac{1}{2}e^{k}-1=0$$

Beide Seiten mit $\frac{e^k}{2}$ multiplizieren und auf einer Seite zusammenfassen

$$z^{2}-\frac{1}{2}z-1=0$$

Substitution $z := e^k$

$$z_1=\frac{1-\sqrt{17}}{4};\quad z_2=\frac{1+\sqrt{17}}{4}$$

Lösungsformel für quadratische Gleichungen

$$e^{k}=\frac{1+\sqrt{17}}{4}$$

Nur die Resubstitution $e^k = z_2$ ist wegen $e^k > 0$ und $z_1 < 0$ sinnvoll.

$$k=\ln\frac{1+\sqrt{17}}{4}$$

Auflösen nach k

c) $$\int_{0}^{k}\frac{e^{kx}}{k}\,dx=\left[\frac{e^{kx}}{k^2}\right]_{0}^{k}=\left(\frac{e^{k\cdot k}}{k^2}\right)-\left(\frac{e^{0}}{k^2}\right)$$
$$=\frac{e^{k^2}-1}{k^2}$$

Berechnen des Integrals: Integrationsformel, Stammfunktionstabelle, Einsetzen der Integrationsgrenzen

$$\frac{e^{k^2}-1}{k^2}=\frac{1}{k^2}$$

Bestimmungsgleichung für k

$$\Leftrightarrow\ e^{k^2}-1=1\ \Leftrightarrow\ e^{k^2}=2$$
$$\Leftrightarrow\ k^2=\ln 2$$
$$\Leftrightarrow\ k_1=+\sqrt{\ln 2};\ k_2=-\sqrt{\ln 2}$$

Auflösen nach k

Hinweise für den CAS-Einsatz:

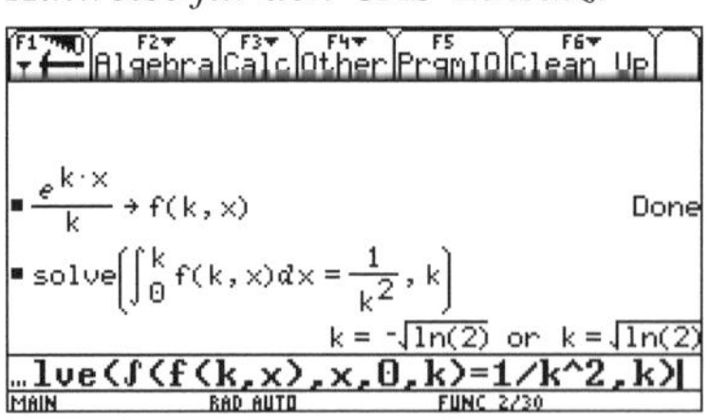

Der Befehl **solve** und das Integral werden hier ineinander geschachtelt.

133. $$\int_3^k \frac{x^2(x^2-1)}{x^2+2}\,dx - \int_k^{2k} \frac{x^2}{x^2+2}\,dx + \int_3^{2k} \frac{x^2}{x^2+2}\,dx + \int_k^{3} \frac{4}{x^2+2}\,dx$$

$$= \int_3^k \frac{x^2(x^2-1)}{x^2+2}\,dx + \int_k^{3} \frac{4}{x^2+2}\,dx + \int_3^{2k} \frac{x^2}{x^2+2}\,dx - \int_k^{2k} \frac{x^2}{x^2+2}\,dx$$

Termumstellung

$$= \int_3^k \frac{x^2(x^2-1)}{x^2+2}\,dx - \int_3^{k} \frac{4}{x^2+2}\,dx + \int_3^{2k} \frac{x^2}{x^2+2}\,dx + \int_{2k}^{k} \frac{x^2}{x^2+2}\,dx$$

Eigenschaft 2 (Vertauschen der Integrationsgrenzen)

$$= \int_3^k \left(\frac{x^2(x^2-1)}{x^2+2} - \frac{4}{x^2+2}\right)dx + \int_3^{k} \frac{x^2}{x^2+2}\,dx$$

2. Linearitätseigenschaft, Additivitätseigenschaft

$$= \int_3^k \left(\frac{x^2(x^2-1)}{x^2+2} - \frac{4}{x^2+2} + \frac{x^2}{x^2+2}\right)dx$$

2. Linearitätseigenschaft

$$= \int_3^k \left(\frac{x^2(x^2-1)-4+x^2}{x^2+2}\right)dx$$

Auf Hauptnenner bringen

$$= \int_3^k \left(\frac{x^4-4}{x^2+2}\right)dx = \int_3^k \left(\frac{(x^2-2)(x^2+2)}{x^2+2}\right)dx = \int_3^k (x^2-2)\,dx$$

Zusammenfassen im Zähler, 3. binomische Formel, Kürzen

Hinweise für den CAS-Einsatz:

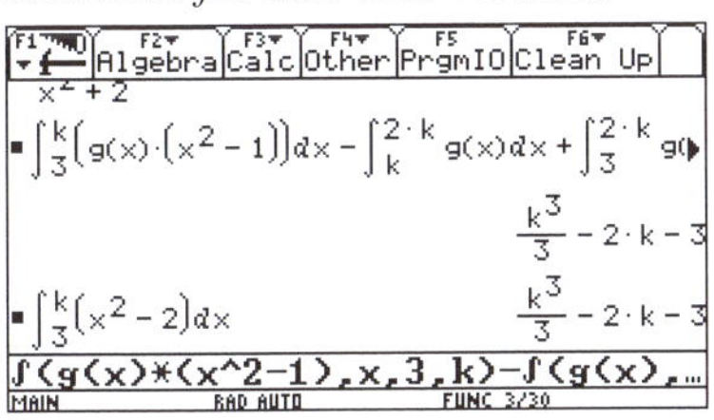

Hier ist es sinnvoll den Term $\frac{x^2}{x^2+2}$ als g(x) abzuspeichern. Um die Gleichheit zu zeigen, werden der Ausgangsterm und der Endterm berechnet. Die Integralterme sind gleich, also sind auch die beiden Terme gleich.

134. $$A = \int_{-e}^{e} \frac{1}{2}(e^x + e^{-x})\,dx$$

1. Flächensatz (f nimmt nur positive Werte an)

$$= 2\cdot\int_0^{e} \frac{1}{2}(e^x + e^{-x})\,dx$$

Da f symmetrisch bzgl. der y-Achse ist, lassen sich günstigere Integrationsgrenzen wählen.

$$= \int_0^{e} (e^x + e^{-x})\,dx$$

$$= \left[e^x - e^{-x}\right]_0^e$$

Integrationsformel, Stammfunktionstabelle

$$= (e^e - e^{-e}) - (e^0 - e^0) = e^e - e^{-e} \approx 15{,}1$$

Einsetzen der Integrationsgrenzen

135. Zunächst weisen Sie nach, dass die 1. Ableitung von f symmetrisch zum Koordinatenursprung ist, sodass Sie sich anschließend auf die Berechnung einer der beiden Teilflächen beschränken können.

$f(x) = e^{1-0,5x^2} \Rightarrow f'(x) = e^{1-0,5x^2} \cdot (-x)$ — 1. Ableitung von f

$f'(-x) = e^{1-0,5(-x)^2} \cdot x = -f'(x)$ — Nachweis der Punktsymmetrie zum Ursprung

$$A = \left| 2 \cdot \int_0^1 f'(x)\,dx \right|$$ 1. Flächensatz

$$= 2 \cdot \left| [f(x)]_0^1 \right|$$ Integrationsformel

$$= 2 \cdot |f(1) - f(0)| = 2\,|e^{1-0,5} - e^1|$$ Einsetzen der Integrationsgrenzen

$$= 2e - 2\sqrt{e} \approx 2,1$$

Hinweise für den CAS-Einsatz:

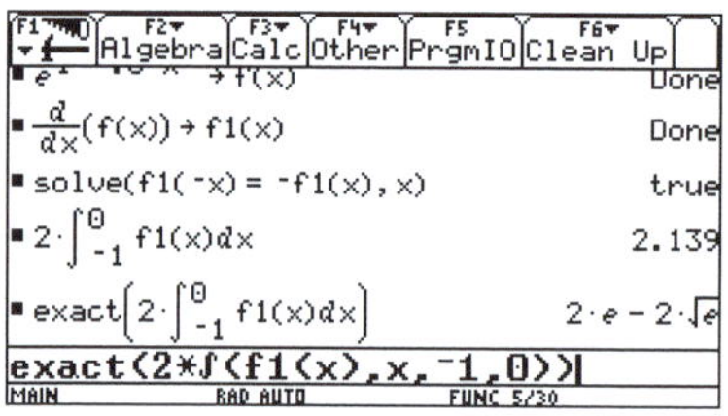

Mithilfe des Befehls **solve** wird die Punktsymmetrie nachgewiesen. Durch den Befehl **exact** erhält man den genauen Wert der gesuchten Fläche.

136. $(e^x - 2)^2 = 4$

$\Leftrightarrow \quad |e^x - 2| = 2$

$\Leftrightarrow \quad e^x - 2 = \pm 2$

$\Leftrightarrow \quad e^{x_1} = 4 \quad \text{bzw.} \quad e^{x_2} = 0$

Berechnung der Integrationsgrenzen: Die obere Integrationsgrenze ist die Abszisse des Punkts, in dem der Graph die horizontale Asymptote schneidet. Diese erhält man als Lösung der Gleichung f(x) = 4.

$\Rightarrow \quad x_1 = \ln 4$ — Nur die 1. Gleichung besitzt eine Lösung.

$$A = \int_{-4}^{\ln 4} \left(4 - (e^x - 2)^2\right) dx$$ 2. Flächensatz

$$= \int_{-4}^{\ln 4} (-e^{2x} + 4e^x)\,dx$$ Algebraische Vereinfachung der Integrandenfunktion

$$= -\int_{-4}^{\ln 4} e^{2x}\,dx + 4\int_{-4}^{\ln 4} e^{x}\,dx$$

Linearitätseigenschaften

$$= -\left[\tfrac{1}{2}e^{2x}\right]_{-4}^{\ln 4} + 4\cdot[e^{x}]_{-4}^{\ln 4}$$

$$= -\left[\tfrac{1}{2}e^{2\ln 4} - \tfrac{1}{2}e^{-8}\right] + 4\cdot[e^{\ln 4} - e^{-4}]$$

$$= -\left[\tfrac{1}{2}\cdot 16 - \tfrac{1}{2}e^{-8}\right] + 4\cdot[4 - e^{-4}]$$

$$= 8 + \frac{e^{-8}}{2} - 4e^{-4} \approx 7{,}9$$

137. $A = \int_{0}^{\frac{3}{k}} 2e^{-kx}\,dx = 2\cdot\int_{0}^{\frac{3}{k}} e^{-kx}\,dx$

1\. Flächensatz

$$= 2\cdot\left[\frac{1}{-k}e^{-kx}\right]_{0}^{\frac{3}{k}}$$

$$= \frac{2}{-k}e^{-3} - \left(\frac{2}{-k}\right) = \frac{2}{k}\cdot(1 - e^{-3})$$

$\frac{2}{k}\cdot(1 - e^{-3}) = 2$

Bestimmungsgleichung für k

$k = (1 - e^{-3}) \approx 0{,}95$

Auflösen nach k

Hinweise für den CAS-Einsatz:

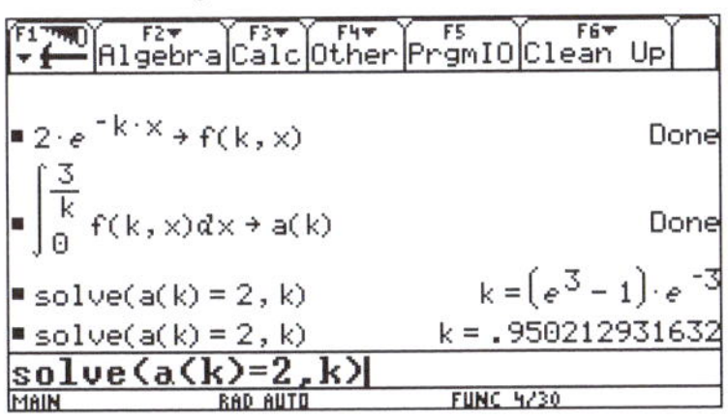

Das Integral wird als Funktion a(k) in Abhängigkeit von k gespeichert. Die Gleichung a(k) = 2 kann damit übersichtlicher eingegeben werden. Der Näherungswert wird mit 12 Nachkommastellen angegeben und kann z. B. auf 0,95 gerundet werden.

138. $f(x) = 0 \Leftrightarrow 2e^{x} - e^{2x} = 0 \Leftrightarrow e^{x}(2 - e^{x}) = 0$

$\Leftrightarrow 2 - e^{x} = 0 \Leftrightarrow x = \ln 2$

Berechnung der positiven Nullstellen der Funktion f

$g(x) = 0 \Leftrightarrow -x^2 + 1 = 0 \Leftrightarrow x^2 = 1$

$\Leftrightarrow x_1 = 1;\ x_2 = -1$

Berechnung der positiven Nullstellen der Funktion g

$\Rightarrow$ Positive Nullstellen: ln 2 bzw. 1

$$A=\int_0^1 g(x)\,dx-\int_0^{\ln 2} f(x)\,dx$$
$$=\int_0^1 (-x^2+1)\,dx-\int_0^{\ln 2}(2e^x-e^{2x})\,dx$$
$$=\left[-\frac{x^3}{3}+x\right]_0^1-\left[2e^x-\frac{1}{2}\cdot e^{2x}\right]_0^{\ln 2}$$
$$=\left(-\frac{1}{3}+1\right)-\left[\left(2e^{\ln 2}-\frac{1}{2}\cdot e^{2\ln 2}\right)-\left(2e^0-\frac{1}{2}\cdot e^0\right)\right]$$
$$=\frac{2}{3}-\left(2\cdot 2-\frac{1}{2}\cdot 4\right)+\left(2-\frac{1}{2}\right)$$
$$=\frac{1}{6}$$

Der gesuchte Flächeninhalt A ergibt sich nach dem 1. Flächensatz als Differenz der Flächen, welche die Koordinatenachsen und die Graphen der Funktionen f und g im 1. Quadranten einschließen.

139. $f(x)=g(x) \Leftrightarrow e^{-x}=e^{0,2x}$
$\Leftrightarrow -x=0,2x$
$\Leftrightarrow x=0$

Berechnung der Integrationsgrenzen

$$A=\left|\int_{-1}^{0}\left(e^{-x}-e^{0,2x}\right)dx\right|+\left|\int_0^1\left(e^{-x}-e^{0,2x}\right)dx\right|$$

2. Flächensatz

$$=\left|\left[-e^{-x}-5e^{0,2x}\right]_{-1}^{0}\right|+\left|\left[-e^{-x}-5e^{0,2x}\right]_0^1\right|$$
$$=\left|(-e^0-5e^0)-(-e^1-5e^{-0,2})\right|$$
$$+\left|(-e^{-1}-5e^{0,2})-(-e^0-5e^0)\right|$$
$$=|-6+e+5e^{-0,2}|+|-e^{-1}-5e^{0,2}+6|$$
$$\approx 1,3$$

Hinweise für den CAS-Einsatz:

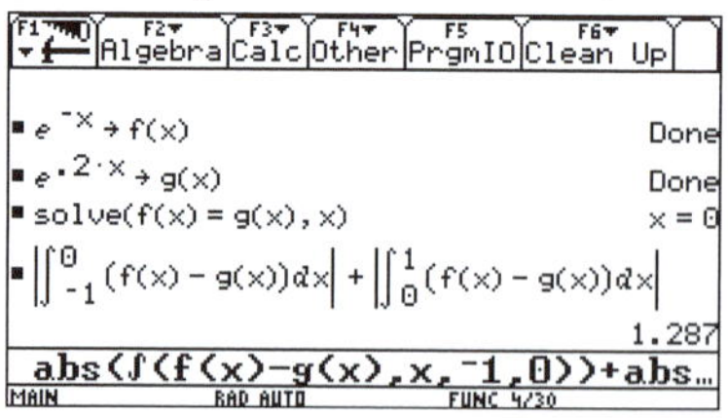

Eine Schnittstelle von f(x) und g(x) liegt bei x = 0. Daraus ergeben sich zwei Teilflächen, die zusammen die von f(x) und g(x) eingeschlossene Fläche bilden. Es werden also zwei Teilintegrale aufgestellt. Da mit den Teilintegralen Flächeninhalte zu berechnen sind, darf der Befehl **abs()** für die Beträge der beiden bestimmten Teilintegrale nicht vergessen werden.

140. **Berechnung der Nullstellen von $g_k(x)$**

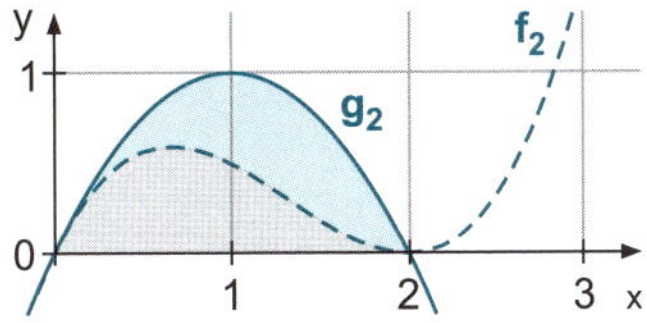

$$g_k(x)=0 \Leftrightarrow -\tfrac{k}{2}x^2+\tfrac{k^2}{2}x=0$$
$$\Leftrightarrow \tfrac{k}{2}x(-x+k)=0$$
$$\Leftrightarrow x_1=0;\ x_2=k$$

Berechnung der von G_{g_k} und der x-Achse eingeschlossenen Fläche A_g

Nach dem 1. Flächensatz gilt:

$$A_g=\int_0^k g_k(x)\,dx=\int_0^k\left(-\tfrac{k}{2}x^2+\tfrac{k^2}{2}x\right)dx=\left[-\tfrac{k}{6}x^3+\tfrac{k^2}{4}x^2\right]_0^k$$
$$=-\tfrac{k}{6}\cdot k^3+\tfrac{k^2}{4}\cdot k^2=\tfrac{k^4}{12}$$

Berechnung der von G_{f_k} und der x-Achse eingeschlossenen Fläche A_f

$$A_f=\int_0^k f_k(x)\,dx=\int_0^k\left(\tfrac{x^3}{2}-kx^2+\tfrac{k^2}{2}x\right)dx=\left[\tfrac{x^4}{8}-\tfrac{k}{3}x^3+\tfrac{k^2}{4}x^2\right]_0^k$$
$$=\tfrac{k^4}{8}-\tfrac{k}{3}\cdot k^3+\tfrac{k^2}{4}\cdot k^2=\tfrac{k^4}{24}$$

Wegen $A_g=2A_f$ teilt G_{f_k} die von G_{g_k} und der x-Achse eingeschlossene Fläche im Verhältnis 1 : 1.

141. **Berechnung der x-Koordinaten der Graphenschnittpunkte**

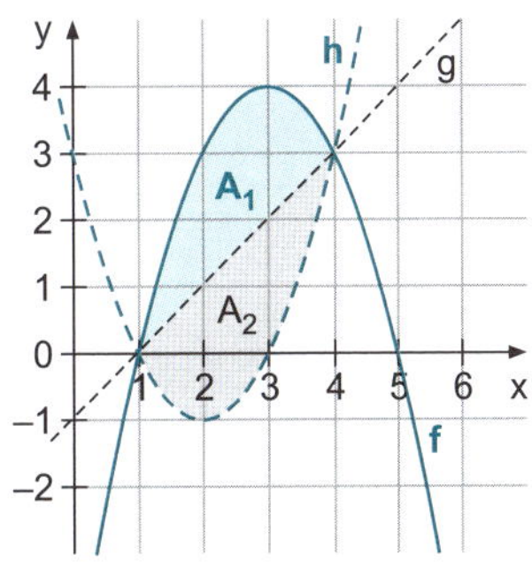

$$f(x)=h(x) \Leftrightarrow -x^2+6x-5=x^2-4x+3$$
$$\Leftrightarrow -2x^2+10x-8=0$$
$$\Leftrightarrow x^2-5x+4=0$$
$$\Leftrightarrow x_1=1;\ x_2=4$$

Berechnung des von G_f und G_h eingeschlossenen Flächeninhalts

Nach dem 2. Flächensatz gilt:

$$A=\int_1^4 (f(x)-h(x))\,dx=\int_1^4 ((-x^2+6x-5)-(x^2-4x+3))\,dx$$
$$=\int_1^4 (-2x^2+10x-8)\,dx=\left[-\tfrac{2}{3}x^3+5x^2-8x\right]_1^4$$
$$=\left(-\tfrac{2}{3}\cdot 4^3+5\cdot 4^2-8\cdot 4\right)-\left(-\tfrac{2}{3}\cdot 1^3+5\cdot 1^2-8\cdot 1\right)=9$$

Aufstellen der Geradengleichung

Da die Gerade durch die Punkte (1 | 0) und (4 | 3) verläuft, besitzt sie die Steigung

$$m=\frac{3-0}{4-1}=1,$$

ihre Gleichung lautet daher $g(x)=x+t$. Setzt man darin die Punktkoordinaten, z. B. (1 | 0), ein, erhält man den Achsenabschnitt t:

$$0=1+t \;\Rightarrow\; t=-1 \;\Rightarrow\; g(x)=x-1$$

Berechnung des von G_f und G_g eingeschlossenen Flächeninhalts

$$A_1=\int_1^4 (f(x)-g(x))\,dx=\int_1^4 ((-x^2+6x-5)-(x-1))\,dx$$

$$=\int_1^4 (-x^2+5x-4)\,dx=\left[-\tfrac{1}{3}x^3+\tfrac{5}{2}x^2-4x\right]_1^4$$

$$=\left(-\tfrac{1}{3}\cdot 4^3+\tfrac{5}{2}\cdot 4^2-4\cdot 4\right)-\left(-\tfrac{1}{3}\cdot 1^3+\tfrac{5}{2}\cdot 1^2-4\cdot 1\right)=\tfrac{9}{2}$$

Flächenverhältnis

$$A_2=A-A_1=9-\tfrac{9}{2}=\tfrac{9}{2}$$

$$\Rightarrow\; A_1:A_2=\tfrac{9}{2}:\tfrac{9}{2}=1:1$$

Hinweise für den CAS-Einsatz:

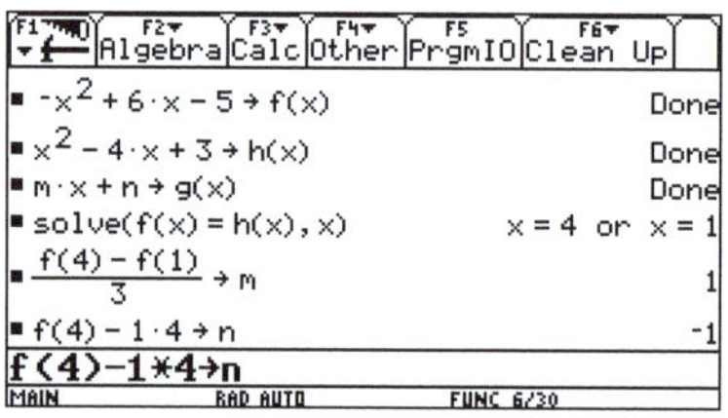

Nach der Definition der Funktionen werden die Schnittstellen berechnet. Anschließend wird die Geradengleichung g(x) durch m und n bestimmt.

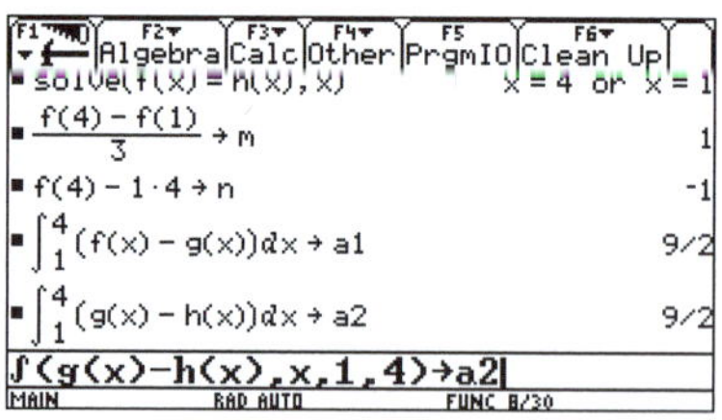

Durch die Integrale werden die Flächeninhalte a1 und a2 ermittelt. Es zeigt sich, dass a1 und a2 gleich groß sind. Die beiden Flächeninhalte stehen also im Verhältnis a1 : a2 = 1 : 1 zueinander.

142. Die Drehung erfolgt um die x-Achse, daher lässt sich die Regel zum Drehkörpervolumen unmittelbar anwenden:

$$V = \pi \cdot \int_0^2 (x^2)^2\,dx = \pi \int_0^2 x^4\,dx = \pi \cdot \left[\frac{x^5}{5}\right]_0^2 = \pi \cdot \frac{32}{5} = 6{,}4\pi \approx 20{,}1$$

143. Regel zum Drehkörpervolumen:

$$V = \pi \cdot \int_0^4 (\sqrt{8-2x})^2\,dx = \pi \int_0^4 (8-2x)\,dx = \pi \cdot \left[8x - x^2\right]_0^4 = \pi \cdot (8 \cdot 4 - 4^2)$$

$$= 16\pi \approx 50{,}3$$

Hinweise für den CAS-Einsatz:

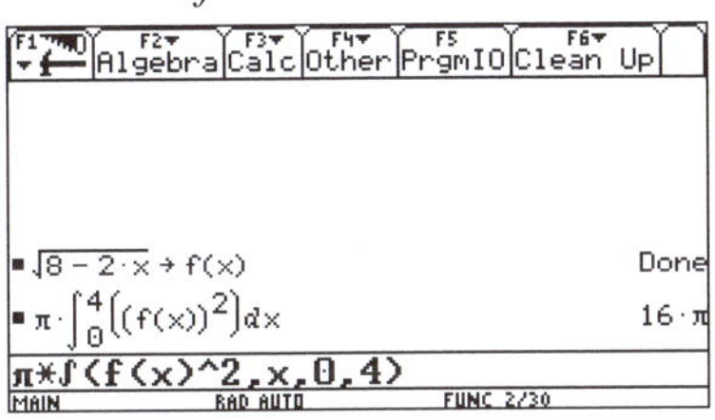

Mithilfe der Formel

$$V = \pi \cdot \int_a^b (f(x))^2\,dx \quad \text{für das}$$

Drehkörpervolumen wird das Volumen des Rotationskörpers berechnet.

144. Die Drehung erfolgt um die y-Achse, daher müssen Sie zunächst die Umkehrfunktion zu f ermitteln. Die rotierende Fläche setzt sich dann aus zwei Teilflächen zusammen (siehe Abbildung):

- die Rechtecksfläche A_1, die durch den Schnittpunkt $S(x_S \mid y_S)$ der Geraden $y = 1$ mit $G_{f^{-1}}$ bestimmt ist;
- die Fläche A_2, die von $G_{f^{-1}}$, der Geraden $x = x_S$ und der x-Achse berandet ist.

Umkehrfunktion

- Auflösen der Gleichung $y = f(x)$ nach x:

$$y = 2e^{-x^2} \Leftrightarrow \ln y = \ln(2e^{-x^2})$$
$$\Leftrightarrow \ln y = \ln 2 + \ln(e^{-x^2})$$
$$\Leftrightarrow \ln y = \ln 2 + (-x^2)$$
$$\Leftrightarrow x^2 = \ln 2 - \ln y$$
$$\Leftrightarrow \begin{cases} x_1 = +\sqrt{\ln 2 - \ln y} \\ x_2 = -\sqrt{\ln 2 - \ln y} \end{cases}$$

- Variablentausch:

$$f_1^{-1}(x) = +\sqrt{\ln 2 - \ln x}$$
$$f_2^{-1}(x) = -\sqrt{\ln 2 - \ln x}$$

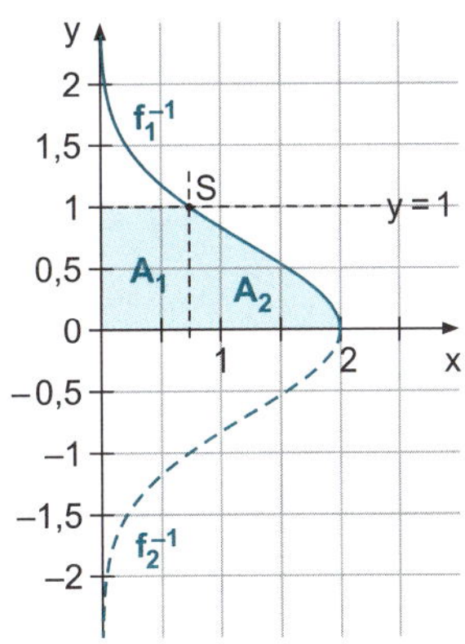

Schnittpunkt der Geraden $y = 1$ mit dem Graphen zu f_1^{-1}

$$f_1^{-1}(x) = 1 \iff \sqrt{\ln 2 - \ln x} = 1 \iff \ln 2 - \ln x = 1$$
$$\iff \ln x = \ln 2 - 1 = \ln 2 - \ln e = \ln\tfrac{2}{e} \iff x = \tfrac{2}{e}$$

Drehkörpervolumen

$$V = \pi \cdot \int_0^{\frac{2}{e}} 1^2\,dx + \pi \cdot \int_{\frac{2}{e}}^{2} (\sqrt{\ln 2 - \ln x})^2\,dx = \pi \cdot \int_0^{\frac{2}{e}} dx + \pi \cdot \int_{\frac{2}{e}}^{2} (\ln 2 - \ln x)\,dx$$
$$= \pi \cdot [x]_0^{\frac{2}{e}} + \pi \cdot [x\ln 2 + x - x\ln x]_{\frac{2}{e}}^2 = \pi \cdot \tfrac{2}{e} + \pi \cdot [x(\ln 2 + 1 - \ln x)]_{\frac{2}{e}}^2$$
$$= \tfrac{2\pi}{e} + \pi \cdot [x(\ln 2 + \ln e - \ln x)]_{\frac{2}{e}}^2 = \tfrac{2\pi}{e} + \pi \cdot \left[x\left(\ln\tfrac{2e}{x}\right)\right]_{\frac{2}{e}}^2$$
$$= \tfrac{2\pi}{e} + \pi \cdot \left[2\ln e - \tfrac{2}{e}\left(\ln e^2\right)\right] = \tfrac{2\pi}{e} + \pi \cdot \left(2 - \tfrac{4}{e}\right) = \tfrac{2\pi}{e} + \pi \cdot \tfrac{2(e-2)}{e}$$
$$= \tfrac{2\pi}{e} \cdot (e - 1) \approx 4{,}0$$

145. Drehen Sie die Gläser um 90° nach rechts, bis ihre Symmetrieachsen mit der x-Achse des Koordinatensystems zusammenfallen und die Scheitel im Koordinatenursprung liegen. Die mit Flüssigkeit gefüllten Volumina V_1 und V_2 sind dann die Rauminhalte der Drehkörper, die durch Rotation der von den Graphen der Funktionen $h(x) = \sqrt{x}$ bzw. $k(x) = \sqrt[3]{x}$, der x-Achse und der vertikalen Geraden $x = h$ begrenzten Flächen um die x-Achse entstehen.

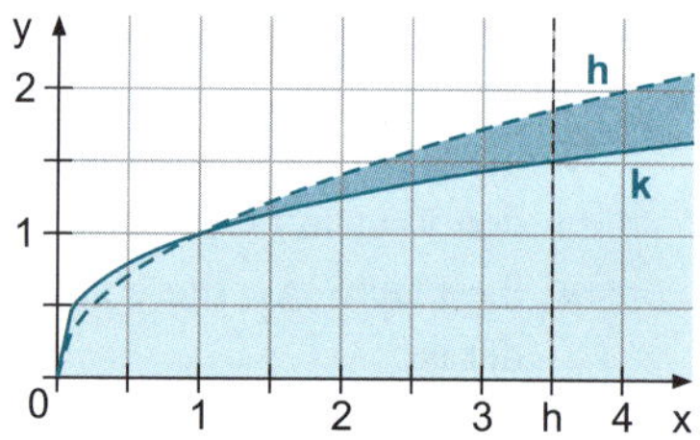

Für das Drehkörpervolumen erhalten Sie hierfür:

$$V_1 = \pi \cdot \int_0^h (h(x))^2\,dx = \pi \cdot \int_0^h x\,dx = \pi \cdot \left[\tfrac{1}{2}x^2\right]_0^h = \pi \cdot \tfrac{1}{2}h^2$$
$$V_2 = \pi \cdot \int_0^h (k(x))^2\,dx = \pi \cdot \int_0^h x^{\frac{2}{3}}\,dx = \pi \cdot \left[\tfrac{3}{5}x^{\frac{5}{3}}\right]_0^h = \pi \cdot \tfrac{3}{5}h^{\frac{5}{3}}$$

Aus der Gleichheit der Füllmengen lässt sich die Füllhöhe h berechnen:

$$V_1 = V_2 \iff \pi \cdot \tfrac{1}{2}h^2 = \pi \cdot \tfrac{3}{5}h^{\frac{5}{3}} \iff h^{2-\frac{5}{3}} = \tfrac{2\cdot 3}{5} \iff h^{\frac{1}{3}} = \tfrac{6}{5}$$
$$\iff h = \left(\tfrac{6}{5}\right)^3 = \tfrac{216}{125}$$

Durch Einsetzen in eine der beiden Volumenformeln ergibt sich die gesuchte Füllmenge:

$$V_1 = \pi \cdot \frac{1}{2} \cdot \left(\frac{216}{125}\right)^2 = \frac{23\,328}{15\,625} \cdot \pi \approx 4{,}69$$

Hinweise für den CAS-Einsatz:

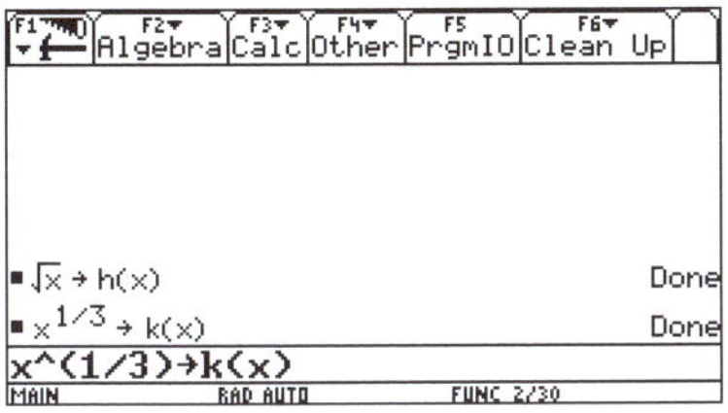

Die beiden Funktionen $h(x) = \sqrt{x}$ und $k(x) = x^{\frac{1}{3}} = \sqrt[3]{x}$ werden als die Umkehrfunktionen von $f(x) = x^2$ bzw. $g(x) = x^3$ definiert. Die gemeinsame Füllhöhe wird b genannt.

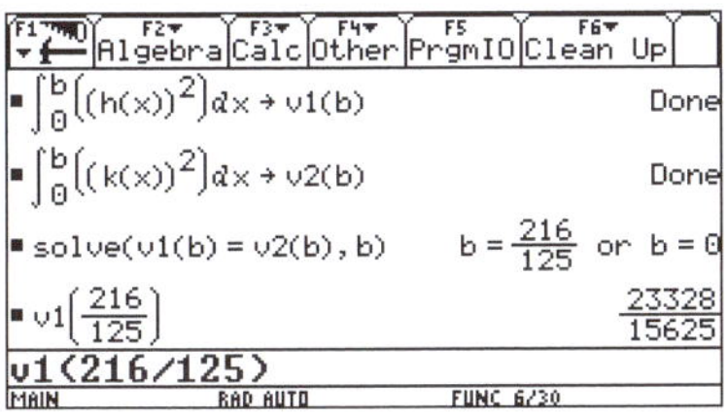

Die beiden Volumina v1(b) und v2(b) sind jeweils abhängig von der Füllhöhe b. Aus v1(b) = v2(b) ermittelt der CAS-Rechner zwei Lösungen. b = 0 ist keine sinnvolle Lösung. Wird die Lösung $b = \frac{216}{125}$ in v1(b) oder v2(b) eingesetzt, ergibt sich das gesuchte Volumen.

146. a) $\displaystyle\int_{(\ln 2)^2}^{(\ln 3)^2} \frac{e^{\sqrt{x}}}{\sqrt{x}}\,dx = ?$

$z = \sqrt{x}$ — 1. Schritt: Substituieren

$\frac{dz}{dx} = \frac{1}{2\sqrt{x}}$ — 2. Schritt: Ableiten

$dx = 2\sqrt{x}\,dz$ — 3. Schritt: Auflösen nach dx

$\frac{e^{\sqrt{x}}}{\sqrt{x}}\,dx = \frac{e^z}{z} \cdot 2\sqrt{x}\,dz = \frac{e^z}{z} \cdot 2z\,dz = 2e^z\,dz$ — 4. und 5. Schritt: Einsetzen, Umformen, Zusammenfassen

$\int 2e^z\,dz = 2e^z$ — 6. Schritt: Integrieren

$2e^z = 2e^{\sqrt{x}}$ — 7. Schritt: Resubstituieren

$\displaystyle\int_{(\ln 2)^2}^{(\ln 3)^2} \frac{e^{\sqrt{x}}}{\sqrt{x}}\,dx = 2e^{\ln 3} - 2e^{\ln 2} = 6 - 4 = 2$ — 8. Schritt: Grenzen einsetzen

b) $\int_0^{\ln 2} \frac{e^x}{(e^x+1)^2}\,dx = ?$

$z = e^x + 1$ — 1. Schritt: Substituieren

$\frac{dz}{dx} = e^x$ — 2. Schritt: Ableiten

$dx = \frac{dz}{e^x}$ — 3. Schritt: Auflösen nach dx

$\frac{e^x}{(e^x+1)^2}\,dx = \frac{e^x}{z^2}\frac{dz}{e^x} = \frac{dz}{z^2} = z^{-2}\,dz$ — 4. und 5. Schritt: Einsetzen und Zusammenfassen

$\int z^{-2}\,dz = -z^{-1}$ — 6. Schritt: Integrieren

$-z^{-1} = -(e^x+1)^{-1}$ — 7. Schritt: Resubstituieren

$\int_0^{\ln 2} \frac{e^x}{(e^x+1)^2}\,dx = -(e^{\ln 2}+1)^{-1} + (e^0+1)^{-1}$ — 8. Schritt: Grenzen einsetzen

$= -\frac{1}{3} + \frac{1}{2} = \frac{1}{6}$

c) $\int_{\frac{1}{3}}^{\frac{2}{3}} e^{3x-2}\,dx \approx ?$

$z = 3x - 2$ — 1. Schritt: Substituieren

$\frac{dz}{dx} = 3$ — 2. Schritt: Ableiten

$dx = \frac{dz}{3}$ — 3. Schritt: Auflösen

$e^{3x-2}\,dx = e^z \frac{dz}{3}$ — 4. und 5. Schritt: Einsetzen und Zusammenfassen

$\int e^z \frac{dz}{3} = \frac{1}{3}e^z$ — 6. Schritt: Integrieren

$\frac{1}{3}e^z = \frac{1}{3}e^{3x-2}$ — 7. Schritt: Resubstituieren

$\int_{\frac{1}{3}}^{\frac{2}{3}} e^{3x-2}\,dx = \left(\frac{1}{3}e^{3\cdot\frac{2}{3}-2}\right) - \left(\frac{1}{3}e^{3\cdot\frac{1}{3}-2}\right)$ — 8. Schritt: Grenzen einsetzen

$= \frac{1}{3} - \frac{1}{3e} \approx 0{,}21$

d) $\int_{\ln 2}^{\ln 3} (e^x+5)^3 e^x\,dx = ?$

$z = (e^x + 5)$ — 1. Schritt: Substituieren

$\frac{dz}{dx} = e^x$ — 2. Schritt: Ableiten

$dx = \frac{dz}{e^x}$ — 3. Schritt: Auflösen

$$(e^x+5)^3 e^x\,dx = z^3 e^x \frac{dz}{e^x} = z^3\,dz$$

4. und 5. Schritt: Einsetzen und Zusammenfassen

$$\int z^3\,dz = \frac{1}{4}z^4$$

6. Schritt: Integrieren

$$\frac{1}{4}z^4 = \frac{1}{4}(e^x+5)^4$$

7. Schritt: Resubstituieren

$$\int_{\ln 2}^{\ln 3} (e^x+5)^3 e^x\,dx$$

8. Schritt: Grenzen einsetzen

$$= \frac{1}{4}(e^{\ln 3}+5)^4 - \frac{1}{4}(e^{\ln 2}+5)^4$$

$$= \frac{1}{4}\cdot 8^4 - \frac{1}{4}\cdot 7^4 = \frac{1695}{4}$$

Hinweise für den CAS-Einsatz:

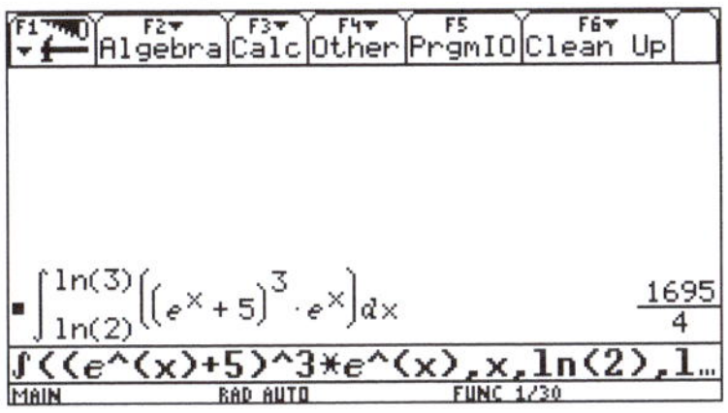

Selbst wenn die Grenzen des Integrals Logarithmen enthalten, gibt der CAS-Rechner ein exaktes Ergebnis aus.

147. a) $\int x^2 e^{x^3} dx = ?$

$$z = x^3$$

Substituieren

$$\frac{dz}{dx} = 3x^2$$

Ableiten

$$dx = \frac{dz}{3x^2}$$

Auflösen

$$x^2 e^{x^3} dx = x^2 e^z \frac{dz}{3x^2} = \frac{1}{3}e^z\,dz$$

Einsetzen und Zusammenfassen

$$\int \frac{1}{3}e^z dz = \frac{1}{3}e^z + C$$

Integrieren und Resubstituieren

$$\Rightarrow \int x^2 e^{x^3} dx = \frac{1}{3}e^{x^3} + C$$

b) $\int e^x \sqrt{e^x - 1}\,dx = ?$

$$z = e^x - 1$$

Substituieren

$$\frac{dz}{dx} = e^x$$

Ableiten

$$dx = \frac{dz}{e^x}$$

Auflösen

$$e^x\sqrt{e^x-1}\,dx = e^x\sqrt{z}\,\frac{dz}{e^x} = \sqrt{z}\,dz$$

Einsetzen und Zusammenfassen

$$\int \sqrt{z}\,dz = \frac{z^{\frac{3}{2}}}{\frac{3}{2}} + C = \frac{2}{3}\sqrt{z^3} + C$$ Integrieren und Resubstituieren

$$\Rightarrow \int e^x \sqrt{e^x - 1}\,dx = \frac{2}{3}\sqrt{(e^x - 1)^3} + C$$

c) $\int \frac{e^x}{2e^x + 1}\,dx = ?$

$$z = 2e^x + 1$$ Substituieren

$$\frac{dz}{dx} = 2e^x$$ Ableiten

$$dx = \frac{dz}{2e^x}$$ Auflösen

$$\frac{e^x}{2e^x + 1}\,dx = \frac{e^x}{z}\frac{dz}{2e^x} = \frac{dz}{2z}$$ Einsetzen und Zusammenfassen

$$\int \frac{1}{2z}\,dz = \frac{1}{2}\ln z + C$$ Integrieren und Resubstituieren

$$\Rightarrow \int \frac{e^x}{2e^x + 1}\,dx = \frac{1}{2}\ln(2e^x + 1) + C$$

d) $\int \frac{e^{-\frac{1}{x}}}{x^2}\,dx = ?$

$$z = -\frac{1}{x}$$ Substituieren

$$\frac{dz}{dx} = \frac{1}{x^2}$$ Ableiten

$$dx = x^2\,dz$$ Auflösen

$$\frac{e^{-\frac{1}{x}}}{x^2}\,dx = \frac{e^z}{x^2}\,x^2 dz = e^z dz$$ Einsetzen und Zusammenfassen

$$\int e^z\,dz = e^z + C \Rightarrow \int \frac{e^{-\frac{1}{x}}}{x^2}\,dx = e^{-\frac{1}{x}} + C$$ Integrieren und Resubstituieren

Hinweise für den CAS-Einsatz:

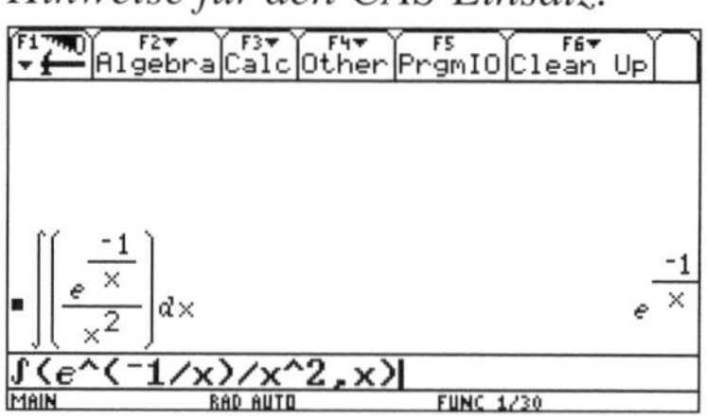

Der CAS-Rechner gibt in der integralfreien Darstellung des unbestimmten Integrals eine Stammfunktion an. Die Lösung des CAS-Rechners ist gleich der schriftlichen Lösung, wenn die Konstante C dort gleich null ist.

148. Wahl der Teilfunktionen u und v des Integranden:

$u(x)=x$ und $v'(x)=e^{-x}$ $\Rightarrow$ $u'(x)=1$ und $v(x)=-e^{-x}$

Partielle Integration:

$$\int_0^{\ln 2} \underbrace{x}_{u(x)} \cdot \underbrace{e^{-x}}_{v'(x)} dx = \left[\underbrace{x}_{u(x)} \underbrace{(-e^{-x})}_{v(x)}\right]_0^{\ln 2} - \int_0^{\ln 2} \underbrace{1}_{u'(x)} \cdot \underbrace{(-e^{-x})}_{v(x)} dx$$

$$= \left[x(-e^{-x})\right]_0^{\ln 2} - \left[e^{-x}\right]_0^{\ln 2} = \left[x(-e^{-x}) - e^{-x}\right]_0^{\ln 2}$$

$$= \left[-e^{-x}(x+1)\right]_0^{\ln 2} = (-e^{-\ln 2}(\ln 2 + 1)) - (-e^0(0+1))$$

$$= -\tfrac{1}{2}\ln 2 - \tfrac{1}{2} + 1 = \tfrac{1}{2} - \tfrac{\ln 2}{2} \approx 0{,}15$$

149. Wahl der Teilfunktionen u und v des Integranden:

$u(x)=\ln x$ und $v'(x)=x-2$ $\Rightarrow$ $u'(x)=\frac{1}{x}$ und $v(x)=\frac{1}{2}x^2-2x$

Partielle Integration:

$$\int_e^1 \underbrace{(x-2)}_{v'(x)} \cdot \underbrace{\ln x}_{u(x)} dx = \left[\underbrace{\ln x}_{u(x)} \cdot \underbrace{\left(\tfrac{1}{2}x^2 - 2x\right)}_{v(x)}\right]_e^1 - \int_e^1 \underbrace{\tfrac{1}{x}}_{u'(x)} \cdot \underbrace{\left(\tfrac{1}{2}x^2 - 2x\right)}_{v(x)} dx$$

$$= \left[\ln x \cdot \left(\tfrac{1}{2}x^2 - 2x\right)\right]_e^1 - \int_e^1 \left(\tfrac{1}{2}x - 2\right) dx$$

$$= \left[\ln x \cdot \left(\tfrac{1}{2}x^2 - 2x\right)\right]_e^1 - \left[\tfrac{1}{4}x^2 - 2x\right]_e^1$$

$$= \left[\ln x \cdot \left(\tfrac{1}{2}x^2 - 2x\right) - \left(\tfrac{1}{4}x^2 - 2x\right)\right]_e^1$$

$$= \left(\ln 1 \cdot \left(\tfrac{1}{2} \cdot 1^2 - 2 \cdot 1\right) - \left(\tfrac{1}{4} \cdot 1^2 - 2 \cdot 1\right)\right)$$

$$- \left(\ln e \cdot \left(\tfrac{1}{2}e^2 - 2e\right) - \left(\tfrac{1}{4}e^2 - 2e\right)\right)$$

$$= \tfrac{7}{4} - \tfrac{1}{4}e^2 \approx -0{,}097$$

150. Wahl der Teilfunktionen u und v des Integranden:
$u(x)=x$ und $v'(x)=\sin(-x)$ $\Rightarrow$ $u'(x)=1$ und $v(x)=\cos(-x)$

Partielle Integration:

$$\int_0^{\pi} \underbrace{x}_{u(x)} \cdot \underbrace{\sin(-x)}_{v'(x)}\,dx = \left[\underbrace{x}_{u(x)} \cdot \underbrace{\cos(-x)}_{v(x)}\right]_0^{\pi} - \int_0^{\pi} \underbrace{1}_{u'(x)} \cdot \underbrace{\cos(-x)}_{v(x)}\,dx$$

$$= [x \cdot \cos(-x)]_0^{\pi} - [-\sin(-x)]_0^{\pi} = [x \cdot \cos(-x) + \sin(-x)]_0^{\pi}$$

$$= (\pi \cdot \cos(-\pi) + \sin(-\pi)) - (0 \cdot \cos 0 + \sin 0) = -\pi$$

151. Wahl der Teilfunktionen u und v des Integranden:
$u(x)=x^2$ und $v'(x)=\sin x$ $\Rightarrow$ $u'(x)=2x$ und $v(x)=-\cos x$

Partielle Integration:

$$\int_0^{\pi} \underbrace{x^2}_{u(x)} \underbrace{\sin x}_{v'(x)}\,dx = \left[\underbrace{x^2}_{u(x)} \cdot \underbrace{(-\cos x)}_{v(x)}\right]_0^{\pi} - \int_0^{\pi} \underbrace{2x}_{u'(x)} \underbrace{(-\cos x)}_{v(x)}\,dx$$

$$= \left[-x^2 \cos x\right]_0^{\pi} + 2\underbrace{\int_0^{\pi} x \cos x\,dx}_{\text{Beispiel a}}$$

$$= \left[-x^2 \cos x\right]_0^{\pi} + 2[x \sin x + \cos x]_0^{\pi}$$

$$= \left[-x^2 \cos x + 2x \sin x + 2\cos x\right]_0^{\pi}$$

$$= \pi^2 - 2 - 2 = \pi^2 - 4$$

Hinweise für den CAS-Einsatz:

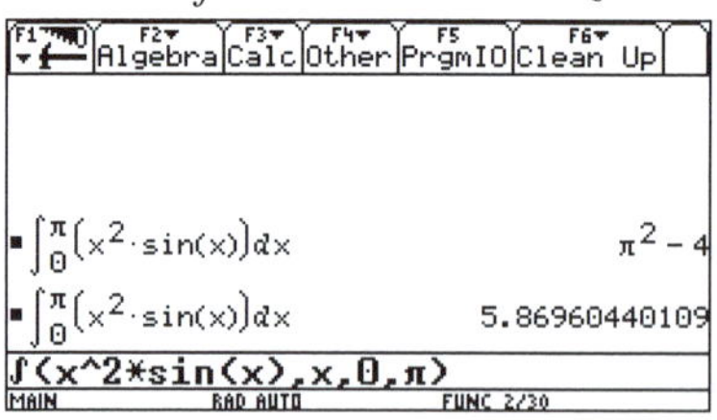

Mit der Tastenkombination [◆] und [ENTER] wird ein Näherungswert berechnet.

152. Wahl der Teilfunktionen u und v des Integranden:

$u(x) = \ln x$ und $v'(x) = \frac{1}{x} \Rightarrow u'(x) = \frac{1}{x}$ und $v(x) = \ln x$

Partielle Integration:

$$\int_1^e \frac{\ln x}{x}\,dx = \int_1^e \underbrace{\ln x}_{u(x)} \cdot \underbrace{\frac{1}{x}}_{v'(x)}\,dx = \Big[\underbrace{\ln x}_{u(x)} \cdot \underbrace{\ln x}_{v(x)}\Big]_1^e - \int_1^e \underbrace{\frac{1}{x}}_{u'(x)} \cdot \underbrace{\ln x}_{v(x)}\,dx$$

$$= \left[(\ln x)^2\right]_1^e - \int_1^e \frac{\ln x}{x}\,dx$$

$$\Rightarrow \quad 2 \cdot \int_1^e \frac{\ln x}{x}\,dx = \left[(\ln x)^2\right]_1^e \quad \Rightarrow \quad \int_1^e \frac{\ln x}{x}\,dx = \frac{1}{2}\left((\ln e)^2 - (\ln 1)^2\right) = \frac{1}{2}$$

153. $f(x) = x^2 + 2x + 7 \Rightarrow f'(x) = 2x + 2$ — Ableitung der Nennerfunktion f(x)

$i(x) = \dfrac{6x+6}{x^2+2x+7} = 3 \cdot \dfrac{f'(x)}{f(x)}$ — Integrandenfunktion i(x)

$$\int_0^1 \frac{6x+6}{x^2+2x+7}\,dx = 3 \cdot \int_0^1 \frac{2x+2}{x^2+2x+7}\,dx$$ logarithmische Integration

$$= 3 \cdot \left[\ln|x^2+2x+7|\right]_0^1$$

$$= 3\ln 10 - 3\ln 7 \approx 1{,}1$$

Hinweise für den CAS-Einsatz:

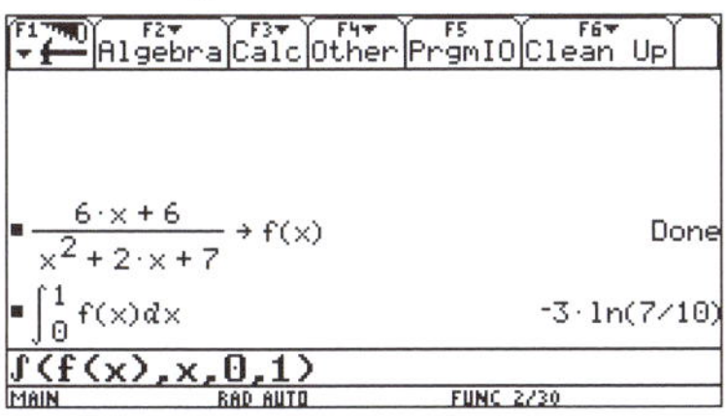

Ohne die Anwendung von Integrationsregeln und ohne vorheriges Umformen berechnet der CAS-Rechner das bestimmte Integral.

154. $f(x) = x^2 + 3x \Rightarrow f'(x) = 2x + 3$ — Ableitung der Nennerfunktion f(x)

$i(x) = \dfrac{2x+3}{x^2+3x} = \dfrac{f'(x)}{f(x)}$ — Integrandenfunktion i(x)

$$\int_1^3 \frac{2x+3}{x^2+3x}\,dx = \left[\ln|x^2+3x|\right]_1^3$$ logarithmische Integration

$$= \ln 18 - \ln 4 \approx 1{,}5$$

155. $i(x) = \tan x = \dfrac{\sin x}{\cos x}$

Umformen der Integrandenfunktion i(x)

$f(x) = \cos x \Rightarrow f'(x) = -\sin x \Rightarrow i(x) = \dfrac{-f'(x)}{f(x)}$

Ableitung der Nennerfunktion f(x)

$$\int_{\frac{\pi}{4}}^{\frac{\pi}{3}} \tan x\, dx = \left[-\ln|\cos x|\right]_{\frac{\pi}{4}}^{\frac{\pi}{3}}$$

logarithmische Integration

$$= -\ln\left|\cos\tfrac{\pi}{3}\right| + \ln\left|\cos\tfrac{\pi}{4}\right|$$
$$= -\ln\tfrac{1}{2} + \ln\left(\tfrac{1}{2}\sqrt{2}\right) =$$
$$\approx 0,35$$

Hinweise für den CAS-Einsatz:

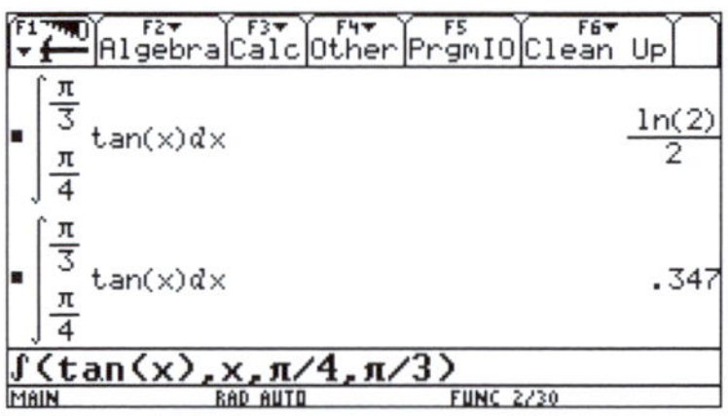

Hier wird für das bestimmte Integral auch der Näherungswert berechnet.

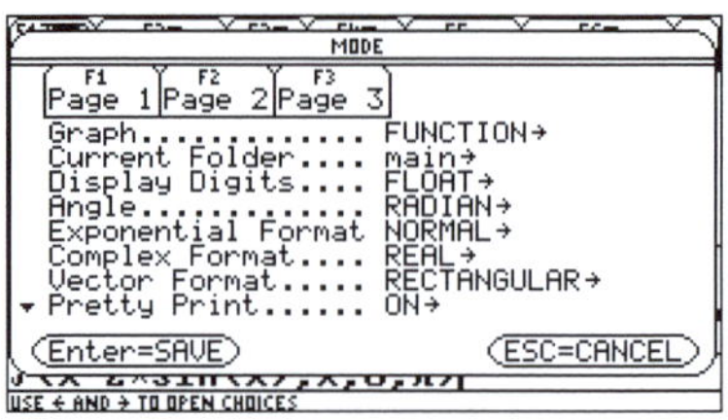

Mit MODE wird das im Bild gezeigte Menü aufgerufen. Die Einstellung für „Display Digits“ gibt an, wie viele Nachkommastellen bei Dezimalbrüchen angezeigt werden.

156. $f(x) = e^{2x} - e^{-2x} \Rightarrow f'(x) = 2e^{2x} + 2e^{-2x}$

Ableitung der Nennerfunktion f(x)

$i(x) = \dfrac{e^{2x} + e^{-2x}}{e^{2x} - e^{-2x}} = \dfrac{1}{2} \cdot \dfrac{f'(x)}{f(x)}$

Integrandenfunktion i(x)

$$\int_{\ln 2}^{\ln 3} \frac{e^{2x} + e^{-2x}}{e^{2x} - e^{-2x}}\, dx = \tfrac{1}{2}\left[\ln|e^{2x} - e^{-2x}|\right]_{\ln 2}^{\ln 3}$$

logarithmische Integration

$$= \tfrac{1}{2} \cdot \left(\ln\left|9 - \tfrac{1}{9}\right| - \ln\left|4 - \tfrac{1}{4}\right|\right)$$
$$= \tfrac{1}{2} \cdot \left(\ln\tfrac{80}{9} - \ln\tfrac{15}{4}\right) \approx 0,43$$

Hinweise für den CAS-Einsatz:

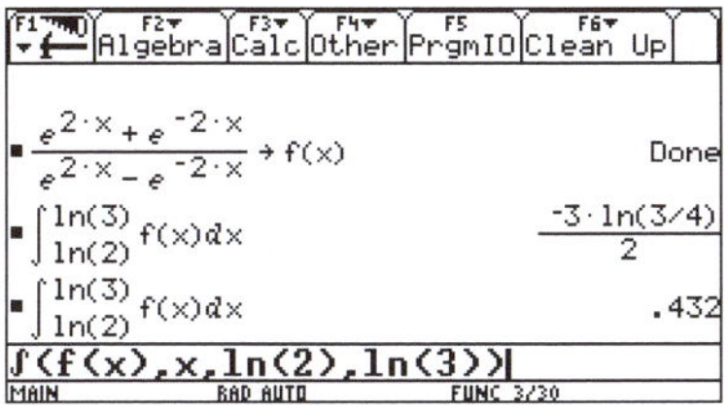

Dass die schriftliche Lösung und das Ergebnis des CAS-Rechners identisch sind, zeigt der Näherungswert.

157. $i(x)= (x^3+x^2+5x+2):(x^2+2)=x+1+\frac{3x}{x^2+2}$

$$\begin{array}{l} -(x^3+\quad 2x) \\ \hline \quad x^2+3x+2 \\ \quad -(x^2\quad +2) \\ \hline \quad\quad 3x \end{array}$$

Umformen der Integrandenfunktion i(x) durch Polynomdivision

$f(x)=x^2+2 \Rightarrow f'(x)=2x \Rightarrow \frac{3x}{x^2+2}=\frac{3}{2}\cdot\frac{f'(x)}{f(x)}$

Ableitung der Nennerfunktion f(x) des letzten Summanden von i(x)

$$\int_0^1 \frac{x^3+x^2+5x+2}{x^2+2}\,dx=\int_0^1\left(x+1+\frac{3x}{x^2+2}\right)dx$$

Integration:

$$=\int_0^1 (x+1)\,dx+\int_0^1\left(\frac{3x}{x^2+2}\right)dx$$

Linearität des Integrals

$$=\left[\frac{1}{2}x^2+x\right]_0^1+\left[\frac{3}{2}\ln|x^2+2|\right]_0^1$$

$$=\frac{1}{2}+1+\frac{3}{2}\ln 3-\frac{3}{2}\ln 2\approx 2{,}1$$

elementare bzw. logarithmische Integration

158. $i(x)=\frac{1}{x\ln x}=\frac{\frac{1}{x}}{\ln x}$

Umformen der Integrandenfunktion i(x)

$f(x)=\ln x \Rightarrow f'(x)=\frac{1}{x} \Rightarrow i(x)=\frac{f'(x)}{f(x)}$

Ableitung der Nennerfunktion f(x)

$$\int_e^{e^2}\frac{1}{x\ln x}\,dx=[\ln|\ln x|]_e^{e^2}=\ln 2\approx 0{,}69$$

logarithmische Integration

159. Aus $f'(x) = x \cdot f(x)$ folgt zunächst:

$$\frac{f'(x)}{f(x)} = x \Rightarrow \int \frac{f'(x)}{f(x)}\,dx = \int x\,dx$$

Sie integrieren nun auf der linken Seite logarithmisch und auf der rechten Seite elementar und erhalten unter Berücksichtigung der angegebenen Bedingungen schrittweise die gesuchte Funktion:

$$\ln|f(x)| = \frac{1}{2}x^2 + C$$ C ist eine Konstante aus $\mathbb{R}$.

$$\ln f(x) = \frac{1}{2}x^2 + C$$ f(x) ist auf $\mathbb{R}$ positiv.

$$e^{\ln f(x)} = e^{\frac{1}{2}x^2 + C} \Rightarrow f(x) = e^{\frac{1}{2}x^2}e^C$$ Anwenden der e-Funktion auf beiden Seiten

$$2 = e^{\frac{1}{2}\cdot 0^2}e^C = e^C \Rightarrow f(x) = 2e^{\frac{1}{2}x^2}$$ $f(0) = 2$

160. Da der Grad des Zählerpolynoms kleiner als der des Nennerpolynoms ist und $x^2 - 4$ nur die einfachen, reellen Nullstellen +2 und –2 besitzt, setzen Sie:

$$\frac{2}{x^2-4} = \frac{A}{x-2} + \frac{B}{x+2}$$

Aus

$$\frac{A}{x-2} + \frac{B}{x+2} = \frac{A(x+2)+B(x-2)}{x^2-4} = \frac{(A+B)x + 2(A-B)}{x^2-4} = \frac{2}{x^2-4}$$

ergibt sich durch Koeffizientenvergleich das Gleichungssystem

$A + B = 0$ (1)

$A - B = 1$ (2)

mit den Lösungen $A = \frac{1}{2}$, $B = -\frac{1}{2}$. Daher gilt:

$$\int_{-1}^{+1} \frac{2}{x^2-4}\,dx = \int_{-1}^{1} \left(\frac{0,5}{x-2} - \frac{0,5}{x+2}\right)dx = [0,5\ln|x-2| - 0,5\ln|x+2|]_{-1}^{+1}$$

$$= \left[0,5\ln\left|\frac{x-2}{x+2}\right|\right]_{-1}^{+1} = 0,5\ln\frac{1}{3} - 0,5\ln 3 = -\ln 3$$

161. Partialbruchzerlegung

- Grad des Zählerpolynoms kleiner als Grad des Nennerpolynoms
- $(x-1)^2(x-2)$: doppelte Nullstelle 1, einfache Nullstelle +2

$$\Rightarrow \frac{1}{(x-1)^2(x-2)} = \frac{A}{x-1} + \frac{B}{(x-1)^2} + \frac{C}{x-2}$$

Bestimmungsgleichung für die Koeffizienten

$$\frac{A}{x-1}+\frac{B}{(x-1)^2}+\frac{C}{x-2}=\frac{A(x-1)(x-2)+B(x-2)+C(x-1)^2}{(x-1)^2(x-2)}$$

$$=\frac{x^2(A+C)-x(3A-B+2C)+(2A-2B+C)}{(x-1)^2(x-2)}=\frac{1}{(x-1)^2(x-2)}$$

Koeffizientenvergleich

$$\left.\begin{aligned} A+C&=0 \quad (1)\\ 3A-B+2C&=0 \quad (2)\\ 2A-2B+C&=1 \quad (3)\end{aligned}\right\} \Rightarrow A=-1;\ B=-1;\ C=1$$

Integration

$$\int_{-1}^{0}\frac{1}{(x-1)^2(x-2)}\,dx=\int_{-1}^{0}\left(\frac{-1}{x-1}+\frac{-1}{(x-1)^2}+\frac{1}{x-2}\right)dx$$

$$=\left[-\ln|x-1|+\frac{1}{x-1}+\ln|x-2|\right]_{-1}^{0}=\left[\frac{1}{x-1}+\ln\frac{|x-2|}{|x-1|}\right]_{-1}^{0}$$

$$=-1+\ln 2+\tfrac{1}{2}-\ln\tfrac{3}{2}=-0{,}5+2\ln 2-\ln 3$$

162. Durch **Polynomdivision** formt man die Integrandenfunktion in eine Summe aus einem Polynom und einer echt gebrochenrationalen Funktion um:

$$\frac{2x^3+2x^2-x+1}{x^2+x}=2x+\frac{-x+1}{x^2+x}$$

Partialbruchzerlegung

Das Nennerpolynom des 2. Summanden besitzt die einfachen Nullstellen 0 und –1.

$$\Rightarrow \quad \frac{-x+1}{x^2+x}=\frac{A}{x}+\frac{B}{x+1}$$

Bestimmungsgleichung für die Koeffizienten

$$\frac{A}{x}+\frac{B}{x+1}=\frac{A(x+1)+Bx}{x(x+1)}=\frac{(A+B)x+A}{x^2+x}=\frac{-x+1}{x^2+x}$$

Koeffizientenvergleich

$$\left.\begin{aligned} A+B&=-1 \quad (1)\\ A&=1 \quad (2)\end{aligned}\right\} \Rightarrow A=1;\ B=-2$$

Integration

$$\int_{1}^{2}\frac{2x^3+2x^2-x+1}{x^2+x}\,dx=\int_{1}^{2}\left(2x+\frac{1}{x}+\frac{-2}{x+1}\right)dx=\left[x^2+\ln|x|-2\ln|x+1|\right]_1^2$$

$$=3+3\ln 2-2\ln 3$$

Hinweise für den CAS-Einsatz:

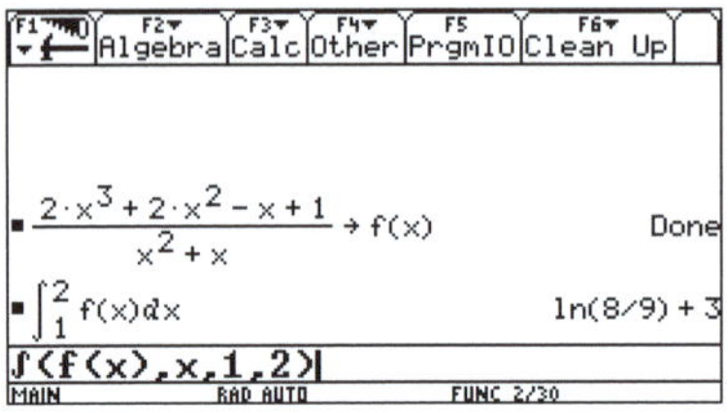

Die Berechnung des bestimmten Integrals geschieht mithilfe des Integralzeichens im Menü [F3]; 2:∫ (integrate. Es werden in der Klammer nacheinander der Funktionsterm, die Integrationsvariable und die untere und obere Grenze angegeben.

163. a) $\int\limits_{-\infty}^{-1} \frac{-4}{x^3}\,dx = \lim\limits_{L\to-\infty} \int\limits_{L}^{-1} \frac{-4}{x^3}\,dx = \lim\limits_{L\to-\infty}\left[\frac{2}{x^2}\right]_L^{-1} = \lim\limits_{L\to-\infty}\left(2-\frac{2}{L^2}\right) = 2$

b) $\int\limits_{2}^{+\infty} \frac{3}{\sqrt{x^5}}\,dx = \lim\limits_{R\to\infty}\int\limits_{2}^{R} 3x^{-\frac{5}{2}}\,dx = \lim\limits_{R\to\infty}\left[\frac{3x^{-\frac{3}{2}}}{-\frac{3}{2}}\right]_2^R = \lim\limits_{R\to\infty}\left[-2x^{-\frac{3}{2}}\right]_2^R$

$= \lim\limits_{R\to\infty}\left(-2R^{-\frac{3}{2}} + 2\cdot 2^{-\frac{3}{2}}\right) = \lim\limits_{R\to\infty}\left(-\frac{2}{\sqrt{R^3}} + \frac{1}{\sqrt{2}}\right) = \frac{1}{\sqrt{2}}$

Hinweise für den CAS-Einsatz:

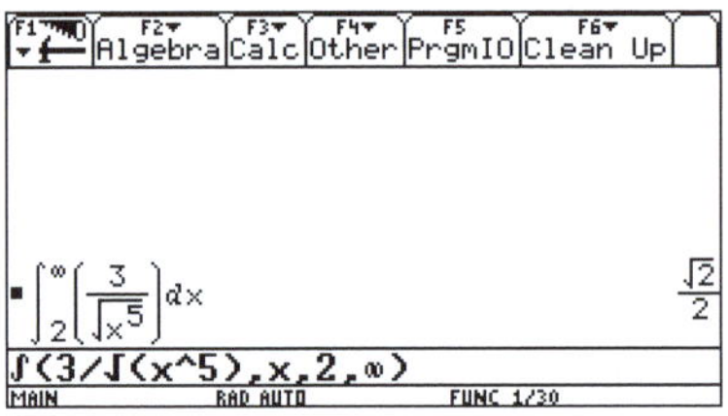

Bei uneigentlichen Integralen kann als obere Grenze das Unendlichzeichen verwendet werden. Eine Grenzwertberechnung erübrigt sich dadurch.

164. a) Das Integral **konvergiert nicht**, denn:

$\int\limits_{3}^{+\infty} \frac{4x}{x^2-4}\,dx = \lim\limits_{R\to\infty}\int\limits_{3}^{R} \frac{4x}{x^2-4}\,dx \overset{\text{logarithmische}}{\underset{\text{Integration}}{=}} \lim\limits_{R\to\infty}\left[2\cdot\ln|x^2-4|\right]_3^R$

$= \lim\limits_{R\to\infty}(2\ln|R^2-4| - 2\ln 5) = \lim\limits_{R\to\infty}\left(2\ln\underbrace{\frac{|R^2-4|}{5}}_{\to\infty}\right) = +\infty$

Hinweise für den CAS-Einsatz:

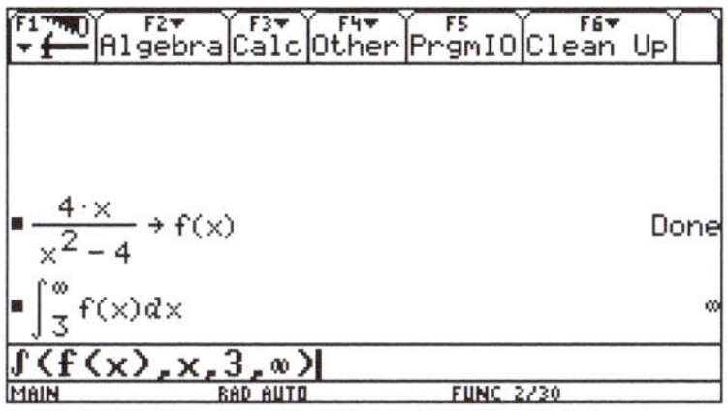

Der CAS-Rechner gibt für das uneigentliche Integral den Wert unendlich an. Das bedeutet dass dieses Integral für $b \to \infty$ keinen Grenzwert besitzt.

b) Das Integral **konvergiert**, denn:

$$\int_3^{+\infty} \frac{3}{3-x^2}\,dx = \lim_{R\to\infty} \int_3^R \frac{\sqrt{3}}{2}\cdot\left(\frac{1}{x+\sqrt{3}}-\frac{1}{x-\sqrt{3}}\right)dx$$

$$= \lim_{R\to\infty} \frac{\sqrt{3}}{2}\cdot\Big[\ln|x+\sqrt{3}|-\ln|x-\sqrt{3}|\Big]_3^R$$

$$= \lim_{R\to\infty} \frac{\sqrt{3}}{2}\cdot\left[\ln\left|\frac{x+\sqrt{3}}{x-\sqrt{3}}\right|\right]_3^R$$

$$= \lim_{R\to\infty} \frac{\sqrt{3}}{2}\cdot\left(\underbrace{\ln\left|\frac{R+\sqrt{3}}{R-\sqrt{3}}\right|}_{\to 1}-\ln\left|\frac{3+\sqrt{3}}{3-\sqrt{3}}\right|\right)$$

$$= \frac{\sqrt{3}}{2}\cdot\left(-\ln\left|\frac{3+\sqrt{3}}{3-\sqrt{3}}\right|\right) = \frac{\sqrt{3}}{2}\ln\frac{3-\sqrt{3}}{3+\sqrt{3}} \approx -1{,}1$$

165. Der Skizze entnimmt man für die Maßzahl der Fläche:

$$A = \int_3^{\infty} \frac{8x}{(x^2-4)^2}\,dx = \lim_{R\to\infty}\int_3^R \frac{8x}{(x^2-4)^2}\,dx \qquad (*)$$

Für die Berechnung des Integrals eignet sich die **Substitutionsmethode:**

$z = x^2-4$ Substituieren

$\frac{dz}{dx} = 2x$ Ableiten

$dx = \frac{dz}{2x}$ Auflösen nach dx

$\frac{8x}{(x^2-4)^2}\,dx = \frac{8x}{z^2}\frac{dz}{2x} = \frac{4}{z^2}dz$ Einsetzen und Zusammenfassen

$\int \frac{4}{z^2}\,dz = \frac{-4}{z}$ Integrieren

$\frac{-4}{z} = \frac{-4}{x^2-4}$ Resubstituieren

$$\int_3^R \frac{8x}{(x^2-4)^2}\,dx = \left[\frac{-4}{x^2-4}\right]_3^R = \left(\frac{-4}{R^2-4}\right) - \left(\frac{-4}{9-4}\right) \quad \text{Grenzen einsetzen}$$

$$= \frac{4}{4-R^2} + \frac{4}{5}$$

$$A = \int_3^\infty \frac{8x}{(x^2-4)^2}\,dx = \lim_{R\to\infty}\left(\frac{4}{4-R^2} + \frac{4}{5}\right) = \frac{4}{5} \quad \text{Gleichung (*) auswerten}$$

166. Der Skizze entnimmt man, dass $A = \int_1^\infty \left(\frac{2x^3+1}{2x^2} - x\right) dx$, und erhält hierfür:

$$\int_1^\infty \left(\frac{2x^3+1}{2x^2} - x\right) dx = \int_1^\infty \left(x + \frac{1}{2x^2} - x\right) dx = \int_1^\infty \frac{1}{2x^2}\,dx = \lim_{R\to\infty} \int_1^R \frac{1}{2x^2}\,dx$$

$$= \lim_{R\to\infty}\left[-\frac{1}{2x}\right]_1^R = \lim_{R\to\infty}\left(-\frac{1}{2R} + \frac{1}{2}\right) = \frac{1}{2}$$

167. Anhand der Skizze können Sie für die Werte, die die Funktion f annimmt, folgende einschränkende Bedingungen formulieren:

(1) $e^{-x^2} \le 1$, falls $0 \le x \le 1$

(2) $e^{-x^2} \le e^{-x}$, falls $x \ge 1$

(3) $e^{-x^2} > 0$, für $x \in \mathbb{R}$

Wegen der Additivität und der Monotonie des Integrals gilt daher:

$$0 \le \int_0^\infty e^{-x^2} dx \overset{\text{Additivität}}{=} \int_0^1 e^{-x^2} dx + \int_1^\infty e^{-x^2} dx \overset{\text{Monotonie}}{\le} \int_0^1 1\,dx + \int_1^\infty e^{-x} dx$$

$$= \int_0^1 1\,dx + \lim_{R\to\infty} \int_1^R e^{-x}\,dx = [x]_0^1 + \lim_{R\to\infty}\left[-e^{-x}\right]_1^R$$

$$= 1 + \lim_{R\to\infty}\left(-e^{-R} + e^{-1}\right) = 1 + \frac{1}{e} \approx 1{,}4$$

Das Integral besitzt demnach die obere Schranke 1,4. Diese Abschätzung ist nicht gut, wie der Vergleich mit dem exakten Wert $\frac{\pi}{2} \approx 0{,}886$ zeigt.

Hinweise für den CAS-Einsatz:

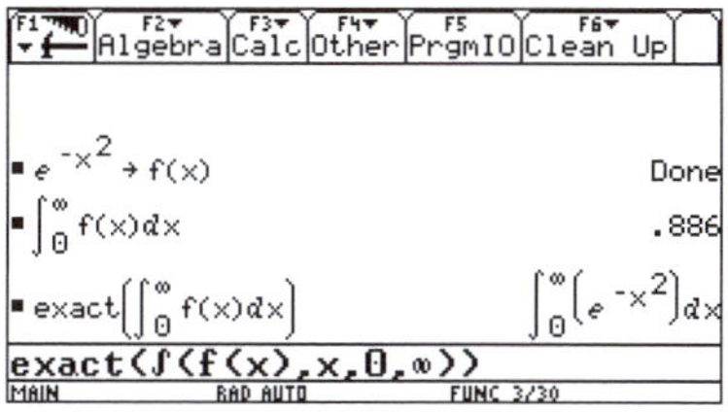

Der Taschenrechner berechnet keinen exakten Wert, sondern nur den Näherungswert 0,886. Selbst mit dem Befehl **exact** liefert der CAS-Rechner keinen genauen Integralwert.

168. Die Polstelle der Integrandenfunktion liegt bei der unteren Integrationsgrenze. Daher gilt:

$$\int_0^{27} \frac{1}{\sqrt[3]{x}}\,dx = \lim_{v \to 0+0} \int_v^{27} x^{-\frac{1}{3}}\,dx$$

$$= \lim_{v \to 0+0} \left[\frac{3}{2} x^{\frac{2}{3}}\right]_v^{27}$$

$$= \lim_{v \to 0+0} \left(\frac{3}{2} \cdot 27^{\frac{2}{3}} - \frac{3}{2} v^{\frac{2}{3}}\right) = \frac{3}{2} \cdot 9 = \frac{27}{2}$$

169. Die Polstelle der Integrandenfunktion liegt bei der unteren Integrationsgrenze. Daher gilt:

$$\int_1^{3} \frac{x}{\sqrt[3]{x^2-1}}\,dx = \lim_{v \to 1+0} \int_v^{3} \frac{x}{\sqrt[3]{x^2-1}}\,dx \qquad (*)$$

Das Integral wird durch **Substitution** berechnet:

$z = x^2 - 1$ — Substituieren

$\frac{dz}{dx} = 2x$ — Ableiten

$dx = \frac{dz}{2x}$ — Auflösen nach dx

$\frac{x}{\sqrt[3]{x^2-1}}\,dx = \frac{x}{\sqrt[3]{z}} \frac{dz}{2x} = \frac{dz}{2\sqrt[3]{z}} = \frac{1}{2} z^{-\frac{1}{3}}\,dz$ — Einsetzen, Umformen und Zusammenfassen

$\int \frac{1}{2} z^{-\frac{1}{3}}\,dz = \frac{1}{2} \cdot \frac{3}{2} z^{\frac{2}{3}} = \frac{3}{4} z^{\frac{2}{3}}$ — Integrieren

$\frac{3}{4} z^{\frac{2}{3}} = \frac{3}{4} (x^2 - 1)^{\frac{2}{3}}$ — Resubstituieren

$$\int_v^3 \frac{x}{\sqrt[3]{x^2-1}}\,dx = \left[\frac{3}{4}(x^2-1)^{\frac{2}{3}}\right]_v^3$$ Grenzen einsetzen

$$= \frac{3}{4}(3^2-1)^{\frac{2}{3}} - \frac{3}{4}(v^2-1)^{\frac{2}{3}}$$

$$= 3 - \frac{3}{4}(v^2-1)^{\frac{2}{3}}$$

$$\int_1^3 \frac{x}{\sqrt[3]{x^2-1}}\,dx = \lim_{v\to 1+0}\Bigg(3 - \underbrace{\frac{3}{4}(v^2-1)^{\frac{2}{3}}}_{\to 0}\Bigg) = 3$$ Gleichung (*) auswerten

Hinweise für den CAS-Einsatz:

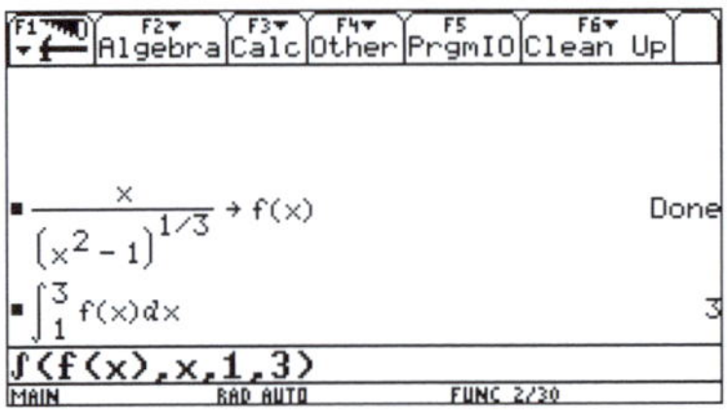

Durch die Verwendung des CAS-Rechners erübrigt sich die Grenzwertberechnung in Bezug auf die Polstelle. Das uneigentliche Integral wird wie ein bestimmtes Integral behandelt.

170. Die Polstelle der Integrandenfunktion liegt bei der unteren Integrationsgrenze. Daher gilt:

$$\int_0^1 \frac{\ln x}{\sqrt{x}}\,dx = \lim_{v\to 0+0}\int_v^1 x^{-\frac{1}{2}}\cdot \ln x\,dx$$

Für die partielle Integration erhalten Sie mit

$u(x) = \ln x$ und $v'(x) = x^{-\frac{1}{2}} \Rightarrow u'(x) = \frac{1}{x}$ und $v(x) = 2x^{\frac{1}{2}}$:

$$\lim_{v\to 0+0}\int_v^1 \underbrace{x^{-\frac{1}{2}}}_{v'(x)}\cdot\underbrace{\ln x}_{u(x)}\,dx = \lim_{v\to 0+0}\left(\left[\underbrace{2x^{\frac{1}{2}}}_{v(x)}\cdot\underbrace{\ln x}_{u(x)}\right]_v^1 - \int_v^1 \underbrace{2x^{\frac{1}{2}}}_{v(x)}\cdot\underbrace{\frac{1}{x}}_{u'(x)}\,dx\right)$$

$$= \lim_{v\to 0+0}\left(2\cdot 1^{\frac{1}{2}}\ln 1 - 2v^{\frac{1}{2}}\ln v - \int_v^1 2x^{-\frac{1}{2}}\,dx\right)$$

$$= \lim_{v\to 0+0}\left(-2v^{\frac{1}{2}}\ln v - \left[4x^{\frac{1}{2}}\right]_v^1\right)$$

$$= \lim_{v\to 0+0}\left(-2v^{\frac{1}{2}}\ln v - \left(4\cdot 1^{\frac{1}{2}} - 4v^{\frac{1}{2}}\right)\right)$$

$$= \lim_{v\to 0+0}\left(-2\sqrt{v}\ln v - 4 + 4\sqrt{v}\right)$$

$$= \lim_{v \to 0+0} \frac{-2\ln v}{\frac{1}{\sqrt{v}}} + \lim_{v \to 0+0} \left(-4 + 4\sqrt{v}\right)$$

$$\underset{\text{Regel}}{\overset{\text{2. L'Hospital'sche}}{=}} \lim_{v \to 0+0} \frac{-2 \cdot \frac{1}{v}}{-\frac{1}{2} \cdot \frac{1}{v\sqrt{v}}} - 4$$

$$= \lim_{v \to 0+0} 4\sqrt{v} - 4 = -4$$

171. Die Polstelle der Integrandenfunktion liegt bei der unteren Integrationsgrenze. Daher gilt:

$$\int_0^{\frac{e}{2}} \frac{1}{x(1-\ln x)^2}\,dx = \lim_{v \to 0+0} \int_v^{\frac{e}{2}} \frac{1}{x(1-\ln x)^2}\,dx \qquad (*)$$

Das Integral wird durch **Substitution** berechnet:

$z = 1 - \ln x$	Substituieren
$\frac{dz}{dx} = -\frac{1}{x}$	Ableiten
$dx = -x\,dz$	Auflösen nach dx
$\frac{1}{x(1-\ln x)^2}\,dx = \frac{-x\,dz}{xz^2} = -\frac{dz}{z^2}$	Einsetzen und Zusammenfassen
$\int -\frac{1}{z^2}\,dz = \frac{1}{z}$	Integrieren
$\frac{1}{z} = \frac{1}{1-\ln x}$	Resubstituieren
$\int_0^{\frac{e}{2}} \frac{1}{x(1-\ln x)^2}\,dx = \lim_{v \to 0+0} \left[\frac{1}{1-\ln x}\right]_v^{\frac{e}{2}}$	Grenzen einsetzen, Gleichung (*) auswerten

$$= \lim_{v \to 0+0} \left(\frac{1}{1-\ln\frac{e}{2}} - \underbrace{\frac{1}{1-\ln v}}_{\to 0}\right)$$

$$= \frac{1}{\ln 2}$$

Hinweise für den CAS-Einsatz:

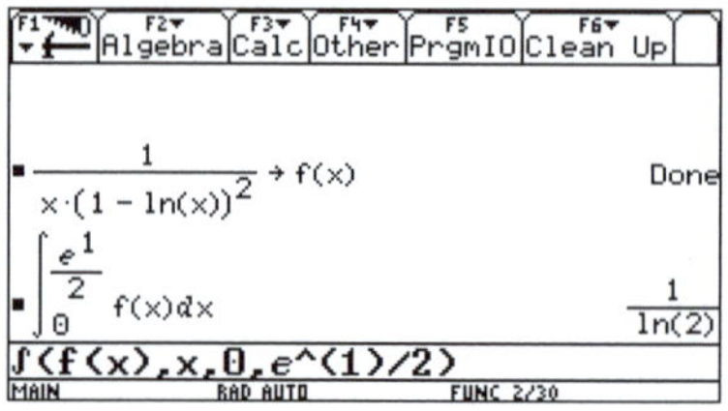

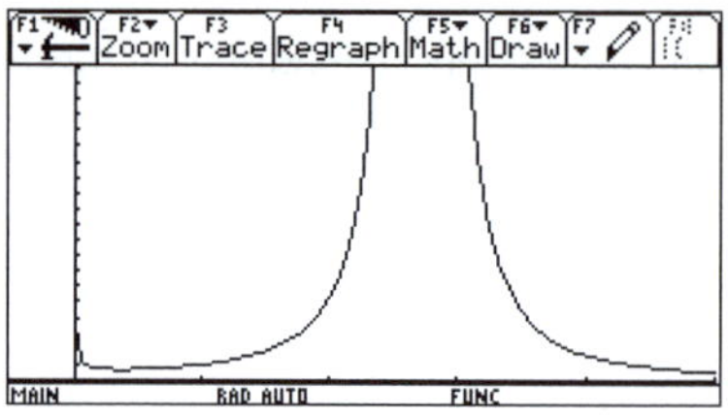

Dass es sich bei der unteren Grenze a = 0 um eine Stelle handelt, an der die Integrandenfunktion nicht definiert ist, spielt für den CAS-Rechner in diesem Fall keine Rolle. x = 0 ist der linke Rand des Definitionsbereiches, wie auch am Graphen sichtbar wird.

172. Die Polstelle der Integrandenfunktion liegt bei der unteren Integrationsgrenze. Daher gilt:

$$\int_0^1 \frac{1}{\sqrt[n]{x}}\,dx = \lim_{v \to 0+0} \int_v^1 \frac{1}{\sqrt[n]{x}}\,dx = \lim_{v \to 0+0} \int_v^1 x^{-\frac{1}{n}}\,dx = \lim_{v \to 0+0} \left[\frac{x^{\frac{n-1}{n}}}{\frac{n-1}{n}} \right]_v^1$$

$$= \lim_{v \to 0+0} \left(\frac{n}{n-1} \cdot \left(1^{\frac{n-1}{n}} - \underbrace{v^{\frac{n-1}{n}}}_{\to 0} \right) \right) = \frac{n}{n-1}$$

Die gesuchte Fläche stimmt mit dem eben berechneten bestimmten Integral überein, daher gilt:

$$A_n = \frac{n}{n-1}$$

Je größer n ist, desto mehr ähnelt der Graph der Funktion

$$f_n(x) = \frac{1}{\sqrt[n]{x}}$$

der Form des Buchstabens L, dessen Eckpunkt bei (0 | 1) liegt. Die Fläche A_n passt sich einem Quadrat mit der Seitenlänge 1 an, was in Übereinstimmung mit

$$\lim_{n \to \infty} A_n = \lim_{n \to \infty} \frac{n}{n-1} = 1$$

steht.

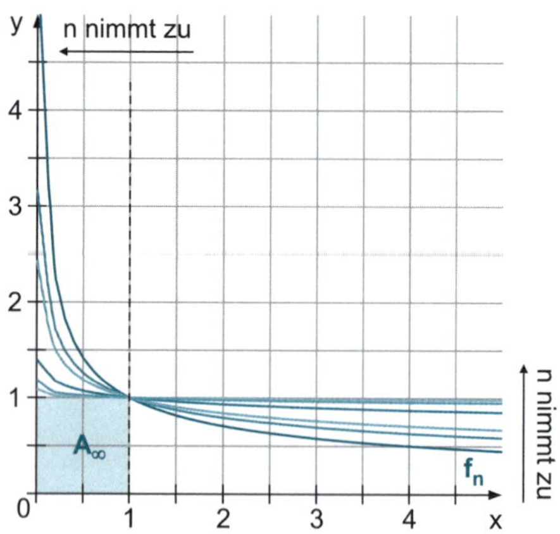

Hinweise für den CAS-Einsatz:

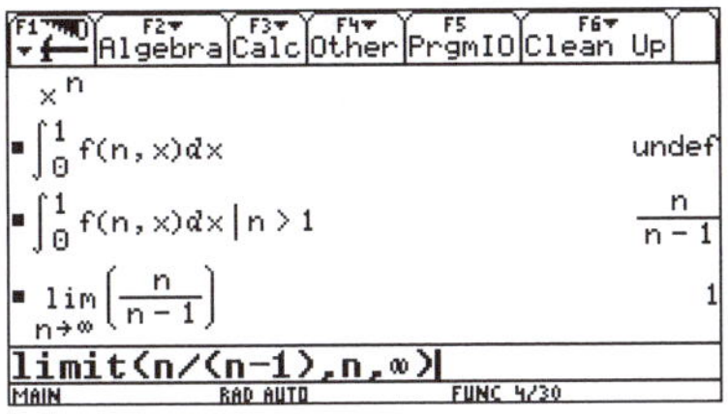

Der Funktionsterm wird unter f(n, x) gespeichert. Erst mit der Einschränkung n > 1 kann der CAS-Rechner das gesuchte Ergebnis anzeigen.

173. Die gesuchte Funktion hat die Form $f(x) = ax^3 + bx^2 + cx + d$.

(1) Da ihr Graph durch den Koordinatenursprung verläuft, gilt: $\mathbf{f(0) = 0}$

(2) Der expliziten Form g: $y = \frac{15}{8}x - 6$ der Geradengleichung entnehmen Sie die Steigung $m_g = \frac{15}{8}$. Da die Tangente in (–1 | ?) an den Funktionsgraphen parallel zu g verläuft, gilt: $\mathbf{f'(-1) = \frac{15}{8}}$

(3) Weil jede Stammfunktion F von f in (0 | 0) einen Wendepunkt besitzt, gilt: $\mathbf{F''(0) = f'(0) = 0}$

(4) Der letzten Zeile des Aufgabentextes entnehmen Sie: $\mathbf{\int_{-1}^{+1} f(x)\,dx = -0{,}5}$

Mit $f'(x) = 3ax^2 + 2bx + c$ und

$$\int_{-1}^{+1} (ax^3 + bx^2 + cx + d)\,dx = \left[\frac{a}{4}x^4 + \frac{b}{3}x^3 + \frac{c}{2}x^2 + dx\right]_{-1}^{+1}$$

erhalten Sie hieraus folgendes Gleichungssystem:

(1) $d = 0$

(2) $f'(-1) = 3a - 2b + c = \frac{15}{8}$

(3) $c = 0$

(4) $\frac{2}{3}b + 2d = -0{,}5$

Setzt man die Zahlenwerte der Gleichungen (1) und (3) in (2) und (4) ein, reduziert sich das System auf 2 Gleichungen mit den Unbekannten a und b:

(2*) $3a - 2b = \frac{15}{8}$

(4*) $\frac{2}{3}b = -0{,}5$

Aus (4*) folgt $b = -\frac{3}{4}$, Einsetzen in (2*) liefert $a = \frac{1}{8}$.

Die gesuchte Funktion lautet daher: $f(x) = \frac{1}{8}x^3 - \frac{3}{4}x^2$

Hinweise für den CAS-Einsatz:

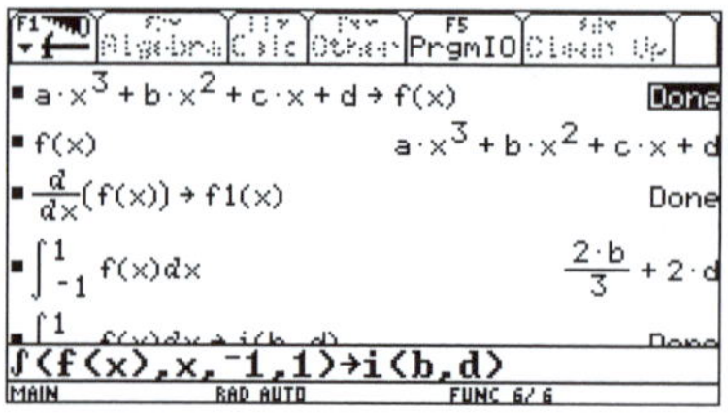

Der Funktionsterm wird in allgemeiner Form definiert. In Vorbereitung auf das Gleichungssystem werden die erste Ableitung und das Integral definiert. Das bestimmte Integral ist abhängig von b und d. Dies wird bei der Definition der Funktion i(b, d) berücksichtigt.

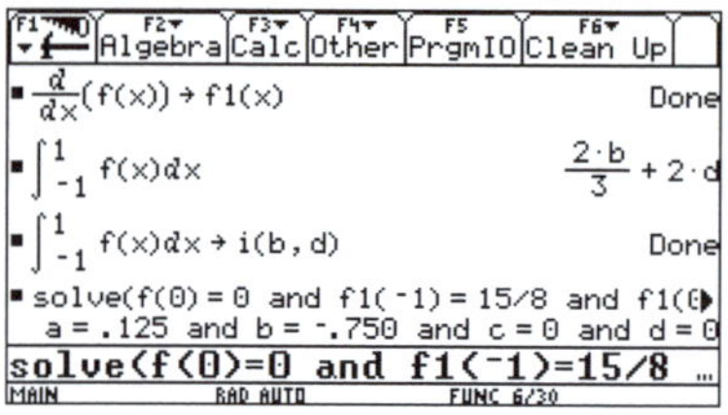

Die einzelnen Gleichungen werden beim Befehl **solve** mit **and** verknüpft.

174. Die gesuchte Funktion hat die Form $f(x) = ax^3 + bx^2 + cx + d$.

(1) Da ihr Graph punktsymmetrisch zum Koordinatenursprung ist, sind die Koeffizienten der x-Potenzen mit geraden Exponenten null: $\mathbf{b = d = 0}$

(2) Da der Graph im Intervall [0; 1] eine vollständig unter der x-Achse liegende Fläche vom Inhalt 1 einschließt, gilt:

$$\int_0^1 \left(ax^3 + bx^2 + cx + d\right) dx = -1$$

(3) Da jede Stammfunktion F von f in $\left(\frac{1}{2}\sqrt{6} \mid ?\right)$ ein relatives Minimum besitzt, gilt:

$$F'\left(\tfrac{1}{2}\sqrt{6}\right) = f\left(\tfrac{1}{2}\sqrt{6}\right) = 0$$

Mit (1) und $\int_0^1 \left(ax^3 + cx\right) dx = \left[\frac{a}{4}x^4 + \frac{c}{2}x^2\right]_0^1 = \frac{a}{4} + \frac{c}{2}$ folgt:

(2) $\frac{a}{4} + \frac{c}{2} = -1 \quad \Leftrightarrow \quad a = -4 - 2c \qquad (2^*)$

(3) $a \cdot \left(\frac{\sqrt{6}}{2}\right)^3 + c \cdot \left(\frac{\sqrt{6}}{2}\right) = 0 \quad \Leftrightarrow \quad \frac{\sqrt{6}}{2} \cdot \left(\frac{6}{4}a + c\right) = 0 \quad \Leftrightarrow \quad \frac{3}{2}a + c = 0 \qquad (3^*)$

Einsetzen von (2*) in (3*) liefert c = –3, woraus mit (2*) folgt: a = 2

Die gesuchte Funktion lautet daher: $f(x) = 2x^3 - 3x$

Hinweise für den CAS-Einsatz:

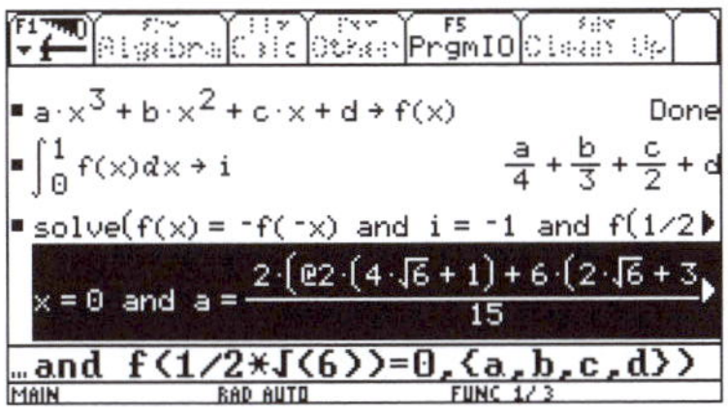

Verwendet man im Gleichungssystem die Gleichung f(x) = –f(–x) als Bedingung für die Punktsymmetrie, gibt der CAS-Rechner eine Lösung aus, die wieder Variablen enthält (@1 und @2, siehe schwarz unterlegte Lösung). Diese Lösung ist damit nicht brauchbar.

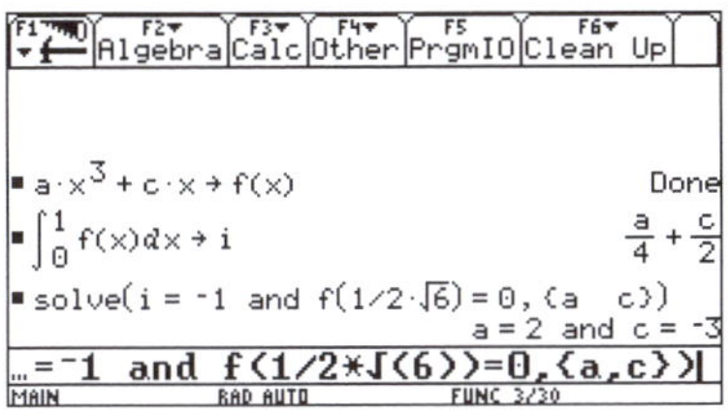

Nutzt man hingegen die Kenntnis, dass durch die geforderte Punktsymmetrie b = d = 0 gilt, so erhält man die Lösung a = 2 und c = –3.

175. Sie suchen erst die Koeffizienten a, b der Integrandenfunktion $f(x) = ax^2 + b$:

(1) Jede Funktion der Schar hat in $\left(\frac{k\sqrt{3}}{3} \,\middle|\, ?\right)$ eine horizontale Tangente:

$$\mathbf{J_k'\left(\frac{k}{\sqrt{3}}\right) = f\left(\frac{k}{\sqrt{3}}\right) = 0}$$

(2) Da die Normale in (0 | ?) die Steigung $\frac{1}{k^2}$ besitzt, weist die Tangente in (0 | ?) die Steigung $-k^2$ auf: $\mathbf{f(0) = -k^2}$

Hieraus folgt:

$$\left.\begin{array}{ll} (1^*) & a\frac{k^2}{3} + b = 0 \\ (2^*) & b = -k^2 \end{array}\right\} \Rightarrow a\frac{k^2}{3} - k^2 = 0 \Leftrightarrow a = 3$$

Die Integrandenfunktion lautet daher $f(x) = 3x^2 - k^2$, sodass Sie nun integrieren können:

$$J_k(x) = \int_{-k}^{x} (3t^2 - k^2)\,dt = \left[t^3 - k^2t\right]_{-k}^{x} = (x^3 - k^2x) - \left((-k)^3 - k^2 \cdot (-k)\right)$$

$$= x^3 - k^2x$$

Die gesuchte Funktion lautet daher: $J_k(x) = x^3 - k^2x$

Hinweise für den CAS-Einsatz:

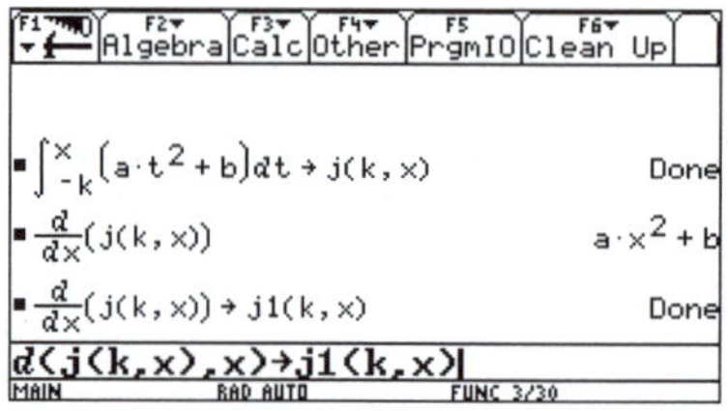

Der CAS-Rechner leitet die Integralfunktion j(k,x) nach x ab. Als Ergebnis erhält man wie erwartet die Integrandenfunktion.

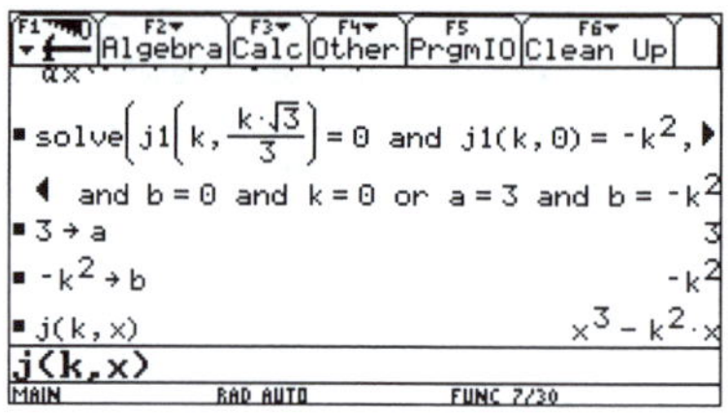

Als Lösung des Gleichungssystems gibt der CAS-Rechner zwei mögliche Lösungen aus, von denen nur die zweite brauchbar ist. Definiert man der 2. Lösung entsprechend $a = 3$ und $b = -k^2$, so erhält man durch den Aufruf der Funktion j(k, x) die gesuchte integralfreie Darstellung.

176. Die Größe, deren Maximalwert berechnet werden soll, ist die Tragfähigkeit T des Balkens.

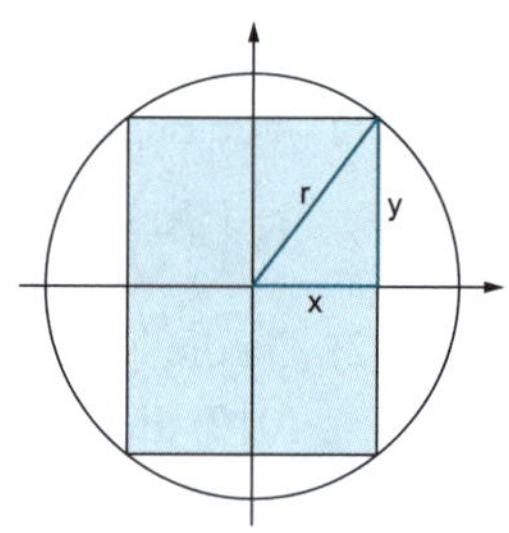

Schritt 1: Mit den in der Skizze eingeführten Benennungen können Sie T als Funktion der Variablen x und y darstellen. Wegen $T \sim x$ und $T \sim y^2$ gilt nämlich mit einer Stoffkonstanten k:
$T_k(x, y) = k \cdot x \cdot y^2,\ k > 0$

Schritt 2: Die Nebenbedingung, dass das Rechteck einem Kreis vom Radius r einbeschrieben ist, können Sie mithilfe des Satzes von Pythagoras in Form einer Gleichung schreiben:
$x^2 + y^2 = r^2$

Schritt 3: Lösen Sie die Gleichung nach y^2 auf und setzen Sie das Ergebnis in $T_k(x, y)$ ein. Sie erhalten die einvariablige Zielfunktion:
$T_k(x) = k \cdot x \cdot (r^2 - x^2) = kr^2 \cdot x - kx^3$, mit $x \in [0; r]$

Schritt 4: Die 1. Ableitung ergibt sich zu $T_k'(x) = kr^2 - 3kx^2$, sodass gilt:

$$T_k'(x) = 0 \iff kr^2 - 3kx^2 = 0 \iff 3kx^2 = kr^2$$

$$\iff x^2 = \frac{r^2}{3} \iff x_\pm = \pm\frac{r}{\sqrt{3}}$$

Wegen $x \in [0; r]$ bleibt x_- unberücksichtigt. Da $T_k'(x)$ für $0 \le x < x_+$ positiv, für $x_+ < x \le r$ negativ ist, besitzt $T_k(x)$ an der Stelle x_+ ein relatives und absolutes Maximum. Für die Breite des tragfähigen Balkens gilt daher
$b = 2x_+ = \frac{2}{\sqrt{3}} r$ und für die Höhe:

$$h = 2y_+ = 2\sqrt{r^2 - x_+^2} = 2\sqrt{r^2 - \left(\frac{r}{\sqrt{3}}\right)^2} = 2\sqrt{\frac{2}{3}} \cdot r$$

Das Seitenverhältnis des Querschnitts beträgt (wie die DIN-A-Norm für Papierformate):

$$\frac{h}{b} = \frac{2\sqrt{\frac{2}{3}} \cdot r}{\frac{2}{\sqrt{3}} r} = \sqrt{2}$$

Hinweise für den CAS-Einsatz:

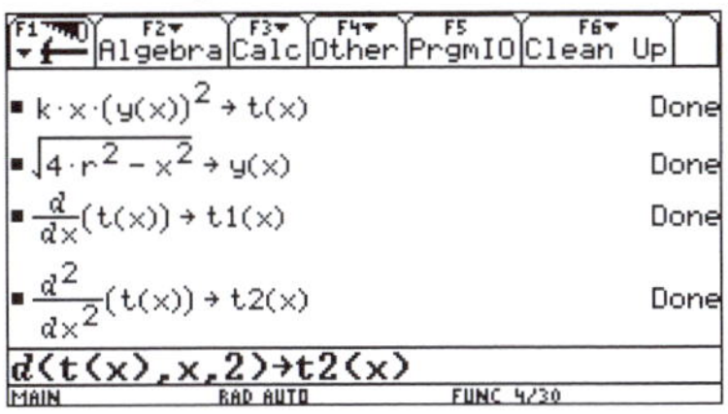

Die Zielfunktion t(x) wird aufgestellt. Wichtig ist, dass die Variable y selbst wieder als Funktion in Abhängigkeit von x angegeben wird. Als Koordinatenursprung wird in diesem Fall die linke untere Ecke des Balkenquerschnitts gewählt, sodass x und y die Breite bzw. die Höhe des Rechtecks darstellen.

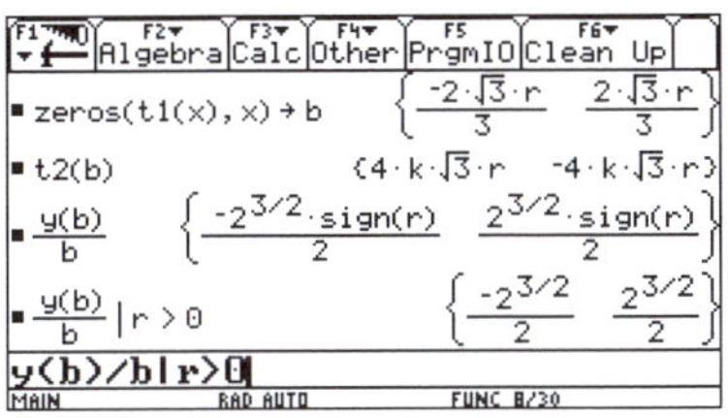

Die Überprüfung des hinreichenden Kriteriums mithilfe der 2. Ableitung zeigt an, dass die 2. Nullstelle der 1. Ableitung das gesuchte lokale und gleichzeitig absolute Maximum ist. Durch die Angabe der Bedingung $r > 0$ wird die Lösung so vereinfacht, dass „sign(r)“ nicht mehr angezeigt wird. sign(r) ist gleich 1, wenn r eine positive Zahl ist, und –1, falls r eine negative Zahl ist.

177. **Schritt 1, 2 und 3:** Zielfunktion ist die Rechtecksfläche. Sie ist bestimmt durch:

$$A(x) = x \cdot f(x) = x \cdot \ln\frac{1}{x},\ x \in \mathbb{R}^+$$

Schritt 4: Mithilfe der Produktregel erhalten Sie:

$$A'(x) = x \cdot \frac{-\frac{1}{x^2}}{\frac{1}{x}} + \left(\ln\frac{1}{x}\right) \cdot 1 = -1 + \ln\frac{1}{x}$$

Weiter gilt:

$$A'(x) = 0 \quad \Leftrightarrow \quad -1 + \ln\frac{1}{x} = 0 \quad \Leftrightarrow \quad \ln\frac{1}{x} = 1 \quad \Leftrightarrow \quad \frac{1}{x} = e \quad \Leftrightarrow \quad x = \frac{1}{e} = e^{-1}$$

Da $A'(x)$ für $0 < x < e^{-1}$ positiv, für $e^{-1} < x < \infty$ negativ ist, besitzt $A(x)$ an der Stelle $x_{max} = e^{-1}$ ein relatives und absolutes Maximum. Für den größtmöglichen Inhalt der Rechtecksfläche gilt:

$$A_{max} = A\left(\frac{1}{e}\right) = \frac{1}{e} \cdot \ln\frac{1}{\frac{1}{e}} = \frac{1}{e} \cdot \ln e = \frac{1}{e} \approx 0{,}37$$

Hinweise für den CAS-Einsatz:

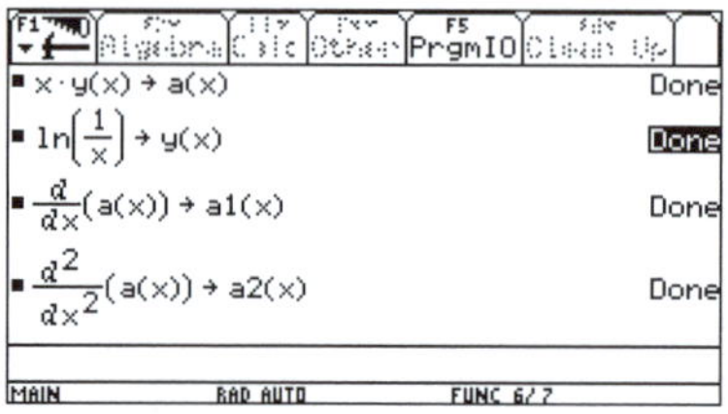

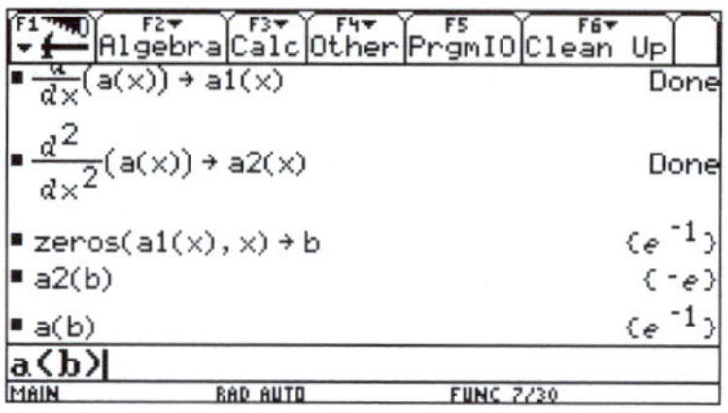

Nach der Definition der Zielfunktion a(x) werden die beiden Ableitungen gebildet. Es gibt nur eine Extremstelle $b = e^{-1}$, die als Nullstelle der 1. Ableitung berechnet wird. Die 2. Ableitung a2(x) ist wegen $a2(b) = -e$ an der Stelle b kleiner als null. Also liegt bei b ein lokales Maximum vor, das auch global ist.

Die Funktion a(x) an der Stelle b, also a(b), gibt den Flächeninhalt der maximalen Fläche an.

178. Die Größe, deren Maximalwert berechnet werden soll, ist die Oberfläche S eines geraden Kreiszylinders mit Grundkreisradius r und Höhe h.

Schritt 1: Da sich die Oberfläche aus der Mantelfläche $M = 2r\pi \cdot h$ und den zwei Kreisflächen des Bodens und des Deckels zusammensetzt, lautet die Zielfunktion:
$S(r, h) = 2 \cdot r^2\pi + 2r\pi \cdot h, \quad r, h \in \mathbb{R}^+$

Schritt 2: Die Nebenbedingung, dass das Volumen $V(r, h) = r^2\pi \cdot h$ des Zylinders 880 cm³ beträgt, führt auf die Gleichung:
$r^2 \cdot \pi \cdot h = 880$ (r, h in cm)

Schritt 3: Aus der Nebenbedingungsgleichung erhalten Sie zunächst

$$h = \frac{880}{r^2\pi} \qquad (*)$$

und durch Einsetzen in S(r, h) die einvariablige Zielfunktion:

$$S(r) = 2r^2\pi + 2r\pi \cdot \frac{880}{r^2\pi} = 2r^2\pi + \frac{1760}{r}$$

Schritt 4: Wegen $r > 0$ berechnen Sie das absolute Maximum der Funktion S(r) nur im Intervall $\mathbb{R}^+$. Für die 1. Ableitung von S erhalten Sie:

$$S'(r) = 4r\pi - \frac{1760}{r^2}$$

Weiter gilt:

$$S'(r) = 0 \quad \Leftrightarrow \quad 4r\pi - \frac{1760}{r^2} = 0 \quad \Leftrightarrow \quad r^3 = \frac{1760}{4\pi} \quad \Leftrightarrow \quad r = \sqrt[3]{\frac{440}{\pi}} = r_m$$

Da S'(r) für $0 < r < r_m$ negativ und für $r_m < r < \infty$ positiv ist, besitzt S(r) an der Stelle $r_m \approx 5{,}19$ ein relatives und absolutes Minimum. Die zugehörige Höhe lautet:

$$h_m = \frac{880}{\sqrt[3]{\frac{440}{\pi}}^{2} \cdot \pi} \approx 10{,}39$$

Die Dose besitzt daher bei einem Grundkreisradius von 5,19 cm und einer Höhe von 10,39 cm die kleinstmögliche Oberfläche:

$$S_{min} = \left(2 \cdot 5{,}19^2 \cdot \pi + \frac{1\,760}{5{,}19}\right) cm^2 \approx 508\ cm^2$$

Das Verhältnis von Dosenhöhe und -durchmesser ergibt sich mit (*) zu:

$$\frac{h_m}{2r_m} = \frac{1}{2} \cdot \frac{880}{r_m^3 \pi} = \frac{1}{2} \cdot \frac{880}{\frac{1\,760}{4\pi} \cdot \pi} = 1$$

Die optimierte Dose besitzt also einen quadratischen Axialquerschnitt.

Hinweise für den CAS-Einsatz:

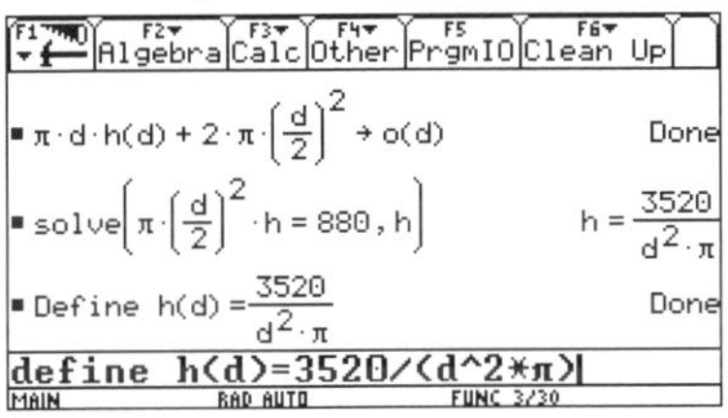

Die Funktion o(d) berechnet die Oberfläche des Zylinders in Abhängigkeit des Durchmessers d. Um die Höhe h(d) des Zylinders zu erhalten, wird die Gleichung für das Volumen nach h aufgelöst.

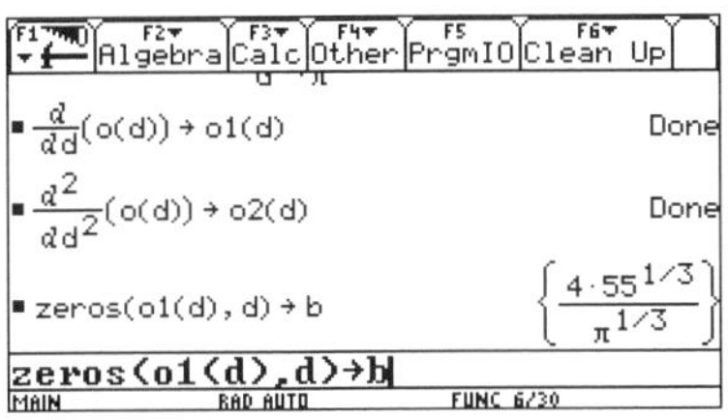

Die Extremstelle b ist wegen der Bestätigung durch das hinreichende Kriterium ein lokales Minimum.

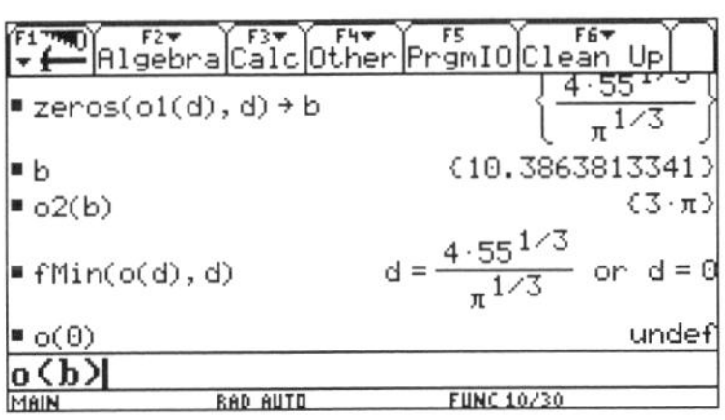

Der Befehl **fmin(o(d),d)** ermittelt genau diesen Wert b als Stelle für das globale Minimum. Die Lösung d = 0 als Minimum hat keine Gültigkeit, weil $0 \notin \mathbb{D}$ der Funktion o(d) ist.

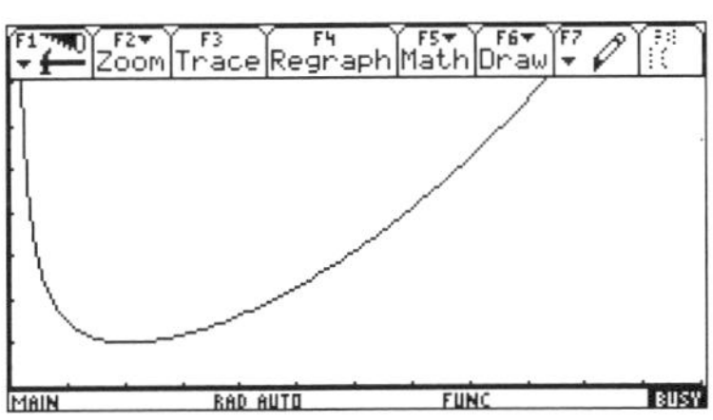

Der Graph der Funktion o(d) verdeutlicht nochmals, dass das lokale Minimum bei $b \approx 10{,}4$ cm tatsächlich ein globales Minimum ist. Für die Darstellung des Graphen wurden unter [♦][WINDOW] die Einstellungen $x_{min} = 0$, $x_{max} = 60$, $x_{scl} = 5$, $y_{min} = 0$, $y_{max} = 3\,500$, $y_{scl} = 500$ gewählt.

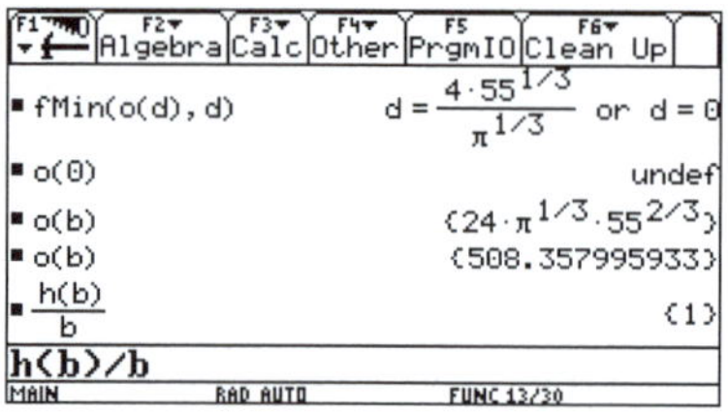

Die minimale Oberfläche beträgt etwa 508,4 cm². Der Durchmesser b und die Höhe h(b) der Dose mit der minimalen Oberfläche sind gleich groß, wie durch $\frac{h(b)}{b} = 1$ bewiesen wird.

179. Schritt 1, 2 und 3: Bezeichnet x die Länge der Strecke [BC] in km, so legt Hans

- rudernd den Weg $s_r = \sqrt{(12\text{ km})^2 + x^2}$ und
- laufend den Weg $s_\ell = 14\text{ km} - x$ zurück.

Bezeichnen v_r und v_ℓ seine durchschnittliche Ruder- bzw. Laufgeschwindigkeit, so benötigt er für den Weg von A über C nach D die Zeit:

$$t = \frac{s_r}{v_r} + \frac{s_\ell}{v_\ell} = \frac{\sqrt{12^2\text{ km}^2 + x^2}}{7\,\frac{\text{km}}{\text{h}}} + \frac{14\text{ km} - x}{9\,\frac{\text{km}}{\text{h}}} \quad \text{(in Stunden)}$$

Unter Weglassung der Benennungen erhalten Sie als Zielfunktion t(x) die Zeit t als Funktion der Strecke x:

$$t(x) = \frac{\sqrt{144 + x^2}}{7} + \frac{14 - x}{9};\ x \in [0;\ 14]$$

Schritt 4: Mithilfe der Kettenregel erhalten Sie:

$$t'(x) = \frac{1}{7} \cdot \frac{2x}{2 \cdot \sqrt{x^2 + 144}} - \frac{1}{9} = \frac{9x - 7 \cdot \sqrt{x^2 + 144}}{63 \cdot \sqrt{x^2 + 144}} \qquad (*)$$

Weiter gilt:

$$t'(x) = 0 \iff \frac{9x - 7 \cdot \sqrt{x^2 + 144}}{63 \cdot \sqrt{x^2 + 144}} = 0 \iff 9x - 7 \cdot \sqrt{x^2 + 144} = 0$$

$$\iff 9x = 7 \cdot \sqrt{x^2 + 144} \overset{(**)}{\Rightarrow} 81x^2 = 49x^2 + 7\,056$$

$$\iff 32x^2 = 7\,056 \Rightarrow x_{1,2} = \pm\frac{21\sqrt{2}}{2}$$

Da das Quadrieren bei (**) keine Äquivalenzumformung ist, müssen Sie die Ergebnisse durch Einsetzen in (*) überprüfen und stellen fest, dass nur $x_1 = \frac{21\sqrt{2}}{2}$ Lösung ist.

t'(x) ist für $0 \le x < x_1$ negativ und für $x_1 < x$ positiv, deshalb besitzt t(x) an der Stelle x_1 ein relatives und absolutes Minimum. Wegen

$$x_1 = \frac{21 \cdot \sqrt{2}}{2} \approx 14{,}85 > 14$$

scheidet x_1 aber als Lösung aus! Weil t(x) für $x < x_1$ streng monoton fällt, gelangt Hans daher am schnellsten zu seinem Schokoriegel, wenn er direkt von A nach D rudert und auf einen Strandlauf verzichtet, also für $x = 14$.

Dafür benötigt er die Zeit

$$t(14) = \frac{\sqrt{144+14^2}}{7} + \frac{14-14}{9} \approx 2{,}634,$$

also etwa 2 Stunden und 38 Minuten.

180. a) $914 = 728{,}1 \cdot e^{k \cdot 10\,a}$ — Exponentieller Ansatz für die Wachstumsfunktion, Anfangswert f(0) = 728,1; nach 10 Jahren: f(10 a) = 914 (in Mio.)

$e^{k \cdot 10\,a} = \frac{914}{728{,}1}$ — Beidseitiges Dividieren mit 728,1

$k \cdot 10\,a = \ln\frac{914}{728{,}1}$ — Beidseitiges Logarithmieren

$k = \frac{1}{10\,a}\ln\frac{914}{728{,}1} \approx 0{,}0227\,\frac{1}{a}$ — Auflösen nach k

$T_2 = \frac{\ln 2}{0{,}0227}\,a \approx 30{,}48\,a$ — Einsetzen von k in die Beziehung für die Verdoppelungszeit

b) Da zwischen Beginn 1996 und Ende 2020 25 Jahre verstreichen, beträgt die Bevölkerungszahl Indiens Ende 2020 bei unverändertem Wachstum

$$728{,}1\text{ Mio.} \cdot e^{0{,}0227\,\frac{1}{a} \cdot 25\,a} \approx 1\,285\text{ Mio.}$$

Hinweise für den CAS-Einsatz:

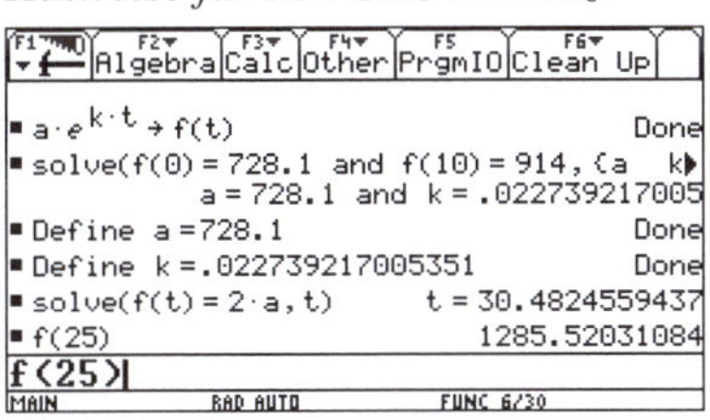

Die volle Genauigkeit des Taschenrechners wird dann angezeigt, wenn man MODE drückt und bei „Display Digits“ die Einstellung „Float“ wählt. Für die Funktion f(t) wird die allgemeine Form für exponentielles Wachstum gewählt. Die Parameter a und k werden durch das Gleichungssystem bestimmt.

181. a) $T_2 = \frac{\ln 2}{k} \Rightarrow k = \frac{\ln 2}{T_2}$ — Beziehung für die Verdoppelungszeit nach k auflösen

$e^k = 1 + \frac{p}{100}$ — Einsetzen in die Formel für die prozentuale Änderung

$p = \left(e^{\frac{\ln 2}{T_2}} - 1\right) \cdot 100 \quad (*)$ — Auflösen nach p und Einsetzen des Zahlenwerts

$= \left(e^{\frac{\ln 2}{30}} - 1\right) \cdot 100 \approx 2{,}34\ \%$

b) $$p=\left(e^{\frac{\ln 2}{T_2}}-1\right)\cdot 100$$ Gleichung (∗) nach T_2 auflösen:

$$\frac{p}{100}+1=e^{\frac{\ln 2}{T_2}}$$ Auf beiden Seiten mit 100 dividieren und anschließend 1 addieren

$$\ln\left(\frac{p}{100}+1\right)=\frac{\ln 2}{T_2}$$ Auf beiden Seiten logarithmieren

$$T_2=\frac{\ln 2}{\ln\left(\frac{p}{100}+1\right)}$$ nach T_2 auflösen

$$=\frac{\ln 2}{\ln\left(\frac{0{,}28}{100}+1\right)}\approx 248\text{ a}$$

182. Der radioaktive Zerfall der Ta-Kerne lässt sich durch eine Funktion der Form $f(t)=a\cdot e^{k\cdot t}$ $(k<0)$ beschreiben. a bzw. f(t) bezeichnen die Anzahl der zu Beginn der Zeitrechnung bzw. zum Zeitpunkt t vorhandenen Ta-Kerne. Da sich die Zerfallskonstante k durch die Halbwertszeit ausdrücken lässt,

$$k=\frac{\ln 0{,}5}{T_{1/2}}=-\frac{\ln 2}{T_{1/2}}=-\frac{\ln 2}{8{,}7\text{ h}}\approx -0{,}0797\,\frac{1}{\text{h}},$$

gilt für die Zerfallsfunktion $f(t)=a\cdot e^{-0{,}0797\,\frac{1}{h}\cdot t}$.

a) $$a=f(t)\cdot e^{0{,}0797\,\frac{1}{h}\cdot t}$$ Auflösen der Zerfallsfunktion nach Anfangswert a

$$a=6\cdot 10^{19}\cdot e^{0{,}0797\,\frac{1}{h}\cdot 2{,}3\text{ h}}\approx 7{,}2\cdot 10^{19}$$ Einsetzen der numerischen Werte

$$f(t)=7{,}2\cdot 10^{19}\cdot e^{-0{,}0797\,\frac{1}{h}\cdot t}$$ Vollständige Zerfallsfunktion

Hinweise für den CAS-Einsatz:

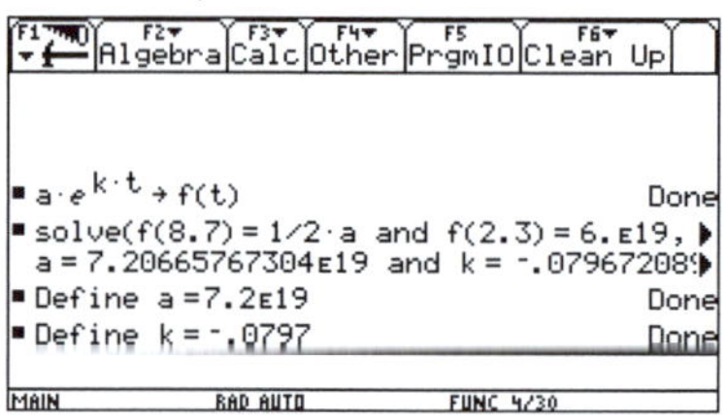

Da in der Aufgabenstellung für die Anzahl der Ta-Kerne nach 2,3 h nur die erste von 20 Stellen als sichere Stelle angegeben ist, wird der Wert für a auf die zwei ersten Stellen der 20-stelligen Zahl gerundet.

b) $$3\cdot 10^{19}=7{,}2\cdot 10^{19}\cdot e^{-0{,}0797\,\frac{1}{h}\cdot t}$$ Lösungsansatz

$$e^{-0{,}0797\,\frac{1}{h}\cdot t}=\frac{3\cdot 10^{19}}{7{,}2\cdot 10^{19}}$$ Auf beiden Seiten durch $7{,}2\cdot 10^{19}$ dividieren

$$-0{,}0797\,\frac{1}{h}\cdot t=\ln\frac{3}{7{,}2}$$ Auf beiden Seiten logarithmieren

$$t=-\frac{1}{0{,}0797\,\frac{1}{h}}\cdot\ln\frac{3}{7{,}2}\approx 11\text{ h}$$ Auf beiden Seiten durch $-0{,}0797\,\frac{1}{h}$ dividieren

c) $7{,}2 \cdot 10^{19} - 3 \cdot 10^{19}$

$= 7{,}2 \cdot 10^{19} \cdot e^{-0{,}0797 \frac{1}{h} \cdot t}$

Lösungsansatz

$\frac{7{,}2 \cdot 10^{19} - 3 \cdot 10^{19}}{7{,}2 \cdot 10^{19}} = e^{-0{,}0797 \frac{1}{h} \cdot t}$

Auf beiden Seiten durch $7{,}2 \cdot 10^{19}$ dividieren

$\ln \frac{4{,}2}{7{,}2} = -0{,}0797 \frac{1}{h} \cdot t$

Auf beiden Seiten logarithmieren

$t = -\frac{1}{0{,}0797 \frac{1}{h}} \cdot \ln \frac{4{,}2}{7{,}2}$

$\approx 6{,}8 \text{ h}$

Auf beiden Seiten durch $-0{,}0797 \frac{1}{h}$ dividieren

Hinweise für den CAS-Einsatz:

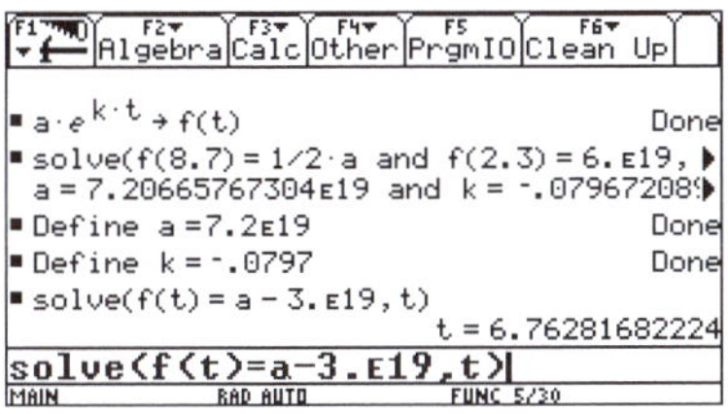

Der Befehl **solve** ermittelt die richtige Zeit. Dabei ist zu beachten, dass t wieder auf nur eine Nachkommastelle gerundet werden sollte, weil auch in der Aufgabenstellung t nur mit einer Genauigkeit von einer Nachkommastelle angegeben ist.

d) $f(10 \text{ h}) = 7{,}2 \cdot 10^{19} \cdot e^{-0{,}0797 \frac{1}{h} \cdot 10 \text{ h}}$

$\approx 3{,}2 \cdot 10^{19}$

Einsetzen in die Zerfallsfunktion

e) $7{,}2 \cdot 10^{19} - f(10 \text{ h})$

$= 7{,}2 \cdot 10^{19} - 3{,}2 \cdot 10^{19} = 4{,}0 \cdot 10^{19}$

Differenz von Anfangswert und dem Ergebnis aus Teilaufgabe d

183. Bei einer prozentualen Abnahme von p = 3,5 % lautet die Maßzahl der Abnahmekonstanten nach der Formel für die prozentuale Änderung

$k = \ln\left(1 - \frac{3{,}5}{100}\right) = \ln 0{,}965.$

Daraus ergibt sich die vom Hersteller angegebene Halbwertszeit zu

$T_{1/2} = \frac{\ln 0{,}5}{\ln 0{,}965} \approx 19{,}5 \text{ s}.$

Da die tatsächliche Halbwertszeit laut Aufgabentext bei 50 Sekunden liegt, leistet die Pumpe weniger als vom Hersteller versprochen.

184. a) Nach der Regel vom beschränkten Wachsen beträgt der Sättigungswert p = 500 V und der Anfangswert $p - e^q = 0$ V. Damit lässt sich die Zeit-Spannungs-Funktion schreiben als:

$U(t) = 500 \text{ V} - 500 \text{ V} \cdot e^{-r \cdot t} = 500 \text{ V} \cdot (1 - e^{-r \cdot t})$

Berechnung von r:

$$350\ \text{V} = 500\ \text{V} \cdot (1 - e^{-r \cdot 5\,\text{s}})$$ Einsetzen von t = 5 s; U(5 s) = 350 V

$$0{,}7 = 1 - e^{-r \cdot 5\,\text{s}}$$ Beidseitiges Dividieren mit 500 V

$$e^{-r \cdot 5\,\text{s}} = 0{,}3$$ Auflösen nach $e^{-r \cdot 5\,\text{s}}$

$$-r \cdot 5\,\text{s} = \ln 0{,}3$$ Beidseitiges Logarithmieren

$$r = -\frac{\ln 0{,}3}{5\,\text{s}} \approx 0{,}24\,\frac{1}{\text{s}}$$ Auflösen nach r

$$\Rightarrow U(t) = 500\ \text{V} \cdot \left(1 - e^{-0{,}24\frac{1}{\text{s}} \cdot t}\right)$$ Funktionsterm

Hinweise für den CAS-Einsatz:

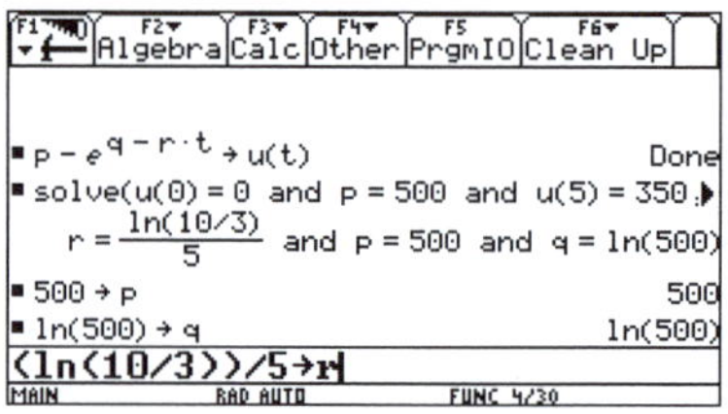

Die Funktion u(t) wird in der Form definiert, wie sie in der Aufgabenstellung angegeben ist. Durch das Gleichungssystem werden die Werte für r und q ermittelt.

b) $$430\ \text{V} = 500\ \text{V} \cdot \left(1 - e^{-0{,}24\frac{1}{\text{s}} \cdot t}\right)$$ Ansatz: U(t) = 430 V

$$0{,}86 = \left(1 - e^{-0{,}24\frac{1}{\text{s}} \cdot t}\right)$$ Beidseitiges Dividieren mit 500 V

$$e^{-0{,}24\frac{1}{\text{s}} \cdot t} = 0{,}14$$ Auflösen nach $e^{-0{,}24\frac{1}{\text{s}} \cdot t}$

$$-0{,}24\,\frac{1}{\text{s}} \cdot t = \ln 0{,}14$$ Beidseitiges Logarithmieren

$$t = \frac{\ln 0{,}14}{-0{,}24\,\frac{1}{\text{s}}} \approx 8\ \text{s}$$ Auflösen nach t

Das Gerät ist nach ca. 8 Sekunden einsatzbereit.

Die Aufladezeit t kann nur als natürliche Zahl angegeben werden, weil auch in der Aufgabenstellung die Zeit nur als natürliche Zahl genannt wird.

Hinweise für den CAS-Einsatz:

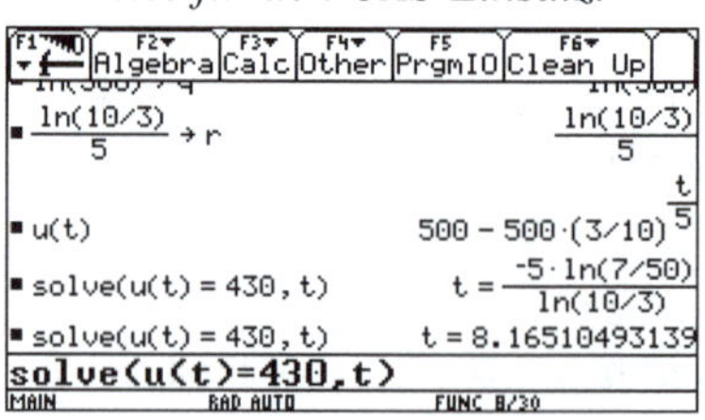

Nachdem die Parameter p, q und r festgelegt wurden, kann mithilfe des Funktionsterms die Zeit für die Aufladung auf 430 V berechnet werden. Die Zeit wird auf t ≈ 8s gerundet.

185. a) Es handelt sich um einen beschränkten Zerfall mit p = 0 als Sättigungswert. Wegen f(0) = 2 und f(0) = p – a folgt a = –2.

Nach der Halbwertszeit von 138 Tagen ist von der Anfangsmasse von 2 g nur noch 1 g vorhanden. Daraus ergibt sich die Gleichung $2 \cdot e^{-r \cdot 138} = 1$, die nach r aufgelöst werden muss:

$$e^{-r \cdot 138} = \frac{1}{2}$$

$$-138 \cdot r = \ln\left(\frac{1}{2}\right)$$

$$r = -\frac{1}{138} \ln\left(\frac{1}{2}\right) = \frac{\ln 2}{138} \approx 0{,}005$$

Man erhält damit als Wachstumsfunktion $f(t) = 2 \cdot e^{-0{,}005t}$.

Damit berechnet man: $f(30) = 2 \cdot e^{-0{,}005 \cdot 30} \approx 1{,}7$

Nach 30 Tagen sind also noch 1,7 g Polonium vorhanden.

Hinweise für den CAS-Einsatz:

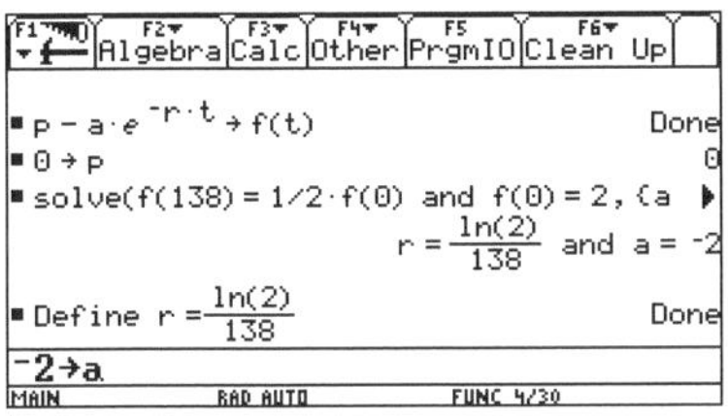

Die Funktion f(t) wird zunächst allgemein als Funktion beschränkten Wachstums definiert. Die Wachstumsgrenze p ist in diesem Fall null, weil es sich um einen Zerfallsprozess handelt. Wegen der Halbwertszeit von 138 Tagen ergibt sich die Gleichung $f(138) = \frac{1}{2} \cdot f(0)$. Der Anfangswert f(0) wird in der Aufgabenstellung mit 2 g angegeben. Der Befehl **solve** löst das Gleichungssystem und gibt für a und r Zahlenwerte aus. a und r werden anschließend im Sinne der Lösung definiert.

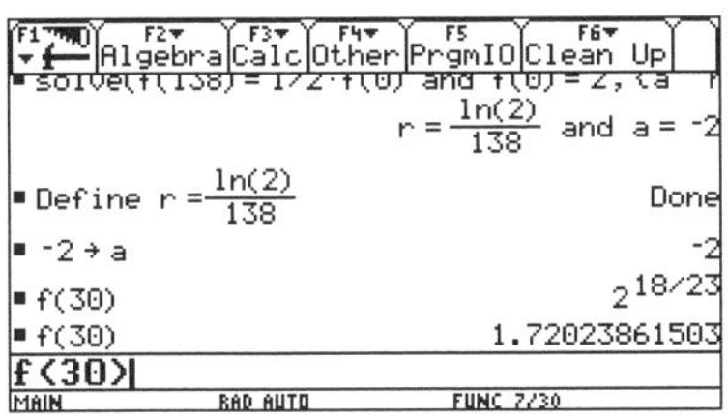

Die Menge, die nach 30 Tagen von 2 g Polonium noch vorhanden ist, wird durch f(30) berechnet. Es sind demnach noch etwa 1,7 g Polonium vorhanden.

b) Zu lösen ist die Gleichung $f(t) = 1{,}5$ mit der Funktion aus Teilaufgabe a:

$$2 \cdot e^{-0{,}005t} = 1{,}5 \quad \Leftrightarrow \quad -0{,}005t = \ln(0{,}75) \quad \Leftrightarrow \quad t = \frac{\ln(0{,}75)}{-0{,}005} \approx 57$$

Nach etwa 57 Tagen sind also noch 1,5 g Polonium vorhanden.

Hinweise für den CAS-Einsatz:

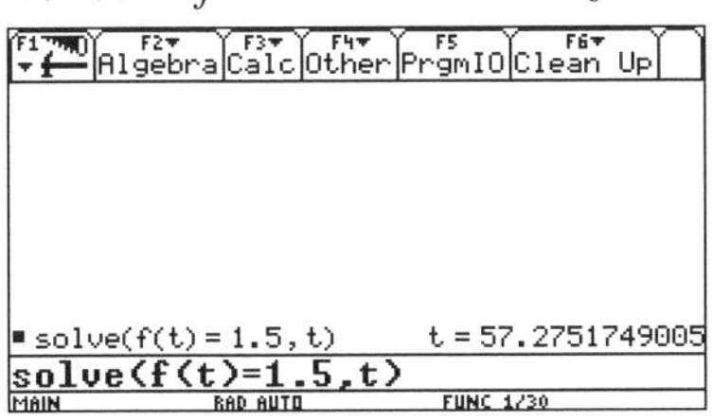

Nach etwa 57 Tagen sind noch 1,5 g Polonium vorhanden, wie der Taschenrechnerlösung zu entnehmen ist.

186. a) In dem Dorf leben 300 Einwohner, sodass G = 300 gesetzt werden kann. Der Anfangswert beträgt f(0) = 1. Damit ergibt sich:

$$a = \frac{G - f(0)}{f(0)} = \frac{300-1}{1} = 299$$

Der Parameter k berechnet sich aus der Angabe, dass nach einem Tag bereits 12 Einwohner das Gerücht kennen:

$$12 = \frac{300}{1+299 \cdot e^{-300 \cdot k \cdot 1}}$$

$$1+299 \cdot e^{-300\,k} = \frac{300}{12}$$

$$e^{-300\,k} = \left(\frac{300}{12}-1\right) \cdot \frac{1}{299}$$

$$k = -\frac{1}{300} \cdot \ln\left(\left(\frac{300}{12}-1\right) \cdot \frac{1}{299}\right) \approx 0{,}0084$$

Die Wachstumsfunktion lautet also $f(t) = \frac{300}{1+299 \cdot e^{-2{,}52t}}$.

Hinweise für den CAS-Einsatz:

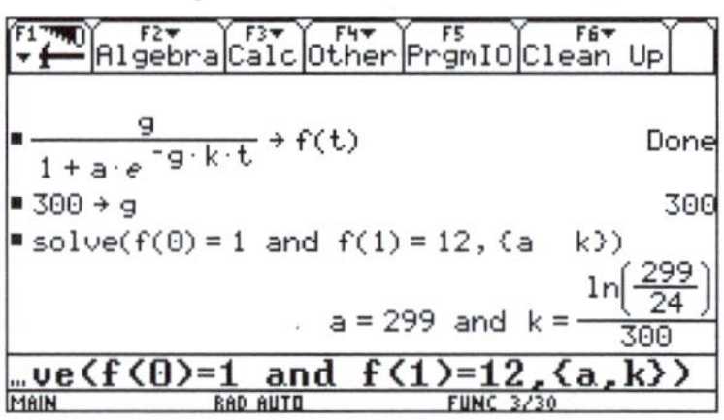

Die Wachstumsfunktion f(t) wird zunächst in allgemeiner Form durch $f(t) = \frac{g}{1+a \cdot e^{-g \cdot k \cdot t}}$ definiert. Die Wachstumsgrenze liegt laut Aufgabenstellung bei g = 300 Einwohnern.

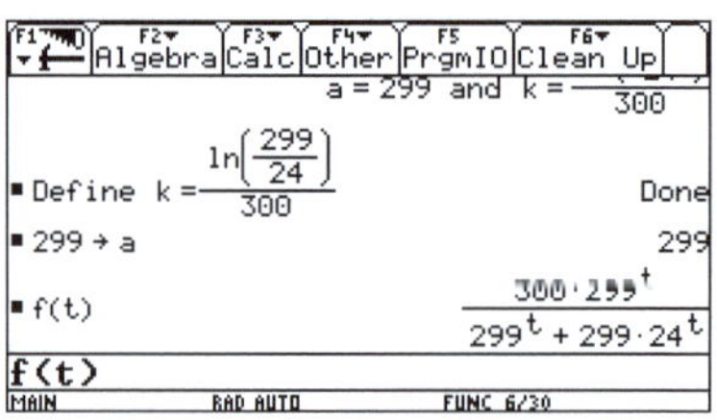

Mithilfe des Befehls **solve** werden die Parameter a und k ermittelt. Nachdem a und k der Lösung entsprechend definiert wurden, kann die gesuchte Wachstumsfunktion f(t) angegeben werden

b) Um zu berechnen, nach wie vielen Tagen 95 % der 300 Einwohner von dem Gerücht erfahren haben, wird berechnet, dass 95 % der Einwohner einer Anzahl von $0{,}95 \cdot 300 = 285$ Personen entspricht.

Die Gleichung $285 = \frac{300}{1+299 \cdot e^{-2{,}52t}}$ ist nach t aufzulösen:

$$1+299\cdot e^{-2{,}52t}=\frac{300}{285}$$

$$e^{-2{,}52t}=\frac{1}{299}\cdot\left(\frac{300}{285}-1\right)$$

$$t=-\frac{100}{252}\ln\left(\frac{1}{299}\left(\frac{300}{285}-1\right)\right)\approx 3{,}43$$

Nach etwa 3,5 Tagen haben 95 % der Einwohner von dem Gerücht erfahren.

Hinweise für den CAS-Einsatz:

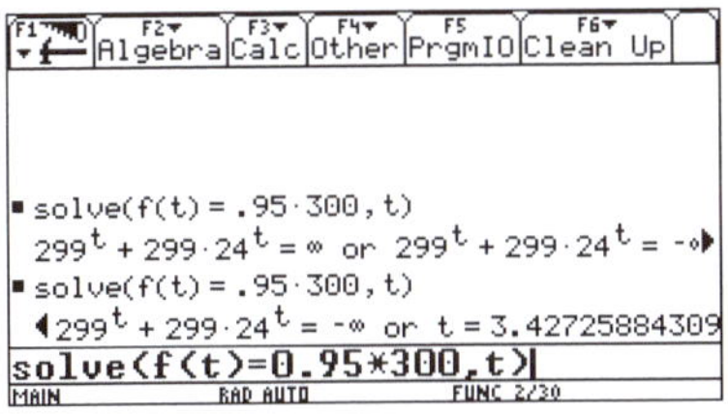

Der CAS-Rechner gibt erst als 3. Lösung ein brauchbares Ergebnis aus. Im Bild wird die Gleichung zweimal gelöst, um alle drei Lösungen sichtbar machen zu können.

c) Die Annahme, dass es sich hier um logistisches Wachstum handelt, ist sinnvoll, weil sich zunächst das Gerücht umso schneller verbreiten kann, je mehr Einwohner davon erfahren haben. Mit der Einwohnerzahl von 300 ist aber auch eine Sättigungsgrenze vorgegeben, sodass es sich im weiteren Verlauf um ein beschränktes Wachstum handeln muss.

187. a) *Lösung mit dem CAS:*

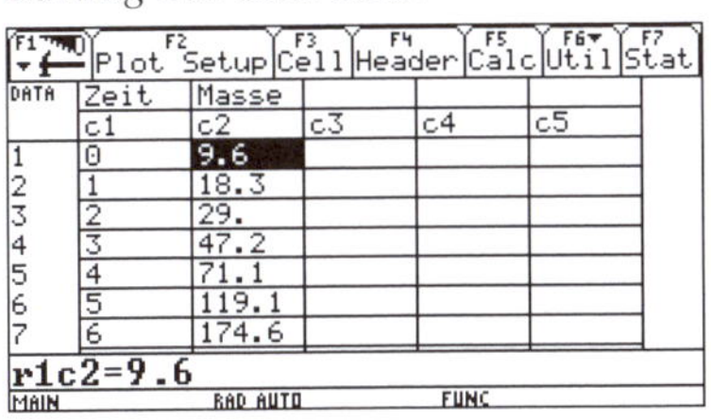

Aus dem Menü [APPS] wird der „Data/Matrix Editor" ausgewählt, um die gegebenen Werte in eine Taschenrechnertabelle einzutragen.

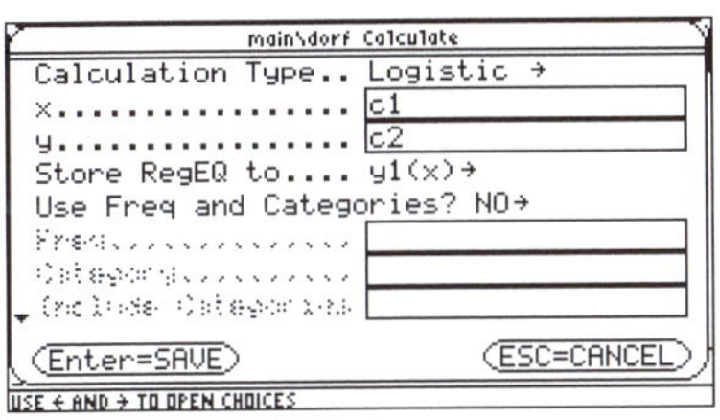

Mit [F5] wird das im nebenstehenden Bild angezeigte Menü aufgerufen. Als „Calculation Type" wird „Logistic" festgelegt. Die Werte für x werden der Tabellenspalte c1 entnommen, für y der Tabellenspalte c2. Die Regressionsfunktion sollte unter einem Namen, z. B. y1(x) gespeichert werden, also „Store ReqEQ to" „y1(x)", damit der Funktionsterm nach der Berechnung als y1(x) zur Verfügung steht.

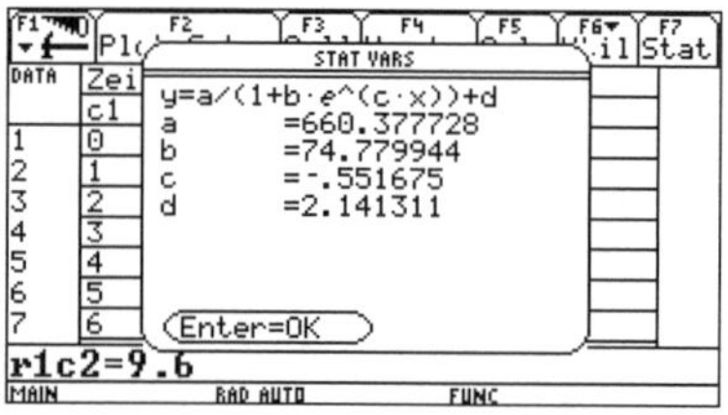

Die Betätigung der [ENTER] Taste bewirkt, dass die Parameter der allgemeinen logistischen Wachstumsfunktion berechnet und ausgegeben werden.

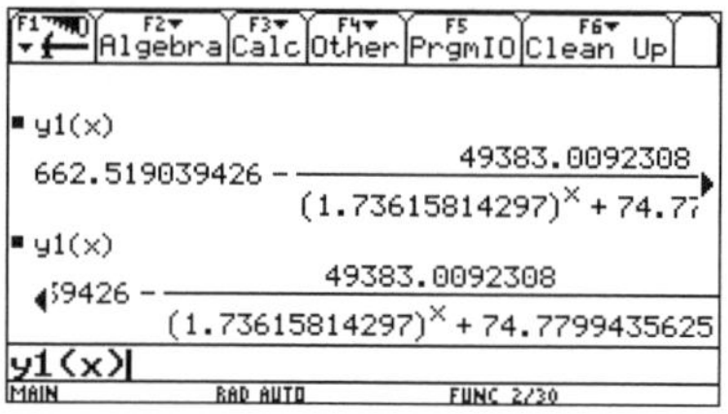

Die Wachstumsfunktion lautet also so, wie sie im Bild angegeben ist.

b) 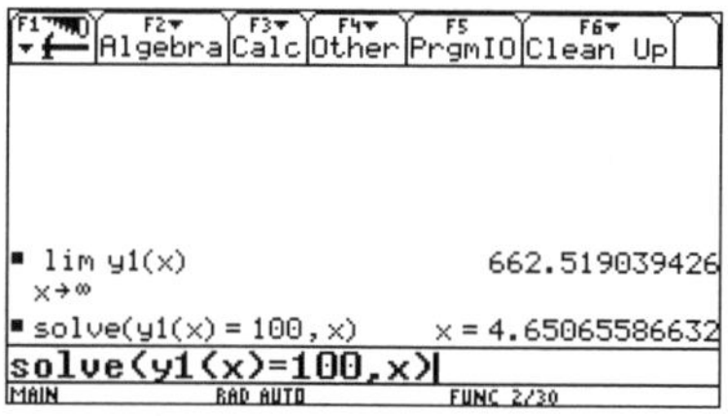

Die Wachstumsgrenze wird durch den Grenzwert ermittelt. Sie liegt bei einer Masse von etwa 662,5 mg. Die Lösung der Gleichung y1(x) = 100 zeigt an, dass nach etwa 4,7 h eine Masse von 100 mg erreicht wird.

Die Wachstumsgrenze liegt bei einer Masse von 662,5 mg. Nach etwa 4,7 h wird eine Masse von 100 mg erreicht.

c) Je mehr Hefe vorhanden ist, desto stärker kann sie sich vermehren. Das Wachstum verläuft in dieser Phase exponentiell. Das abnehmende Nahrungsangebot beschränkt aber eine weitere Zunahme des Hefewachstums. Insgesamt setzt sich das Wachstum aus einem exponentiellen und einem beschränkten Anteil zusammen, sodass man ein logistisches Wachstum erhält.

Stichwortverzeichnis

Richtig lernen, bessere Noten

7 Tipps wie's geht

1. ***15 Minuten geistige Aufwärmzeit*** Lernforscher haben beobachtet: Das Gehirn braucht ca. eine Viertelstunde, bis es voll leistungsfähig ist. Beginne daher mit den leichteren Aufgaben bzw. denen, die mehr Spaß machen.

2. ***Ähnliches voneinander trennen*** Ähnliche Lerninhalte, wie zum Beispiel Vokabeln, sollte man mit genügend zeitlichem Abstand zueinander lernen. Das Gehirn kann Informationen sonst nicht mehr klar trennen und verwechselt sie. Wissenschaftler nennen diese Erscheinung „Ähnlichkeitshemmung".

3. ***Vorübergehend nicht erreichbar*** Größter potenzieller Störfaktor beim Lernen: das Smartphone. Es blinkt, vibriert, klingelt – sprich: es braucht Aufmerksamkeit. Wer sich nicht in Versuchung führen lassen möchte, schaltet das Handy beim Lernen einfach aus.

4. ***Angenehmes mit Nützlichem verbinden*** Wer englische bzw. amerikanische Serien oder Filme im Original-Ton anschaut, trainiert sein Hörverstehen und erweitert gleichzeitig seinen Wortschatz. Zusatztipp: Englische Untertitel helfen beim Verstehen.

5. ***In kleinen Portionen lernen*** Die Konzentrationsfähigkeit des Gehirns ist begrenzt. Kürzere Lerneinheiten von max. 30 Minuten sind ideal. Nach jeder Portion ist eine kleine Verdauungspause sinnvoll.

6. ***Fortschritte sichtbar machen*** Ein Lernplan mit mehreren Etappenzielen hilft dabei, Fortschritte und Erfolge auch optisch sichtbar zu machen. Kleine Belohnungen beim Erreichen eines Ziels motivieren zusätzlich.

7. ***Lernen ist Typsache*** Die einen lernen eher durch Zuhören, die anderen visuell, motorisch oder kommunikativ. Wer seinen Lerntyp kennt, kann das Lernen daran anpassen und erzielt so bessere Ergebnisse.